건설제도와 계약관리

배 대 권 저

기 문 당

| 머리말 |

우리나라의 건설업산업은 6 · 25전쟁 이후 폐허가 된 국토를 복구하는 과정에서 생겨났다. 초기에는 국토의 부흥과 경제복구를 위한 자원개발이 목적이었으나 1958년 건설업법이 제정되면서 건설산업이 국민경제의 중요한 활동주체로서 성장하면서 이를 통해 건설기술의 발전과 향상이 이루어졌다.

이와 같이 건설산업의 부흥과 국가경제의 발전은 건설제도와 법령의 제정으로 더욱더 빠른 추진동력을 얻을 수 있었다. 특히 현대와 같이 정보화 · 세계화 시대의 건설산업은 타 산업 분야와도 관련성이 커서 건설관련 제도와 법령도 이에 영향을 받을 수밖에 없으며, 또한 국가의 발전과 산업환경 변화에도 큰 영향을 주게 되었다.

즉 건설제도와 법령은 건설산업과 국가산업의 발전을 위하여 시장을 통제할 뿐만 아니라 건설사업의 전 과정에 관계하여 사업의 성패에 영향을 줄 수밖에 없다. 따라서 현재와 같은 설계나 시공에 대한 기술도 중요하지만 법과 제도 및 계약의 이행과 준수도 매우 중요하다 할 수 있다. 특히 최근에는 건설시장의 개방과 사업의 다각화로 인해 관련법령에 따른 계약의 준수와 이행은 건설사업을 보다 더 원활하게 추진할 수 있는 동력이 된다. 그러나 이와 같은 법과 제도의 중요성에도 불구하고 건설기술자들은 법령에 대한 지식과 정보의 활용수준은 그다지 높지 않은 편이다.

더구나 현재의 대학교육 과정에서는 이 과목이 전공분야 중 선택과목(심화과정)으로 들어 있음에도 불구하고 현장에서 직접 실무에 종사해 보지 않은 공학도들로서는 그 중요성을 이해하지 못하고 있다. 또한 건설제도와 계약관리에 대한 서적이나 정보가 부족할 뿐 아니라, 또한 있다 하더라도 그 내용들이 너무 이론에 치중한 면이 커서 건설현장에서 실무적으로 이해하고 적용하는 데에는 한계가 있다.

따라서 본서는 우리나라의 건설산업 환경과 건설현장 여건 등을 고려하여 건설기술자 적인 관점에서 관계법령을 누구나 쉽게 배우고 활용할 수 있도록 필자의 경험을 살려 이론으로 정리하여 기술하였다. 본서의 구성과 주요내용은 다음과 같다.

첫째, 제1장과 제2장에서는 건설산업의 법· 제도, 법령의 구성체계에 대하여 기술하였다. 이 제도와 법령에는 건설사업과 관계되는 법령의 구성체계와 입법절차 등에 관하여 알기 쉽게 기술하였다.

둘째, 제3장과 제4장에서는 건설공사의 수행체계와 발주체계에 관하여 기술하였다.

건설공사의 수행체계는 공사참여자 간 역할과 업무절차가 기술되어 있으며, 건설공사의 발주체계는 공공과 민간사업으로 구분하여 공사발주방식과 수행체계, 입찰과 낙찰, 계약방식 등을 단계별로 설명하였다.

셋째, 제5장과 제6장에서는 일반적인 건설공사의 관리와 감독에 대하여 설명하고 감리제도와 건설사업관리제도의 특성을 비교하였다. 또 공공분야에서 추진되는 민간투자사업 제도를 설명하고 추진 모델 및 절차와 사업계획 수립방법, 금융조달방식 등을 기술하였다.

넷째, 제7장에서는 건설공사의 계약관리에 관한 사항으로, 계약의 정의와 효력, 해제와 해지, 취소 등에 관한 사항을 기술하고 건설공사계약의 일반조건, 건설공사의 보증과 보험, 건설공사의 계약변경에 관한 사항 등을 기술하였다.

다섯째, 제8장에서는 건설공사계약 일반조건의 54개 항목의 각 조문과 각 조문에서 의도하는 내용 및 이행방법에 대하여 설명하였다.

여섯째, 제9장에서는 건설공사의 클레임과 분쟁에 대하여 알아보고 제10장에서는 건설공사 중 빈번히 발생하는 분쟁과 소송에 대하여 법원의 판례사례를 정리하여 기술하였다.

본 교재는 필자가 최근 5년 간 대학에서 "건설제도와 계약관리"에 관한 강의를 수행하면서 정리한 내용과 여러 선배들의 의견을 수렴하고 이를 정리하여 기술한 것이다.

그러나 본서가 보다 더 깊이 있는 법령 및 제도와 계약관리에 관한 사항들을 망라하지 못해 아쉬움이 남으며, 이 교재가 지침서로서 활용하는 데에도 아직 부족한 부분이 많다.

본서가 건설사업에 종사하는 실무자나 대학에서 건설제도와 계약관리 분야의 학문을 습득하여 현장에서 활용하고자 하는 사람들에게 조금이나마 도움이 되기를 바라며, 또한 실제로 널리 활용되어지기를 기대한다.

끝으로 본서를 집필하는 데 도움을 주신 여러 전문가와 선후배 여러분들께 깊이 감사드리며 보다 많은 채찍이 있으시길 바랍니다.

2012년 8월
저자

| 표 차례 |

| 그림 차례 |

제 1 장

건설산업과 법·제도

1.1 건설산업이란

1.2 건설산업과 경영환경

1.3 건설관련 법과 제도

1.1 건설산업이란

1. 개요

건설산업기본법 제2조(정의)에 의한 “건설산업”이란 건설공사를 수행하는 “건설업”과 용역을 수행하는 “건설용역업”으로 구분하고 있다. 또한 건축이나 토목공사 등 시공 분야에 한정된 건설업을 그 이외의 설계와 엔지니어링 분야 등 건설용역 분야를 포함하고 있다. 여기에서 건설업체란 토목공사, 건축공사, 산업설비공사, 조경공사 및 환경시설공사 등 시설물의 설치, 유지보수공사와 기타 구조물 설치 및 해체공사까지 업역적인 범위로 규정하며, 건설용역업은 건설공사에 관한 조사, 설계, 감리, 사업관리, 유지관리 등 종래의 설계·감리 이외에 건설사업관리까지 포함한다. 따라서 건설산업의 범위는 그림 1-1과 같이 분류된다.

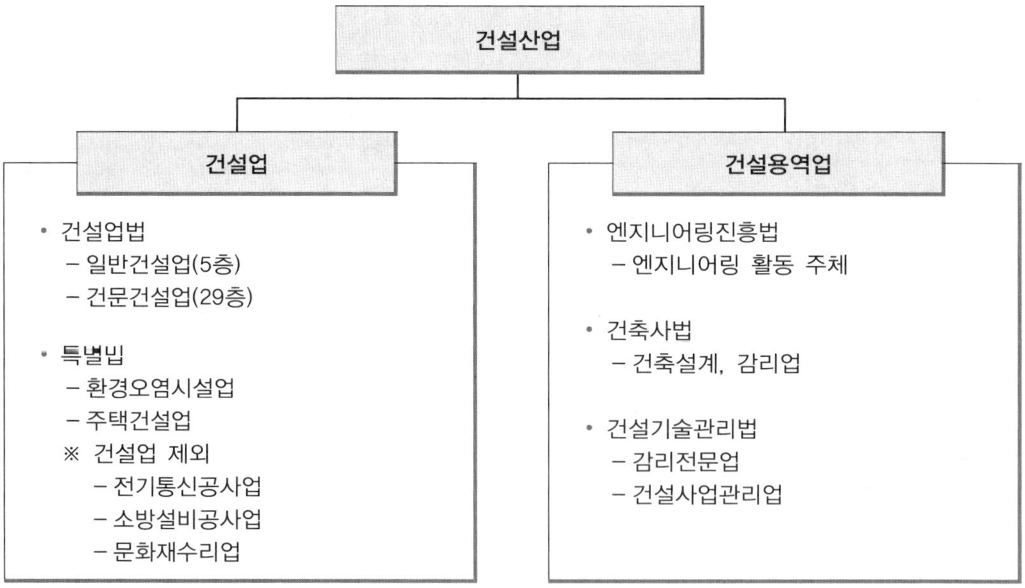

그림 1-1 건설산업의 범위

한편, 미국과 같은 선진국에서는 건설업에 대하여 ‘시설물이나 이와 관련된 서비스를 생산하는 데 필요한 사업의 계획·설계·엔지니어링·구매·시공·시운전 등을 통합하는 서비스 산업’으로 정의하고 있다. 즉 우리나라는 건설산업을 하나의 단위공사로 보는

데 반해 국제적인 표준은 건설산업의 범위에 대하여 모든 건설관련 활동을 포괄하고 있다는 점에서 차이가 있다. 이러한 면에서 건설산업은 그 자체가 경제적 용어이긴 하나 건설업이 경제활동의 주체가 된다는 면에서 단순한 설계나 시공의 영역 이외에도 건설생산, 유통, 금융 등 건설과 관계되는 광범위한 산업과의 연관관계가 있는 종합적 활동영역으로 보는 것이 타당하다. 따라서 건설산업을 하나의 개별적인 시설물, 즉 프로젝트에 의한 생산활동의 개념으로 사용될 경우에만 건설사업의 의미로 해석될 수 있다.

2. 건설산업의 특성

건설산업은 수주산업이며 옥외이동산업으로서 공사현장의 작업여건이나 특성에 따라 공사내용과 실현되는 제품의 특성이 달라진다. 따라서 건설산업은 공사원가의 표준을 정하기 어려우며 타 산업 분야와 다른 다음과 같은 특성이 있다.

(1) 수주산업

건설업은 발주자로부터 주문을 받아 생산활동에 참여하고 건축물을 완성하여 인도하게 된다. 따라서 건설산업은 제조업과 같이 규격화 · 제품화한 시장생산이나 주문생산이 어려우며 재고품이 허용되지 않는다. 또한 제품의 실현이 발주자의 의도에 따라 좌우될 수밖에 없다. 이에 따라 발주자는 정부나 지방자치단체, 국 · 공영기업체 등과 같이 공공부문과 민간기업, 개인으로 구분되어지며 이들의 요구에 따라 제품의 특성이 다를 수 있다.

(2) 옥외산업

건설공사의 시공은 옥외에서 이루어지고 여러 장소의 생산단위를 가지게 된다. 따라서 건축생산 장소가 고정되어 있지 않아 정착성이 없고 이동성이 강하므로 공장 위주의 생산체제인 제조업과는 차이가 있다. 따라서 가설재료나 기계기구 · 노동력 등의 관리와 운영이 필요하며 옥외에서 행해지므로 외부의 기상상황에 영향을 받게 된다. 따라서 동절기나 장마철에는 기후의 영향으로 건설공사를 중단해야 하는 등 공사 중 기상조건이 매우 중요하게 작용하고 있다.

(3) 원가표준 설정 난이

건설업은 공사의 종류와 내용 · 규모 · 지역 또는 공사기간에 따라 서로 다른 개별적인 주문생산에 이루어지므로, 제조업과 같이 일정한 원가에 의한 표준 설정이 어렵다.

또한 건축물의 용도별 · 규모별 · 구조별 공사내용과 방법이 달라서 동일 구조의 건축물이라 하더라도 건설장소나 지반상태, 인접대지의 조건 또는 공기, 계절여건 등에 따라 공사비가 달라지므로 프로젝트별 원가를 산정할 수밖에 없다.

(4) 복잡한 생산구조

건설업체는 건설생산에 필요한 노동력을 상시적으로 갖추기가 어려우므로 전문기술이나 기능 · 장비 · 노동력 등을 협력업체에 의존한다. 즉 건설업체가 공사를 수주하면 철강재나 시멘트 등의 자재는 제조업자로부터 조달하고, 조적 · 미장 · 철근 · 설비공사 등은 각각의 전문건설업자에게 시공하게 하며, 노무자는 인력공급업자로부터 알선받아 고용한다.

따라서 건설업체들은 이러한 요소들을 유기적으로 결합시키고 관리하여 하나의 시설물을 완성시키는 것이다. 또 고정자산에 투입되는 설비투자의 비중이 낮고 공사 시 철강이나 화학 등 장치산업과 달리 노동력에 의존하는 비중이 높기 때문에 노동집약형 산업이라고 말하기도 한다. 하지만 건설장비의 개발에 따른 기계화 시공이 이루어짐에 따라 노동집약적인 경향이 점점 사라지고 있다.

(5) 생산기간

건설산업은 발주자의 주문조건이나 공사의 종류 및 내용에 따라 생산기간이 달라진다. 또한 공사가 대형화함에 따라 공사기간도 장기화하는 경향이 있다. 따라서 계약 시에 결정된 판매가격, 즉 도급금액의 범위 안에서 공사를 완성시키기 위해서는 자재조달이나 인력공급, 건설기계의 투입 등 계획적인 관리가 중요하며, 이를 통하여 공기단축과 원가절감이 가능하다.

(6) 안전사고의 위험성

건설생산활동은 대부분 옥외에서 이루어진다. 따라서 자연환경의 영향을 받을 뿐 아니라 중량물의 운반과 설치, 중장비의 사용, 암석의 발파작업, 수중작업, 건축물의 고층화 등으로 인해 재해가 발생하며, 천재지변에 기인하는 위험사고도 타 산업 분야에 비하여 높은 편이다. 따라서 안전관리비 · 재해보상비 · 보험료 등 본 공사 외적인 부담이 커서 공사원가 상승요인이 된다.

(7) 간접비용이 불균일

제조업은 생산비용의 고정적인 지출이 이루어져 사전에 간접비의 예측이 가능하나, 건설업은 현장마다 시공조건이 서로 달라 직접비에 대한 간접비율도 균일하지 않다. 또한 발주자가 프로젝트마다 변화되며 공사에 대한 정보도 다양할 뿐 아니라, 설계자, 시공자, 감리자 등 프로젝트의 참여주체가 다양하여 이들의 역할분담에 따라 구조물이 실현되는 특성이 있다.

1.2 건설산업과 경영환경

1. 건설산업의 환경

지난 1997년 이후 정부의 조달협정 발효로 공공건설시장의 전면적인 개방이 이루어졌다. 특히 1999년을 기점으로 일본과 프랑스 등 선진 건설업체들의 우리나라 진출이 이루어지면서 국내 건설시장의 경쟁력 강화가 커다란 이슈로 작용되어 왔다. 외국 건설업체들의 국내진출의 대부분은 국내 업체들과 합작형태로 이루어지다가 점진적으로 국내 기술이 취약한 분야에 중점적으로 진입함으로써 적극적인 공략이 이루어졌다. 특히 지난 1998년 우리나라의 IMF 국제구제금융 이후 국내 건설경기의 급격한 침체상황에서 상대적으로 외국 기술자들의 국내진출이 급속히 증가하였다. 이러한 상황은 그 이후 국내 건설산업 전반에 영향을 미쳐 우리나라 건설업체들의 경쟁력 약화로 이어져 이를 강화하기 위한 노력들이 이루어졌다. 또 다른 건설산업의 환경변화 중 하나는 건설생산구조가 종래의 생산자 중심에서 사용자 중심의 지식정보화 사회로 변화되었다. 이에 따라 국내 건설기술에 대한 정부의 정책이나 제도에도 커다란 변화의 시대를 맞이하였다. 특히 정보화와 인터넷의 활성화는 건설사업 환경을 급격하게 변화시켰다.

(1) 국제화

건설시장은 이미 국내 건설시장을 탈피하여 세계시장으로 진출이 확대되었고 국내의 건설업체들은 시장 확대를 위해 적극적인 노력을 하고 있다. 특히 경제의 글로벌화와 국제적 자본시장의 등장으로 건설업체들의 해외진출이 더욱 확대되어 수주전쟁에서의 승전이 오늘날 우리나라 건설경제 발전의 원동력이 되고 있다.

(2) 경쟁의식 심화

외부의 건설사업 환경 변화로 기업들이 자사의 경영자원과 능력보다는 외부의 경쟁자와 대응할 수 있는 경험과 능력의 차이에 따라 경쟁우위가 확보되며 내부적인 경영혁신이 기업경쟁력을 결정하고 있다.

(3) 고객 중심

모든 사업의 중심은 고객이며, 고객의 가치가 존중되지 못할 경우 고객이 기업을 외면한다. 따라서 기업은 고객의 요구와 기대사항을 어떻게 파악하고 수용하며, 그들에게 제공하는 서비스가 만족될 것인가에 더욱 관심이 크다.

(4) 지식정보의 중요성

현대사회는 자원과 기술력만이 경쟁력의 원천이 되는 산업사회와는 달리 정보와 지식이 경쟁력의 원천으로 작용하고 있다. 특히 컴퓨터와 정보통신기술의 발달은 정보화를 기반으로 작용되고 있으며, 기업 입장에서는 새로운 시장과 고객을 창출하고 경영의 성과로 연결시키는 기회를 확보할 수 있다. 따라서 기업은 이러한 지식과 정보를 이용하여 새로운 부가가치와 서비스를 창출하는 능력이 요구된다. 또한 기업의 경쟁력이 노동과 자본 등 물리적 자원보다는 지식과 정보의 창출, 확산 및 습득과 활용을 통한 혁신능력에 의해 결정되고 있다.

특히 인터넷 중심 사회에서의 개인과 조직은 새로운 지식과 기술을 습득하고 활용할 수 있는 능력의 개발이 중요시된다. 또한 기업 경영방식도 기술, 정보, 지식집약적인 분야에 경영자원을 집중적으로 배치해야만 경쟁력의 확보가 가능하다.

(5) 프로세스와 시스템의 경영방식

바람직한 기업의 경영은 고객에게 제공하는 서비스가 무엇이냐를 파악하는 것에서부터 시작되며, 이러한 서비스를 제공하기 위한 비즈니스 모델의 개발과 운영에 있다. 또한 기업들은 제공된 서비스에 가치를 부가하기 위해 제공되는 서비스의 입 · 출력사항과 상호 관계를 규정하여 지속적으로 개선되는 서비스를 실현해 나가는 프로세스의 혁신이 필요하다. 이러한 활동은 프로세스의 성과나 효과성을 극대화할 수 있고 경영자의 검토에 의해 '프로세스'와 '시스템'의 개선이 가능해진다.

2. 건설제도와 정책

우리나라의 건설산업은 산업화 이후의 짧은 역사에도 불구하고 정부의 중 · 장기적 정책개발과 제도의 실현으로 많은 발전을 가져왔다.

특히 1997년 이후 건설시장 개방과 국제품질표준의 도입은 대부분의 기업들에게 회사표준을 정비하는 계기가 되었으며, 또한 이 시기에 국내에서도 건설사업관리제도(CM)가 도입되었다. 건설산업기본법 제26조에 의한 건설사업관리제도는 시공단계에 국한된 책임감리제도의 변형으로써 그 적용효과가 매우 미미하였으나, 그 이후 지속적인 제도의 보완으로 종합적인 건설사업관리가 가능한 용역산업으로 발전하였다. 현재 우리나라에서 운영되는 건설사업관리는 종전의 설계감리와 공사감리의 영역이 건설사업관리방식으로 전환됨을 의미하는데, 이 방식은 그동안 CM For Fee방식에서 CM at Risk 방식으로 발전하는 단계에 이르렀다.

그러나 이러한 제도를 운영하면서 건설사업관리제도와 책임감리제도는 상호간 업역상의 관계 재정립을 필요로 하며, 향후 CM 수행능력의 재검증을 통한 통합적인 건설사업관리제도의 발전을 필요로 하고 있다. 즉 현재의 건설사업관리제도는 정부나 공공기관 또는 지방자치단체가 자신의 미래에 대한 재정지원을 담보로 하여 추진되어야 하는 문제점 때문에, 이후 수익률 저하에 대해 공공이 부담해야 하는 부작용을 낳고 있다.

한편, 이러한 제도의 보완과 함께 건설공사 입찰제도인 최저가낙찰제는 2008년 이후부터 확대되어 왔으나, 저가낙찰에 따른 저가심의의 논란이 있고 설계평가제도 역시 공정성과 투명성 제고방안이 논의되어 왔다. 또 건설사업의 입찰제도 합리화 방안으로 최고가치 낙찰제도가 도입되고 있는데, 이 제도 역시 참여주체별 제도에 대한 이해와 인식 공유 및 사회적 합의가 필요하다.

3. 건설제도의 발전 연혁

현행 건설사업관리제도는 책임감리제도와의 관계정립이 필요하다. 또한 건설사업관리제도는 건설관리자의 CM 역량에 대해 수행능력이 검증될 경우 현행 책임감리제도가 건설사업관리제도로의 전환이 이루어지게 될 것이므로, 각 기업들은 이에 대한 사전준비가 필요하다. 특히 최근에는 건축설계회사 · 감리회사 · CM회사 간의 업역적인 통합작업이 이루어지고 있으므로, 중장기적으로 볼 때 "건설기술진흥법"이 시행되면 건설사업의 경영과 관리는 보다 효율적이며 경쟁력 있게 운영될 것으로 판단된다.

한편, 이와 같이 건설관리에 대한 정책과 제도추진 기법들의 연도별 변화과정을 살펴보면, 그림 2-1과 같이 1970년대에는 공정관리기술인 PERT & CPM과 품질관리기술이 도입되었고, 이 시기에 설계와 시공을 일괄 발주하는 턴키제도가 도입되었다. 1980년대에 들어오면서 시방서의 개념이 확대되었고 90년대에 들어서는 각종 사고와 부실시공 문제로 인해 설계감리와 책임감리제도가 도입되었다.

한편, 컴퓨터가 확대되면서 이를 이용한 건축설계기술이 활성화되었으며, 입찰제도도 건설업계의 수주경쟁이 격화되면서 입찰참가자격 사전심사제도(PQ)가 도입되었다. 한편, 1997년에는 건설사업의 효율성 제고를 위해 공공부문에 한해 건설사업관리방식(CM for Fee)이 도입되었으며, 그 이후 2000년대에 들어와서는 EVMS와 실적공사비제도 및 건설공사의 원가관리방법으로 VE제도가 도입되었다.

또한 2010년 이후 성능시방에 대한 인식 확대와 그 이전 실적공사비제도가 내역입찰제로, 일반입찰제도는 최저가입찰제의 형태로 유지되어 왔다. 또 건설산업의 업역은 종합 및 전문건설업의 업역적인 통합과 설계 엔지니어링 및 건설사업관리의 업역 통합이 함께 이루어져 곧 시행단계에 와 있다.

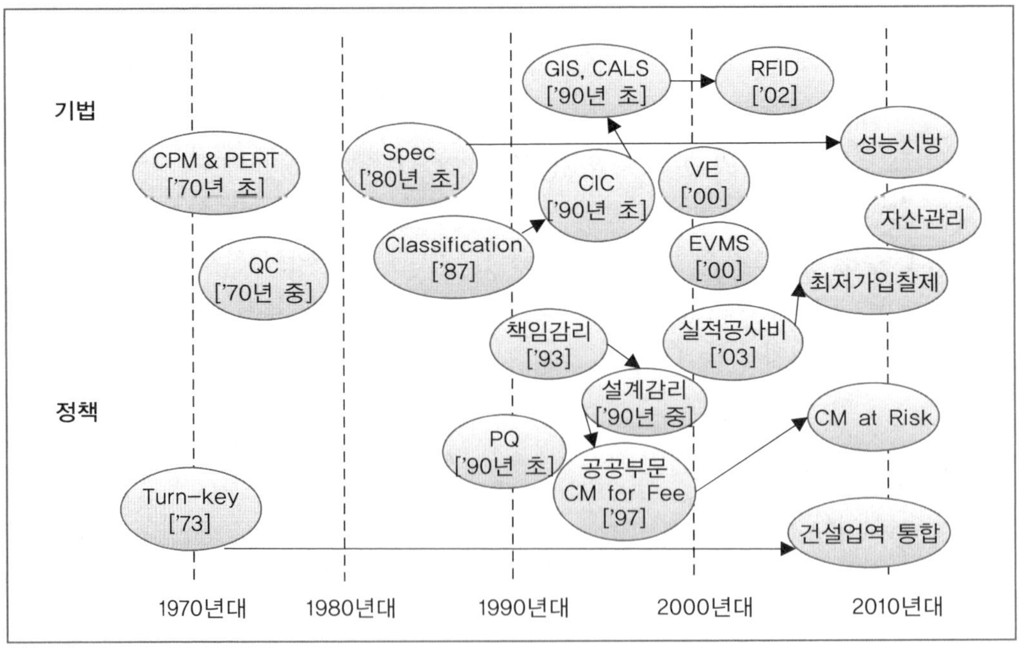

그림 1-2 건설관리정책과 제도의 변화과정

표 1-1 건설관련 제도 및 정책

연 도	건설제도와 정책
1993 ~ 1999	• 건설시장 개방 • 부실시공 방지 • 건설 분야 국제표준 제정 • CM제도 도입 규정 신설 • PQ제도 도입 • 책임감리제도 도입(1997) • 건설규제 개혁 • 공공건설사업의 효율화 • 건설사업기본법 제정 • 하도급 및 업역 관련 규제개혁 • 예비타당성제도 도입
1999 ~ 2000	• 건설시장경쟁 촉진 및 건설산업 경쟁력 강화 • 건설산업구조 개편 및 부실건설업 구조조정 • 주거환경개선사업 활성화 • 민자유치사업 지원 확대 • 부동산 투지회사제도 도입
2000년 이후	• 건설산업 고부가가치화 • 건설기술 수준 제고 • 최저가낙찰제 시행 확대 • 이행보증채무 의무화 • CM 활성화 방안 유도 • 일반, 전문 겸직제한 폐지 • 건설선진화계획 수립

1.3 건설관련 법과 제도

1. 건설산업기본법

이 법은 건설공사의 조사 · 설계 · 감리 · 시공 · 사업관리 · 유지관리 등에 관한 기본적인 사항과 건설산업의 건전한 발전을 촉진하기 위한 건설업의 등록, 건설사업관리 및 중소건설업자에 대한 지원과 협력, 건설기술자의 배치 등과 같은 사항을 규정함으로써 건설공사의 적정 시공과 건전한 건설산업의 발전을 도모하기 위해 제정 운용되고 있다.

2. 건설기술관리법

이 법은 건설기술의 연구 · 개발을 촉진하고 이를 효율적으로 이용, 관리하게 함으로써 건설기술 수준 향상과 건설공사 시행의 적정성을 기하고, 건설공사의 품질향상과 안전성을 확보하여 공공복리증진과 국민경제와 생활에 안전을 기할 목적으로 제정되었다.

3. 건축법

이 법령은 건축물의 대지 · 구조 · 설비의 기준과 용도에 관한 규정으로써 건축물의 안전, 기능, 미관, 환경개선을 도모하여 공공복리증진에 기여하도록 하는 데 목적이 있다. 이 법의 주요 내용은 건축 인 · 허가에 관한 사항, 건축물의 설계 및 공사감리에 관한 사항, 건축물의 유지관리에 관한 사항, 건축물의 대지와 도로, 건축물의 구조와 재료, 지역지구 안의 건축물, 건축설비 등에 대하여 규정하고 있다.

4. 주택법

이 법령은 쾌적한 주거생활에 필요한 주택의 건설 및 공급 관리와 이를 위한 자금의 조달 및 운영 등에 관한 사항을 규정하여 국민주거 안정과 주거수준 향상을 도모하는 데 기본목적이 있다.

5. 국가계약법

이 법령은 정부조달협정의 타결 이후 시장개방에 따라 정부조달협정의 이행과 계약업무의 원활한 수행을 위하여 제정된 것이다. 이 법은 국가를 당사자로 하는 계약에 관한 법률에 대한 기본사항을 정하여 국제입찰에 의한 정부조달계약, 국가가 국민을 계약 당사자로 하는 계약체결 등에 적용된다.

6. 건축사법

이 법령은 건축사의 자격과 업무에 관한 사항을 규정하여 건축물의 질적 향상을 도모하도록 하기 위함이다.

7. 하도급법

이 법령은 공정한 하도급 거래 질서 확립과 원 · 하도급자 간 대등한 지위에서 상호 보완적으로 균형 있게 발전할 수 있도록 하기 위하여 제정된 법령이다.

8. 산업안전보건법

이 법령은 산업안전보건에 관한 기준을 확립하여 산업재해를 예방하고 쾌적한 작업환경 조성과 근로자의 안전과 보건을 유지, 증진하도록 하기 위한 법령이다.

9. 국토기본법

이 법령은 국토의 이용, 개발 및 보전을 위한 계획 수립과 집행 등에 관하여 필요한 사항을 정하여 공공복리증진과 국민의 삶의 질 향상을 도모할 목적으로 제정되었다.

10. 해외건설촉진법

이 법령은 해외건설제도를 정립하여 국제적인 수주질서를 확립하고, 이를 통해 국내 건설회사의 국제경쟁력을 강화시키기 위해 제정되었다. 본 법령에는 해외건설공사 또는 건설엔지니어링 활동으로서 영업을 영위하기 위해서는 종합건설업, 일반건설업, 전문건설업, 건설엔지니어링업, 전기공사업, 해외공사수주업, 개발업 등 업종을 구분하여 주무부처 장관에게 신고하도록 하고 있다.

제 2 장

법령의 구성체계

2.1 법령의 구성체계

1. 개요

우리나라는 성문법을 원칙으로 채택하고 있다. 그러나 이 법이 모든 법률관계를 빠짐없이 규율하지는 못한다. 따라서 성문법 외에 관습법 · 판례와 조리 등 불문법이 보충적인 기능을 하고 있다.

우리나라는 입헌주의 국가다. 입헌주의 법치국가에서는 헌법을 정점으로 수많은 법령들이 하나의 통일된 체계를 이루고 있다. 그러나 그 법령들의 존재형식은 다양하고 생성시기와 제정 사유가 다르다. 따라서 법령의 입안이나 집행을 담당하는 소관 부처도 다르므로 법령 상호간에도 상충될 소지가 있다. 그러므로 법령을 일정한 기준에 따라 분류하고 정리하여 일관성 있는 법체계를 정립하게 함으로써 법률생활을 원활하게 이행할 필요가 있다. 법은 사회질서를 유지하기 위한 규범으로서, 통일된 국가의사를 표현하고 보편타당한 것이 되기 위해서는 다수의 법령이 하나의 국가 법체계 안에서 서로 통일된 질서가 있어야 하며 서로 상충되지 않아야 한다. 또한 법령이 서로 상충되는 경우, 이를 조화롭게 해석하여 어떤 법령이 우선적으로 적용되어야 하는 것인지를 결정하도록 법령 상호간에 체계를 유지해야 한다.

2. 법령의 체계

우리나라의 법령 체계는 최고규범인 헌법과 이 헌범의 이념을 구현하기 위한 법률이 있다. 또한 법률을 효과적으로 시행하기 위하여 그 위임사항과 집행에 관하여 필요한 사항을 정하는 대통령령과 총리령 · 부령 등이 입법으로 체계화되어 있다. 또 헌법상 자치입법권에 따라 법령의 범위 안에서 지방자치사무에 관하여 제정하는 지방자치단체의 자치법규도 전체적인 법체계의 한 부분을 이루고 있다. 이와 같이 법은 질서를 유지하기 위한 규범으로써 통일된 국가의사를 표현하는 것으로, 보편타당하고 통일된 법체계로서 상호간 상충되지 않아야 하다. 또한 법령의 존재 근거는 법령 상호간의 위계에 따라 형성된다. 즉 헌법은 국민이 직접 인정한 최고의 규범이다. 따라서 이 헌법에 따라 모든 다른 법 형식도 인정되므로 다른 법 형식은 헌법에 종속하고 하위의 지위에 있게 된다. 또한 헌법 다음의 지위는 법률이다. 법률은 헌법에서 법률로 정하도록 위임한 사항과 국민의 권리 · 의무에 관한 사항을 규정하며, 그 지위는 헌법의 다음이다.

대통령령은 법률에서 위임된 사항과 법률을 집행하기 위하여 필요한 사항만을 규정할 수 있어 그 지위는 법률보다 하위에 있다. 또한 총리령과 부령은 법률이나 대통령령에서 위임된 사항과 그 집행을 위하여 만들어지게 되므로, 그 지위는 대통령령 다음이 된다. 그리고 훈령 · 예규 · 고시 등 행정규칙과 조례 · 규칙과 같은 자치법규도 그 위임법령과의 관계에서 하위 법령에 해당된다.

국제조약과 법규는 국내법 체계로 수용되나 구체적으로는 관련 국내법과 상하위적인 위계를 형성한다. 즉 법령의 위계체계는 헌법 · 법률 · 대통령령 · 총리령 · 부령의 순이다. 이 순서에 따라 상하위법이 정해지며, 하위법의 내용이 상위법과 저촉되는 경우 상위법 우선의 원칙에 따라 관념적으로 통일된 법체계가 이루어진다.

우리나라의 헌법은 법률에 대한 헌법재판소의 위헌심사권과 명령 · 규칙 · 처분에 대한 대법원의 위헌 · 위법심사권이 있다. 이러한 규범은 하위규범이 상위규범에 위반되지 않도록 함으로써 헌법을 정점으로 하는 법체계의 통일성과 일관성을 갖게 한다.

따라서 법령의 위계체계에 관한 인식은 법령으로 규정하고자 하는 내용을 어떤 법 형식으로 규정해야 하는가의 판단기준이 된다. 예를 들면 대통령령에 규정되어 있는 내용에 대한 특례를 규정해야 하는 경우, 특례가 되는 내용을 적어도 대통령령 이상의 법 형식으로 규정해야 한다는 것이다. 특례가 되는 내용을 대통령령보다 하위의 법 형식인 부령 등에 규정하는 경우 하위의 법 형식인 부령은 상위의 법 형식인 대통령령보다 우선 적용될 수 없으므로, 비록 부령 등으로 특례를 규정하더라도 부령에 규정된 특례가 효력을 가질 수는 없다.

(1) 헌법

헌법은 국가의 권력구조에 관한 기본적인 사항과 국민의 기본권을 규정하는 최고법이다. 국가 최고의 근본규범인 헌법이 제정되는 경우에는 개정이 쉽지 않으므로 그 자체에 대한 입안이나 심사의 문제보다는 그 하위의 법령을 제정하거나 개정하는 때의 준거가 되는 틀로서의 법을 해석하고 적용하는 문제가 더욱 중요하다.

우리나라는 헌법이 제정된 후 지난 50여 년 동안 여러 차례나 개정되어 왔다. 1987년 여 · 야 간의 합의에 의하여 전문이 개정된 현행 헌법은 국민의 기본권 보장 확대와 대통령의 국민 직선과 임기 5년 단임, 대통령의 권한 축소, 국회의 지위 강화, 헌법재판소의 설치와 그 권한 확대 등을 주요 내용으로 하고 있다.

(2) 법률

헌법 제40조에서 "입법권은 국회에 속한다."라고 하여 국회가 법률을 제정하는 권한을 가지고 있음을 규정하고 있다. 입법권은 형식적으로 '법률'에 초점을 맞춘 것으로서 헌법에서 '법률'의 형식으로 입법하도록 한 것은 반드시 국회의 의결을 거쳐야 한다. 우리나라의 헌법은 국적취득 요건, 재산권의 수용 및 보상, 조세법률주의, 행정 각부의 설치와 지방자치단체의 종류 등에 대하여 반드시 법률로 정하도록 규정하고 있다.

또한 국민의 자유와 권리는 국가안전보장 · 질서유지 또는 공공복리를 위하여 필요한 경우 법률로써 제한할 수 있으며, 이 경우에도 자유와 권리의 본질적인 내용을 침해할 수 없도록 규정하고 있다.

기본권을 제한하는 입법이 헌법 제37조제2항에 근거를 두고 있는 과잉금지 원칙에 위반되지 않기 위해서는 법이 정당한 목적을 추구해야 하고, 그 목적을 달성하기 위한 수단이 적합하고 피해를 최소화해야 한다.

(3) 명령

'명령'은 행정권에 의하여 정립된 법 규범이다. 명령 가운데 재판규범이 되는 법규적인 성질을 가진 것은 명령이라 하고, 갖지 아니한 것은 행정규칙이라 한다. 우리나라 헌법은 국민의 권리 · 의무에 관한 사항은 물론 그 밖에 많은 사항도 법률의 소관사항이다. 그러나 행정의 양적 확대와 질적 고도화에 따라 입법에서도 업무의 능률적인 분배가 요구되어 법률은 개략적으로 정하고 세부적인 규정은 명령에 위임하는 일이 많아지면서 명령의 중요성이 점점 커지고 있는데, 이러한 사항을 규정하는 명령을 위임명령이라 한다.

또한 법률에 의한 입법권의 위임에 의하지 아니하고 상위의 법령을 집행하기 위하여 필요한 사항을 규정하기 위한 것이거나, 명령권자의 직무를 수행하기 위하여 필요로 하는 사항을 규정하는 것을 집행명령이라 한다. 여기에서 법률에서 위임받은 사항에 대통령령을 발할 수 있다는 것은 위임명령이라 하고, 법률의 집행을 위한 사항에 대통령령을 발할 수 있다는 것은 집행명령을 말한다. 또한 헌법에는 국무총리 또는 각 행정부의 장은 소관 업무에 관하여 법률이나 대통령령의 위임 또는 직권으로 총리령 또는 부령을 발할 수 있도록 국무총리와 각 부 장관에게도 위임명령권과 집행명령권을 인정하고 있다.

(4) 조약 및 국제법규

조약은 국가 간 문서에 의한 합의를 말하며, 국제법규는 국제사회에서 대다수의 나라에 의해 그 규범력이 인정된 것과 국제관습법을 말한다. 헌법에 의해 공포된 조약과 일반적으로 승인된 국제법규는 국내법과 같은 효력을 가지므로 국내법의 체계에서 수용된다. 국내법과 같은 효력이란 반드시 법률과 동일한 효력만을 의미하는 것은 아니며, 해당하는 내용의 법률과 하위법령에 따라 동일한 효력을 가진다. 따라서 헌법에 열거된 상호 원조나 안전보장에 관한 조약, 중요 국제조직에 관한 조약, 우호통상 항해조약, 주권의 제약에 관한 조약, 강화조약, 국가나 국민에게 재정적 부담을 주는 조약, 입법사항에 관한 조약은 국회가 체결 · 비준에 동의권을 행사하므로 법률과 같은 효력을 가진다.

(5) 자치법규

우리나라 헌법 제117조의 제1항에는 "지방자치단체는 주민복리에 관한 사무처리와 재산을 관리하며, 법령의 범위 내에서 자치에 관한 규정을 제정할 수 있다."라고 규정하여 자치입법권의 보장을 명시하고 있다. 자치법규인 조례와 규칙은 자치입법권에 의하여 제정되고 그 관할구역 안에서 시행되는 것이다. 또한 지방자치단체는 국가의 지방행정관청으로서의 역할과 함께 국가행정에 관하여도 그 위임받은 범위 내에서는 자치법규로 국가행정을 규율하고 있으며, 법률이나 그 하위법령의 위임으로 제정되는 자치법규는 상위법령의 내용을 보완하여 법체계를 완성시키는 역할을 한다. 그러나 자치법규는 지방자치단체가 그 소관 업무에 관하여 주민의 직접 선거에 의해 구성된 주민대표기관인 지방의회와 지방자치단체장에 의하여 정립되는 법규범이라는 점에서 일반적인 행정입법과는 구분이 된다.

3. 법령의 소관사항

법령에는 규율할 수 있는 사항이 정해져 있다. 즉 헌법은 국민의 권리 · 의무를 규정하면서도 특별한 경우에는 법률로써 국민의 권리를 제한할 수 있으며, 국민에게 의무를 부과할 수 있도록 하고 있다. 따라서 국민의 권리제한과 의무 부과는 법률의 소관사항이다. 그러므로 법률의 위임 없이 대통령령이나 총리령 · 부령 등 하위법령으로 국민의 권리를 제한하거나 의무를 부과하게 된다면 이는 소관사항을 어겨 위헌이 되므로 그 효력이 없다.

2.2 입법절차

1. 개요

법령은 정책과 관계되며 강제력 동원의 유일한 근거로서 경제적인 비용을 수반하지 않아 정책수단으로 활용된다. 어떠한 정책이 수립되면 그 정책의 목표 달성을 위하여 국민의 자유나 권리를 제한하거나 의무를 부과할 수밖에 없는 경우는 반드시 법률로 규정해야만 한다. 즉 헌법에서 국민의 권리 제한과 국민에 대한 의무의 부과는 반드시 법률에 의하도록 규정하므로 법률에 근거를 두지 않고 공권력을 행사하는 것은 위헌적이며, 제도상으로는 대법원의 위헌심사나 헌법소원 등에 따른 헌법재판소이 위헌신판 등에 의해 그 효력이 부정된다.

또한 법령이 없는 정책은 책임자에 따라 달라질 가능성이 많아 일관성 있게 추진되기 어려우며, 그 적법성과 투명성에 대해서도 의심을 받을 수 있어 정책의 제도화에 실패하기 쉽다. 따라서 법치주의 국가에서는 법령이라는 수단이 통일적 · 유기적인 체계를 유지하면서 제도적으로 관리되므로 정책은 반드시 법령으로 변환하는 법제화 작업이 필요하다.

이와 같이 입법은 공동체 사회의 기본적인 문제를 타협과 조정의 과정으로 해결하는 중요한 수단이자 내용상으로 입법절차에 따른 정당한 것이어야 한다. 한편, 입법절차는 일단 국회에 법률안이 제출되면 입법과정이 시작된다. 그러나 행정부에서 입법을 준비하는 과정, 정당이나 이익단체 등이 행하는 입법활동이나 여론조성활동 등 정책의 공식화 과정, 입법에 관한 의견 제시 등 법 제정에 영향을 미치게 하는 모든 활동이 포함된다. 따라서 법령을 제 · 개정하거나 폐지할 때에는 입법주체인 국회의원 · 정당 · 정부 · 행정공무원 · 이익단체 등이 상호 작용에 의해 실현된다. 즉 의회와 정부, 정당, 이익집단 등의 상호 작용에 의해 입법체계가 구성되며, 이러한 체계는 사회적 여론, 행정적인 요청, 국민적인 요청, 압력단체의 주장, 외국의 유사한 입법 동향 등의 투입요인으로 작용하여 사회적 이해관계 해소와 대립을 조정하는 과정으로 볼 수 있다.

그러므로 입법절차는 입법 그 자체의 기능 이외에도 사회적인 대립과 갈등을 해소하고 통합시키는 기능을 한다. 즉 사회적으로 다양한 의견을 수렴하고 조정하여 입법에 반영시킴으로써 갈등해소와 통합에 이바지하는 기능을 수행한다. 이러한 입법의 제도화는 갈등의 경험과 이를 완화하려는 노력이 이루어질 때, 또한 갈등의 피해와 합의의 중요성을 경험하고 인식할 때 실현이 가능하다.

2. 입법절차

(1) 법령의 입안

법령의 입안은 만들어진 정책을 객관적인 언어로 구체화하고 규범화하는 일련의 과정이다. 따라서 법령 입안은 정책목표를 명확히 규명하여 규범화함으로써 그 목표의 실행이 가능하다.

그러므로 정책의 내용은 시행 시의 효과나 재정적인 문제, 기타 선택이 가능한 대안과 관련 분야의 현행 법제도에 미치는 영향 등에 대한 충분한 분석이 필요하다. 이러한 과정에 의해 입안된 법안은 기존의 정책목표에 규정된 문제점의 해결책을 강구하는 것이어야 하고, 해당 법령이 적용되는 대상 수요자가 그 내용이 쉽게 이해하도록 명확하고 적정한 형식을 갖추어야 한다.

이에 따라 정부가 국회에 제출하는 법률안과 행정입법으로 만들어지는 법안은 정책의 집행을 책임지고 있는 주무부처가 그 소관사항에 대하여 입안하는 것이 원칙이다. 만약 그 내용이 두 개 이상의 부처가 소관 사무에 해당하는 때에는 공동으로 입안, 제안하고 발령하게 된다.

(2) 관계기관 협의

주무부처의 법령안이 확정되면 그 내용과 관련이 있는 다른 부처와 협의하여 필요한 경우에는 그 내용을 조정한다. 또한 법령안의 협의는 긴급한 경우를 제외하고는 적어도 10일 이상의 의견 회신기간을 주어야 한다.

법령안의 소관대상 기관을 살펴보면, 기획재정부 소관은 예산 및 결산, 공공기관, 회계에 관한 사항, 행정안전부는 정부의 조직과 지방자치에 관한 사항, 공무원의 임용 및 보수 인사 관계법령, 지방자치단체 및 지방공무원의 인사 · 보수, 그 밖에 정부조직법상 소관 업무 부처는 다른 부처의 고유 업무와 관련된 사항 등이 있다.

이와 같이 입법화될 정책내용에 대한 사전조정의 기회를 부여함으로써 정책 집행과 실현 가능성을 높여 법령의 시행 시 원활한 협조를 얻을 수 있다. 그런데 실제적으로 입법 추진의 현실적 관점에서 국무회의는 관례적으로 만장일치제로 운영되고 있으므로, 어느 한 부처에서라도 반대하게 되면 법률안이나 대통령령 안은 의결되기 어렵고, 결국 부처 간 협의를 통하여 수정될 수밖에 없다.

(3) 당정협의

정부는 국가의 중요한 정책이나 국민생활에 영향을 미치게 하는 법령을 입안하고자 할 때에는 집권당인 여당과 당정협의를 해야 하며, 야당에도 협조를 구해야 한다. 이는 행정부의 정책 방향을 여당의 입장과 조화시키고 보다 합리적인 정책대안을 모색하여 정책의 실현성을 높이는 동시에 국회에서도 원활한 입법 추진이 이루어지도록 하기 위한 것이다. 이러한 정부의 당정협의 사항은 국무총리훈령에서 정하고 있다. 여기에는 당정협의방식으로 고위당정 정책조정회의와 부처별 당정협의회의 및 정당에 대한 정책 설명회 등이 있다.

실제적으로 각 부 · 처 · 청 및 위원회의 장이 법률 및 대통령령을 제정 또는 개정하고자 하는 때에는 입안단계에서부터 여당의 정책위원회 의장과 협의해야 하며, 특별한 사유가 없는 한 차관회의 상정 2주 전까지 협의를 마쳐야 하므로 법안 심사과정에서 당정협의 여부를 반드시 점검해야 한다.

(4) 입법예고

정부의 법령안은 소관부처 및 당정협의 과정을 통하여 당초의 원안을 수정하거나 보완한 후 입법예고를 하게 된다. 입법예고는 법령안을 미리 예고하여 국민의 다양한 의견을 수렴하여 입법에 반영함으로써 입법과정에서 국민의 참여 기회 확대와 법령의 실효성을 높이기 위한 것이다. 입법예고 기간은 일정기간 이상으로 하되, 법령안을 긴급히 추진해야 할 사유 등 특별한 사정으로 20일 미만으로 단축하고자 하는 때에는 주무부처와 협의하도록 하고 있다.

또한 주무부처는 법령안이 국가의 중요 정책이나 국민생활에 중대한 영향을 미치는 사항을 포함하고 있어 국민에게 이를 널리 예고할 필요가 있는 경우에는 신문이나 포털사이트에 광고를 게재하거나 그 밖의 방법으로 이를 예고한다. 예고된 법령안에 대하여 의견이 있는 경우에는 누구나 의견을 제출할 수 있으며, 법령안의 주관기관은 제출된 의견을 신중하게 검토하고 그 타당성이 인정되는 경우에는 이를 최대한 반영하도록 한다. 그러나 특정한 개인이나 단체의 이해관계에 치중되지 않도록 해야 한다.

(5) 규제심사

이는 국가 또는 지방자치단체가 특정한 행정목적을 실현하기 위하여 국민의 권리를 제한하거나 의무를 부과하는 것으로써, 법률 · 대통령령 · 총리령 · 부령과 그 위임에 의해 정해진 고시 등 또는 조례 · 규칙에 규정되는 사항이 포함된 법령안을 추진하고자 하는 때에는 '행정규제기본법'에 따라 규제 시 영향분석과 규제대상 · 범위 및 방법에 대한 중앙행정기관별 자체심사를 거치고 공청회, 입법예고, 이해관계인 · 전문가 등의 의견을 수렴한 후 규제 영향분석서, 심사의견과 행정기관과 이해관계인의 제출의견을 첨부하여 규제개혁위원회의 심사를 받아야 한다.

(6) 법제처 심사

법안심사의 주무부처인 법제처는 국무회의에 상정할 법령안의 심사와 그 밖에 법제에 관한 사무를 관장하기 위하여 설치된 중앙행정기관이다. 따라서 법제처는 정부입법계획 수립 · 시행, 법령안의 기초 · 심사, 정부 내 행정법령 일반에 대한 유권해석, 입법예고 제도의 운영, 법령정비, 자치입법 지원, 법제정보서비스의 제공 등 정부 내 법제사무의 총괄적 조정기능을 수행한다.

이에 따라 각 부처의 장은 법령안을 관계기관의 장과 협의하여 입법예고절차와 규제심사를 거친 후 법제처장에게 심사를 요청한다. 소관기관이 법제처에 법령안의 심사를 요청하는 경우 정부입법계획과 합치 여부, 관계기관과의 협의 결과, 입법예고 결과 제출된 의견 중 중요한 사항의 처리 결과와 처리 이유 등에 관한 사항, 재정소요추계서,

법령안에 대한 규제심사 여부와 규제의 신설 · 강화 및 폐지 건수 등 규제조문별 법령 제 · 개정 이유서, 그 밖에 법령안 심사에 필요한 사항을 첨부하게 된다. 주무부처로부터 법령안의 심사가 의뢰되면, 법제처는 입법내용의 현실적 타당성과 국정과제와 합치성 여부, 상위법이나 관련제도 간의 상충 여부 등과 그 자구 · 체계 등 형식적 사항에 대하여 심사를 하여 원안을 수정 · 보완한다. 법령심사는 헌법과 상위법에 위배되거나 부당한 내용의 법령이 제정되어 국민의 자유와 권리를 침해받을 것을 사전에 방지하는 권리구제 기능의 의미를 갖고 있다.

(7) 차관회의 · 국무회의 심의

법안에 대한 법제처의 심사가 완료되면 그 법령안은 차관회의를 거쳐 국무회의에 부의하게 된다. 차관회의는 국무회의에 상정될 의안의 중요사항을 사전 심의하는 기능을 수행하며, 긴급한 경우는 차관회의를 생략하고 국무회의에 직접 상정하여 심의할 수 있다. 국무회의는 정부의 권한에 속하는 중요한 정책을 심의하는 최고정책심의기관으로서, 비록 의결기관이 아니지만 그 운용상 행정부의 최고정책결정기관으로서의 중요성을 가지고 있다. 국무회의에 상정되는 안건은 국민의 권익 등과 직접 관련되는 주요 정책안으로, 대부분 여러 부처와 관련이 있기 때문에 국무회의라는 합의제기관에서 토의하여 조정 · 의결됨으로써 그 집행의 실효성을 높이게 된다.

(8) 대통령 재가와 국무위원 서명

국무회의에서 의결된 법안은 대통령의 재가를 받아 국회에 제출할 수 있으며, 이때 국무총리와 관계 국무위원의 서명이 있어야 한다. 국무회의에서 의결된 법률안과 대통령령 안은 국무총리와 관계 국무위원이 서명하는데, 서명은 국무위원의 신분에서 행하는 것이므로 차관 등 다른 사람이 대리할 수는 없다. 또한 법률안이 국무회의의 의결과 서명을 받으면 법제처에서 국무총리실을 거쳐 당해 법률안은 대통령의 재가를 받게 된다.

(9) 국회 제출 및 심의 · 의결

법률안이 대통령의 재가를 받으면 법제처에서 지체 없이 대통령 명의로 국회에 제출하게 된다. 이때 국회에 제출된 정부제출 법률안은 국회의장이 본회의에 보고한 후 소관 상임위원회에 회부된다.

소관 상임위원회에서는 전체회의 또는 소위원회를 구성하여 법률안을 심사하며, 필요한 경우에는 공청회를 개최하여 이해관계인의 의견을 듣고 심사를 하기도 한다. 소관 상임위원회 전체회의의 의결을 거친 법률안은 다시 법률안의 자구와 체제심사를 위하여 법제사법위원회에 회부된다.

법제사법위원회에서 자구 · 체제가 정리된 법률안은 다시 국회 본회의에 회부하며, 본회의를 통과한 법률안은 공포를 위해 정부에 이송된다.

(10) 국무회의 상정

국회 본회의를 통과한 법률안이 정부로 이송되면 법제처가 이를 접수하여 국무회의에 부의하게 되는데, 법률의 공포나 재의 요구를 위한 경우에는 법률안을 제출하는 경우와는 달리 차관회의를 거치지 아니한다. 이는 15일 이내에 공포하거나, 아니면 재의를 위하여 환부해야 한다는 '헌법'상의 기간제한을 어기지 않기 위하여 절차를 간소화한 것이다. '헌법'에 따르면, 법률안이 정부에 이송되면 정부는 15일 이내에 이를 공포하든가, 아니면 이의서를 붙여 국회에 환부하도록 규정하고 있다. 따라서 정부가 15일 이내에 아무런 조치를 취하지 아니하면 해당 법률안은 그대로 법률로 확정되며, 그로부터 5일 이내에 정부가 이를 공포하지 아니하면 국회의장이 공포하게 된다. 법률안에 대하여 이의가 있어 국회에 재의를 요구하는 경우는 법제처에서 관계부처와 협의하여 재의요구안을 작성하여 국무회의에 상정한다. 또한 국회에서 이송된 법률안을 그 내용대로 공포하기로 의결한 경우는 법률안에 대하여 국무총리 및 관계 국무위원의 부서를 받은 후 대통령의 재가를 받아 공포한다.

(11) 공포

법률안이 국회에서 정부로 이송되어 국무회의의 심의를 거쳐 대통령의 재가를 받거나 대통령령 안이 국무회의의 심의를 거쳐 대통령의 재가를 받은 경우, 그 법률안 및 대통령령 안은 법제처에서 공포번호를 부여한 후 행정안전부에 공포를 위한 관보 게재를 의뢰하여 공포하게 된다. 즉 관보에 게재하여 공포됨으로써 법률안 및 대통령령 안은 각각 법률 및 대통령령으로서 성립하게 된다. 또 부령 및 총리령은 법제처 심사가 완료된 후 소관 부처에서 해당 부령의 공포번호를 부여하고 행정안전부에 공포를 위한 관보 게재 의뢰를 하여 공포하게 된다.

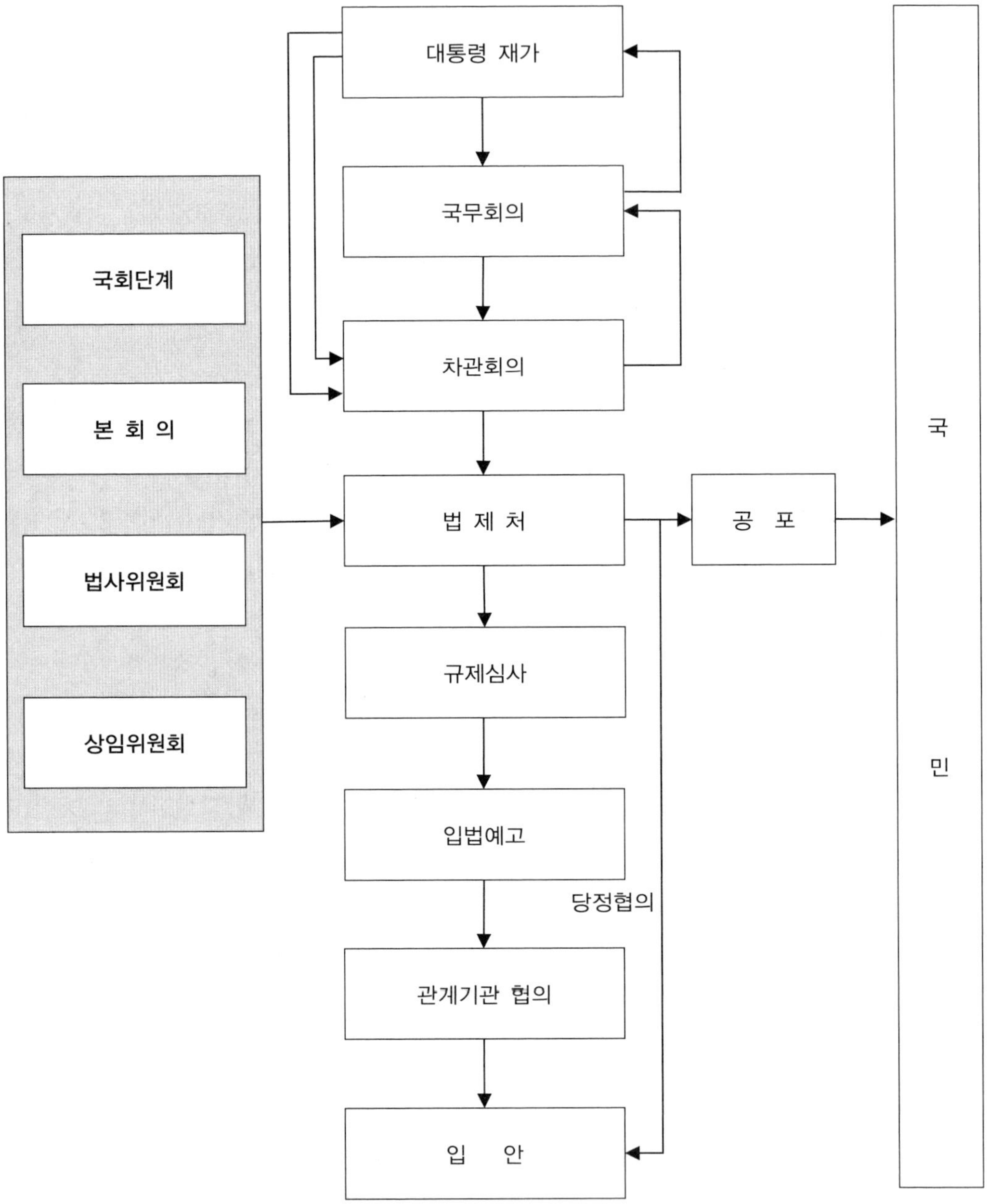

그림 2-1 입법절차 흐름도

2.3 국회의 입법과정

1. 법률안의 입안

(1) 의원발의

의원발의 법률안은 국회의원 10인 이상의 찬성으로 발의할 수 있다. 종전에는 국회의원이 개인적으로 발의하는 법률안의 입안을 지원하기 위하여 국회사무처의 공식기구인 법제실에서 상당수의 의원발의 법률안에 대한 검토를 거치게 하였으나, 2007년부터 국회입법조사처가 제정되어 국회의 각 위원회나 국회의원이 직접 요구하는 사항에 대한 조사·분석, 입법 및 정책관련 조사·연구, 외국의 입법동향 분석 및 정보제공 등에 관한 사무를 지원하고 있다.

(2) 위원회 제안

'위원회'는 그 소관에 속하는 사항의 법률안과 그 밖의 의안을 제출할 수 있다. 이 경우 위원장은 법안의 제출자가 되며 상임위원회는 소관사항에 대하여 자주적인 심사권이 있으므로 의안을 스스로 입안하여 제출할 수 있다. 또한 특정 사항에 대한 법률안의 입안·심사를 위하여 본회의 의결로 특별위원회를 구성한 경우는 특별위원회도 법률안을 입안하여 제출할 수 있다. 위원회에서 제안하는 의안은 '위원회 안'과 '위원회 제출 대안'으로 구분한다. '위원회 안'은 위원회가 그 소관에 속하는 사항에 관하여 독자적으로 의안을 입안하여 제출하는 것이며, '위원회 제출 대안'은 원안의 취지를 변경하지 않는 범위 내에서 그 내용의 수정이나 체계를 다르게 하여 원안을 대신할 만한 안으로 제출하는 것이다.

위원회에서 법률안 제안하고자 할 때는 이를 입안하기 위한 소위원회를 먼저 구성하고, 소위원회에서 마련한 내용을 위원회에서 질의·토론·심사를 거쳐 위원회 안으로 채택하거나 위원의 동의로 제안된 내용을 위원회에서 직접 심사·의결 또는 소위원회로 하여금 심사·보고하게 한 다음 의결함으로써 위원회 안을 마련하게 된다. 위원회에서 제출한 의안은 이미 그 위원회에서 충분한 심사를 거쳐 제출된 것이므로 그 위원회에 회부하지 않는다. 그러나 그 의안의 내용이 불충분하다는 등의 이유로 다시 심사할 필요가 있다고 인정하는 경우 의장은 운영위원회의 의결에 따라 다른 위원회에 회부할 수 있다.

2. 법률안 제출

법률안은 국회의원뿐만 아니라 정부도 법률안을 제출할 수 있도록 하고 있고, '국회법'에는 국회의 각 위원회도 그 소관에 속하는 사항에 관하여 법률안을 입안하여 위원장 명의로 제출할 수 있다. 위원회에서 제안한 법률안은 넓은 의미의 의원발의 법률안에 포함된다. 위원회에서 제안한 법률안이 아닌 의원발의 법률안은 발의자를 포함하여 10인 이상의 찬성으로 발의하며, 예산이 수반되는 법률안은 예산명세서를 동시에 제출해야 한다. 또 정부에서 제출하는 법률안은 국무회의의 심의를 거쳐 대통령 명의로 제출하되 국무총리와 관계 국무위원이 서명하게 된다.

3. 상임위원회의 심사

법률안이 상임위원회에 제출되어 접수되면 의장 결재 후 인쇄하여 모든 의원에게 배부하고 전산망에 입력하여 의원이 이용할 수 있도록 한다. 법률안은 접수시점으로 개의중인 때는 본회의에 보고한 후 소관위원회에 회부하고, 폐회나 휴회 중인 때는 본회의 보고를 생략한다.

소관 상임위원회의 결정은 의장이 하며 소관위원회가 불분명한 경우는 국회운영위원회와 협의하여 결정한다. 특히 필요하다고 인정하는 안건은 본회의의 의결로 특별위원회에 회부할 수도 있으며, 또한 의장은 법률안이 다른 위원회의 소관사항과 관련이 있다고 판단할 때에는 관련 위원회에 의견제시 기간을 정하여 회부할 수도 있다.

위원회는 필요시 특정한 안건심사를 위해 소위원회를 구성하여 심사하고, 그 심사결과에 따라 전체위원회에서 최종 심사를 한다.

(1) 위원회 상정

소관 상임위원회에 법률안이 회부되면 위원장은 간사와 협의하여 의사일정을 정한다. 이때 국회법 제59조에 의한 특별한 사유로 위원회의 의결이 있는 경우를 제외하고는 법률안이 위원회에 회부된 후 제정된 법률안과 전부개정 법률안은 20일, 일부개정 법률안의 경우 15일이 경과되어야만 의사일정으로 상정할 수 있다.

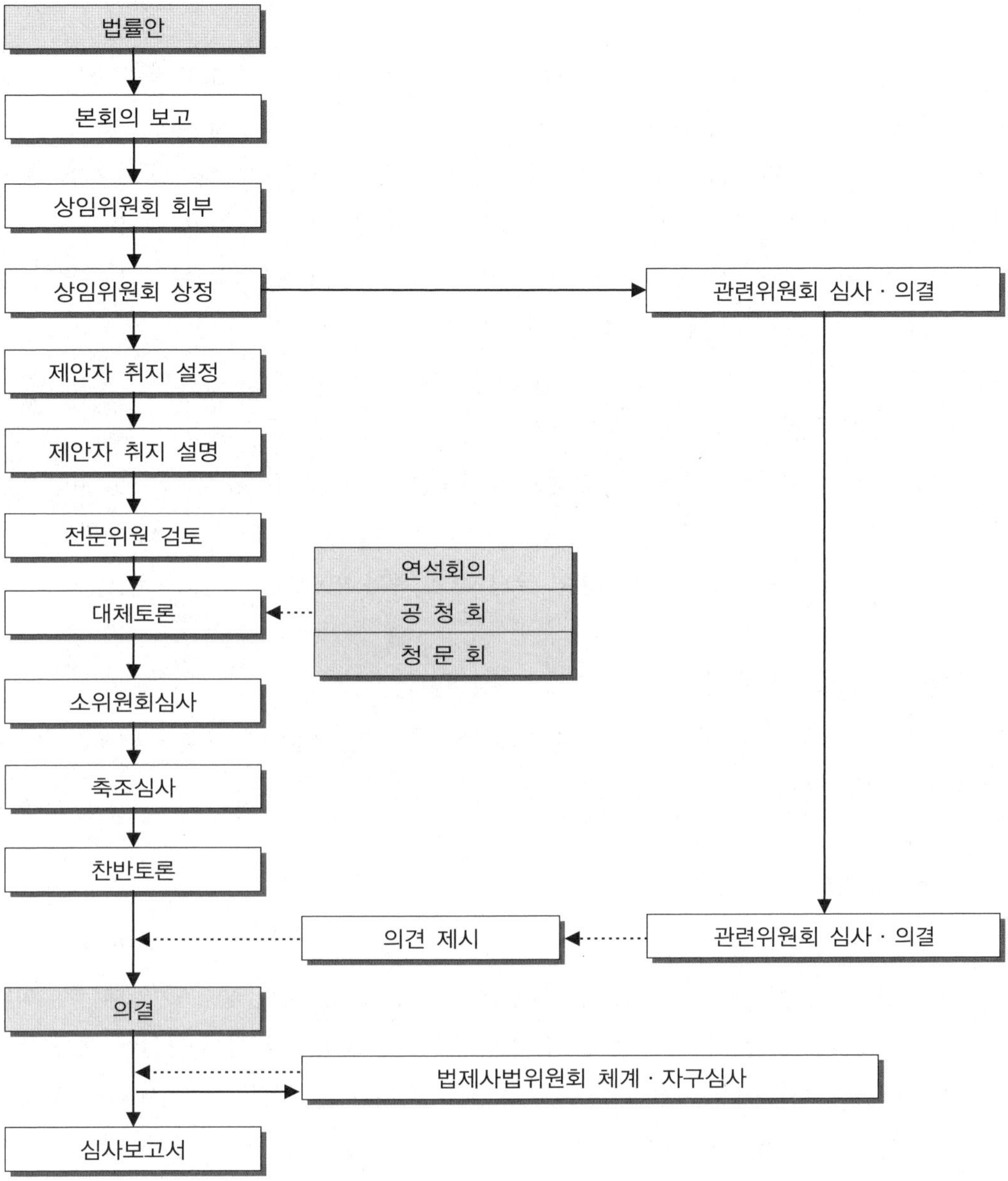

그림 2-2 국회상임위원회의 심사절차

(2) 제안자 설명

법률안이 위원회의 의사일정에 상정되면 제안자가 위원회에 출석하여 법률안의 제안 이유와 주요 내용 및 제안취지를 설명한다. 정부제출 법률안은 국무위원 또는 정부위원이 설명하고 의원발의 법률안은 발의자들 중 대표 발의자가 설명을 한다.

(3) 전문위원 검토 보고

의사일정에 상정된 모든 안건에 대하여는 전문위원의 검토 보고가 필요하다. 전문위원의 검토보고서는 위원회에서 심사할 안건에 대하여 제안이유, 문제점, 장·단점과 그 밖에 필요한 사항을 조사·분석하여 작성한 보고서로 법률안의 위원회 상정일 48시간 전까지 소속위원에게 배부하고, 위원회에서 구두로 보고한다. 그러나 위원회에서 제안하는 의안에 대하여는 그 제안과정에서 전문위원이 참여하게 되므로 전문위원의 검토 보고는 따로 하지 않는다.

(4) 대체토론

대체토론은 제안자와의 질의·답변을 포함하는 넓은 의미로 규정하고 있으며, 안건에 대하여 찬성·반대를 표시하는 찬반토론이 아니다. 위원회가 안건을 소위원회에 회부하고자 하는 때에는 반드시 대체토론이 끝난 후에 해야 한다.

(5) 공청회·청문회

위원회는 법률안을 심사할 시 제정 법률안이나 개정 법률안에 대하여 공청회 또는 청문회를 개최해야 하나 위원회 의결로 생략할 수 있다.

(6) 소위원회의 심사

대체토론이 끝나면 안건을 반드시 소위원회에 회부하여 심사·보고하게 하고, 이때 소위원회 위원장은 심사결과를 위원회에 보고한다. 또한 폐회 중에도 언제든지 회의를 소집하여 회부된 법률안 등 의안을 심사할 수 있다. 또한 회부된 법률안에 대하여 수정안·대안을 제시를 할 수 있으며, 의결 의안의 심사와 관련된 보고나 서류의 제출을 정부·행정기관 등에 대하여 요구할 수 있으며 필요시 증인이나 감정인·참고인의 출석을 요구할 수 있다.

(7) 축조심사

축조심사는 의안을 한 개의 조항씩 낭독하면서 심사해 나가는 것을 말한다. 이때 안건내용과 심사 정도에 따라 제정 법률안이나 개정 법률안의 경우를 제외하고는 필요시 위원회의 의결로 이를 생략할 수 있다.

(8) 찬반토론

이는 의제에 대하여 찬반의견을 표명하는 것이다. 토론은 소견의 개진 이외에 찬성 또는 반대이유와 수정의견 제시가 가능하다.

(9) 표결

표결은 위원장의 요구에 의하여 위원이 의제에 대하여 찬성 또는 반대의 의사를 표명하고 그 수를 집계하는 것이다. 위원회에서의 표결은 재적위원 과반수의 출석과 출석위원 과반수의 찬성으로 의결한다.

4. 법제사법위원회의 심사

소관위원회에서 법률안의 심사를 마친 때에는 법제사법위원회에 회부하여 체계와 자구에 대한 심사를 한다. '체계의 심사'란 법률안 내용의 위헌 여부, 관련법률과의 모순 · 저촉 여부, 균형의 유지, 자체 조항 간의 모순 · 저촉 유무를 심사하는 동시에 법률의 형식을 정비하는 것이고, '자구심사'란 법규의 정확성과 용어의 적합성 · 통일성 등을 심사하고 각 법률에서 사용되는 용어를 통일, 정비하는 것이다.

(1) 법률안 상정시기

법제사법위원회는 위원회로부터 법률안이 회부되면 특별한 사유로 인한 위원회의 의결이 있는 경우 이외에는 법률안이 회부된 날로부터 5일이 경과된 후 의사일정으로 상정한다. 이는 위원들에게 의안에 대한 최소한의 검토기간을 주어 그 심사가 졸속으로 이루어지는 것을 방지하기 위한 것이다.

(2) 심사의 범위

법제사법위원회의 심사권은 체계와 자구의 심사에 한하고, 법률안의 정책적인 내용까지 실질적으로 심사할 수는 없다. 그러나 법률안의 내용이 헌법에 위배되는 등, 상위법이나 타법과 상충 · 저촉되는 경우 그 내용은 법체계의 통일과 조화를 위하여 체계심사의 대상이 된다.

(3) 심사기간의 지정

의장은 법제사법위원회의 체계 · 자구 심사기간을 정할 수 있으며, 그 기간 내에 이유 없이 심사를 마치지 않을 때에는 바로 당해 법률안을 본회의에 부의할 수 있다. 이 경우 의장은 각 교섭단체 대표의원과 협의해야 한다.

이는 법률안 등의 본회의 심의가 법제사법위원회 체계 · 자구심사의 지체로 인하여 지연되는 것을 방지하려는 데에 그 목적이 있다.

만약 체계 · 자구심사를 거치지 아니하고 직접 본회의에 부의한 의안의 경우에는 의결 후에 본회의의 위임을 받아 의장이 서로 저촉되는 조항 · 자구 · 숫자와 그 밖의 정리를 할 수 있다.

5. 전원위원회의 심사

전원위원회란 의원전원이 구성원이 되어 의안을 심사하는 위원회를 말한다. 이 위원회는 위원회 중심주의로 인해 본회의의 법안심의가 형식화되는 것을 보완하기 위하여 도입되었다. 동 위원회는 위원회의 심사를 거쳤거나 위원회가 제안한 의안 가운데 정부조직에 관한 법률안과 조세 또는 국민에게 부담을 주는 법률안 등 주요 의안의 본회의 상정 전이나 본회의 상정 후에 재적의원 4분의 1 이상의 요구가 있으면 개회된다.

(1) 전원위원회의 직무

전원위원회는 위원회의 심사를 거치거나 위원회가 제안한 의안 중에서 정부조직에 관한 법률안, 조세 또는 국민에게 부담을 주는 법률안 등 주요 의안에 대한 수정안을 제출할 수 있다. 이 경우 해당 수정안은 전원위원장이 제출자가 된다.

(2) 전원위원회의 위원장

전원위원회의 위원장은 의장이 지명하는 부의장이 된다. 국회부의장은 현재 2명이므로 전원위원회에서 심사하기로 한 안건별로 의장이 해당 부의장을 지명하면, 지명된 부의장이 전원위원회의 위원장이 되어 회의를 주재한다.

(3) 의사 및 의결정족수

전원위원회의 의사정족수는 재적위원의 5분의 1 이상이다. 전원위원회는 재적위원 4분의 1 이상의 출석과 출석위원 과반수의 찬성으로 의결한다.

(4) 심사기간

전원위원회의 의안 심사는 계속해서 2일 이내 1일 2시간의 범위 내에서 할 수 있으며, 의원의 발언시간은 5분 이내로 한다. 이는 전원위원회의 의안심사가 위원회의 심사를 거친 의안 등에 대하여 그 처리를 유보시키거나 본회의 상정을 지연시키는 방법으로 운영되지 않아야 한다.

(5) 심사결과 보고

전원위원회에서 심사한 결과를 본회의에 보고하는 때에는 전원위원장이나 전원위원장이 지명하는 다른 위원이 본회의에 보고하게 된다.

6. 본회의 심의

본회의 '심의'는 의회에서 그 안건에 대하여 회의형식에 따라 그 내용을 심사하고 논의하는 것을 의미한다. 현행 국회법에서는 본회의의 심사 · 논의를 '심의'라 하고 위원회의 안건에 대한 검토 · 논의는 '심사'라는 용어로 구별하여 사용하고 있다. 본회의의 심의절차는 위원회의 심사를 거친 안건과 그렇지 않은 안건과는 서로 다르다. 위원회의 심사를 거친 안건은 위원장의 심사보고, 질의, 토론, 표결 순이며, 위원회의 심사를 거치지 않은 안건은 제안자의 취지 설명, 질의, 토론, 표결 순이다. 다만, 전원위원회의 심사를 거쳐 수정안을 제출한 의안의 경우에는 소관 위원장의 심사보고 후 전원위원장의 심사보고 및 수정안 제안 설명을 차례로 듣고 다음 절차로 진행된다.

(1) 심사보고서의 배부 및 보고

의장은 심사보고서가 제출된 때에는 본회의에서 의제가 되기 전에 인쇄하여 의원에게 배부한다. 그러나 긴급을 요할 때에는 이를 생략할 수 있다. 의장은 심사보고서가 제출되면 본회의에서 의사국장을 통하여 보고한다.

(2) 본회의 상정

본회의의 의제 안건은 위원회에서 가결되어 위원회의 심사보고서가 의장에게 제출되면 의장이 이를 인쇄 · 배부한다.

(3) 위원장의 심사보고

위원장은 소관위원회에서 심사를 마친 안건이 본회의의 의제가 된 때에는 위원회에 있어서의 심사경과 및 결과와 소수의견 및 관련 위원회의 의견 등 필요한 사항을 구두로 보고하게 되는데, 본회의에서는 제안자의 취지 설명은 하지 않으므로 충실하게 보고할 필요가 있으나 자기의 의견을 가해는 안 된다. 제안자는 그 안건을 위원회에서 심사하는 때에 제안취지의 설명을 하고, 본회의에서의 취지 설명은 제안자가 하지 않고 위원장이 심사보고에서 그 안건에 대한 제안이유와 내용에 대하여 언급하기 때문에, 제안자의 취지 설명은 위원회의 심사를 거치지 않은 안건에 대해서만 하게 된다.

(4) 전원위원장의 심사보고

전원위원회의 심사를 거친 안건에 대해서는 전원위원장이 이를 본회의에 보고한다. 전원위원회의 직무가 본회의에 부의된 안건에 대한 수정안을 제출하는 것이므로 수정안을 제안하게 된 경우에는 그 수정 이유와 주요 내용 등을 보고하며, 수정안이 제출되지 않은 경우에는 전원위원장의 심사보고는 생략할 수 있다.

(5) 질의 · 토론 및 표결

위원장의 심사보고나 제안자의 취지 설명이 있은 후에는 질의 · 토론을 거쳐 표결을 하게 된다. 그러나 위원회의 심사를 거친 안건에 대하여는 의결로 질의와 토론 또는 그 중의 하나를 생략할 수 있다. 의장은 안건에 대하여 표결을 하는 경우 안건에 대한 이의의 유무를 물어서 이의가 없다고 인정한 때에는 가결되었음을 선포할 수 있다. 그러나 이의가 있는 때에는 원칙적으로 표결을 해야 한다.

7. 종결단계

본회의는 의안의 의결이 있은 후에도 서로 저촉되는 조항 · 자구 · 숫자와 그 밖의 정리를 필요로 하는 때에는 의장 또는 위원회에 이를 위임할 수 있다.

관례적으로 법률안의 정리는 의장이 하고 있으며, 그 실무는 법제사법위원회 전문위원의 확인이 끝나면 사무국의 안과에서는 정부이송 유인물을 준비하는 등 법률안의 정부이송절차를 밟게 된다.

제 3 장

건설공사 수행체계

3.1 건설공사 참여자

1. 발주자(Owner)

발주자란 자금을 투자하여 건설공사를 행하는 자로서 공사계약을 체결하여 사업을 집행하는 자를 말한다. 또 다른 용어로는 건축주, 주문자 또는 도급인이란 표현을 쓰기도 하는데 건설공사에서는 도급을 주는 자, 건설업체에게 주문을 주는 자를 지칭하기도 한다. 이와 같은 의미에서 발주자는 개인이나 법인뿐만 아니라 흔히 발주관청이라 불리는 정부나 지방자치단체 등이 모두 포함되며, 발주자가 직접 직영으로 공사를 수행할 때에는 대리인을 두어 스스로 공사를 행하는 자를 의미하기도 한다.

발주자는 사업내용에 따라 적합한 건설생산방식과 적격 업체를 선택할 수 있으며, 자신의 역량에 따라 직접 감독하거나 감리 또는 사업관리자를 두어 사업을 관리하게 할 수도 있다. 따라서 발주자는 사업기획수립 단계부터 타당성 검토, 설계, 시공, 운영 및 유지관리단계까지 다양한 역할과 기능을 수행하게 된다. 일반적으로 건설사업은 발주자와 도급자간 계약에 의해 이루어진다. 이때 발주자는 자신이 원하는 시설물의 기능이나 외관, 공사비, 공사기간 등을 명시하여 설계자에게 발주하게 되고, 설계자는 발주자가 원하는 요구사항이나 기능에 맞는 시설물을 설계하게 된다.

또한 시공자는 설계도서에 따라 건축물을 시공하여 완성하는 것이다. 그런데 발주자에게 요구되는 기능과 역할은 발주기관의 성격이나 해당 사업의 특성상 적용할 수 있는 발주방식의 유형 등이 달라질 수 있으므로 발주자의 역량을 절대적 또는 획일적으로 정의하기는 어렵다.

따라서 발주자는 자신이 이루어야 할 건설사업의 특성과 자신의 수행역량에 따라 발주자로써의 역할과 책임이 정해질 수 있다.

2. 설계자(Designer)

건축설계자는 자기책임하에 설계도서를 작성하고 건축주에게 설계도서가 의도하는 바를 해설 · 지도 · 자문하는 자를 말한다. 일반적으로 건축설계는 설계사무소와 엔지니어링 활동 주체, 기술사사무소 등에서 수행된다.

특히 건설설계활동의 대표적 주체는 설계사무소이며 건축사는 설계사무소의 대표자로서 건축물의 설계와 공사감리를 할 수 있는 자격을 가진 기술자를 말한다.

건축사법에 의하면, 건축설계란 "구조물의 건축, 대수선, 건축설비의 설치와 공작물 축조를 위한 도면, 시방서 기타 국토해양부령이 정하는 공사에 필요한 서류, 즉 설계도서를 작성하고 그 설계도에서 의도하는 바를 해설하거나 지도 · 자문하는 행위"로 정의하고 있다.

설계자가 발주관청으로부터 설계용역을 수탁받아 설계를 수행할 때에는 발주관청이 의뢰한 내용을 충족시키기 위하여 설계도서 작성 시 프로젝트의 요구기능, 외관, 공사비, 공사기간 등 설계 요구사항에 충실해야 한다. 또한 예상되는 시설물의 품질이나 기능, 비용 등에 대한 추가적인 의견이 있는 경우, 이러한 의견의 적용성에 대한 기술적 검토를 실시하고 공사비 결정의 합리적인 근거자료를 제시해야 한다.

설계자는 자신의 전문지식과 설계경험을 바탕으로 발주자의 요구사항을 검토한 후 이에 부합되는 설계관리업무를 수행한다. 설계업무의 주요 활동은 기획설계와 기본설계, 실시설계로 구분되나 기획설계는 프로젝트의 규모 및 내용을 확정하는 이전단계의 설계행위로, 기업에 따라 현상설계 등과 같이 설계수주를 위한 영업행위의 한 부분이 될 수도 있다.

설계업무를 수행하기 위한 준비단계로 설계용역계약서, 내역서, 과업지시서 접수 및 검토와 설계조직 내의 방침 결정 및 설계계획서를 작성한다. 또한 설계계획에 따른 분야별 책임자를 결정하고 업무분담에 따라 설계를 수행한다. 설계는 설계입력, 설계출력, 설계검토, 설계검증과 유효성 검토 및 전문 분야별 기술자 간 설계도서에 대한 기술적인 연계성을 검토하여 조정하는 등 일련의 설계관리와 검토 및 검증활동이 포함된다. 또한 설계자는 건축주를 대신하여 건축물의 인 · 허가 신청업무, 건축공사 중간검사, 준공검사업무, 기타 해당되는 건축심의 업무, 건축공사 중간검사, 준공검사, 준공도면 작성 및 확인업무 등 대관 행정업무를 수행한다. 또 건축사는 관련법에 규정된 법정 공사감리업무를 수행하게 되며, 이 경우 건축주를 대신하여 설계도서대로 시공되는지 여부를 확인하여 공사진행상황을 감독해야 한다.

3. 시공자(Constructor)

건축법상 시공자란 건축물의 신축, 대수선과 건축설비 및 공작물에 관하여 공사도급계약에 의한 경우는 그 수급인 스스로 그 공사를 행하는 자이다. 즉 시공자는 발주자와 공사계약을 맺고 공사를 맡아서 행하는 자이다.

이때 건축주와 직접 도급계약을 체결하는 자를 원도급자라고 하며, 건축주와 관계없이 원도급자로부터 공사의 전부를 도급받아 공사를 수행하기로 하여 계약을 맺은 자를 재도급자, 건축주와 관계없이 원도급자에게 도급공사의 일부를 수행하기로 계약을 체결한 자를 하도급자라 한다. 이때 하도급자를 전문건설업체 또는 원도급자 입장에서는 외주업체 또는 협력업체라고도 한다. 건설업법상 금지되어 있는 도급공사는 재도급, 일괄하도급, 재하도급, 무면허업자도급 등이 있다.

일반적으로 건설공사의 시공업자는 건설공사 전체를 수행하는 일반건설과 이 일반건설의 단위공종(29종)을 수행하는 전문건설로 나눌 수 있다. 그러나 실제 건설업의 시공구조를 살펴보면, 원도급업인 일반건설업과 하도급업인 전문건설업 외에도 노동력만을 제공하는 인력하도급 등 중층하도급 구조로 되어 있다. 일반건설업에 종사하는 자는 통상적으로 건설관리자를 많이 고용하고 있으며, 각 현장의 단위공종별 시공업무의 대부분은 하도급업체인 전문건설업체가 담당한다. 이때 전문건설업체는 상시적으로 작업자들을 고용하지 않고 필요시마다 인력 하도급업체에게 재하도급하여 시공하는 것이 현실이다. 이와 같이 건설업은 원·하도급간 인력의 활용 면에서 중층하도급 구조를 유지하게 됨에 따라 건설공사의 안정적인 수행과 품질확보를 위해서는 업체 간 상생협력 체제의 유지가 중요하다.

따라서 대부분의 일반건설업체들은 매년 또는 정기적으로 전문건설업들에 대하여 협력업체 등록을 받아 관리하고 있으며, 해당 공종의 공사 시 이들 등록업체들 중에서 공사 수행자를 선정하여 시공할 수 있도록 하고 있다.

(1) 일반건설업(5종)

토목공사업, 건축공사업, 토목건축공사업, 산업환경설비공사업, 조경공사업

(2) 전문건설업(29종)

실내건축공사업, 토공사업, 미장방수조적공사업, 석공사업, 도장공사업, 비계구조물해체공사업, 금속구조물창호공사업, 지붕판금건축물조립공사업, 철근콘크리트공사업, 기계설비공사업, 상하수도설비공사업, 보링그라우팅공사업, 철도궤도공사업, 포장공사업, 수중공사업, 조경식재공사업, 조경시설물설치공사업, 강구조물공사업, 철강재설치공사업,

삭도설치공사업, 준설공사업, 승강기설치공사업, 가스시설시공업(1종), 가스시설시공업(2종), 가스시설시공업(3종), 난방시공업(1종), 난방시공업(2종), 난방시공업(3종), 시설물유지관리업

(3) 기타 건설업

전기공사업, 정보통신공사업, 소방시설공사업, 지하수시공업, 지하수영향조사업, 주택건설업, 대지조성업

4. 감리자(Supervisor)

공사감리자란 자기책임 하에 건축법이 정하는 바에 의해 건축물, 건축설비 또는 공작물이 설계도서의 내용대로 시공되는지의 여부를 확인하고 품질관리 · 공사관리 및 안전관리 등에 대하여 지도 · 감독하는 자를 말한다.

건설공사감리제도는 건축법 및 건축사법에 의한 감리와 건설기술관리법에 의한 감리로 구분할 수 있다. 설계단계의 감리는 설계감리를 말하는데, 설계감리는 기본설계 및 실시설계 시의 품질과 공정을 관리하고 시공과 관계되는 재료, 구조, 시공성 등에 대한 적정성을 검토하는 업무로 규정하고 있으며, 설계감리 대상용역과 감리의 업무범위는 아래와 같이 건설기술관리법 시행령 제39조 및 제39조에 규정되어 있다. 시공단계의 감리업무는 책임감리와 시공감리, 검측감리로 구분되는데, 각 단계별 감리업무 수행범위는 다음의 건설기술관리법 시행령 제53조 및 제52조 등에서 규정하고 있다.

(1) 건설기술관리법에 의한 감리

건설기술관리법에 의한 감리제도는 공공기관의 공사감독업무가 민간의 전문가에게 이양된 형태로, 1996년 삼풍백화점 붕괴사고 등 대형사고 발생에 따라 사고발생에 대한 원인과 책임의 규명이 어려워 이를 극복하기 위하여 도입되었다.

이에 따라 민간의 감리전문회사가 설립되어 건축공사 시 설계도서대로 시공되는지 여부를 확인 감독하는 감리업무가 수행되어 왔다. 이 제도는 설계단계의 기본 및 실시설계에 대한 설계감리와 시공단계의 감리로 구분하고, 시공단계는 업무영역에 따라 책임

감리와 시공감리 및 검측감리로 구분되고 있다.

(2) 건축법과 건축사법에 의한 감리

건축사법 제4조 및 건축법 제25조 등에는 설계 및 공사감리와 건축물의 공사감리업무가 규정되어 있다.

건설기술관리법 시행령 제39조의2 (설계감리의 업무범위 등)

① 법 제22조제2항의 규정에 의한 설계감리의 업무범위는 다음 각 호와 같다.

1. 건설공사의 관련법령 · 건설공사설계기준 및 건설공사시공기준에의 적합성 검토
2. 구조물의 설치형태 및 건설공법 선정의 적정성 검토
3. 사용재료 선정의 적정성 검토
4. 설계내용의 시공가능성에 대한 사전검토
5. 구조계산의 적정성 검토
6. 측량 및 지반조사의 적정성 검토
7. 설계공정의 관리
8. 공사기간 및 공사비의 적정성 검토
9. 설계의 경제성검토
10. 설계안의 적정성 검토
11. 설계도면 및 공사시방서 작성의 적정성 검토
12. 설계감리에 대한 결과보고서의 작성

건설기술관리법 시행령 제53조 (감리전문회사의 종류 및 업무범위)

① 법 제28조제1항의 규정에 의한 감리전문회사는 종합감리를 전문으로 하는 종합감리전문회사, 토목감리를 전문으로 하는 토목감리전문회사, 건축감리를 전문으로 하는 건축감리전문회사 및 설비감리를 전문으로 하는 설비감리전문회사로 구분한다.

② 종합감리전문회사는 「건설산업기본법 시행령」 [별표 1]의 규정에 의한 일반공사 및 전문공사에 대한 책임감리를 할 수 있다.

③ 토목감리전문회사는 건설산업기본법 시행령 [별표 1]의 규정에 의한 일반공사 중 주된 공종이 토목공사인 건설공사 및 해당 전문공사에 대한 책임감리를 할 수 있다.

④ 건축감리전문회사는 건설산업기본법 시행령 [별표 1]의 규정에 의한 일반공사 중 주된 공종이 건축공사인 건설공사 및 해당 전문공사에 대한 책임감리를 할 수 있다.

⑤ 설비감리전문회사는 건설산업기본법 시행령 [별표 1]의 규정에 의한 전문공사 중 설비공사로, 단독 발주된 건설공사에 대하여 책임감리를 하거나 건설공사 중 설비부문에 대하여 종합감리전문회사 · 토목감리전문회사 또는 건축감리전문회사와 공동으로 책임감리를 할 수 있다.

건설기술관리법 제52조(감리원의 업무범위 및 배치기준 등)

① 법 제27조제4항의 규정에 의한 책임감리를 수행하는 감리원의 업무범위는 다음 각 호와 같다.

1. 시공계획의 검토
2. 공정표의 검토
3. 건설업자 또는 주택건설등록업자가 작성한 시공 상세도면의 검토 · 확인
4. 시공이 설계도면 및 시방서의 내용에 적합하게 행하여지고 있는지에 대한 확인
5. 구조물 규격에 관한 검토 · 확인
6. 사용자재의 적합성 검토 · 확인
7. 건설업자 또는 주택건설등록업자가 수립한 품질관리계획에 대한 확인, 품질관리계획의 지도, 품질시험 및 검사성과에 관한 검토 · 확인
8. 재해예방대책 · 안전관리 및 환경관리의 확인
9. 설계변경에 관한 사항의 검토 · 확인
10. 공사 진척부분에 대한 조사 및 검사
11. 완공도면의 검토 및 준공검사
12. 하도급에 대한 타당성 검토
13. 설계내용의 현장조건 부합 및 실제 시공 가능 여부 등의 사전검토
14. 기타 공사의 질적 향상을 위하여 필요한 사항으로서 국토해양부령이 정하는 사항

② 법 제27조의2 제2항의 규정에 의한 시공감리를 하는 감리원의 업무범위는 다음 각 호와 같다.

1. 시공계획의 검토
2. 공정표의 검토
3. 건설업자 또는 주택건설등록업자가 작성한 시공 상세도면의 검토
4. 시공내용이 설계도면 및 공사시방서의 내용에 적합하게 행하여지고 있는지에 대한 확인
5. 구조물 규격의 적합성의 검토
6. 사용자재의 적합성의 검토

7. 건설업자 또는 주택건설등록업자가 수립한 품질보증계획 또는 품질시험계획에 대한 확인 · 지도
8. 건설업자 또는 주택건설등록업자가 실시한 품질시험 또는 검사에 대한 검토 · 확인
9. 재해예방대책 · 안전관리 및 환경관리의 지도
10. 설계의 변경에 관한 사항의 검토
11. 공사 진척부분에 대한 조사 및 검사
12. 완공도면의 검토 및 완공사실의 확인
13. 하도급에 대한 타당성 검토
14. 설계내용의 현장조건 적합성 및 시공 가능성 등의 사전검토
15. 그 밖에 건설공사의 질적 향상을 위하여 필요한 사항으로서 국토해양부령이 정하는 사항

③ 법 제27조의2 제2항의 규정에 의한 검측감리를 하는 감리원의 업무범위는 다음 각 호와 같다.

1. 시공내용이 설계도면 및 공사시방서의 내용에 적합하게 행해지고 있는지에 대한 확인
2. 구조물 규격의 적합성의 검토
3. 사용자재의 적합성의 검토
4. 품질시험 및 성과에 관한 검토 · 확인
5. 공사 진척부분에 대한 조사 및 검사

건축사법 제4조(설계 또는 공사감리 등)

① 「건축법」 제23조제1항에 따른 건축물의 건축 등을 위한 설계는 제23조제1항 또는 제8항 단서에 따라 신고를 한 건축사 또는 같은 조 제2항에 따라 건축사사무소에 소속된 건축사가 아니면 할 수 없다.

② 「건축법」 제25조제1항에 따라 건축사를 공사감리자로 지정하는 건축물의 건축 등에 대한 공사감리는 제23조제1항 또는 제8항 단서에 따라 신고를 한 건축사 또는 같은 조 제2항에 따라 건축사사무소에 소속된 건축사가 아니면 할 수 없다.

[전문개정 2011.5.30]

건축법 제25조 (건축물의 공사감리)

① 건축주는 대통령령으로 정하는 용도 및 구조의 건축물을 건축하는 경우, 건축사나 대통령령으로 정하는 자를 공사감리자로 지정하여 공사감리를 하게 하여야 한다. 이 경우 시공에 관한 감리에 대하여 건축사를 공사감리자로 지정하는 때에는 공사시공자 본인 및 「독점규제 및 공정거래에 관한 법률」 제2조에 따른 계열회사를 공사감리자로 지정하여서는 아니 된다.

② 공사감리자는 공사감리를 할 때 이 법과 이 법에 따른 명령이나 처분, 그 밖의 관계 법령에 위반된 사항을 발견하거나 공사시공자가 설계도서대로 공사를 하지 아니하면 이를 건축주에게 알린 후 공사시공자에게 시정하거나 재시공하도록 요청하여야 하며, 공사시공자가 시정이나 재시공 요청에 따르지 아니하면 서면으로 그 건축공사를 중지하도록 요청할 수 있다. 이 경우 공사중지를 요청받은 공사시공자는 정당한 사유가 없으면 즉시 공사를 중지하여야 한다.

③ 공사감리자는 제2항에 따라 공사시공자가 시정이나 재시공 요청을 받은 후, 이에 따르지 아니하거나 공사중지 요청을 받고도 공사를 계속하면 국토해양부령으로 정하는 바에 따라 이를 허가권자에게 보고하여야 한다.

④ 대통령령으로 정하는 용도 또는 규모의 공사의 공사감리자는 필요하다고 인정하면 공사시공자에게 상세 시공도면을 작성하도록 요청할 수 있다.

⑤ 공사감리자는 국토해양부령으로 정하는 바에 따라 감리일지를 기록 · 유지하여야 하고, 공사의 공정(工程)이 대통령령으로 정하는 진도에 다다른 경우에는 감리중간보고서를, 공사를 완료한 경우에는 감리완료보고서를 국토해양부령으로 정하는 바에 따라 각각 작성하여 건축주에게 제출하여야 하며, 건축주는 제22조에 따른 건축물의 사용승인을 신청할 때 중간감리보고서와 감리완료보고서를 첨부하여 허가권자에게 제출하여야 한다.

⑥ 건축주나 공사시공자는 제2항과 제3항에 따라 위반사항에 대한 시정이나 재시공을 요청하거나 위반사항을 허가권자에게 보고한 공사감리자에게 이를 이유로 공사감리자의 지정을 취소하거나 보수의 지급을 거부하거나 지연시키는 등 불이익을 주어서는 아니 된다.

⑦ 제1항에 따른 공사감리의 방법 및 범위 등은 건축물의 용도 · 규모 등에 따라 대통령령으로 정하되, 이에 따른 세부기준이 필요한 경우에는 국토해양부장관이 정하거나 건축사협회로 하여금 국토해양부장관의 승인을 받아 정하도록 할 수 있다.

⑧ 국토해양부장관은 제7항에 따라 세부기준을 정하거나 승인을 한 경우 이를 고시하

여야 한다.

⑨「주택법」 제16조에 따른 사업계획 승인 대상과「건설기술관리법」 제27조에 따른 책임감리대상 건축물의 공사감리는 제1항부터 제8항까지의 규정에도 불구하고 각각 해당 법령으로 정하는 바에 따른다.

5. 건설사업관리자

1994년에 책임감리제도가 시행된 이후 계속되는 대형공사의 부실시공 등으로 국내 건설업계는 새로운 제도 도입의 필요성이 제기되었다. 특히 건설공사의 대형화, 복잡화, 전문화로 인해 발주관리의 전문성과 효율성 확보 차원에서 종합적인 건설관리체계가 필요하여 1996년 12월 건설산업기본법을 개정하여 CM(Construction Management) 제도의 도입을 명문화하였다.

CM제도는 건설공사의 기획단계, 설계단계, 구매 및 입찰단계, 시공단계, 유지관리단계까지 각 단계별로 사업관리자가 참여하여 설계 및 시공자의 활동을 관리 자문하고 발주자가 원하는 최적의 서비스를 제공하고자 하는 관리시스템을 의미하며, 이 시스템에는 공정관리, 공사비관리, 정보관리, 품질관리, 계약관리 등의 관리활동이 포함되고 있다.

이 제도의 특징은 설계 및 시공자 간의 건설사업에 대한 정보단절로 인한 공사의 부조화를 막고 설계자가 의도한 시공이 이루어질 수 있도록 관리함으로써 공사비 절감과 적정한 공사기간 및 요구품질을 실현시키는 장점이 있다.

이러한 면에서 국내에서 적용되는 책임감리제도는 선진국의 CM제도와 유사한 제도이긴 하나 CM제도는 공사기획단계부터 완료 후 단계까지 전 라이프사이클을 대상으로 하는 반면, 책임감리제도는 시공단계에서 품질관리에 중점을 두고 있는 점에서 차이가 있다.

건설산업기본법 제2조제6호에 의한 건설사업관리는 "건설공사에 관한 기획, 타당성 조사, 분석, 설계, 조달, 계약, 시공관리, 감리, 평가, 사후관리 등에 관한 관리업무의 전부 또는 일부를 수행하는 것"으로 정의하고 있다. 또 건설산업기본법 제2조제12항에도 "건설산업기본법 제2조제6항에 규정에 따른다"라고 규정하고 있으며, 국가계약법 시행령 제91조 2항에는 건설사업관리를 공사의 기획, 타당성 조사, 설계, 시공, 감리, 유지관리 등에 관하여 그 전부 또는 일부를 종합관리하는 업무"로 규정하고 있다.

한편, CM방식은 크게 두 가지로 구분하고 있는데, 하나는 기술관리 용역형 CM방식(CM for Fee)으로써 발주자가 직접 시공자와 계약관계를 가지고 사업관리자가 발주자의 대리인으로 공사관리를 담당하는 계약형태로서, 이 방식은 직접설계나 시공업무는 수행하지 않으며, 단지 발주자의 대리인으로서 CM서비스를 수행하고 용역비를 지불받는 형식이다. 다른 하나는 시공형 CM방식(CM at risk)으로써, 시공자가 건설사업관리자의 역할을 겸하는 계약형태이다. 이는 건설사업관리자가 시공과 CM을 동시에 수행하게 됨으로써 프로젝트의 공사비와 공사기간 등에 대한 책임과 위험을 모두 부담하는 형태이다.

(1) CM for Fee방식(용역형 CM)

이 방식은 CM업자의 발주자 대리인(agency) 역할로써 시공에 대한 책임은 없으며, 기획 · 설계 · 시공단계의 총괄적 관리업무만 수행한다. 용역형 CM계약방식에서 CM업자의 역할은 현재의 책임감리업자와 유사한 기능을 갖게 되나, 차이점은 공사기획단계부터 시공 후 단계까지 전 과정을 CM업자가 총괄적으로 관리하는 것이다. 따라서 발주자의 의도가 설계 · 시공과정에 유기적으로 전달되도록 할 뿐 아니라 설계와 시공업체의 선정과정에도 발주자에게 조언을 하게 되며, fast-track system에 의한 설계의 각 단계별 분할시공이 가능하도록 CM업자로서의 역할이 가능하다.

(2) CM at Risk방식(시공형 CM)

CM at Risk방식은 CM업자가 관리적인 업무 외에 시공까지 책임지는 형태로서 부실시공에 대한 위험도 책임져야 하는 계약방식이다. 현재의 턴키(turnkey)방식과의 차이점은 설계는 별도의 설계자가 하고 관리업무 및 시공은 CM업자가 수행한다는 점에서 차이가 있다. 또 CM업자는 설계과정에서 발주자의 의도가 설계에 반영되도록 설계자와 긴밀히 협조해야 할 의무가 있다. CM업자는 시공을 책임지게 되므로 발주자와 계약 시 관리업무 및 시공에 대한 공사비로 계약을 하게 되며, 이러한 의미에서 CM의 효율성을 극대화하기 위한 바람직한 제도라 할 수 있다. 그러나 CM업자의 이윤추구 목적이 앞서게 되면 부실시공의 우려는 여전히 상존하며, CM업자의 도덕성이나 시공능력 등도 중요한 변수가 된다.

6. 민자사업 시행자

민자사업이란 전통적으로 정부의 예산으로 건설하고 운영해온 도로, 항만, 철도, 학교, 환경 등 사회기반시설들을 민간의 재원으로 건설하고 운영함으로써 민간의 창의와 효율을 도모하고자 하는 사업방식을 말한다.

민간투자사업의 시행자는 이러한 사업목적에 따라 주요한 사회기반시설에 대해 민간자본을 투자하여 시설물을 건설하고 일정기간 내에 투자한 자본을 회수해가는 사업주체를 말한다.

이 사업은 정부가 사회기반시설에 대한 국민적 요구수준을 맞추는 데에는 한정된 예산으로는 부족하므로 민간이 투자하게 하여 정부 재정예산의 한계를 극복하고 수요자 중심의 질 높은 사회기반시설을 확충할 수 있는 장점이 있다.

민간투자사업의 추진방법은 주무관청이 민간투자사업을 지정하여 시설사업의 기본계획을 고시하고, 이를 근거로 하여 사업시행자 지정 등 제반절차에 의해 사업을 추진하는 '정부고시사업'에 의한 방법과 민간부문이 먼저 사업제안서를 주무관청에 제출하고 주무관청은 이를 검토, 평가한 후 민간투자대상사업으로 지정한 후 제3자의 제안을 위한 공고와 사업시행자 지정 등의 절차에 의해 사업을 추진하는 '민간제안자사업' 방식이 있다.

3.2 건설사업관리의 시행과정

1. 개요

건설공사는 제조업의 생산공정과 달리 여러 개의 참여조직이 건설생산활동에 참여하여 제품 실현이 이루어지는 특성이 있다. 즉 하나의 건설 프로젝트에 대하여 참여자의 구성과 역할에 따라 건설공사의 수행방법과 절차가 달라진다. 일반적으로 건설사업을 계획하여 공사가 완료되기까지는 설계자, 시공자, 건설재료와 자재생산자, 감리자 및 건설사업관리자 등의 생산활동에 참여하며 건설사업의 수행절차는 공사여건에 따라 달라질 수 있다. 그중 건설사업관리자의 관점에서 공공건설사업에 적용되는 사업관리활동을 설명하고자 한다.

건설기술관리법 제21조제3항(건설공사의 시행과정) 및 동법 시행령 제38조에 의하면, 발주관청이 건설공사를 경제적 · 능률적으로 시행하기 위하여 건설공사의 시행과정을 계획 · 설계 · 시공 · 감리 · 유지관리단계로 정의하고, 다음과 같이 공사 시행단계별 세부적인 업무내용과 필요사항을 규정하고 있다.

2. 사업기획 수립단계

발주관청은 건설공사의 필요성 또는 다른 법령에 의한 계획과의 연계성, 공사 시행에 따른 위험요소의 사전예측을 위하여 공사예정지의 입지조건, 공사의 규모 및 공사비, 건설공사 시행이 환경에 미치는 영향 등을 검토하여 건설사업의 기본적인 개요를 정하고 사업을 구상한다.

또한 발주관청은 시행하고자 하는 건설사업에 대하여 타당성 조사를 실시해야 한다. 다만, 총공사비가 500억 원 미만으로 예상되는 건설공사로서 발주관청이 당해 건설공사의 특성상 타당성 조사를 실시할 필요가 없다고 인정하는 경우에는 그렇지 않다. 타당성 조사는 당해 건설사업으로 이루어지는 건축물의 설계단계에서 시공·유지관리 및 철거단계까지의 모든 과정을 대상으로 기술·환경·사회·재정 용지·교통 등 필요한 요소를 고려하여 조사해야 하며, 당해 건설공사의 공사비 추정액과 공사의 타당성이 확보되는 공사비의 증가한도를 제시한다. 또한 당해 건설공사의 특성상 필요하다고 인정되는 경우에는 설계자문위원회의 심의를 거쳐 제38조의7에 따른 건설공사기본계획(이하 '기본계획'이라 한다) 및 제38조의9에 따른 기본설계에 반영될 내용을 포함하여 타당성 조사를 할 수 있다. 타당성 조사가 완료된 때에는 발주관청 및 관계 행정기관의 공무원과 관련 분야의 전문가로 하여금 타당성 조사의 적정성을 검토하도록 한다. 발주관청은 건설기술관 제38조의6의 규정에 의한 타당성 조사를 실시한 결과, 그 필요성이 인정되는 건설공사에 대하여는 기본구상을 기초로 하여 아래와 같이 건설공사기본계획을 수립한다. 기본계획 수립은 도시관리계획 등 다른 법령에 의한 계획과의 연계성을 고려하고, 당해 건설공사의 시행이 환경에 미치는 영향을 종합적으로 분석해야 한다. 일반적인 건설공사의 기본계획 수립 시 반영해야 할 사항은 다음과 같다.

(1) 공사목표 및 기본방향
(2) 공사내용 및 기간, 시행자 및 공사수행계획
(3) 공사비 및 재원조달계획
(4) 개별공사별 투자우선순위
(5) 연차별 공사시행계획
(6) 시설물 유지관리계획

(7) 환경보전계획
(8) 기타 발주청이 필요하다고 인정하는 사항

또한 발주관청은 기본계획을 수립하여 고시한 후 해당 건설공사의 규모와 성격을 고려하여 다음 각 호의 구분에 의한 공사 수행방식을 결정한다.

(1) 법 제21조의 2의 규정에 의한 기술공모방식
(2) 국가를 당사자로 하는 계약에 관한 법률 시행령 제79조제1항제5호 및 지방자치단체를 당사자로 하는 계약에 관한 법률 시행령 제9제1항제5호의 규정에 의한 일괄입찰방식
(3) 국가를 당사자로 하는 계약에 관한 법률 시행령 제98조제3호 및 '지방자치단체를 당사자로 하는 계약에 관한 법률 시행령' 제127조제3호에 따른 설계공모 · 기술제안 입찰방식
(4) 기타 공사 수행방식을 결정한 경우 제38조의 11 제1항 또는 같은 조 제2항에 따른 실시설계를 완료한 때에는 해당 건설공사의 공종별 성격을 고려한 대안입찰방식, 기술제안입찰방식

3. 기본설계단계

기본설계란 사업계획 및 기본방침과 대략의 시공법, 공사공정, 공사비 등 기본적인 내용을 작성하는 것이며, 기본설계를 토대로 공사 시행 시 발생할 수 있는 문제점을 검토하고, 타 공사와의 관련성 검토 및 예산을 검토하는 단계이다. 이 단계는 발주관청이 기본계획을 반영하여 당해 건설공사에 있어서의 주요 구조물의 형식, 지반 및 토질, 개략적인 공사비, 실시설계의 방침 등을 포함한 기본적인 설계를 수행한다. 다만, 기술공모방식 또는 일괄입찰방식으로 시행하거나 기본설계에 반영될 내용을 포함하여 타당성 조사를 한 경우, 또는 기본설계의 내용을 포함하여 실시설계를 하는 경우에는 별도로 기본설계를 하지 않을 수 있다.

또한 기본설계 시에는 해당 주민이나 이해당사자의 의견을 들어야 한다. 다만, 기본설계를 하기 전에 다른 법령에 의하여 의견을 들은 경우에는 그러하지 아니하다. 또 이해당사자의 의견을 듣고자 할 때에는 일간신문에 아래의 각 호의 사항을 공고하고 기본설계안을 14일 이상 일반에게 공람시켜야 한다.

(1) 공사의 개요
(2) 공사의 필요성
(3) 공사의 기대효과
(4) 공사기간
(5) 연차별 투자계획
(6) 공람기간 및 공람방법
(7) 기타 필요한 사항

또한 발주관청은 당해 건설공사가 관계법령의 규정에 의하여 인·허가·평가 또는 승인이 필요한 경우, 당해 인·허가 등을 관장하는 기관장의 의견을 들어 기본설계에 반영하되 실시설계나 타당성 조사를 하고, 별도의 기본설계를 하지 않은 경우에는 이해 당사자의 의견을 들어야 한다. 이 경우 사업수행계획서를 바탕으로 설계자 선정, 기본설계의 경제성검토, 진행 공정관리, 설계조정과 상호 기술적인 연계성 검토가 필요하다.

또한 이 단계에서는 설계가 진행되면서 경제성검토를 하게 되는데, 이는 시설물의 기능향상과 비용절감을 위해 설계내용에 대한 경제성 및 현장적용성(시공성)을 검토하는 것으로, 건설기술관리법 시행령 제38조의13 규정에 의한 기본설계 시 경제성을 검토한다. 경제성검토가 이루어지면 예상공사비의 분석과 적정성을 검토하며, 전체적으로는 기본설계의 진행상황 검토와 설계지연 시 공정만회대책을 수립한다. 기본설계 검토는 분야별 기술적인 연계성이 확보되도록 설계를 조정하고 기본설계와 관련된 각종 조사의 적정성, 설계기준 등에 대하여도 검토한다. 이후 발주관청은 기본설계 시 자재나 공법의 선택, 구조물의 규격 결정 등 설계내용을 적절성을 확인하여 기본계획에서 정한 공사비가 범위를 초과하지 않도록 노력한다. 기본설계에서 제시하는 공사비의 타당성 검토 시 제시된 공사비의 한도를 초과하는 경우는 당해 건설공사의 타당성을 재조사하여, 경우에 따라서는 건설공사의 추진 여부를 결정해야 한다.

4. 실시설계단계

실시설계는 기본설계를 바탕으로 구체적인 설계도면 작성과 수량 산출, 공사비 작성, 공정계획을 수립하는 단계이다. 이때 작성된 도면과 공사비 내역은 공사입찰의 기준이 된다. 즉 건설공사는 실시설계에 의해 완성된 도면대로 공사를 시행하게 된다. 발주관청은 실시설계 시 당해 구조물과 관련되는 이해관계자 등이 있을 경우, 이로 인해 발생하는 문제점들에 대하여 조사를 실시해야 한다.

그러나 발주관청이 설계의 주요 공종 등을 감안하여 조사가 불필요하다고 인정하는 경우에는 그러하지 아니하며, 설계자문위원회의 심의를 거쳐 두 개 이상의 공종이 결합된 복합공종에 의한 구조물공사가 아닌 경우나 신속한 공사 추진이 필요한 경우 등 당해 건설공사의 성질상 기본설계와 실시설계를 구분하여 작성할 필요가 없다고 인정되는 경우에는 기본설계의 내용을 포함 하여 실시설계를 할 수 있다. 또한 '국가를 당사자로 하는 계약에 관한 법률 시행령' 제80조 규정에 의하여 일괄입찰방식으로 결정된 건설공사의 경우 공사의 종류별 · 구간별 실시설계와 시공을 병행할 수도 있다. 이 단계는 사업기본계획서 및 기본설계도서를 바탕으로 설계자 선정, 경제성검토, 공사비 분석, 공사원가 검토, 설계공정관리, 설계분야별 기술적인 연계성 검토, 설계의 품질관리, 공사발주계획을 수립하게 된다.

실시설계 시의 경제성검토는 건설기술관리법 시행령 제38조 13의 규정에서 공공 건설사업의 예산절감과 기능향상, 구조적 안전 및 품질확보를 추구하기 위해 설계의 경제성검토에 필요한 사항을 규정하고 있다. 경제성검토란 '최소의 생애주기비용'으로 시설물의 요구기능을 확보하기 위하여 설계도서에 대한 경제성과 현장의 적용성을 기능별, 대안별로 검토하는 것을 말한다.

설계의 경제성검토는 총공사비가 500억 원 이상인 건설공사로써 시설물의 안전관리에 관한 특별법에 의해 시공되는 건설공사, 기타 발주관청이 설계의 경제성 등의 검토가 필요하다고 인정되는 건설공사에 대하여 시행한다.

경제성검토절차는 준비단계 · 분석단계 · 실행단계로 나누고, 준비단계는 경제성검토조직 편성 · 검토대상 선정 · 검토기간 선정 · 관련자료 수집 등이며, 분석단계에서는 선정한 대상의 정보수집 · 아이디어의 창출 · 아이디어 평가 · 대안의 구체화 · 제안서의 작성과 발표 · 설계자로부터 대안에 대한 의견청취 등이 있다. 실행단계에서는 경제성검토에 따른 비용 절감액과 관련자료를 발주관청에 제출하고, 발주관청은 제안된 사항이 기술적으로 수용하기 곤란하거나 비용을 증가시키는 등 특별한 사유가 없는 한 설계에 반영한다.

실시설계단계의 공사비 분석(cost planning)은 설계자가 최종 설계안을 기초로 산정하는 공사원가의 적정성 검토를 통해 이루어진다.

또한 실시설계용역의 진행상황 및 기성 등을 검토 · 확인하는 업무로 지연된 공정의

만회대책 수립 및 조치 등의 업무를 포함하며, 분야별 기술적 연계성은 당해 건설공사와 관련된 각종 설계업무가 유기적으로 연계하여 검토되도록 조정하는 업무로써, 실시설계와 관련된 각종 조사, 설계기준, 품질시험기준 등의 적정성을 검토하는 것이다. 공사발주계획 수립은 당해 건설공사의 주요 자재를 대상으로 관급 여부, 지급자재의 조달 및 관리계획을 수립하고, 당해 건설공사의 발주단위별, 발주절차 및 일정 등의 계획 수립과 설계자가 작성한 공사내용 및 시공기준 등을 검토한다. 또한 시공자 선정을 위한 입찰·계약절차 수립과 관련 행정업무 및 업체 선정계획을 수립하여 발주청에 지원한다.

5. 시공단계

시공단계는 건설공사의 착공에서 시공의 각 단계별 활동으로서 공사감리·공정관리·공사비관리·품질관리·클레임관리·분쟁대응 등의 단계이다.

건설관리자는 발주관청 및 감리원 중 감리전문회사를 대표하여 현장에 상주하면서 건설공사 전반에 관한 감리업무를 총괄하면서 공사의 적정한 이행과 품질확보 및 기술수준 향상을 위해 관련법령에 따라 시공상태를 점검·관리한다. 또 건설공사에 소요되는 기자재가 적기에 구매되어 공사가 원활히 진행되도록 필요한 조치를 취하고, 공사중 시공상 문제점을 해결하고 시공관리가 원활히 이루어지도록 한다.

공사관리는 건설공사의 공정·비용·품질·안전 및 하도급 관리 등에 관한 계획으로 법 제24조제2항의 규정에 의한 품질관리계획을 포함하며, 이하 '공사관리계획'을 수립하는 것과 시공중 교통해소 및 환경오염방지 활동을 적정하게 이행하는지 여부를 감독한다. 또한 총공사비가 500억 원 이상인 건설공사에는 시공자로 하여금 국토해양부장관이 정하는 기준에 따라 세부공종이 완료될 때마다 투입된 비용과 기간 등에 관한 계획과 실적을 비교하여 관리한다.

6. 준공단계

이 단계는 건설공사가 완료되면 해당 건축물이 사업목적에 적합하고 안전하게 사용할 수 있도록 하기 위한 관리하는 단계이다. 즉 건설공사가 준공되면 공사 참여자가 공사 수행 전 과정에 대한 평가를 통해 건축물의 유지관리를 위해 요구되는 사항을 점검하는 등 준공검사와 원활한 유지관리활동을 지원하는 것이다.

준공검사는 계약상대자로부터 당해 계약의 이행이 완료된 사실을 통지받은 날로부터 14일 이내에 완료해야 한다. 다만 재정경제부장관이 정하는 경우에는 7일 범위 내에서 그 검사기간을 연장할 수 있다. 건설공사의 준공검사를 위한 보고서에는 다음 각 호의 서류를 첨부해야 한다.

(1) 준공도서
(2) 품질기록(품질시험 또는 검사성과 총괄표)
(3) 구조계산서(당초와 변경된 경우)
(4) 시설물의 유지관리에 필요한 사항
(5) 신공법 또는 특수공법 평가보고서(신공법을 적용한 경우)
(6) 시운전 평가결과서(시운전을 한 경우에 한한다)

또한 당해 건설공사의 각 시행과정에 참여한 관계공무원 및 용역기관의 담당자에 대하여 각 참여자별 참여기간 · 수행업무 등을 기록 관리하며, 공사준공 후에는 그 기록을 책임감리원에게 통보한다.

책임감리원은 제1항의 규정에 의하여 통보받은 기록과 감리원 및 시공자의 공사 참여기간 수행업무 등에 대한 기록을 최종 감리보고서에 수록한다.

한편, 발주관청은 총공사비가 500억 원 이상인 건설공사가 완료된 때에는 공사내용 및 그 효과를 조사 · 분석하여 사후평가서를 작성한다. 또한 건설시설물의 관리주체는 '시설물의 안전관리에 관한 특별법' 등 관계법령에 따라 안전하고 효율적으로 이를 유지 · 관리해야 한다. 따라서 시설물의 관리주체는 당해 건설공사에 관한 도면, 서류 및 자료 등을 유지 보존한다.

(1) 준공도서
(2) 품질기록
(3) 구조계산서
(4) 시공상 특기사항에 관한 보고서
(5) 사후평가서
(6) 안전점검진단보고서, 기타 시설물의 유지관리상 필요하다고 인정하는 자료

제38조의 5 (기본구상)

① 발주청은 건설공사를 시행하고자 하는 경우에는 다음 각 호의 사항을 검토하여 공사내용에 관한 기본적인 개요(이하 "기본구상"이라 한다)를 마련하여야 한다.

1. 공사의 필요성
2. 도시관리계획 등 다른 법령에 의한 계획과의 연계성
3. 공사의 시행에 따른 위험요소의 예측
4. 공사예정지의 입지조건
5. 공사의 규모 및 공사비
6. 공사의 시행이 환경에 미치는 영향
7. 기대효과 기타 발주청이 필요하다고 인정하는 사항

② 발주청이 기본구상을 마련함에 있어서는 동일하거나 유사한 건설공사에 관한 제38조의 18 제1항의 규정에 의한 사후평가서 및 동조 제5항의 규정에 의하여 국토해양부장관이 고시하는 기준을 참고하여야 한다.

제38조의 6 (타당성 조사)

① 발주청은 시행하고자 하는 건설공사에 대하여 타당성 조사를 실시하여야 한다. 다만, 총공사비가 500억 원 미만으로 예상되는 건설공사로서 발주청이 당해 건설공사의 특성상 타당성 조사를 실시할 필요가 없다고 인정하는 경우에는 그러하지 아니하다.

② 발주청은 제1항의 규정에 의한 타당성 조사를 실시함에 있어서는 당해 건설 공사로 건축되는 건축물 및 시설물 등의 설치단계에서 철거단계까지의 모든 과정을 대상으로 기술 · 환경 · 사회 · 재정 · 용지 · 교통 등 필요한 요소를 고려하여 조사 · 검토하여야 하며, 당해 건설공사의 공사비 추정액과 공사의 타당성이 유지될 수 있는 공사비의 증가한도를 제시하여야 한다.

③ 발주청은 당해 건설공사의 특성상 필요하다고 인정되는 경우에는 설계자문 위원회의 심의를 거쳐 제38조의 7에 따른 건설공사기본계획(이하 "기본계획"이라 한다) 및 제38조의9에 따른 기본설계에 반영될 내용을 포함하여 타당성 조사를 할 수 있다. 〈개정 2006. 12. 29〉

④ 발주청은 타당성 조사가 완료된 때에는 발주청 및 관계 행정기관의 공무원과 관련 분야의 전문가로 하여금 타당성 조사의 적정성을 검토하도록 하여야 한다.

⑤ 타당성 조사의 기간, 세부 조사항목 및 평가기준 등에 관하여 필요한 사항은 국토해양부장관이 관계 중앙행정기관의 장과 협의하여 정한다.

⑥ 제5항의 규정에도 불구하고 다른 법령에서 건설공사에 대한 타당성 조사를 하도록 한 경우 당해 법령에서 타당성 조사의 기간, 세부 조사항목 및 평가기준 등에 관하여 정하지 아니한 경우에는 관계 중앙행정기관의 장이 국토해양부장관과 협의하여 이를 정할 수 있다.

제38조의 7 (건설공사기본계획)

① 발주청은 제38조의 6의 규정에 의한 타당성 조사를 실시한 결과, 그 필요성이 인정되는 건설공사에 대하여는 기본구상을 기초로 하여 다음 각 호의 사항을 포함한 기본계획을 수립하여야 한다.

1. 공사의 목표 및 기본방향
2. 공사내용 · 공사기간 · 시행자 및 공사수행계획
3. 공사비 및 재원조달계획
4. 개별공사별 투자우선순위(도로공사 · 하천공사 · 지역개발사업 등 동일 또는 유사한 공종의 공사를 묶어 하나의 사업으로 기획 및 예산 편성을 하는 경우에 한한다.)
5. 연차별 공사시행계획
6. 시설물 유지관리계획
7. 환경보전계획
8. 기대효과 기타 발주청이 필요하다고 인정하는 사항

② 발주청은 기본계획을 수립하는 때에는 도시관리계획 등 다른 법령에 의한 계획과의 연계성을 고려하여야 하며, 당해 건설공사의 시행이 환경 등에 미치는 영향을 분석하여야 한다.

③ 발주청은 기본계획을 수립하는 때에는 관계 행정기관의 장과 미리 협의하여야 한다. 기본계획 중 다음 각 호의 사항을 변경하는 때에도 또한 같다.

1. 1년 이상의 공사기간 연장
2. 10퍼센트 이상의 공사비 증가
3. 제1항제2호의 규정에 의한 공사내용 중 국토해양부장관이 정하는 중요사항의 변경

④ 발주청은 제1항제4호의 규정에 의한 개별공사별 투자우선순위를 결정함에 있어서는 사회 · 경제적 타당성, 개발에 있어서의 지역 간 균형 및 당해 지역주민의 의견 등을 종합적으로 고려하여야 한다.

⑤ 발주청은 기본계획을 수립하거나 제3항 각 호의 변경을 한 때에는 이를 고시하여야 한다.

제38조의 8 (공사수행방식의 결정)

① 발주청은 기본계획을 수립 · 고시한 후 해당 건설공사의 규모와 성격을 고려하여 다음 각 호의 구분에 의한 공사수행방식을 결정하여야 한다.〈개정 2005. 6. 30, 2005. 12. 30, 2007. 12. 31〉

1. 법 제21조의 2의 규정에 의한 기술공모방식(이하 "기술공모방식"이라 한다)
2. 삭제〈2007. 12. 31〉
3. 「국가를 당사자로 하는 계약에 관한 법률 시행령」 제79조제1항제5호 및 「지방자치단체를 당사자로 하는 계약에 관한 법률 시행령」 제95조제1항제5호의 규정에 의한 일괄입찰방식(이하 "일괄입찰방식"이라 한다)

3의2. 「국가를 당사자로 하는 계약에 관한 법률 시행령」 제98조제3호 및 「지방자치단체를 당사자로 하는 계약에 관한 법률 시행령」 제127조제3호에 따른 설계공모 · 기술제안입찰방식

4. 제1호 · 제3호 및 제3호의2 외의 공사수행방식

② 발주청은 제1항제4호의 공사수행방식을 결정한 경우, 제38조의 11 제1항 또는 같은 조 제2항에 따른 실시설계를 완료한 때에는 해당 건설공사의 공종별 성격을 고려하여 다음 각 호의 구분에 따른 공사수행방식을 결정하여야 한다.〈신설 2007. 12. 31, 2008. 12. 9〉

1. 「국가를 당사자로 하는 계약에 관한 법률 시행령」 제79조제1항제4호 및 「지방자치단체를 당사자로 하는 계약에 관한 법률 시행령」 제95조제1항제4호에 따른 대안입찰방식

1의2. 「국가를 당사자로 하는 계약에 관한 법률 시행령」 제98조제2호 및 「지방자치단체를 당사자로 하는 계약에 관한 법률 시행령」 제127조제2호에 따른 기술제안입찰방식

2. 제1항제1호 · 제3호 · 제3호의2 및 제1호 · 제1호의2 외의 공사수행방식

제38조의 9 (기본설계)

① 발주청은 기본계획을 반영하여 당해 건설공사에 있어서의 주요 구조물의 형식, 지반 및 토질, 개략적인 공사비, 실시설계의 방침 등을 포함한 기본적인 설계(이하 "기본설계"라 한다)를 하여야 한다. 다만, 다음 각 호의 1에 해당하는 경우에는 별도로 기본설계를 하지 아니할 수 있다.

1. 기술공모방식 또는 일괄입찰방식으로 시행하는 경우
2. 제38조의 6 제3항의 규정에 의하여 기본설계에 반영될 내용을 포함하여 타당성

조사를 한 경우

3. 제38조의11 제2항의 규정에 의하여 기본설계의 내용을 포함하여 실시설계를 하는 경우

② 기본설계의 내용 · 설계기간 · 설계관리 및 설계도서의 작성기준은 국토해양부장관이 정한다.

③ 발주청은 기본설계를 함에 있어서 주민 등 이해당사자의 의견을 들어야 한다. 다만, 기본설계를 하기 전에 다른 법령에 의하여 의견을 들은 경우에는 그러하지 아니하다.

④ 발주청은 제3항의 규정에 의하여 이해당사자의 의견을 듣고자 하는 때에는 일간 신문에 다음 각 호의 사항을 공고하고 기본 설계안을 14일 이상 일반에게 공람시켜야 한다.

1. 공사의 개요
2. 공사의 필요성
3. 공사의 효과
4. 공사기간
5. 연차별 투자계획
6. 공람기간 및 공람방법
7. 의견제출방법 기타 필요한 사항

⑤ 발주청은 당해 건설공사가 관계법령의 규정에 의하여 허가 · 인가 · 평가 또는 승인(이하 "인 · 허가 등"이라 한다)이 필요한 경우에는 당해 인 · 허가 등을 관장하는 기관의 장의 의견을 들어 이를 기본설계에 반영하여야 한다.

제38조의10 (공사비 증가 등에 대한 조치)

① 발주청은 기본설계를 함에 있어서 자재 및 공법의 선택, 구조물의 규격 결정 등 설계내용을 적절히 관리하여 기본계획에서 정한 공사비가 증가되지 아니하도록 노력하여야 한다.

② 발주청은 기본설계에서 제시되는 공사비가 제38조의6 제2항의 규정에 의하여 타당성 조사 시에 제시된 공사비의 증가한도를 초과하는 경우에는 당해 건설공사의 타당성 조사를 다시 하여 건설공사의 추진 여부를 결정하여야 한다.

③ 제2항의 규정에 의한 타당성 조사의 방법 및 기준은 국토해양부장관이 기획 예산처 장관과 협의하여 정한다.

제38조의 11 (실시설계)

① 발주청은 기본설계를 토대로 실시설계를 하여야 하며, 실시설계 시 구조물에 대하여는 당해 구조물의 이해관계자 등과 합동조사를 실시하여야 한다. 다만, 발주청이 실시설계의 주요 공종(공종) 등을 감안하여 합동조사가 불필요하다고 인정하는 경우에는 그러하지 아니하다.

② 발주청은 설계자문위원회의 심의를 거쳐 2이상의 공종이 결합된 복합공종에 의한 구조물공사가 아닌 경우, 또는 건설공사의 신속한 추진이 필요한 경우 등 당해 건설공사의 성질상 기본설계와 실시설계를 구분하여 작성할 필요가 없다고 인정되는 경우에는 기본설계의 내용을 포함하여 실시설계를 할 수 있다.〈개정 2006. 12. 29〉

③ 실시설계의 내용 · 설계기간 · 설계관리 및 설계도서의 작성기준은 국토해양부장관이 정한다.

④ 제38조의 10의 규정은 발주청이 실시설계를 하는 경우에 관하여 이를 준용한다. 이 경우 "기본설계"는 "실시설계"로 본다.

⑤ 발주청은 「국가를 당사자로 하는 계약에 관한 법률 시행령」 제80조 및 「지방자치단체를 당사자로 하는 계약에 관한 법률 시행령」 제96조의 규정에 의하여 일괄입찰방식으로 결정된 건설공사의 경우에는 공사의 종류 및 구간별로 당해 실시설계와 시공을 병행할 수 있다.

제38조의 12 (측량 및 지반조사)

① 발주청은 기본설계 또는 실시설계를 함에 있어서 측량 및 지반조사를 하여야 한다.

② 발주청은 측량 및 지반조사에 필요한 비용을 확보하고 조사에 필요한 기간을 충분히 부여하여야 한다.

③ 제1항의 규정에 의한 측량 및 지반조사의 항목과 세부기준은 국토해양부장관이 정한다.

제38조의 13 (설계의 경제성 등 검토)

① 발주청은 총공사비가 100억 원 이상인 건설공사의 기본설계 및 실시설계를 함에 있어서는 설계대상 시설물의 주요 기능별로 설계내용에 대한 대안별 경제성 및 현장 적용의 타당성(이하 "설계의 경제성 등"이라 한다)을 직접 검토하거나 법 제22조의 규정에 의한 설계감리자 등의 전문가로 하여금 이를 검토하게 하여야 한다. 다만, 총공사비가 100억 원 미만의 건설공사에 대하여도 발주청이 필요하다고 인정하는 공사는 설계의 경제성 등을 검토할 수 있다.

② 설계의 경제성 등의 검토시기 · 횟수 · 대가기준, 구체적인 검토방법 및 절차 등에 관하여 필요한 사항은 국토해양부장관이 정한다.
③ 발주청은 제1항의 규정에 의한 설계의 경제성 등 검토의 결과로 제시된 설계의 개선 제안내용을 적용하기가 기술적으로 곤란하거나 비용을 과다하게 증가시키는 등 특별한 사유가 있는 경우를 제외하고는 당해 설계내용에 이를 반영하여야 한다.

제38조의 14 (시공상태의 점검 · 관리)
① 발주청 및 감리원 중 감리전문회사를 대표하여 현장에 상주하면서 당해 공사전반에 관한 감리업무를 총괄하는 자(이하 "책임감리원"이라 한다)는 건설공사의 적정한 이행과 품질확보 및 기술수준의 향상을 위하여 당해 건설공사의 시공에 관한 법령에 따라 시공상태를 점검 · 관리하여야 한다.
② 발주청 및 책임감리원은 당해 건설공사에 소요되는 기자재가 사전에 구매되도록 하는 등 공사가 원활하게 시행될 수 있도록 필요한 조치를 하여야 한다.
③ 발주청 및 책임감리원은 당해 건설공사의 시공상 문제점 및 관리상의 유의사항을 파악하는 등 시공 · 관리가 효율적으로 이루어질 수 있도록 하여야 한다.

제38조의 15 (공사의 관리)
① 발주청 및 책임감리원은 시공자가 당해 건설공사의 공정 · 비용 · 품질 · 안전 및 하도급 관리 등에 관한 계획(법 제24조제2항의 규정에 의한 품질관리계획을 포함하며, 이하 "공사관리계획"이라 한다)과 시공에 따른 교통소통 및 환경오염 방지에 관한 대책을 적절히 이행하는지의 여부를 감리 · 감독하여야 한다.
② 발주청 및 책임감리원은 총공사비가 500억 원 이상인 건설공사의 시공자로 하여금 국토해양부장관이 정하는 기준에 따른 세부공종이 완료될 때마다 투입된 비용과 기간 등에 관한 실적을 계획과 비교하여 관리하게 할 수 있다.〈개정 2006. 12. 29〉

제38조의 16 (준공)
① 건설공사의 준공보고서에는 다음 각 호의 서류를 첨부하여야 한다.
1. 준공도서
2. 품질기록(품질시험 또는 검사성과 총괄표를 포함한다.)
3. 구조계산서(당초의 실시설계 시의 구조계산서와 다르게 시공된 경우에 한한다.)
4. 시설물의 유지 · 관리에 필요한 사항
5. 신공법 또는 특수공법 평가보고서(신공법 또는 특수공법을 적용한 경우에 한한다.)

6. 시운전 평가결과서(시운전을 한 경우에 한한다.)

② 발주청 및 책임감리원은 건설공사의 성질 · 규모 등을 고려하여 예비준공검사를 실시할 수 있다. 이 경우 준공검사를 하는 자는 예비준공검사 시에 지적된 사항의 시정 여부를 확인하여야 한다.

제38조의 17 (공사 참여자의 실명관리)

① 발주청은 당해 건설공사의 각 시행과정에 참여한 관계공무원 및 용역기관의 담당자(타당성 조사 시에 수요 예측을 수행한 자 및 설계 등 용역에서 도서를 작성하거나 공사비를 산정한 자 등을 포함한다.)에 대하여 각 참여자별 참여기간 · 수행업무 등을 기록 · 관리하여야 하며, 건설공사가 준공된 경우에는 그 기록을 책임감리원에게 통보하여야 한다.

② 책임감리원은 제1항의 규정에 의하여 통보받은 기록과 감리원 및 시공자(원도급자 및 하도급자의 현장작업책임자 이상의 직책을 수행한 자를 말한다.)의 공사 참여기간 · 수행업무 등에 대한 기록을 최종 감리보고서에 수록하여야 한다.

제38조의 18 (사후평가)

① 발주청은 총공사비가 500억 원 이상인 건설공사가 완료된 때에는 공사내용 및 그 효과를 조사 · 분석하여 사후평가서를 작성하여야 한다.

② 발주청은 제1항의 규정에 의한 평가를 하는 경우에는 법 제36조의 규정에 의하여 실시한 용역 및 시공평가와 제38조의 16 제1항의 규정에 의한 준공보고서를 토대로 다음 각 호의 사항을 조사 · 분석하여야 한다.

1. 예상 공사비 및 공사기간과 실제 소요된 공사비 및 공사기간의 비교 · 분석
2. 공사기획 시에 예측한 수요 및 기대효과와 공사완료 후의 실제 수요 및 공사 효과의 비교 · 분석
3. 당해 공사의 문제점과 개선방안
4. 주민의 호응도 및 사용자의 만족도 그 밖에 발주청이 평가에 필요하다고 인정하는 사항

③ 제1항에 따른 사후평가서의 적정성에 관한 발주청의 자문에 응하기 위하여 발주청에 사후평가위원회를 둔다.〈신설 2007. 12. 31〉

④ 사후평가위원회의 위원은 중앙위원회, 지방위원회, 특별위원회, 다른 발주청의 사후평가위원회 또는 관계 시민단체가 추천하는 자 및 해당 분야의 전문가 중에서 발주청이 임명 또는 위촉한다.〈신설 2007. 12. 31〉

⑤ 발주청은 사후평가위원회의 자문을 받은 때에는 특별한 사유가 없는 한 그 결과를 제1항에 따른 사후평가서에 반영하는 등 필요한 조치를 하여야 한다.〈신설 2007. 12. 31〉

⑥ 사후평가위원회는 다음 각 호의 사항을 심의한다.〈신설 2007. 12. 31〉

1. 제2항에 따른 조사 · 분석의 결과에 관한 사항
2. 제2항에 따른 조사 · 분석에 필요한 객관적이고 투명한 평가지표 및 측정방법에 관한 사항
3. 그 밖에 제1항에 따른 사후평가서의 적정성에 관하여 발주청이 요청하는 사항

⑦ 제4항부터 제6항까지의 규정 외에 사후평가위원회의 구성 및 운영 등에 관하여 필요한 사항은 발주청이 정한다.〈신설 2007. 12. 31〉

⑧ 제1항의 규정에 의한 평가시점 및 방법 등에 관하여 필요한 사항은 국토해양부장관이 정한다.〈개정 2007. 12. 31〉

⑨ 발주청은 제1항에 따른 사후평가서가 유사한 공사의 효율적인 수행을 위한 자료로 활용될 수 있도록 국토해양부장관이 정하는 바에 따라 공개하여야 한다.〈개정 2007. 12. 31〉

⑩ 국토해양부장관은 제1항의 규정에 의한 사후평가서를 축적 · 분석하여 건설 공사의 시행과정별로 표준적인 소요기간 및 비용의 기준을 정하여 고시할 수 있다.〈개정 2007. 12. 31〉

제38조의 19 (유지 · 관리)

① 건설공사를 통하여 설치된 시설물의 관리주체는 「시설물의 안전관리에 관한 특별법」 등 관계법령에 따라 안전하고 효율적으로 이를 유지 · 관리하여야 한다.

② 시설물의 관리주체는 당해 건설공사에 관한 다음 각 호의 도면 · 서류 및 자료를 유지 · 보존하여야 한다.

1. 준공도서
2. 품질 기록(품질시험 또는 검사성과 총괄표를 포함한다)
3. 구조계산서
4. 시공상 특기사항에 관한 보고서
5. 제38조의 18 제1항의 규정에 의하여 작성된 사후평가서
6. 안전점검 · 진단보고서 기타 시설물의 관리주체가 시설물의 유지 · 관리상 필요하다고 인정하는 자료

3.3 건설사업 수행절차

1. 건축설계업무

설계업무의 수행단계는 수주 및 영업단계와 계약단계, 설계단계, 설계준공 단계로 구분된다. 설계업무의 각 단계별 입출력 사항과 업무활동 순서 및 상호 관계가 반영된 업무 프로세스는 그림 3-1과 같다.

주요 내용을 살펴보면, 설계를 위한 수주영업단계, 계약단계, 설계실행단계, 설계준공 단계로 나누는데, 수주 및 영업단계는 설계회사의 수주 및 영업정보의 내용에 따라 차이가 있을 수 있다. 일반적으로는 영업이나 입찰에 관한 정보가 입수되면 민간의 경우는 발주처의 요구에 따라 설계견적을 제안하거나 기본 설계 마스트플랜과 함께 견적에 응하여 수탁을 받는 경우가 있지만, 공공기관으로부터 설계 수탁을 받기 위해서는 설계 공모에 참여하거나 현장설명 참가 등으로 PQ등록서류를 준비하여 입찰에 응하는 단계가 있다.

이 단계의 주요 사항은 설계회사가 빠르고 정확한 영업정보를 입수하여 발주기관의 요구에 적합하게 서비스를 제공할 수 있는 능력을 제공할 수 있느냐가 중요하다. 계약단계는 발주자와 수탁자간의 용역계약을 체결하기 위한 단계로서, 발주자의 요구사항 및 계약요구사항에 대하여 수탁자인 설계자에 의한 수락 여부를 검토하고 협약을 체결하는 단계이다.

이 검토단계는 계약체결 이전에 설계자가 자신의 조직 내에서 발주자의 요구사항과 계약요구사항을 수행할 수 있는지의 여부를 검토하는 것이 중요하다.

설계단계에서는 설계자가 설계 수행조직을 구성하고 해당 프로젝트의 설계요구사항을 파악한 후 설계계획에 따라 설계가 실행되는 단계이다.

설계는 일반적으로 계획설계, 기본설계, 실시설계로 구분되며, 설계가 수행되는 단계에 따라 각각의 설계참여조직이 상호간에 기술적으로 연계하여 설계요구사항들에 대한 입출력활동을 실시하고 출력에 대한 검토, 검증, 타당성 확인을 실시하게 된다. 뿐만 아니라 설계도서가 납품된 이후 시공과정에서 발견되는 설계변경 사항에 대해서도 최초의 설계작업과 동일한 방법으로 설계프로세스가 이루어진다.

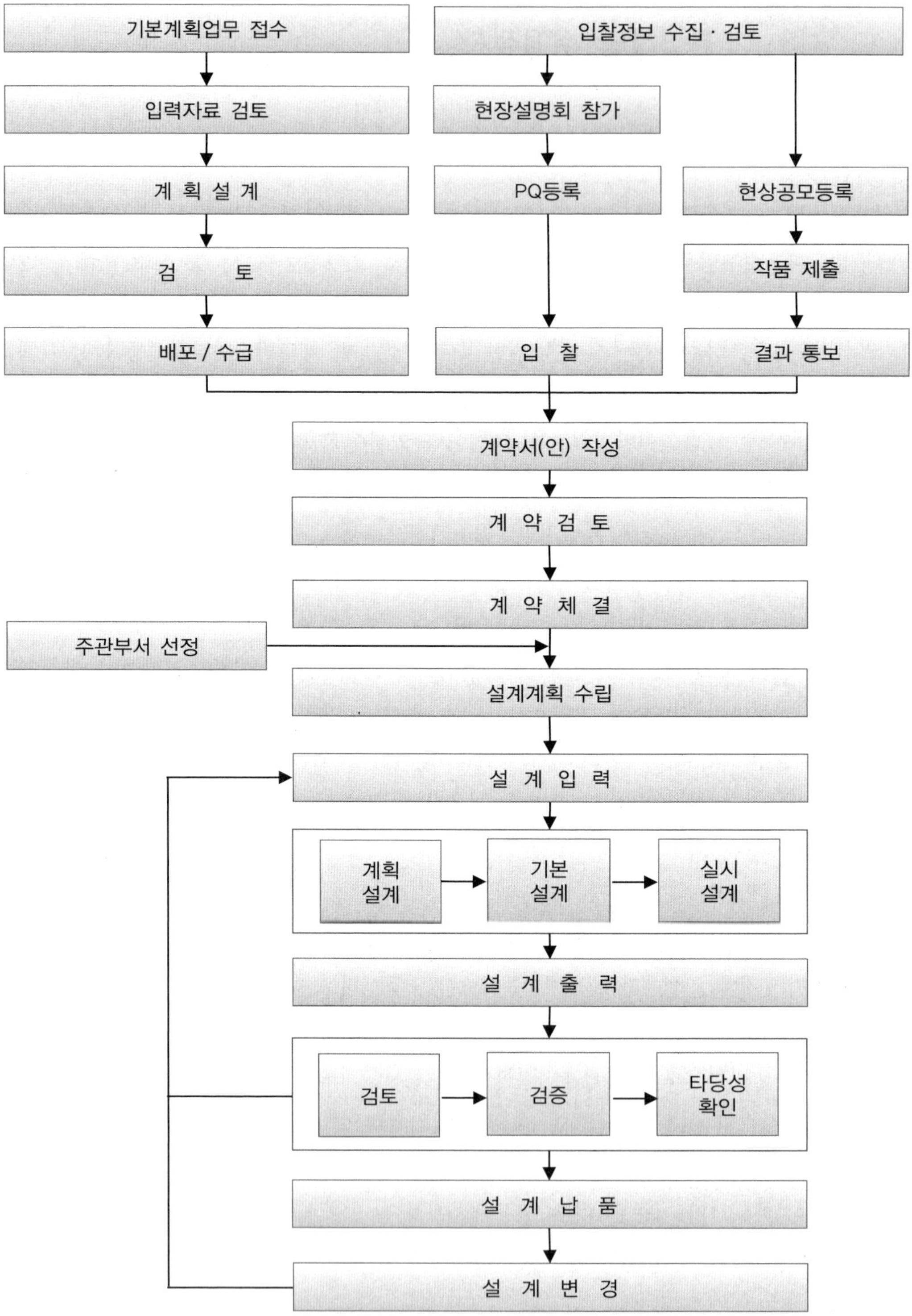

그림 3-1 설계업무 프로세스

2. 일반건설업무

일반적으로 일반건설업무는 프로젝트 수주를 위한 정보입수단계에서 입찰, 계약, 공사준비 및 착공단계, 시공단계, 준공 및 사후관리단계에 이르기까지 단계별로 업무가 수행되며, 품질경영 프로세스와 연계하여 업무활동 순서 및 상호 관계와 단계별 입출력 사항의 업무 프로세스를 나타내면 그림 3-2와 같이 예시할 수 있다. 즉 수주 및 계약단계에서는 기업들의 조직규모와 사업특성에 따라 다를 수 있으나, 일반적으로는 영업정보 입수, 입찰 참여, 계약의 단계로 구분할 수 있다. 영업정보 입수는 기업의 능력에 맞는 다양한 정보를 얼마나 빨리 그리고 정확하게 입수하느냐 하는 것이 중요하다.

또한 입수된 정보에 대하여 입찰에 참여할 수 있는지 검토하거나 낙찰이나 계약으로 확정되기 전 발주자의 요구사항에 대한 충족능력이 있는지에 대한 검토를 실시하는 단계이다. 또한 공사준비단계에서는 공사내용과 현장특성 파악이 중요하다. 즉 공사내용의 검토를 위해서는 해당 프로젝트의 설계도서, 시방서, 계약서, 발주자의 계약요구사항, 기타 법적 규제사항들에 대한 검토가 필요하며, 현장특성 파악은 전반적인 공사범위, 현장작업환경 · 여건, 장애요소, 사전준비사항 등에 대한 파악과 검토가 필요하다.

또한 현장의 품질방침의 수립과 조직간 업무분장, 계약변경사항, 관리대상 문서, 소요자재 및 지급자재대상, 식별 및 추적관리대상, 예정공정표, 특별한 작업공종으로서의 관리대상(중점 관리대상 공종), 필요 계측기, 검사 및 시험계획과 체크리스트 등 품질계획의 수립요소들을 파악하고 공사 및 공정계획을 수립하는 단계이다. 공사의 실행단계는 공사계획에 의해 시공활동이 이루어지는 단계이다.

이 단계에서는 다양한 구매, 조달활동을 통하여 각각의 단위작업이 공정순서에 따라 실행되므로 단계별 검사와 시험활동 등이 필요하다.

즉 자재의 반입검사, 작업 중 검사, 작업완료 시의 검사 등 품질검사 및 시험활동이 있으며, 공사의 진행공정에 대한 감시와 통제활동도 이루어진다.

또한 이와 더불어 공사의 진척도에 따라 기성량을 측정하는 활동과 환경, 안전보건 등에 대한 관리도 이루어지는 단계이다.

공사의 준공 및 사후관리단계에서는 공사의 완료에 대한 검사와 준공서류의 준비 및 준공 정산을 하는 단계이다. 또 유지관리를 위해 요구되는 지침서의 작성과 하자보수를 위한 자료의 작성, 인수인계 서류의 작성단계라 할 수 있다.

그러나 공사 실행의 각 단계에서는 단위작업 공종들에 대한 공사는 실질적으로 전문건설업체들에 의해 하도급하여 이루어지고 있으므로, 시공회사는 자사의 책임하에 외주

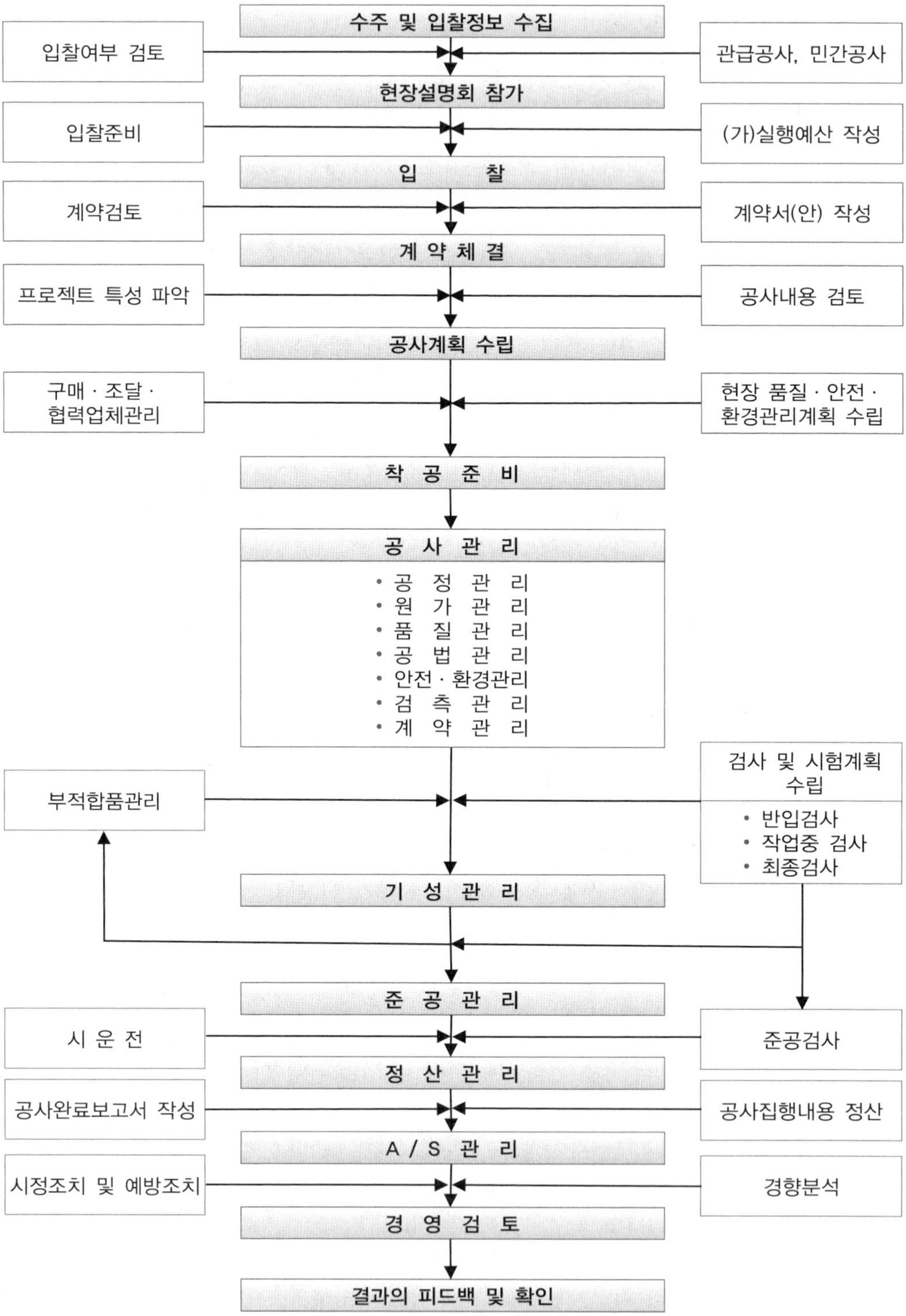

그림 3-2 일반건설업무 수행 프로세스

처리되는 모든 프로세스들에 대하여 적절하게 파악하고 관리해야 한다. 이상에서 살펴본 바와 같이 일반 건설프로세스는 프로젝트의 특성이나 참여하는 조직 그리고 건설현장의 공사여건에 따라 달라진다.

또한 프로젝트가 착수이전 단계에서부터 공사가 진행되는 각 단계까지 핵심 프로세스들을 실현하기 위하여 단위프로세스들이 변경되거나 조정될 수도 있다.

즉 단위프로세스들의 계획과 실행은 발주자 및 이해관계자의 요구수준이나 요구내용의 변경에 따라 조정될 수 있으며, 현장공사 여건의 변화에 따라서도 작업방법의 변경이나 새로운 공법이 적용되거나 공사량이 변화될 수 있다.

그러므로 건설업체들이 수행하는 모든 건설프로세스들은 공사가 진행되는 동안에도 프로젝트 수행 주체들과 현장여건 변동에 따라 단계별로 이에 대응하는 활동이 필요하다. 그러므로 전체 건설프로세스와 단위프로세스들은 사전에 계획을 수립하고 이에 따라 공사가 진행되며, 이 과정에서 나타난 제 문제점들을 즉시 해결해나가는 과정의 활동이라 할 수 있다.

3. 건설감리업무

설계도서가 완성된 이후 관련법에 의해 별도의 계약 등에 따라 수행되는 감리업무는 수주영업단계에서 계약 및 착공단계감리업무, 시공단계감리업무, 준공단계감리업무에 이르기까지 현장감리업무의 프로세스는 그림 3-3과 같다.

주요 내용을 살펴보면 건설공사 착공단계의 감리업무는 감리단 구성, 책임감리원의 방침 결정, 감리수행계획서의 작성, 검사 및 검측계획서의 작성 등 감리용역을 착수하기 위한 일반적인 행정관리업무가 이에 해당한다.

또한 이 단계에서는 시공자가 제출한 공사착공신고서류, 인허가서류, 각종 측량 및 현황조사서, 품질계획서 등의 적정성도 검토하는 단계이다.

시공단계의 감리업무는 설계도서의 관리, 기술검토관리, 품질관리, 안전관리, 설계변경관리, 기성관리, 민원관리 및 월간 감리보고 등의 업무 프로세스가 있다.

준공단계의 감리업무는 준공검사, 준공도서 검토, 시운전계획 검토 및 결과 보고, 시설물 인수인계내용 검토, 유지관리지침서의 검토, 하자보수를 위한 의견 제시 최종 감리보고서 작성 및 보고 등의 업무 프로세스가 있다.

그림 3-3 감리업무 수행 프로세스

이와 같이 감리업무 프로세스는 시공자가 수행하는 공사관련 프로세스를 모니터링 및 측정하기 때문에 해당 감리단은 시공자에 의해 수행되는 공사관련 프로세스를 파악하고 관리해야 한다.

제 4 장

건설공사의 발주체계

4.1 건설공사의 발주체계

1. 개요

건설공사는 참여주체인 발주자 · 설계자 · 시공자 · 감리자 등에 의해 공사목적물을 설계 · 시공 · 감독하여 발주자의 요구에 부응하는 시공품을 완성해가는 활동이다. 이러한 활동은 건설공사를 효율적으로 수행하기 위한 참여자 간 관리방식이 필요하다.

건설공사의 발주체계는 공사수행 기준과 관리방법에 따라 발주자가 행하는 입찰 · 낙찰자 평가와 발주 · 계약활동, 공사비의 지급 등의 관리체계를 의미한다. 이는 건설공사의 수행체계와 구매조달 및 계약관리체계라고도 하는데, 발주체계의 구성요소는 다음과 같다.

(1) 발주방식

건설공사의 발주는 건축주가 서비스를 제공받기 위해 행하는 주문을 말한다. 따라서 건설공사 수행방식은 참여주체에 따라 발주방식이 달라지는데, 전통적 방식인 "설계 · 시공 분리방식"은 설계자와 시공자를 각각 분리하여 주문하게 되고, 먼저 설계회사에 건축물의 설계를 발주한 후 설계도서가 완성되면 건설공사는 시공자에게 발주하게 된다. 그러나 설계 · 시공 일괄발주 또는 건설사업관리방식은 설계와 시공업무를 단일조직에 주문하는 발주방식을 택하는 경우가 많다.

(2) 입찰방식

건설공사입찰은 건설사업에 참여하는 자를 결정하는 방식으로서 입찰 참여 대상자의 자격조건과 경쟁방법 등을 결정하는 체계이다. 이 방식 중 한 예로 경쟁입찰과 제한경쟁입찰이 있는데, "일반경쟁입찰"은 누구나 사업 참여의사가 있는 자는 입찰에 참여할 수 있는 반면 "제한경쟁입찰"은 지나친 경쟁의 심화를 방지하고 적합한 입찰자를 선정하기 위해 입찰자의 참여자격을 제한하는 방식이다.

(3) 낙찰방식

건설공사의 낙찰방식은 건설공사 수행 시 건설업체를 선정하기 위하여 입찰 참여 업체를 평가하여 낙찰자를 결정하는 방식이다. 이 방식은 최적의 계약대상자를 선정하기 위해 건설사업의 특성에 따라 사업 수행능력을 가진 자가 선정되도록 하는 것이 좋다.

따라서 낙찰의 방식은 입찰자들이 제시한 가격이나 기술, 특히 건설사업관리회사인 경우에는 회사의 기술보유 역량 등이 중요시되므로 낙찰방식과 절차는 합리적이고 공정하게 수립해야 한다.

(4) 재원조달방식

건설사업의 재원은 사업 참여자에 대한 서비스 제공 능력만큼이나 발주자에게는 매우 중요한 문제이다. 따라서 질 좋은 건설관리 서비스를 제공받기 위해서는 적어도 발주자의 충분한 재원 확보가 필요하다. 특히 국가가 사회간접자본시설을 확충하기 위해 선택하는 민간자본투자방식의 경우 소요되는 예산의 규모가 커서 정부의 재정사업만으로는 사업 수행이 어려운 경우가 많으므로 사업목적 실현을 위해 보다 합리적인 재원조달방식이 필요하다. 그러나 지나치게 민간에 의존하는 경우는 이후 사업의 성공에 영향을 미치게 되므로 매우 신중한 건설관리적인 판단이 필요하다.

(5) 공사비지급방식

건설공사의 대금지급은 발주자와 계약자 간에 이루어지는 사항으로, 계약자가 제공하는 서비스의 대가로 발주자가 지불해야 하는 비용이다. 따라서 건설사업의 계약방식에 따라 전체 공사비를 지급하는 총액계약방식이 있고, 매 연도별 계약된 단가를 산정하여 지급하는 단가계약방식, 또는 실제로 투입되는 비용을 정산하여 지급하게 되는 실비정산보수가산방식이 있다.

4.2 공사의 발주

1. 개요

건설공사에서 발주(PDS : Project Delivery System)란 건설서비스를 구매하는 방식을 의미한다. 건설사업의 발주체계는 건설공사의 발주방식과 입찰 및 계약제도를 포함하는 광의의 행위 중심의 개념과 건설공사의 각 참여자들에게 구체적인 책임과 권한을 부여하고 참여자 간의 관계를 규정하는 협의의 주체 중심의 발주방식으로 나눌 수 있다.

이러한 의미에서 발주체계는 입찰, 낙찰, 계약, 보증, 대가지급, 준공, 유지관리에 이르는 건설활동 전반을 기능별로 계약에 의해 수행하도록 하는 건설생산방식과 밀접한 관련이 있다.

어떠한 발주방식을 적용하느냐 하는 것은 주문에 의한 생산방식을 취하는 건설공사에서는 가장 중요한 의사결정 중의 하나라고 할 수 있다. 따라서 건설산업의 발주와 생산체계는 그동안 폐쇄적이고 업역적인 구조하에서 다양하고 융통성 있는 발주방식의 적용보다는 매우 한정된 발주방식이 공사규모에 따라 획일적으로 설정하여 운영됨으로써 비효율성을 가져왔다.

이에 따라 발주방식의 기반이 되는 건설생산시스템을 보다 더 개방적으로 운영하고 다양한 방식의 건설생산활동이 가능하도록 함으로써 건설산업의 저비용, 고효율적 구조로 개편되어 왔다. 특히 공공건설사업의 발주방식의 적용은 공사의 특성에 따라 많은 제약이 따르므로 매우 신중한 판단이 필요하다.

2. 건설업의 생산체계

건설산업기본법 제2조(정의)에서 규정한 "건설산업은 건설업과 건설용역업을 말한다."로 정의되고 있다. 또 '건설업'은 건설공사를 시공하는 업, 건설용역업은 건설공사에 관한 조사 · 설계 · 감리 · 사업관리 · 유지관리 등 건설용역을 수행하는 업으로 정의되고 있다. 따라서 건설산업은 건설공사의 시공이나 이와 관련한 용역을 수행하는 업으로써 종합적인 계획 · 관리 및 조정하고 시설물을 시공하는 업이다. 그중에서 표 4-1에서와 같이 건설업은 일반건설업과 시설물의 일부 또는 전문 분야에 관한 공사를 시공하는 전문건설업으로 구분되며, '전기공사업법'에 의한 전기공사, '소방법'에 의한 소방설비공사,

'정보통신공사업법'에 의한 정보통신공사, '문화재보호법'에 의한 문화재수리공사는 건설산업기본법상의 건설업역에서 제외되며, 그 밖의 공사와 관련한 법령에 의한 공사로 관계법령에 따라 분류하고 있다.

또 건설용역업은 건설공사에 관한 조사 · 설계 · 감리 · 사업관리 · 유지관리 등 건설공사와 관련된 용역을 수행하는 사업으로 엔지니어링업 · 건축설계업 · 전문감리업 등으로 구분된다.

표 4-1 건설산업의 범위

<table>
<tr><th colspan="2">구 분</th><th colspan="2">범 위</th></tr>
<tr><td rowspan="6">건설산업</td><td rowspan="2">건설(시공)업</td><td colspan="2">건설산업기본법상 등록업종 : 일반건설업 · 전문건설업</td></tr>
<tr><td colspan="2">특별법에 의환 건설업 : 해외건설업 · 주택건설업 · 환경오염방지시설업</td></tr>
<tr><td colspan="3">※ 전기공사업, 정보통신공사업, 소방설비공사업, 문화재수리업은 제외</td></tr>
<tr><td rowspan="3">건설용역업</td><td>엔지니어링업(엔지니어링기술진흥법)</td><td rowspan="3">※ 기본법 제6조제26조 및 제8장만 적용</td></tr>
<tr><td>건축설계업(건축사법)</td></tr>
<tr><td>감리전문업(건설기술관리법)</td></tr>
</table>

우리나라의 건설산업 구조는 미국이나 유럽 등과 달리 시장의 메커니즘에 의해 형성되었다기보다는 법령에 의해 형성된 것이 특징이다. 즉 건설산업의 각 분야의 관계법령에서 규정한 바에 따라 역할을 수행하도록 규정하고 있다. 따라서 설계업무는 건축사사무소나 엔지니어링 업체가 수행하고 시공은 일반건설업체나 전문건설업체, 감리업무는 감리전문업체가 수행하는 등의 업역적 구조가 형성되어 있다. 이러한 구조는 건설공사에 참여하는 기술자와 기술인력을 전문화하고 업역 상호간 견제작용을 하여 비용절감과 품질향상에 기여해왔다. 또 중소기업과 지역업체를 보호한다는 측면에서 현재까지 모든 건설공사는 업역 중심의 발주방식에 의해 이루어져 왔다. 따라서 현재와 같은 건설산업의 구조하에서 건설공사 발주방식은 설계 · 시공 분리방식과 설계 · 시공 일괄방식, 건설사업관리방식으로 구분할 수 있으나, 향후 "건설기술진흥법"이 발효되면 업역 간 제한이 따르는 생산체계의 중복성을 해결할 수 있을 것으로 기대한다.

3. 건설사업의 발주원칙

국가를 당사자로 하는 계약에 관한 법률 제5조(계약의 원칙)에 의하면, "계약은 상호 대등한 입장에서 당사자의 합의에 따라 체결되어야 한다."라고 규정하고 있다. 그 이외에도 건설공사의 계약은 제6조(계약사무의 위임·위탁), 제7조(계약의 방법), 제8조(입찰 공고), 제9조(입찰 보증금), 제10조(경쟁입찰에서의 낙찰자 결정) 등에서 규정하고 있다. 결국 이 법에 의한 계약은 국가가 경제주체로서 행하는 사법상의 법률행위라 할 수 있다.

그러나 국가계약은 개인의 이익을 추구하는 일반적인 계약과는 달리 공공복리의 추구라는 목적 달성에 있으므로, 계약담당공무원의 자의적인 법집행을 방지하고자 민법 등과는 달리 별도의 계약관련 절차를 운영하고 있는 것이다.

국가계약 법령에는 국가의 우월적 지위를 이용하여 계약상대자의 이익을 부당하게 제한하는 특약이나 조건을 정하지 않도록 하고, 계약당사자는 계약의 내용을 성실 신뢰의 원칙에 따라 이행하도록 하는 국가계약의 원칙을 규정하고 있다.(동법 제5조 및 시행령 제4조)

이 이외에도 국가는 지역경제의 보호나 국제협정 등 정책적으로 달성해야 할 다양한 목적을 위해 여러 법령에 걸쳐 복합적인 규정을 만들어 사용되고 있으며, 특정한 방식들에 대한 우선순위의 발주방식은 존재하지 않는다.

그러나 건설공사 발주방식의 다양화와 전문화를 위해서는 기존의 업역적인 건설생산 시스템과 국가계약법을 지속적으로 보완해야 하는 필요성이 제기되어 왔다. 이러한 전제 위에서 다양한 발주방식이 적용될 수 있는 토대의 마련과 발주자의 요구사항인 공사비, 공기, 품질 등과 공사의 특성, 발주관리능력 등을 고려하여 선택할 수 있는 환경이 필요하다.

즉 발주제도의 운용에 있어서 발주자의 재량권과 자율성 확대도 필요하나 공공공사의 특성상 발주자의 재량권 남용과 부패문제, 자율성 확대에 따른 책임문제 등 해결해야 하는 과제가 남아있다. 즉 발주자의 책임은 어디까지나 전문적·기술적인 관리능력의 구비에 따라 좌우될 수 있을 것이며, 재량권의 확대에 따른 통제에 대응하는 수단으로 발주자가 준수해야 하는 윤리규정 확립과 명확한 발주절차의 구비가 필요하다.

특히 발주방식 선택의 정당화는 발주자 스스로 선택에 대한 책임을 입증할 수 있는 발주능력을 전제로 하므로, 발주능력의 확보와 발주방식 선택의 정당성 확보는 더욱 중요할 수밖에 없다.

4.3 건설공사의 발주방식

1. 개요

건설공사의 발주방식은 건설사업의 생산구조와 수행방식을 결정하는 것이다. 따라서 이 방식은 건설사업의 참여주체와 그들의 책임과 역할을 결정하는 것이며, 건설사업의 성패를 좌우할 수 있을 만큼 중요하므로 사업내용과 특성에 따라 매우 신중하게 결정되어야 한다. 현재 우리나라에서 시행되는 건설사업의 발주방식 중 대표적인 방식인 '설계 · 시공 분리방식'은 역사가 가장 오래되었으며 전통적인 발주방식이라 불린다. 이 방식의 대안으로, 비용과 공기단축이나 건설사업의 관리 측면에서 장 · 단점을 가진 발주방식이 있으며, 그중 대표적인 것은 '설계 · 시공 일괄방식'(design–build)과 '건설사업관리(CM)방식'이 있다. 설계 · 시공 일괄방식은 이미 국내에서는 턴키(turn–key)라는 이름으로 활용하고 있으며, 건설사업관리방식은 공공건설사업에 본격적으로 활용되고 있다. 공공건설사업은 설계자와 시공자 외에도 건설사업관리자(CMr ; Construction Manager)라는 제3의 계약주체를 생산구조에 참여가 가능하도록 하는 법적 근거가 마련되어 건설산업기본법과 건설기술관리법 등 관련법들을 개정하여 왔다.

표 4–2 발주방식의 비교

구 분	발 주 방 식
설계 · 시공 분리	전통적인 방식으로 설계와 시공을 분리하여 실시설계까지 수행한 후 경쟁입찰을 통한 시공자 선정
설계 · 시공 일괄	발주자가 단일조직의 설계 · 시공 일괄 입찰자와 한 번의 계약으로 프로젝트를 발주하는 방식
건설사업관리	프로젝트의 기획 · 타당성 검토 · 설계 · 시공단계를 통합하여 건설사업의 전 과정을 발주자 · 설계자 · 건설사업관리자가 통합적으로 관리하는 방식

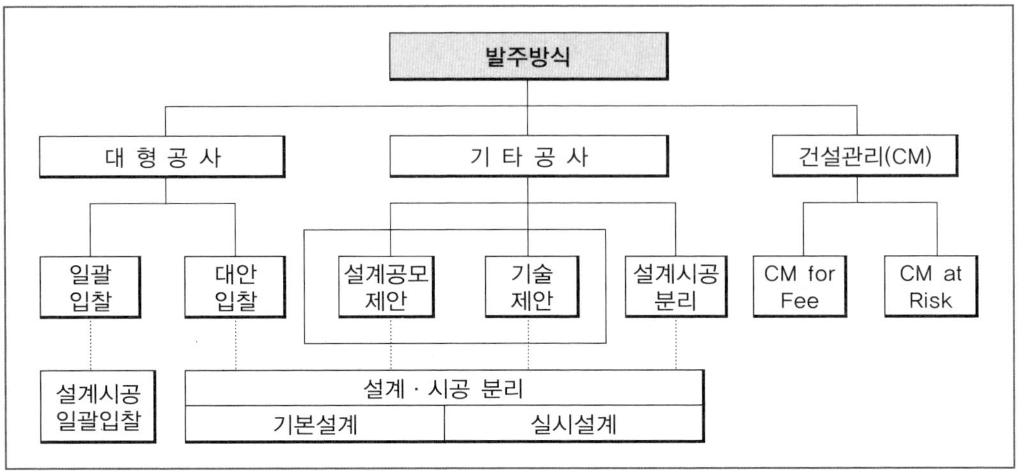

그림 4-1 건설사업의 발주체계

2. 발주방식

(1) 설계 · 시공 분리방식

이 방식은 가장 일반적이며 전통적인 방식으로써, 국내 공공공사의 대부분이 이 방식을 택하고 있다. 이 방식은 발주자의 관리능력이나 인력의 여유도에 따라 설계와 시공을 각각 단일패키지나 여러 패키지로 나눠 발주할 수 있다. 특히 이 방식은 건설사업의 특성과 규모에 관계되지만 발주패키지를 세분화시킬수록 전문기관을 선택할 수 있는 폭이 넓어지며 품질은 저하시키지 않으면서 가격은 절감시킬 수 있는 장점을 가지고 있다. 반면에 단점은 발주자의 관리인력이 늘어나고 관리기술이 부족할 경우, 계약패키지 사이에 협조와 조정이 이뤄지지 않아 공기지연은 물론 계약자들로부터 무차별적인 클레임에 노출될 위험이 크고, 이로 인해 막대한 사업비의 증가를 초래할 수 있다.

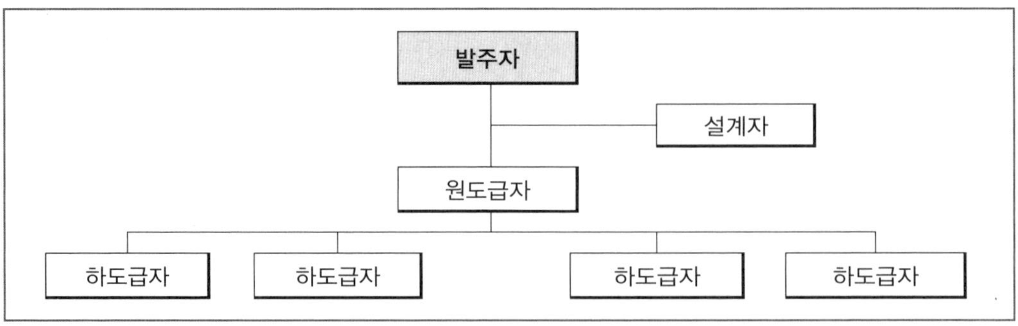

그림 4-2 설계 · 시공 분리방식

(2) 설계 · 시공 일괄방식

이 방식은 발주자가 전문인력이 부족하거나 설계와 시공의 분리가 불리하다고 판단되는 경우에 선택하고 있다. 이 방식은 주로 기자재 공급자 위주로 진행된 석유화학 플랜트나 화력발전소설비, 폐수처리설비 등의 사업에 적용되어 왔다. 공공기관의 입장에서는 전체 사업투자비를 절감할 수는 있지만 공사금액의 증감에 대한 위험부담을 민간에 전가시키는 방향으로 선택될 수 있어 단점이라 할 수 있다. 이 방식의 추진은 기본설계단계에서 적용하는 방법과 실시설계단계에서 적용하는 방법으로 구분하고 있다. 기본설계는 전체사업에 대한 설계를 담당하도록 하고 발주자의 자금사정에 따라 단일시설물을 순차적으로 건설하고자 하는 경우에 이 방법을 택한다. 그러나 기본설계구간에 의해 시공구간이 정해지지 않고 시공단계에 의해 실시설계구간이 정해지는 방법을 채택할 시에는 발주자의 설계조정과 관리능력이 필수적이며, 시공단계에서는 계약자별 인터페이스 조정이 필요하다.

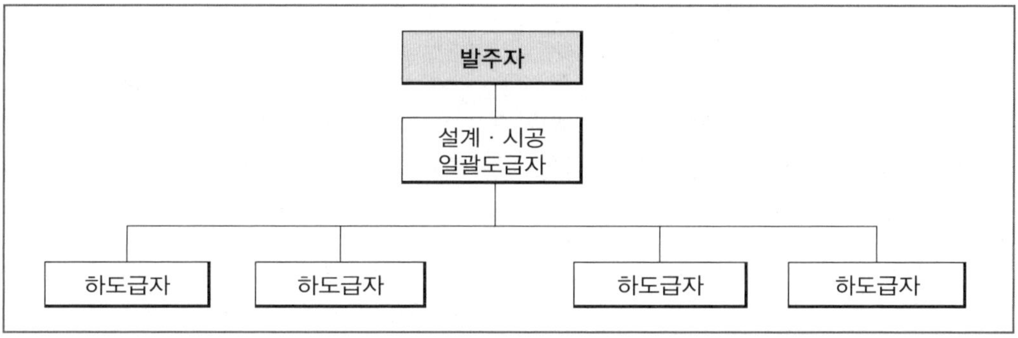

그림 4-3 설계 · 시공 일괄방식

그러나 이 방식의 적용 시 발주자는 계약방법을 full turn-key방식과 같은 의미로써 계약금액조정 불가라는 인식으로 오해하고 있고, 계약자는 기본설계단계에서의 문제점이 실시설계단계에서 노출될 경우 발주자와 계약변경에 대한 대립이 자주 발생하는 문제점을 내포하고 있다. 따라서 이러한 문제점을 보완하기 위해서는 턴키가 아닌 design build로 해석해야 합리적일 것으로 판단된다. 표 4-3은 설계 · 시공 분리방식과 설계 · 시공 일괄방식의 특성을 비교한 것이다.

표 4-3 입찰방식의 비교

설계 · 시공 분리방식	설계 · 시공 일괄방식
• 설계자는 발주자편에서 전문지식을 제공하며, 시공자는 서비스를 제공 하는 공급자로써 투자비 측면에서 설계자를 통해 발주자 옹호 가능 • 설계가 완료되기 전에는 건설공사의 정확한 범위 파악이 불가능할 때 적용 • 발주자의 설계관리능력과 인력이 충분하다고 판단될 때 적용 • 설계 완성단계에서 다양한 시공자 선택이 가능하여 경제성이 보장될 경우 • 건설사업의 규모가 크고 복잡한 경우 발주자편에서 설계자가 보조자 역할이 필요하다고 판단될 때	• 설계와 시공에 대한 책임일원화 • 설계자와 시공자가 동일하므로 내부협조관계가 원만함 • 계약자가 선정된 이후부터는 최적 설계책임은 전적으로 계약자가 가짐 • 설계기간과 발주기간이 길어지는 것을 예방하고자 할 때 적용 • 설계자와 시공자는 서로 다른 취향을 가질 수 있으나, 그것이 단일계약자인 경우에 계약자 내부문제로 전가 가능

(3) 건설사업관리방식

건설산업기본법 제2조(정의) 및 제6항의 용어에 의하면, '건설사업관리'란 건설공사에 관한 기획, 타당성 조사, 분석, 설계, 조달, 계약, 시공관리, 감리, 평가, 사후관리 등에 관한 관리업무의 전부 또는 일부를 수행하는 것으로 설명되고 있다.

또한 국가계약법 시행령 제91조의 2항에서는 건설사업관리를 "공사에 관한 기획 · 타당성 조사 · 설계 · 시공 · 감독 · 유지관리 등에 관하여 그 전부 또는 일부를 종합관리하는 업무"라고 정의하고 있다.

한편, 건설사업관리란 건설공사 추진과정에서 발주자, 설계자, 시공자 간 야기되는 제반문제를 해결하고 조종해 나가는 관리행위라고도 하며, 이와 같은 행위에 참여하는 자를 사업관리자(construction manager)라고 한다. 따라서 이 제도는 발주자를 대신하여 사업관리자가 건설 프로젝트 수행을 위한 기술적, 관리적 전문성을 가지고 품질, 공사기간, 공사비 등에 대한 서비스를 제공하는 관리활동이라 할 수 있다. 이 방식의 적용은 대규모 공사, 원자력발전소, 지하철공사 등 국가적 기간산업의 중요 프로젝트에 적용되어 왔다.

그러나 최근에는 공사규모와 발주자와 관련 없이 건설사업의 각 단계에서 관리적, 기술적 지식이 부족하거나 사업추진 조직이 부족한 경우에 적용된다고 볼 수 있다.

현재 국내 공공건설사업의 건설사업관리와 관련한 제도와 법규들로는 건설산업기본법, 건설기술관리법, 국가를 당사자로 하는 계약에 관한 법률(이하 '국가계약법'), 엔지니어링 기술진흥법 등을 들 수 있다.

이러한 관련법규들 중 '건설사업관리'를 명시적으로 정의하고 있는 법으로는 건설산업기본법과 국가계약법이 있으며, 건설기술관리법에서는 건설산업기본법에서 정의한 건설사업관리를 적용토록 규정하고 있다. 엔지니어링기술진흥법에서는 건설사업관리업무를 엔지니어링 활동의 하나로 정의하고 있다.

그런데 최근의 건설사업관리제도는 설계 · 감리 · 엔지니어링과 건설사업관리업무 간 업무영역의 중복문제가 야기되어, 이를 통합하여 조정할 수 있는 '건설기술진흥법'이 제정되어 곧 시행될 예정이다. 이 법안은 현재 업무영역 간의 중복업무를 방지하고 업무수행범위를 명확히 조정하여 사업관리 역량을 강화시키고자 하는 내용을 담고 있다.

일반적인 건설사업관리방식은 발주자와 설계자 또는 발주자와 시공자와의 관계에서 발주자와 사업관리자와의 관계가 먼저 규정되거나, 또는 설계자와 발주자 및 사업관리자와의 관계가 동시에 규정된 후 사업 수행이 이루어지도록 하는 것이다. 이에 따른 사업관리방식은 그림 4-4와 같이 나타낼 수 있다.

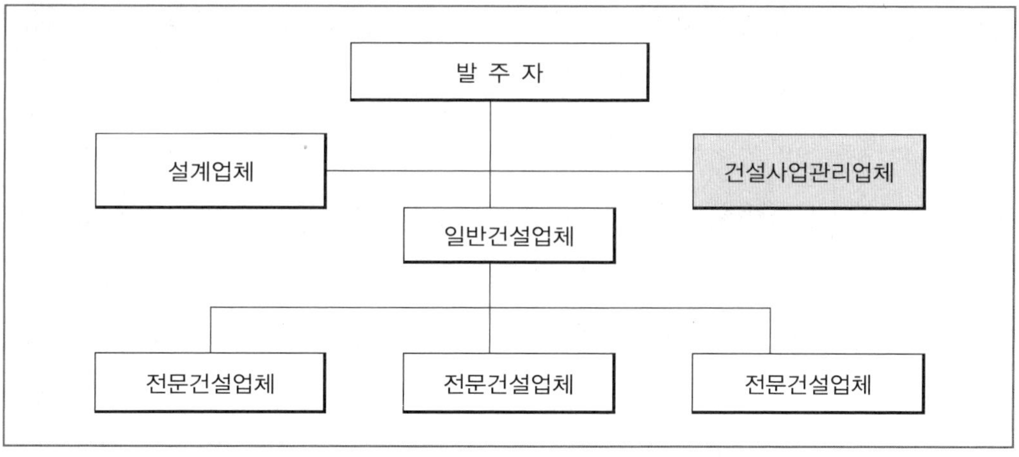

그림 4-4 건설사업관리방식

그런데 이러한 사업관리방식을 보다 현실적으로 정리하게 되면, 다음과 같이 발주자 자신이 직접 건설사업을 관리하는 방식과 발주자의 위탁을 받아 대리인으로서 발주자의 요구에 따라 관리의 형태를 취하는 사업관리방식으로 정리된다.

① 발주자 직접관리방식

이 방식은 공사규모가 비교적 작으며 공사기간이 단기간 소요되는 공사로써, 설계·시공 분리방식인 경우에 발주자가 자체조직과 인력을 구비하여 직접적으로 발주자의 역할과 건설사업관리자의 역할을 담당하는 방식이다.

과거 국내 공공건설사업은 대부분 이 방식으로 진행해 왔다. 따라서 현재까지 발주자의 역할과 건설사업관리자의 역할에 대한 구분이 명확하지 못한 것은 이러한 이유에서 비롯되었다고 볼 수 있다. 즉 기존의 정상적인 업무처리조직에서 건설사업을 관리하는 관계로 인해 건설사업에 대한 시간이나 돈에 대한 관리개념이 선진국들에 비해 상당히 떨어지는 문제점을 가지고 있다.

② 관리형태의 사업관리방식

이 방식은 주로 설계와 시공이 일괄하여 발주되는 방식에서 도입된다. 즉 발주자로부터 설계와 시공은 물론 건설사업에 대한 총괄관리책임을 부여받은 경우로, 계약자와 발주자와의 관계는 계약자로써의 역할을 하게 되며 설계와 시공의 부문별 하도급자에게는 건설사업관리자와 발주자의 역할을 동시에 수행하게 된다. 그림 4-5 및 그림 4-6에서처럼 원하도급 기반 CM방식과 다중시공자 기반 CM방식이 있다. 계약자가 발주자와 사업관리자 역할을 동시에 하는 형태는 국내의 경우 일반업무용 빌딩 건설, 석유화학 플랜트 건설, 민자SOC건설, 자체개발형 사업 등이 이 범위에 속한다.

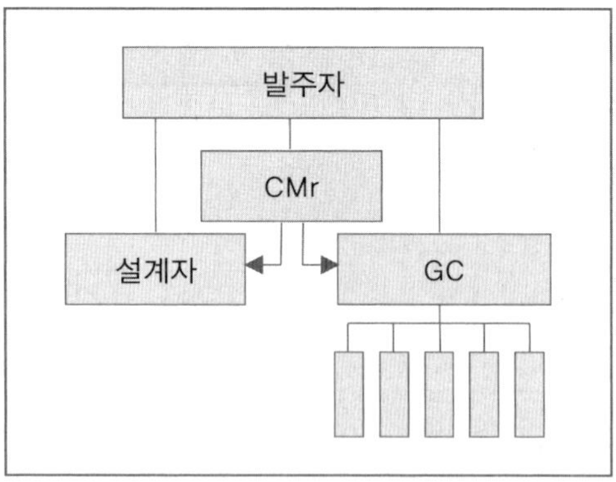

그림 4-5 원하도급 기반 CM방식

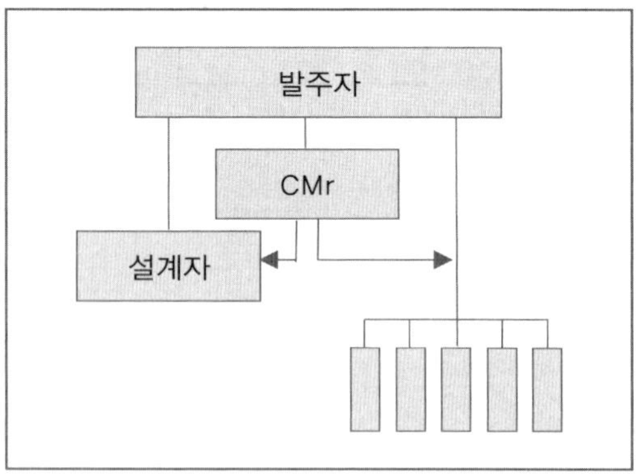

그림 4-6 다중시공자 기반 CM방식

관리형태의 건설사업관리방식으로는 다음의 CM for Fee방식과 CM at Risk방식이 있다.

• CM for Fee방식

용역형 CM(CM for Fee)은 발주자가 사업에 대한 관리책임을 직접적으로 가지고 있으나 자체조직의 기술이나 인력이 부족할 경우, 외부의 건설사업관리 전문기관을 선정하여 그 책임의 일부를 위임하여 관리방식이다. 즉 사업에 대한 품질, 비용 및 공기면의 위험부담을 분담하는 방식이라고 볼 수 있다. 이 방식의 도입은 사업의 규모와 특성에 밀접한 관계가 있다. 즉 발주자가 건설사업이 종료된 후 운영과 유지보수에 대한 책임자로써 전문성을 가져야 하거나 유사한 사업이 계속적으로 이뤄져야 할 경우에 이 방식을 택하게 된다. 국내의 경우, 원자력발전소 · 화력발전소 · 경부고속철도 · 영종도 신국제공항 · 서울시 지하철 제3기 건설사업이 이 방식을 택하고 있다. 미국의 경우, CM for Fee방식의 서비스 제공자는 대부분 종합건설업에 해당하는 EC기업이 담당하고 있으나 우리나라는 기술용역회사가 이 분야를 담당하고 있다.

• CM at Risk방식

위험형 CM(CM at Risk)은 CM업자가 관리적인 업무 이외에 시공까지 책임지는 형태로서 부실시공에 대한 위험성까지 책임져야 하는 계약방식이다.

현재의 턴키방식과의 차이점은 설계는 별도로 설계자가 하고 관리업무 및 시공을 CM업자가 수행한다는 점에서 차이가 있다. 이때에도 CM업자는 설계과정에서 발주자의 의도가 적용되도록 설계자와 긴밀히 협조해야 할 의무가 있다. 또한 CM업자는 시공을 책임지게 되므로 발주자와 계약 시 관리업무 및 시공 전체에 대한 가격으로 계약을 하게 되며, 이러한 의미로서 최고가 보증형 CM이라고 한다. 이 제도는 CM효과를 극대화하기 위한 바람직한 제도로 볼 수 있다. 그러나 CM업자의 지나친 이윤 추구로 인해 부실시공의 우려가 여전히 존재하며, CM업자의 도덕성, 시공능력 등이 중요한 변수이다.

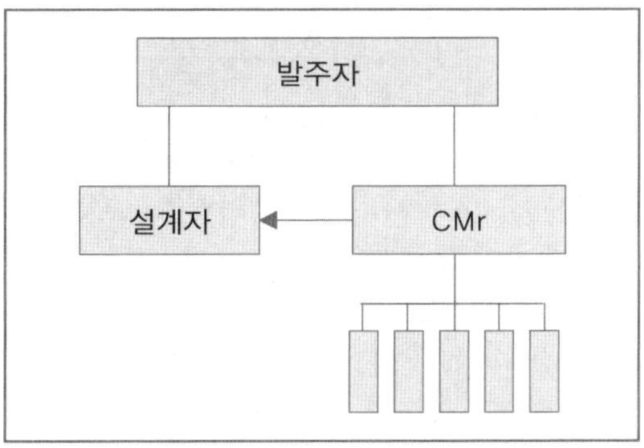

그림 4-7 CM at Risk방식

(4) 민간투자사업방식

민간투자사업은 정부 예산으로 건설하고 운영되어온 사회기반시설들을 민간의 재원으로 건설하고 운영함으로써, 민간의 창의와 경영기법을 활용하여 공공투자의 효율을 제고할 수 있도록 하는 사업방식을 말한다.

여기에서 사회기반시설이란 각종 생산활동의 기반이 되는 시설로, 시설의 효용성을 증진시키거나 이용자의 편의를 도모하고자 하며 국민생활의 편익을 증진시키는 시설을 말한다.

민간투자법 제2조제1호에는 사회기반시설의 유형을 도로, 철도, 항만, 환경 등 35개 시설과 2005년에 신규로 도입된 학교, 군 주거, 노인복지, 공공보건 의료, 문화시설 등 9개 시설을 합한 총 44개 시설로 한정하고 있다.

이 사업은 정부의 한정된 재정만으로 사회기반시설을 확충하거나 수요자의 요구에 맞는 시설의 구비와 운영에 어려움이 있는 경우, 민간투자사업으로 추진하여 정부 예산의 한계를 극복하고 수요자에게 질 높은 서비스를 제공할 수 있는 장점이 있다. 또한 이 사업은 민간이 재원을 마련하여 시설을 건설하고, 정부에 해당 시설을 기부채납한 후 정부로부터 관리운영권을 부여받아 운영 수입으로 투자금을 회수하는 것이다. 이를 위해 특수목적회사(SPC : Special Purpose Company)를 설립하여 건설과 운영을 담당하게 되는데, 이때 민간은 특수목적회사에 주식과 대출 등의 방식으로 참여하게 되며 특수목적회사는 운영기간 중 수입으로 민간이 투자한 자금에 대한 배당과 원금 및 이자의 형태로 이익을 돌려주게 된다.

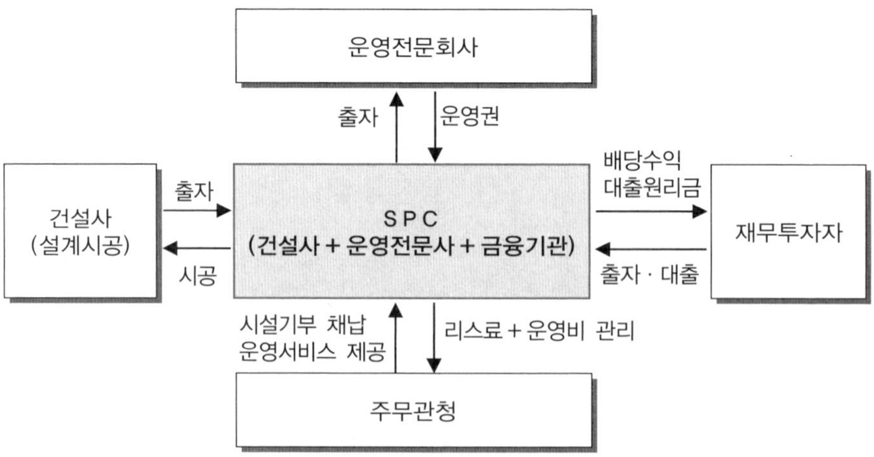

그림 4-8 민자사업 운영체계

민간투자사업의 추진방식은 크게 BTO(Build-Transfer-Operate)방식과 BTL(Build-Transfer-Lease)방식이 있다. BTO방식은 사회기반시설의 준공과 동시에 당해 시설의 소유권이 국가 또는 지방자치단체에 이전(transfer)되며 사업시행자에게 일정기간의 관리운영권(operate)을 인정하고, 사업시행자는 관리운영권을 근거로 하여 시설을 운영함으로써 투자비용을 회수하는 방식이다.

보통 도로나 철도 등 BTO시설의 경우 주무관청으로부터 부여받은 관리운영권을 근거로 하여 민간사업자가 시설 이용자로부터 사용권을 받게 된다.

BTL방식은 2005년에 새로 도입된 방식으로, 민간이 자금을 투자하여 사회기반시설을 건설하면 정부가 운영기간(10~30년) 동안 이를 임차하여 시설을 사용하고 그 대가로 임대료를 지급하는 방식이다.

BTL사업을 하는 민간사업자는 정부로부터 시설임대료와 운영비를 받게 되며, 시설임대료는 민간이 투입한 시설투자에 대한 대가로 정부는 사업의 위험도, 자금조달금액 등을 감안한 수익률을 반영하여 분할지급하는 것이며, 운영비는 시설의 유지, 보수에 대한 대가로 사전에 협약에서 정한 금액을 기초로 정부가 시설의 유지, 보수에 대한 서비스를 평가하여 조정한 후 지급하고 있다.

4.4 건설공사의 입찰방식

1. 개요

건설공사의 도급자를 결정하기 위해서는 우선 입찰방법을 따르지 않을 수 없는데, 그 대표적인 방법으로 경쟁입찰과 특명입찰 및 직영방법이 있다.

경쟁입찰은 공개경쟁입찰과 지명경쟁입찰로 분류할 수 있으며, 특명입찰은 수의계약이라고도 하는데 특명과 견적입찰로 분류할 수 있다. 표 4-4는 입찰방식을 분류한 것이다.

표 4-4 입찰방식의 구분

구 분			개 요
수의계약			• 특수한 목적에 의한 경우
경쟁	일반경쟁		• 기본자격을 갖추면 입찰참가를 허용
	지명경쟁		• 특수한 공사 수행실적이 있는 자가 필요한 경우
	제한경쟁	시공능력 평가액제한	• 시공능력 부족 업체 배제
		실적제한	• 경험 · 기술 부족 업체 배제로 부실방지
		지역제한	• 지방업체 보호 · 육성, 지역경제 활성화
		유자격자 명부제한	• 공사의 성질 · 규모별 제안
		재무상태 제안	• 계약이행의 부실화 방지

2. 입찰방식

(1) 일반경쟁입찰

일반경쟁입찰은 관보나 신문, 게시, 공보 등의 방법으로 공고에 의해 일정한 자격을 가진 불특정 다수의 희망자를 경쟁에 참가하도록 한 후, 그중에서 가장 유리한 조건을 제시한 자를 선정하여 계약을 체결하는 방법이다.

「국가계약법」 제7조, 「국가계약법 시행령」 제10조에서 도급, 매매, 임대차 등의 계약을 체결하고자 하는 경우에는 원칙적으로 공고를 하여 일반경쟁에 부쳐야 하며, 이때 경쟁은 입찰방법으로 하도록 규정하고 있다.

일반경쟁은 모든 입찰 희망자에게 공평하고, 염가구매가 가능하며, 집행절차가 공개적이고 공정한 장점이 있는 반면, 부실업자의 참여로 인한 품질저하와 계약불이행에 따른 위험부담을 내포하고 있고 공고 시부터 낙찰자 결정까지 행정절차가 복잡하고 입찰참가 인원이 많아 입찰 집행에 어려움이 많은 단점이 있다. 따라서 일반경쟁입찰이 가지고 있는 단점을 보완하기 위하여 계약목적 달성을 위해 불가피한 경우에 제한경쟁이나 지명경쟁 등에 의한 집행을 할 수 있다.

일반경쟁의 입찰참가자격은 다른 법령의 규정에 의하여 허가 · 인가 · 면허 · 등록 · 신고 등을 요하거나 자격요건을 갖추어야 할 경우에는 당해 허가 · 인가 · 면허 · 등록 · 신고 등을 받았거나 당해 자격요건에 적합해야 하며, 보안측정 등의 조사가 필요한 경우에는 관계기관으로부터 적합판정을 받은 자, 부가가치세법 제5조의 규정에 의하여 당해 사업에 관한 사업자등록증을 교부받은 자, 부정당 업자로 입찰참가자격을 제한받지 아니한 자 또는 제한기간이 경과된 자 등이다. 계약담당공무원은 법령상 특별한 규정이 있는 경우 외에는 위 기본자격 외의 요건을 정하여 입찰참가를 제한할 수 없으며, 필요한 경우에는 계약의 목적, 성질, 규모 등을 고려하여 제한경쟁 또는 지명경쟁계약으로 집행한다.

표 4-5 일반경쟁입찰방식의 장 · 단점

장 점	단 점
• 모든 입찰 희망자에게 참여의 기회가 균등함. • 담합위험이 없고 염가구매가 가능함. • 절차가 공개적이고 공정함.	• 공사의 품질저하와 계약불이행의 위험이 존재함. • 입찰수속이 번잡하여 업무집행 난이함.

3. 제한경쟁입찰과 지명경쟁입찰

제한경쟁입찰은 계약의 목적 · 성질 · 규모 등에 따라 필요한 경우 입찰참가자격을 시공능력 공시액, 공사 수행실적, 기술보유 상황, 재무상태 등으로 제한하여 입찰에 참가하도록 한 후, 그중에서 가장 유리한 조건을 제시한 자를 선정하는 방법을 말한다.

지명경쟁입찰은 계약의 성질 또는 목적상 특수한 설비나 기술 · 자재 · 물품이나 실적이 있는 자라야만 계약목적을 달성할 수 있는 경우에 대하여 발주기관이 자력, 신용 등이 적당하다고 인정하는 특정 다수의 경쟁 참가자를 지명하여, 그 지명된 자에게 입찰서를 제출할 수 있는 자격을 부여하여 참가하도록 한 후 그중에서 가장 유리한 조건을 제시한 자를 선정하는 방식이다.

이 두 가지 방식은 입찰자 자격이나 참여범위가 제한된다는 면에서 공통점이 있고, 일반경쟁입찰방식에서 중요시되는 가격요소보다 공사를 수행할 수 있는 조건과 품질확보 능력이 더 중요시된다.

이와 같이 제한경쟁이나 지명경쟁의 입찰참가자격 기준은 기술력이나 유사 과업 수행실적들이며, 일반경쟁입찰처럼 불특정 다수업체가 아닌 극히 적은 업체들만이 참여할 수 있을 때에 적용한다. 민간건설사업의 경우 건축주가 도급자의 재산이나 신용, 기술, 장비, 경력 등을 미리 상세히 조사하여 해당 공사에 적합하다고 판단되는 도급자를 물색, 지명하여 경쟁입찰하게 하는 방법이다.

이 경우 공개경쟁입찰에서의 병폐와 같이 부적격자가 미리 제거되어 시공에 대한 신뢰가 유지될 수 있고 공사의 적정한 품질을 기대할 수 있다.

그러나 공사비가 공개경쟁입찰보다 상승할 수 있고 입찰자가 한정되므로 입찰자 간에 담합과 같은 문제점이 나타날 수 있어 주의가 필요하다.

표 4-6 제한경쟁입찰방식의 장 · 단점

장 점	단 점
• 계약목적에 맞는 전문업체의 선택과 품질수준 제고가 가능함. • 입찰업무의 행정절차가 단순함.	• 입찰자를 제한 또는 지명기준이 필요함. • 낙찰가격의 상승이 우려됨. • 제한입찰의 경우 업체 간 담합이 우려됨.

4. 수의계약

수의계약이란 계약 시 입찰이나 경매와 같이 경쟁에 의하지 아니하고 발주자가 가장 적당하다고 인정되는 한 사람과 협상에 의해 계약을 체결하는 것을 말한다. 이는 경쟁에 의존하는 입찰방식과는 다른 계약자 선정방법 중의 하나이다.

국가나 공공단체 등 관계기관과 맺는 계약의 경우 예산의 공정한 집행을 위해 일반경쟁계약을 원칙으로 하고 있으나, 일반경쟁에 의해 계약하면 불리하다고 인정될 경우나 계약의 성질이나 목적이 경쟁에는 어울리지 않는 경우, 또는 경쟁이 성립되지 않을 경우, 가격이 낮은 경우 등 특정한 경우에 한해 수의계약이 인정된다.

표 4-7 수의계약제도의 장 · 단점

장 점	단 점
• 입찰수속이 간단하고 도급자를 신뢰하므로 공사에 대한 신뢰가 있음.	• 공사비의 상승이 우려되고 예상치 못한 결과를 초래할 수 있음.

4.5 입찰자 평가와 낙찰방식

1. 최저가낙찰제도

최저가낙찰제도란 발주자가 예상한 공사금액 내에서 가장 낮은 가격으로 입찰한 업체를 낙찰자로 선정하는 제도를 말한다. 이 제도는 가격경쟁으로 건설업의 경쟁력 강화와 공사비 절감을 유도하기 위해 지난 2001년에 도입되었다. 그 이후 수차례의 개정과 확대를 거쳐 현재 공사비 예상규모가 300억 원 이상의 모든 공사에 적용하고 있으며, 2012년부터는 100억 원 이상 공사에 확대하여 시행하고 있다. 이 제도는 수급자가 낮은 가격에 이익을 내기 위해서는 기술개발이나 원가절감 노력을 하게 되므로, 공사원가면에서 경쟁력이 상승된다고 볼 수 있으며 발주자는 공사비를 절감할 수 있다. 또한 이 제도는 신설 건설회사나 소규모자본 회사, 해당 공사에 대한 미경험자도 입찰에 참여할 수 있는 기회가 있다. 그러나 이 제도는 참여업체 간 덤핑이 우려되어 부실시공이나 자금사정에 의한 공사중단, 공기지연 등이 발생할 수 있으며, 적격한 업체선정이 어려워질 수 있는 단점이 있다. 또 입찰시점에서 볼 때 예산절감이 이루어지는 것으로 보이나, 전생애주기 측면에서 보면 하자보수나 유지관리비용의 증가로 이어져 오히려 국가 예산이 낭비되는 등 다음과 같은 문제점을 안고 있다.

(1) 과당경쟁으로 덤핑입찰은 영세업체의 피해로 전가
(2) 공공시설물의 품질저하 및 부실시공의 위험 증가
(3) 근로자의 산재사고 급증
(4) 지역 중소건설업체의 경영난 가중

이러한 이유 때문에 선진국에서는 최저가낙찰제를 지양하고 최고가치제도(best value)를 운영하고 있다. 즉 영국은 2000년부터 비용증가, 공기지연 등 투자 효율성 저조를 이유로 최저가낙찰제를 지양하고 건축물의 총생애주기비용에 따라 최고의 가치 실현을 위한 낙찰제도를 운용중이며, 미국도 초기에는 최저가를 이용하였으나 1994년 Fasa 제정 이후 최고가치제로 전환하여 운영하고 있다. 또한 유럽연합(EU)의 경우도 조달지침에서 최고가치낙찰제와 최저가낙찰제 두 가지 방법을 정해두고 있으나, 지침운영상 최고가치낙찰제가 선순위이며 전체 공고건수의 약 70%가 이 제도를 활용하고 있다. 따라서 우리나라와 같이 건설산업의 환경이 특수한 경우는 현재 운영 중인 최저가낙찰제도의 단점을 최대한 보완하여 운용하는 방안이 필요하다. 즉 이 제도를 보완하기 위해서는 사전에 입찰 참여 업체의 자본력이나 기술력, 공사경험 등을 평가하여 먼저 정하고 일정한 공사금액이 유지되도록 하는 방법이 필요하다. 특히 건설공사의 구매는 제품구매가 아닌 서비스 구매라는 점에서 건설공사의 서비스가 종료되면 완성된 구조물의 품질에 문제가 생길 여지가 많다.

이런 이유 때문에 미국을 포함한 유럽연합(EU)이 최저가낙찰방식을 사용하지 않는다. 즉 시장경제의 논리로만 해석될 수 없는 것이 건설공사의 특성이기 때문이다.

또한 이 제도는 공사비 절감 목표 달성을 위한 수단으로 불가피하게 선택한 방식 중 하나이다. 그러나 실제로는 서비스 품질, 즉 기술력의 경쟁보다는 입찰거래를 통해 가장 낮은 입찰자를 선택하는 것이 일반적인 발주자의 거래방식이다. 그러나 거래방식을 공사비 저감수단으로만 확대할 경우 계약자들 역시 기술력보다 거래방식을 통해 손실을 줄이려 하게 된다. 따라서 자연스럽게 다단계의 거래시장이 형성될 수밖에 없다.

문제는 거래가 중층화 될수록 결국은 힘이 없는 소규모 작업자에게 손실의 영향이 전가될 수 있다.

2. 입찰자격 사전심사제도(PQ)

입찰자격 사전심사제도(PQ : Pre-Qualification)란 입찰 이전 단계에서 미리 입찰에 참여하고자 하는 업체의 경험, 실적, 기술수준, 경영상태 등에 대한 사전정보를 수집하여 업무 수행능력을 평가하고, 일정한 기준 이상이 되는 업체가 입찰에 참여할 수 있도록 하는 제도이다. 이 제도는 건설업 면허 등 기본적인 자격만 있으면 입찰에 참가할 수 있는 일반적인 정부공사 입찰과는 달리 일정한 요건을 갖춘 업체를 미리 심사해 최종 입찰에 참가할 수 있도록 하는 제도로서, 불필요하게 많은 업체가 응찰해 과당경쟁으로 인한 덤핑입찰 및 이에 따른 부실공사를 사전에 방지하고, 주요 공종에 대한 업체의 경쟁력을 키우기 위해 적용되고 있다.

현행 PQ제도는 공사실적, 경영상태 등을 백점만점으로 하여 종합점수 60점 이상인 업체 중 약 20~30개 업체 범위 내에서 최종 입찰참가자를 선정한다. 그러나 이 제도는 공사실적과 경영상태가 약세인 중소건설업체는 처음부터 입찰참가가 봉쇄되어 있어 몇몇 대기업들만 참여가 가능하고 이들 간에도 담합의 우려가 있다는 것이 단점이다. 이 제도는 상대적으로 기술적인 난이도가 높은 대형공사에서 입찰참가자들의 계약이행능력을 사전에 심사하여 경쟁입찰에 참여할 수 있도록 하는 입찰적격자를 선정하는 제도이다. PQ 적용대상은 추정가격 100억 이상 공사 중 22개 공종(턴키, 대안입찰 제외)이며, 용역 PQ인 경우 건설기술관리법상 건설기술용역(건설공사 설계 · 감리 · CM 등), 건축사법상 설계, 엔지니어링진흥법상 엔지니어링 사업 고시금액 이상 또는 기술가격분리입찰에 의하는 경우에 해당된다. PQ절차는 원칙적으로 임의규정과 예외적인 강제규정을 두고 있으며, 최저가 낙찰대상 공사(500억 이상 PQ대상 공사), 지방자치단체가 발주하는 200억 원 이상 PQ대상 공사로서, 지자체 발주 PQ공사는 조달청에 의무적으로 계약체결을 위탁하는 사항이며 조달청의 PQ세부기준상으로는 PQ심사가 원칙이다. 다만 2008년 이후부터 PQ대상 공사는 지자체에서 자체발주가 가능하므로 이 경우에는 임의규정으로서 정부투자기관의 PQ대상 공사는 계약체결상 위탁이 임의사항으로 변경되었다. PQ심사절차는 발주기관이 세부 심사기준, 즉 공사특성에 따라 정한 공사실적의 범위와 기술능력의 보유기준(특수장비, 설비, 공법 등)을 설정하여 입찰공고를 하고 참여 예상 업체들에게 열람기간을 준다.

이때 참여 예상 업체는 그림 4-9와 같이 입찰공고문을 열람한 후 일정기간 동안 PQ 심사서류를 준비하여 신청서류를 제출한다. 제출된 서류는 발주처에 의해 심사하여 입찰참가 적격 업체를 선정하고 심사결과는 참여 기업에 통보되며 선정된 업체에 한하여 현장설명 자격을 부여하게 된다.

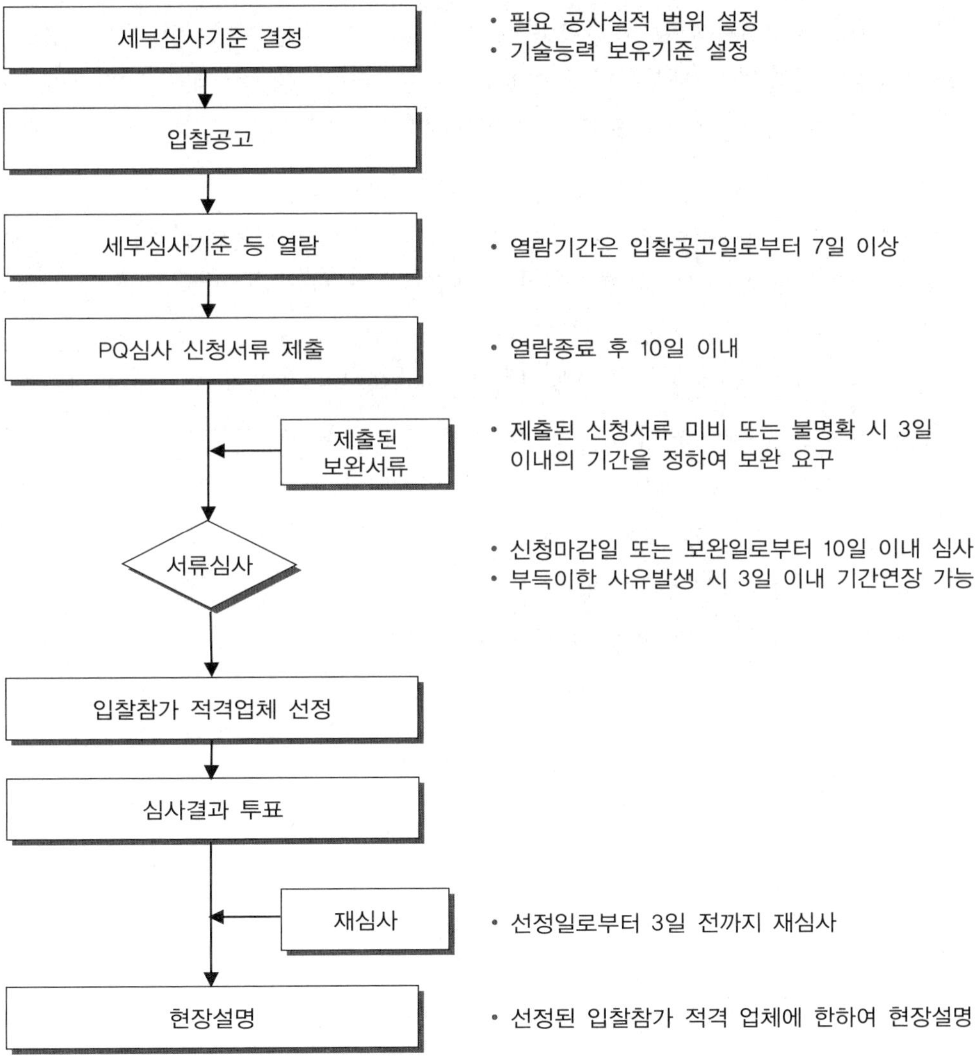

그림 4-9 입찰자격 사전심사(PQ)절차

3. 적격심사제도

적격심사제도는 공사비 이외에 기술력, 공법, 품질과 능력, 시공경험, 재무상태 등을 종합하여 적격 업체에게 낙찰시키는 제도이다. 이와 관련하여 국가를 당사자로 하는 계약에 관한 법률 시행령(제42조)에 의하면 "국고의 부담이 되는 경쟁입찰에 있어서는 예정가격 이하인 최저가격으로 입찰한 자의 순으로 당해 계약이행 능력을 심사하여 낙찰자를 결정한다."라고 규정하고 있다.

이 제도의 목적은 부실시공 및 과당경쟁 방지와 덤핑 방지 및 건설업체의 전문화를 유도하기 위한 제도이다. 낙찰자를 결정하는 과정의 하나로 '사업수행능력평가(설계 및 용역업체)'나 '입찰참가자격 사전심사(시공부문)' 등 기술부문의 평가요소와 가격을 동시에 고려하는 방식으로, 대부분의 공공발주공사는 이 방식을 적용하고 있다. 이 방식은 기술용역과 시공부문 모두 적용되며, 적격심사의 기준은 기술과 가격요소이며 공사수행능력, 입찰가격, 신인도 등에 대한 평가가 이루어진다.

적격심사는 입찰가격이 점수로는 1순위가 되더라도 타 수행능력평가나 신인도 등에서 점수가 떨어지면 적격심사를 통과하기가 어렵다. 적격심사의 세부기준에는 경영상태, 부채비율, 유동비율, 순이익률, 자산회전률, 최근 3년간 기성 실적 등을 보게 된다. 적격심사방식 중 기술용역에 적용되는 적격심사는 가격입찰과 기술제안에 대한 심사로 구분되는데, 첫 번째 방법으로 그림 4-10과 같이 가격입찰 시 최저가 입찰자를 대상으로 기술부문에 대한 심사를 실시하여 일정 기준 이상의 점수가 되면 낙찰자로 결정되는 경우가 있고, 그림 4-11과 같이 입찰 참여자가 기술제안과 입찰가격을 분리하여 제출한 후 기술부문을 먼저 심사한 후 여기에 가격점수를 합산한 점수가 일정 점수 이상인 자를 최저가격 입찰자를 낙찰자로 결정하는 방법이 있다.

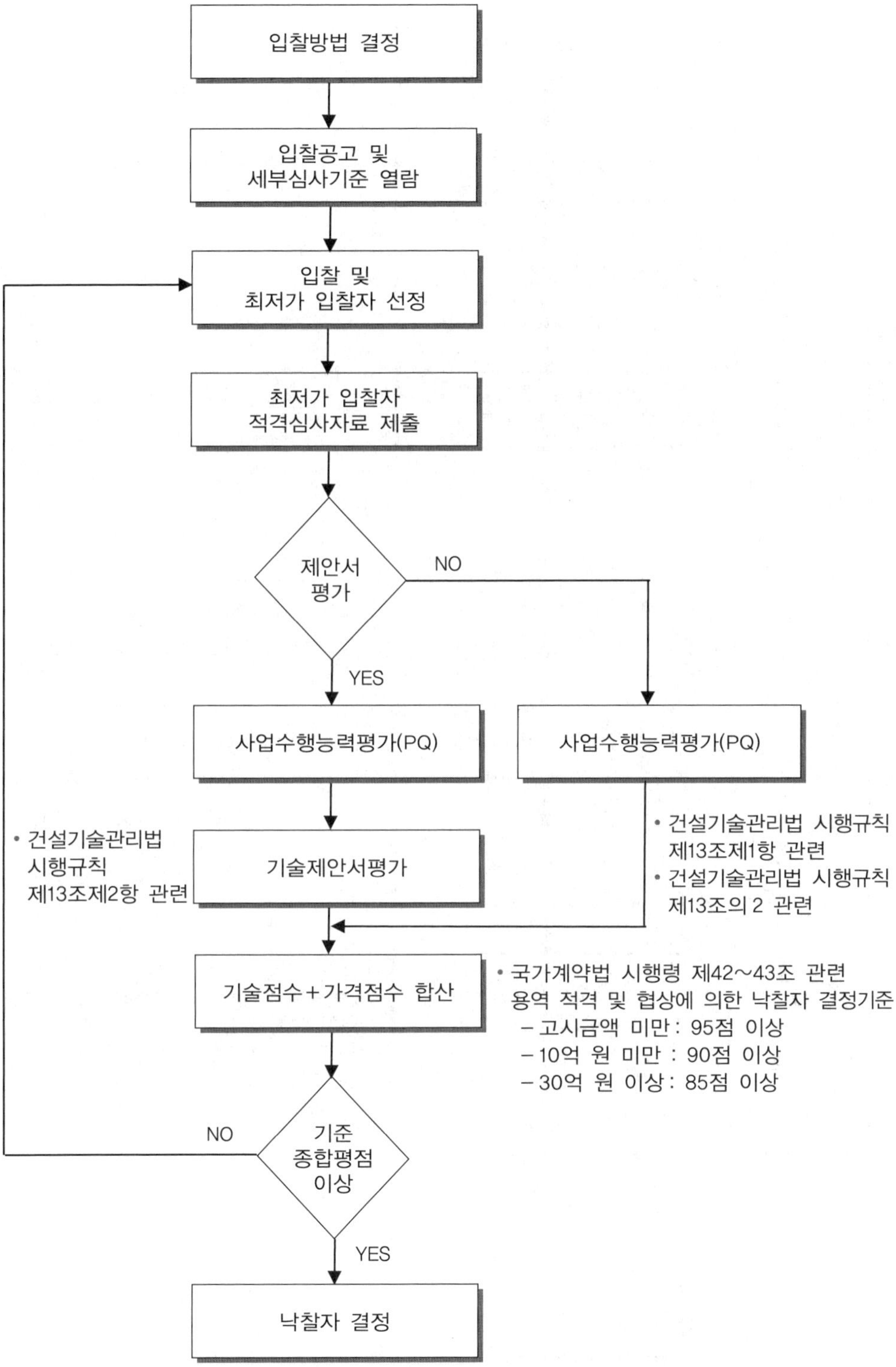

그림 4-10 최저가 입찰자 및 (기술+가격) 적격 여부 결정 절차

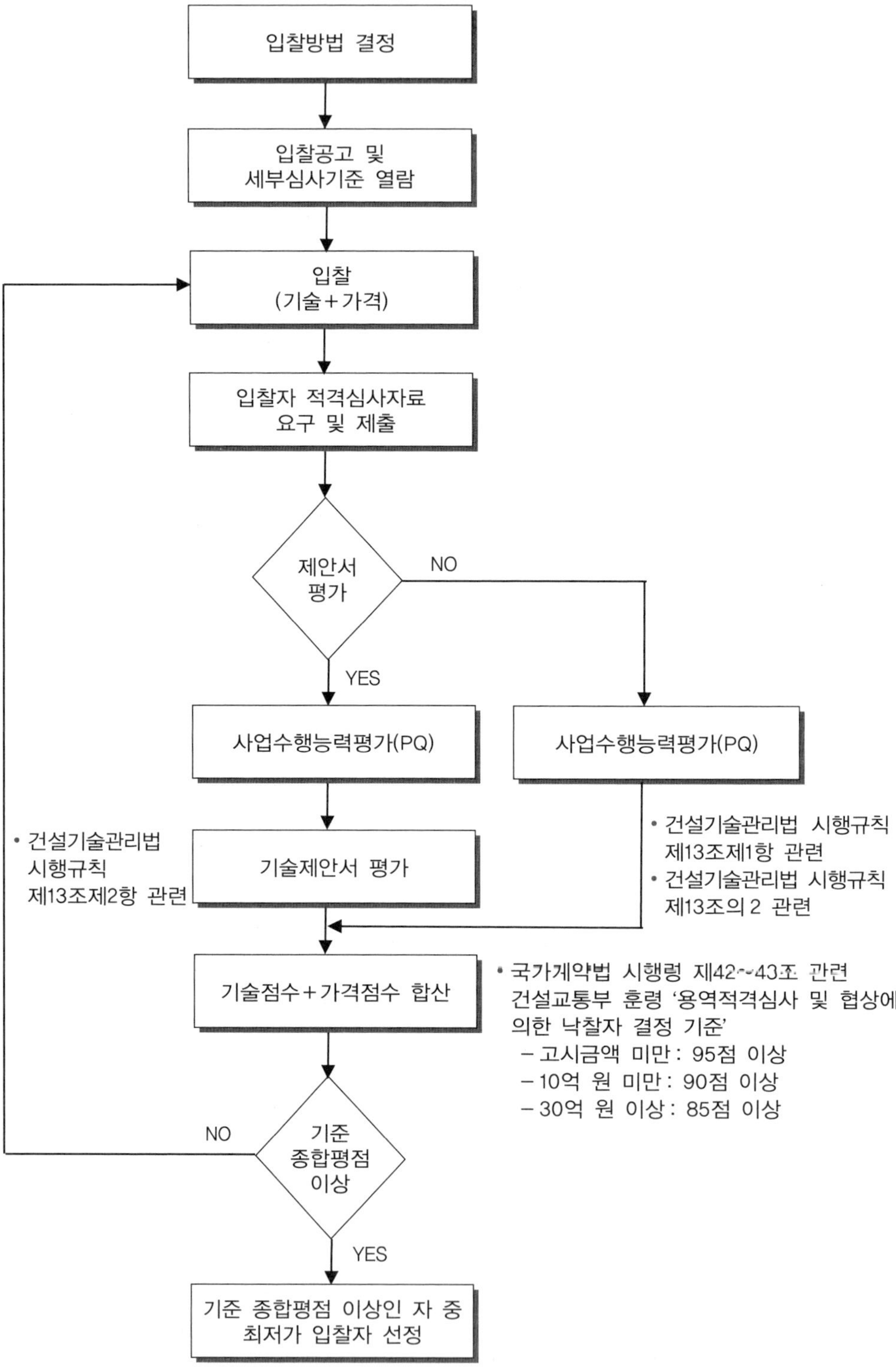

그림 4-11 용역수행능력평가 후 가격입찰(가격점수 합산)절차

기술용역부문에 대한 심사는 '건설기술관리법'에서 정한 '사업수행능력평가'와 기타 관련기술에 따라 기술부문과 가격부문에 대한 점수를 계산하지만, 시공부문의 적격심사 절차는 그림 4-12와 같으며, '국가를 당사자로 하는 계약에 관한 법률 시행령'과 관련 '회계예규'에 규정되어 있다. 즉 시공부문의 기술점수는 PQ심사항목 요소인 시공자의 '공사수행능력'으로 평가하게 된다.

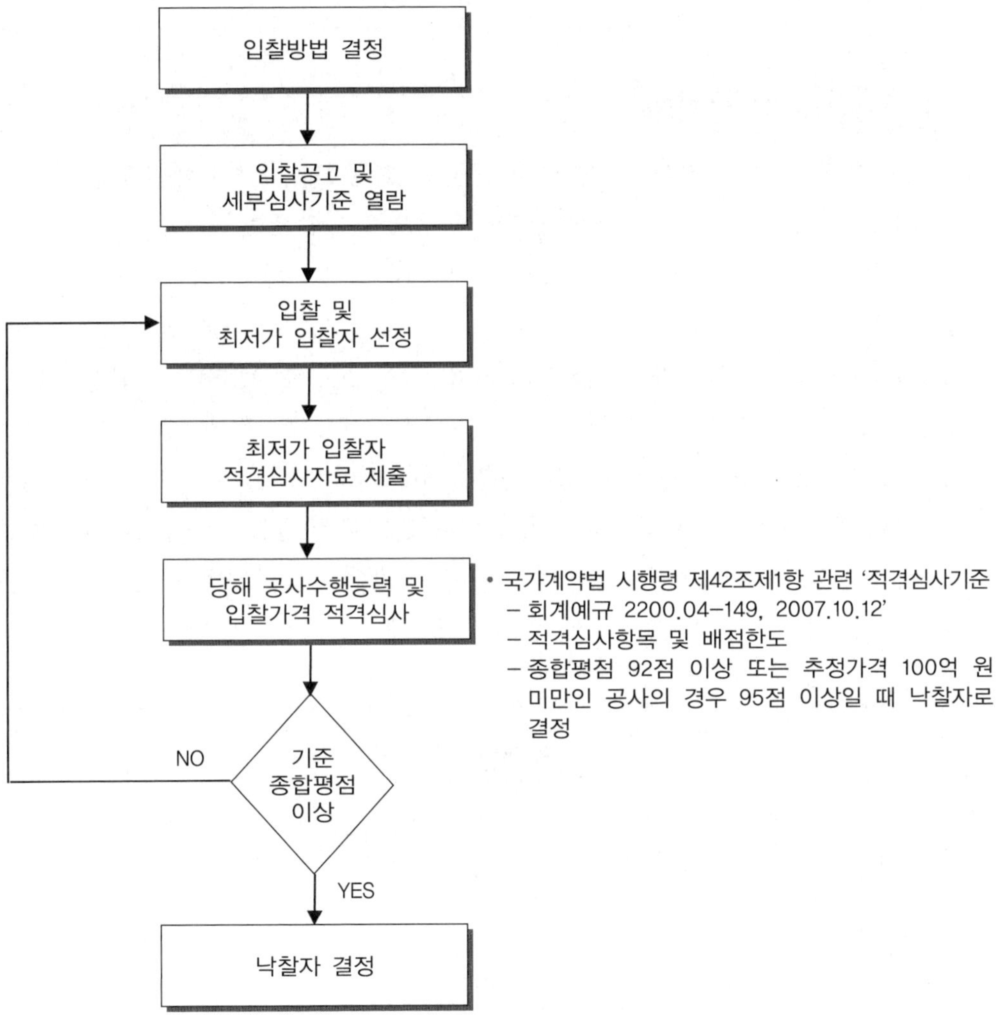

그림 4-12 시공부문의 적격심사 운영절차

이와 같이 적격심사제도는 표 4-8과 같이 최저가낙찰제도에서 시행되지 않고 있는 용역업체나 시공회사의 수행능력에 대한 평가가 이루어지고 있어 최저가낙찰제도의 단점을 보완한 종합적인 낙찰제도라 할 수 있다.

표 4-8 최저가낙찰제와 적격심사제도 비교

최저가낙찰제도	적격심사제도
• 최저가격 제시 업체 선정 • 최저가 업체의 능력 미평가 • 모든 업체 참여 • 적격심사 미수행	• 최저가격 제시 업체 선정 • 최저가 업체의 공사능력평가 • 신규 업체나 소자본 업체 참여 제한 • 적격심사 수행

4. 기술 · 가격 분리입찰

기술 · 가격 분리입찰방식은 PQ심사를 통과한 입찰자가 제출하는 기술제안서와 가격제안서를 순서별로 평가하여 낙찰자를 결정하는 방식을 말한다.

이 방식은 그림 4-13과 같이 기술입찰을 먼저 실시한 후 가격입찰을 실시하는 '기술 · 가격 분리입찰'에 의해 낙찰자를 결정하는 방식이 있고, 기술입찰을 먼저 실시하여 적격자를 선정한 후 적격자를 대상으로 가격입찰을 실시하는 '2단계 입찰방식'이 있다. 기술 · 가격 분리입찰과 2단계 경쟁입찰의 특징은 구매 또는 용역계약을 추진함에 있어서 미리 적절한 기술시방 등의 작성이 곤란하거나 계약 특성상 필요하다고 인정되는 경우의 입찰방법이라는 점은 동일하지만, '2단계 입찰'은 기술입찰을 실시한 후 평가결과 적격자를 대상으로 가격입찰을 실시하는 것이고, 기술 · 가격 분리입찰은 기술과 가격입찰을 동시에 실시하여 기술적격자에 한하여 가격개찰을 하는 것이다.

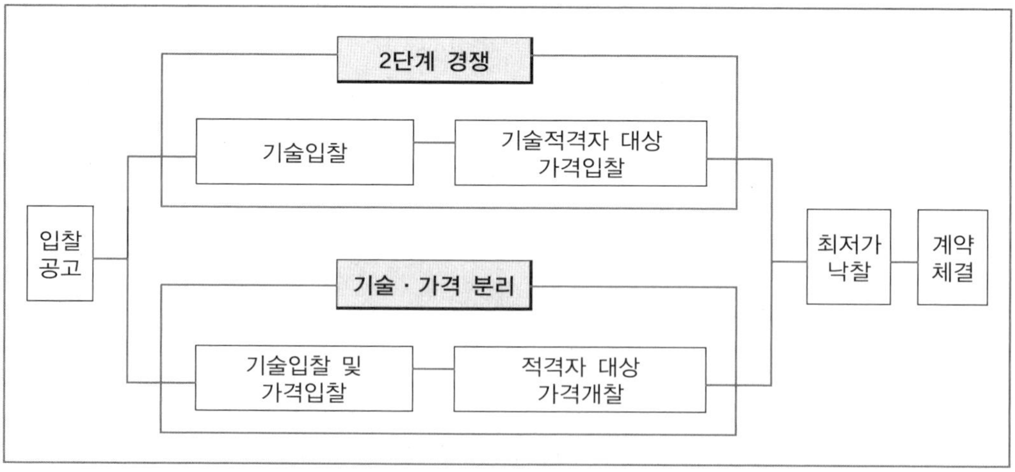

그림 4-13 2단계 경쟁과 기술 · 가격 분리방식의 관계

기술 · 가격 분리입찰절차는 그림 4-14와 같이 기술제안서와 가격제안서를 분리하여 제출하고 먼저 사업수행능력평가를 거친 적격업체에 한하여 기술 제안서를 평가하여 기술제안서의 우선순위를 결정하고, 다음에 가격제안서를 개봉하여 기술제안서 1순위 업체와 예정가격 이내에 협상을 통하여 낙찰자를 결정하게 된다.

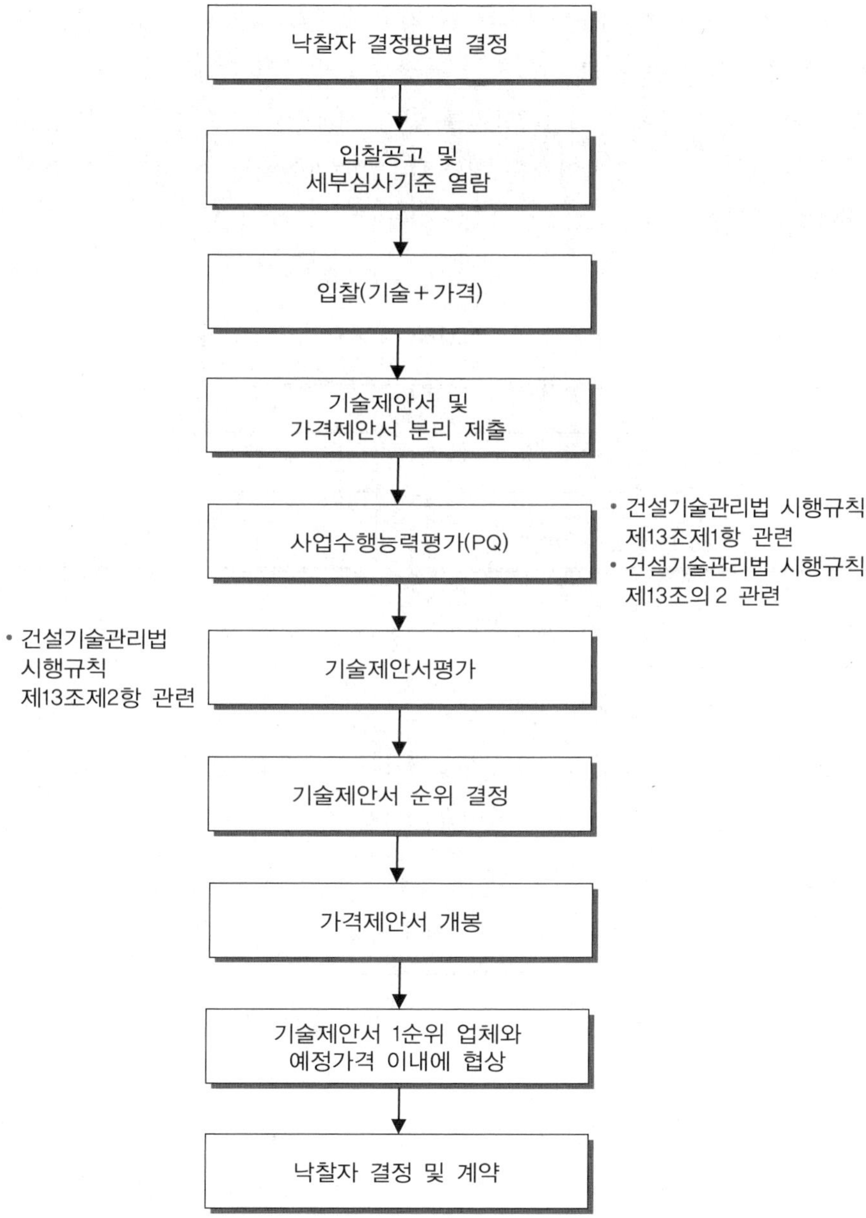

그림 4-14 기술 · 가격 분리입찰절차

이 제도는 제안서의 제출방식과 제출시기에 따라 두 가지의 방식으로 구분되는데, 하나는 기술 · 가격제안서를 동시에 제출하는 방식이고 다른 하나는 기술제안서와 가격제안서를 분리하여 제출하는 2단계 방식이다.

기술 · 가격제안서의 동시 제출방식은 입찰자가 기술제안서 및 가격제안서 두 개의 봉투를 동시에 제출하는 것으로서, 가격제안서의 개봉시기에 맞추어 입찰자의 기술제안서 및 가격제안서를 동시에 개봉하여 각각의 기술과 가격 심의를 하여 평가한 뒤 종합하여 가장 좋은 점수를 받는 자를 낙찰자로 결정하는 방식이다. 또 기술 · 가격 분리제출의 2단계 방식은 제1단계에서 기술제안서를 먼저 제출받아 기술심사를 하고, 2단계에서는 1단계를 통과한 소수의 입찰업체를 대상으로 가격제안서를 제출받아 평가한 후 최종적인 낙찰자를 결정하게 하는 방식이다

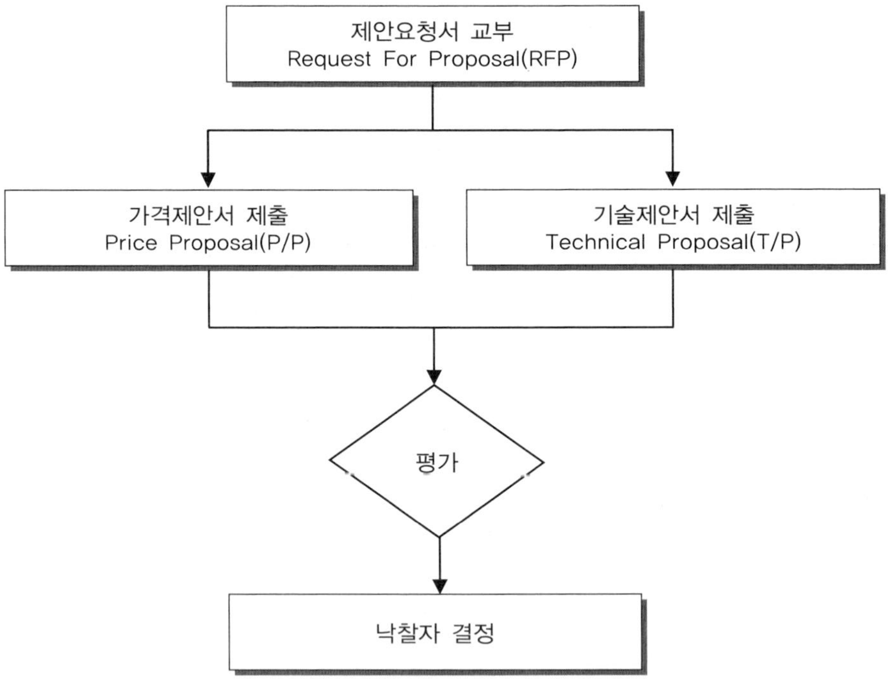

그림 4-15 기술 · 가격 동시제출, 동시개봉 평가절차

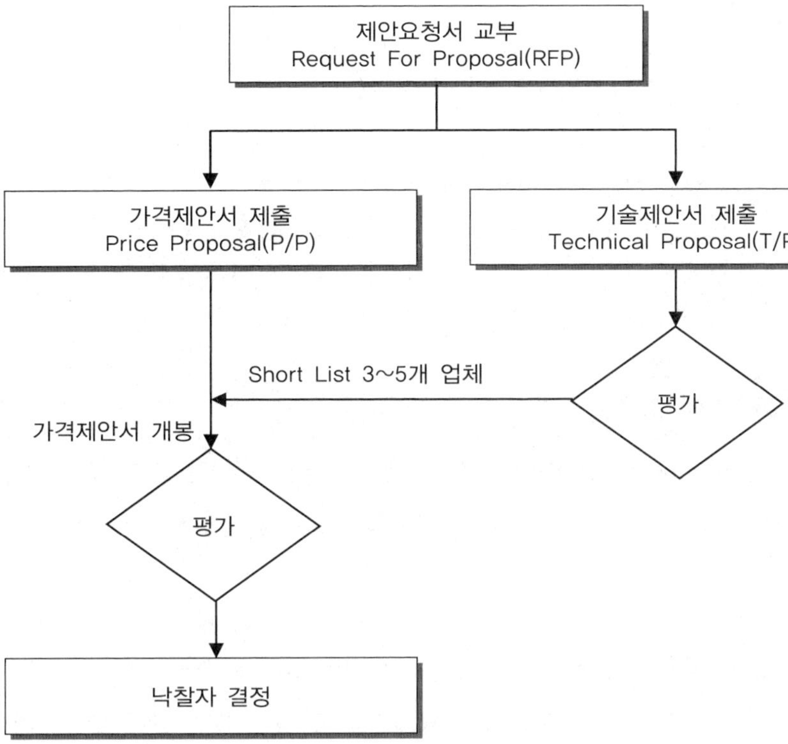

그림 4-16 기술 · 가격 동시제출, 분리개봉 평가절차

기술 · 가격 분리입찰과 2단계 경쟁입찰의 특징은 구매 또는 용역계약을 추진함에 있어서 미리 적절한 기술시방 등의 작성이 곤란하거나 계약특성상 필요하다고 인정되는 경우, 해당되는 입찰방법이라는 점은 동일하지만 기술 · 가격 분리입찰은 기술과 가격입찰을 동시에 실시하여 기술적격자에 한하여 가격개찰을 하는 것이고, '2단계 입찰'은 기술입찰을 실시한 후 평가결과 적격자를 대상으로 가격입찰을 실시하는 것이다.

만약, 동일한 가격인 경우는 기술의 우위자를 낙찰자로 결정하고 기술평가도 동일한 경우는 추첨에 의해 낙찰자를 결정하게 된다.

'2단계 입찰'은 기술과 가격입찰서를 동시에 제출하되 먼저 기술의 적격자를 선정한다. 이때 가격입찰서는 기술적격자가 선정될 때까지 밀봉하여 보관하고 적격자가 선정된 후 개봉하여 낙찰자를 결정하게 된다.

2단계 입찰에서는 1, 2단계가 각각의 독립된 입찰이므로 각각 2인 이상의 입찰참가가가 있어야 유효한 입찰이 성립되나, 기술가격 분리입찰에서는 입찰 시 2인 이상의 입찰참가자가 있으면 유효한 입찰 성립이 가능하다.

표 4-9 2단계 경쟁과 기술가격 분리입찰제도 비교

구 분	입 찰 방 식	입 찰 무 효	낙찰자 결정
2단계 경쟁입찰	• 기술입찰을 먼저 실시 • 적격자 선정 • 적격자를 대상으로 가격입찰	• 2단계별 2인 이상 유효입찰	최저가
기술 · 가격 분리 입찰	• 기술입찰과 가격입찰을 동시 실시 • 적격자 선정 • 적격자를 대상으로 가격개찰	• 기술과 가격입찰 2인 이상 유효입찰 • 기술적격자가 1인인 경우도 가격개찰	최저가

5. 최고가치낙찰제도

최고가치낙찰제도(best value)란 입찰가격뿐 아니라 품질 · 기술력 · 공사기간 등 비가격 요소를 함께 평가하여 발주자에게 최고의 가치를 제공해줄 수 있는 입찰자를 낙찰자로 선정하는 방식이다.

이 제도는 가격경쟁력을 기반으로 설계 · 시공 · 공기 · 유지관리 등 프로젝트 전방에 걸친 기술력과 경쟁력을 종합적으로 평가하여 낙찰자를 결정하는 방식이다. 따라서 최저가낙찰제와 같이 무조건 가격을 가장 낮게 제시한 업체가 낙찰됨으로 인해 부실시공이 이어지는 부작용을 막을 수 있어 EU, 영국, 미국 등 선진국이 운영하고 있다. 또 이 제도는 발주자가 입찰회사의 기술제안서를 접수받아 단순시공뿐 아니라 설계, 시공, 유지관리까지 포함하는 생애주기비용(LCC : Life Cycle Cost)을 토대로 우수기술 제안기업을 선정하는 방식이며, 현행 턴키설계심의 시 반영되고 있는 기술제안서를 핵심적인 입찰요소로 발전시킨 형태라 할 수 있다. 이는 저가투찰 기업이 아니라 시설물의 생애주기를 고려해 최상, 최적의 기술력을 제시한 업체에 낙찰되도록 하는 방식이다.

또한 그동안 가격 중심의 낙찰 · 입찰자 평가의 변별력 미흡, 부실공사 우려 등의 문제점이 도출된 최저가 낙찰제도의 단점을 보완하기 위한 제도로서 가격 이외에 기술과 품질 등 여러 비가격요소를 종합적으로 평가하여 발주자에게 최고 가치를 제공할 수 있도록 하기 위한 제도이다. 지난 1990년대까지의 입찰제도는 최저가낙찰제도가 국제적 표준이었다.

그러나 정부조달협정이나 이보다 앞서 제정된 EU지침에서는 최저가낙찰제도만 규정하고 있는 것은 아니며, 발주자에게 경제적으로 유리한 입찰자를 낙찰자로 선정할 수 있도록 규정하고 있다. 또 미 연방조달규정(FAR)에서 제시한 조달시스템의 비전에는 "공공의 신뢰를 확보하고 공공정책의 목표를 수행하면서 수요자에게 가장 가치 있는 물

품이나 용역을 적기에 조달하는 것"이라고 명시하고 있다.

이 조항은 최고가치낙찰제도를 의미하며, 영국에서는 '최고가치'에 대하여 "납세자가 수용할만한 가격으로 목적에 적합한 품질이나 서비스를 경제적이며 효율적으로 제공하는 것"으로 정의하고 있다. 미국은 '최고가치'를 "정부조달결과물이 발주자가 요구하는 총체적인 이익의 극대화를 제공하도록 하는 것"으로 정의해, 최고가치 낙찰자는 입찰가격만으로 낙찰자를 선정해서는 안 된다는 개념을 기본으로 하고 있다.

이는 국가계약 및 입찰에서 최저가격이라는 이유만으로 어떤 공급자와 계약을 체결한 경우, 만약 공급자의 계약불이행이나 조달 지연 혹은 또 다른 비용이 수반되는 불만족스러운 결과를 초래하는 경우 이 제도의 운영성과에 대한 효율성 문제가 제기될 수 있다. 따라서 정부조달이 최저가격에 기초해야 하는 것은 매우 중요하지만 최저가격만을 제시한 공급자가 낙찰자로 반드시 선정해야 하는 것은 아니라고 판단된다.

(1) 제도운영 필요성

- 최저가 낙찰제의 급속한 확대와 지나친 저가낙찰로 인한 공사품질 확보
- 국내 건설업체와 발주기관의 건설기술력 향상 도모
- 입 · 낙찰제도의 국제화 · 선진화 유도
- 건축물의 생애주기비용 개념 확대로 투자효율성 증대

(2) 적용대상

- 공사규모가 크고 복잡하여 높은 전문성을 요구하는 공사
- 공사기간의 준수가 중요시되는 공사
- 프로젝트 전체범위를 사전에 확정하기가 어려운 공사
- 공사비가 확정된 후 설계변경에 대한 융통성이 필요한 공사

(3) 운영절차

- 입찰참가자격심사(PQ)를 통해 소수의 입찰참가자 명단(short list)을 작성
- 입찰참가자는 입찰가격과 기술제안서를 제출
- 발주기관은 기술심의위원회를 구성하여 기술제안과 가격제안을 평가
- 인터뷰를 통해 제안내용을 확인
- 기술제안과 가격평가를 종합하여 최종 낙찰자를 결정

(4) 평가절차

- 가치교환 분석 접근법에 의해 기술과 가격에 대한 비교분석을 실시하여 낙찰자를 결정
- 수학적 접근법에 의해 가격과 기술에 대한 점수 부여를 토대로 낙찰자를 결정

6. 기술제안입찰방식

정부공사입찰방식의 다양화와 공공시설물에 대한 품질수준 제고를 위하여 정부공사입찰방식으로 기술제안입찰제도가 도입되었다. 이 제도는 수요기관이 해당 사업의 기술제안에 필요한 평가지표와 평가방식에 따라 기술제안 입찰에 의해 낙찰자를 결정한다. 기술제안의 범위는 수요기관의 입찰제안서에 정하도록 규정하고 있으며, 수요기관에서 교부한 설계서 전반에 대하여 제안하는 것을 원칙으로 하고 있다.

기술제안입찰 시 제안서의 평가항목별 배점기준은 공사비 절감방안 · 생애주기비용 · 공기단축방안 · 공사관리방안 등이 있으며, 제안서의 심의와 평가는 해당되는 심의 또는 각 자문위원회에서 기술제안서의 적격 여부 및 평가점수를 통지받아 제안점수가 높은 순으로 낙찰자를 선정하는 방식이다.

기술제안입찰제도와 설계 · 공모 기술제안 입찰의 세부 시행기준 및 평가방법에는 낙찰자 결정을 위한 제1단계인 PQ는 일괄입찰 등 대형공사 PQ기준을 준용하여 평가하고 또한 필요하지 않은 경우 생략할 수 있다.

또한 기술제안서의 평가는 평가위원 중 최소성과 요구수준에 미달하거나 중대한 결함을 안고 있는 제안서는 실격처리하고 실격되지 않은 제안서를 대상으로 기술과 공사기간, 공사관리방법 등 3개 부분을 종합해 5등급으로 상대평가하도록 하고 있다. 또한 입찰가격도 가격 실격제를 통해 제안된 입찰가격이 발주처의 예정가격을 넘기면 실격처리하고, 이를 통과한 업체의 입찰가격에 대해서는 최저의 입찰가격을 만점으로 하여 차등적으로 점수를 산정하도록 하고 있다. 최종 낙찰자 결정은 기술점수와 가격점수를 동시에 고려하여 결정하도록 하고 낙찰자 선정은 심의회에서 결정토록 하며, 기술제안 입찰은 기준적합최저가방식 · 가중치방식 · 가격조정입찰방식 · 기술조정점수방식 중 하나를 택하도록 하고, 설계공모 기술제안입찰방식은 기술제한입찰의 4개 낙찰자 선정방식 이외에 확정금액 최고제안방식을 더한 5가지 방식 중 하나를 택하도록 하고 있다.

표 4-10 기술제안서 평가기준

평가항목			평가요소	배점
기술점수	공사비 절감방안	32	① 사전조사의 부합성(관련기관 협의 등)	6
			② 구조물 · 공법 계획의 적정성	6
			③ 신기술 · 신공법 도입의 적정성	5
			④ 환경친화성(건설폐기물의 재활용 등)	5
			⑤ 장래계획과의 부합성 및 기존시설과의 연계성	5
			⑥ 방재 · 재난 도입의 적정성	5
	생애주기비용 개선방안	20	① 분석기준 및 방법의 적정성	4
			② RFP 요구조건 반영 결과	5
			③ 비용절감을 위한 유지관리계획 제안의 적정성	5
			④ 비용 산출의 적정성	6
	공기단축방안	12	① 공정계획의 수립 및 적정성	6
			② 공기단축	6
	공사관리방안	24	① 시공중 재난 · 구난계획 및 지장물 처리계획	3
			② 시공중 구조물 · 공사지역 안전계획	3
			③ 시공중 장비, 자재, 인력 운영계획	3
			④ 사업관리 운영시스템의 적정성	3
			⑤ 작업장 및 현장 주변 가설계획의 적정성	3
			⑥ 건설공해 및 민원방지계획	3
			⑦ 리스크 분석 및 관리계획의 적정성	3
			⑧ 사업수행조직 구성의 적정성	3
	산출내역	12	① 산출물량 · 금액 · 원가계산 제비율의 적정성	6
			② 자료의 일치성 및 신뢰성	6
	기 타	( )		( )
합 계		100		100

표 4-11 설계공모 기술제안서 평가기준

평가항목			평가요소	배점
기술점수	설계계획	15	① 시설계획의 적정성	5
			② 설비계획의 적정성	5
			③ 시스템 · 운용계획의 적정성	5
	공사비 절감방안	32	① 사전조사의 부합성(관련기관 협의 등)	6
			② 구조물 · 공법계획의 적정성	6
			③ 신기술 · 신공법 도입의 적정성	5
			④ 환경친화성(건설폐기물의 재활용 등)	5
			⑤ 장래계획과의 부합성 및 기존시설과의 연계성	5
			⑥ 방재 · 재난 도입의 적정성	5
	생애주 비용 개선방안	20	① 분석기준 및 방법의 적정성	4
			② RFP 요구조건 반영 결과	5
			③ 비용절감을 위한 유지관리계획 제안의 적정성	5
			④ 비용 산출의 적정성	6
	공기단축방안	12	① 공정계획의 수립 및 적정성	6
			② 공기단축	6
	공사관리방안	21	① 시공중 재난 · 구난계획 및 지장물 처리계획	3
			② 시공중 구조물과 공사지역 안전계획	3
			③ 시공중 장비, 자재, 인력 운영계획	3
			④ 사업관리 운영시스템의 적정성	3
			⑤ 작업장 및 현장 주변 가설계획의 적정성	3
			⑥ 건설공해 및 민원방지계획	2
			⑦ 리스크 분석 및 관리계획의 적정성	2
			⑧ 사업수행조직 구성의 적정성	2
	기 타	( )		( )
합 계		100		100

4.6 공사비 산정과 계약방식

1. 총액계약

총액계약(fixed-price contract)은 공사목적물에 대하여 단가가 아닌 총액으로 입찰 또는 수의시담하여 계약을 체결하는 방식으로, 건설공사 계약 시 가장 널리 사용되는 방식이다.

정부 예산회계법에 이 총액계약이라는 용어를 명문화하여 사용하고 있지는 않으나 국가계약은 총액계약을 원칙으로 하고 있다.

이는 예산회계법상 각종 계약체결절차 중 계약금액의 확정이 가장 중요한 의미를 갖는 것 중 하나이기 때문이며, 특히 지출의 원인이 되는 계약에 있어서는 예산통제라는 관점에서 계약의 총액 확정은 매우 중요할 수밖에 없기 때문이다.

이 계약방식은 건설관련 설계나 시공 또는 용역계약 모두에 적용될 수 있으며, 이 경우 발주자들은 프로젝트 수행을 위한 예산서를 작성하고 입찰을 통해 공급자가 제시한 견적금액이 그 예정가격 이하로 제시된 경우에 한하여 낙찰자가 결정된다.

공급자는 견적비용의 전체금액과 세부내역을 제시하는데, 이 내역에는 원가구성요소인 재료비, 노무비, 경비와 일반관리비 영업이익 등이 있다. 또 총액을 나타내기 위한 공사비의 세부내역에는 제공되는 서비스의 각 단위별 수량이 산출되어야 하므로 전체 공사비를 파악할 수 있는 공사수량과 단가에 의해 공사비 총액이 결정된다.

2. 단가계약

단가계약(United-price contract)은 주로 공사자재 발주나 시공계약에 사용되는 방법으로, 여러 기관에서 공통적으로 사용하여 구매빈도가 많은 항목에 대하여 일정기간 동안 소요수량을 책정, 품목별 단가를 정하여 계약을 체결하는 제도이다. 이 제도는 수요빈도가 많은 구매품의 수요가 발생할 때마다 일일이 계약절차를 밟을 경우 구매 소요기간이 필요하며, 행정력 낭비를 줄이고 구매의 효율성을 확보하기 위한 제도이다. 따라서 이 제도는 연간 소요량을 미리 예측하여 1년간 계약의 효력이 발생됨에 따라 계획생산이 가능하고 안정적인 납품수량을 확보할 수 있는 장점이 있다.

단가계약의 계약기간은 통상 1년이며 라이프사이클이 짧은 구매품 등은 6개월 단위로 계약을 체결하고 있으나, 필요시 계약자의 동의를 얻어 계약기간을 연장할 수도 있다. 단가계약의 이점은 구매절차 생략에 따른 행정력의 간소화와 구매품의 적기 공급이 용이하고 집중구매와 염가구매로 인한 국고절감에도 기여할 수 있어 안정적인 생산활동과 원활한 자재수급이 가능하다. 이와 같이 단가계약제도는 1981년 제정된 '재정법 시행령'에 따라 일정기간 동안 계속하여 제조, 수리, 가공, 매매 등의 계약을 체결할 경우에는 예정가격 범위 내에서 단가를 정할 수 있다는 데 근거하여 시행되어 왔다.

또한 국가를 당사자로 하는 계약에 관한 법률 제22조에는 "각 중앙관서의 장 또는 계약담당공무원은 일정기간 계속하여 제조, 수리, 가공, 매매, 공급, 사용 등의 계약을 할 필요가 있을 때에는 당해 연도 예산범위 내에서 단가에 대하여 계약을 체결할 수 있다."라고 규정하고 있다. 국가계약법 시행령 제50조에는 단가계약 시 여러 차례 분할하여 계약을 이행하는 때에는 제1항의 규정에도 불구하고 매회별 이행예정량 중 최대량에 계약단가로 곱한 금액의 100분의 10 이상을 계약보증금으로 납부하게 하고 있다.

3. 실비정산식 도급계약

실비정산식 도급계약(cost-plus fixed fee contract)은 직영공사와 도급계약제도 중 장점을 택하고 단점을 제거한 일종의 이상적인 제도로써 건축주, 감독자, 시공자의 3자가 입회하여 공사에 필요한 실비와 보수를 협의하여 정하고 시공자에게 지급하는 방법이며 신용을 기초로 한 방식이다. 이 제도는 건설업이 발달한 선진국에서 많이 채용되고 있으며, 이 제도에 의한 공사 집행자를 시공자라 한다. 이 제도의 특징은 상호간 신용을 지킬 경우 양질의 공사를 기대할 수 있으며, 공사비가 저렴하지만 시공자의 이윤이 보장된다. 하지만 경우에 따라 공기연장이나 공사비 증대 등을 야기할 수도 있다.

이 제도는 설계도서가 명확하지 않거나 총공사비의 산출이 난이한 경우, 가변적인 공사나 또는 양질의 공사를 기대할 경우에 적용된다.

(1) 실비정산비율 보수가산식

실 공사비에 대한 보수비율을 정하고 공사비의 증감에 따라 이 비율에 해당하는 금액을 보수로 지급하는 방식이다. 이 경우 도급자가 비용을 절감해야 할 금전적인 보상이 없기 때문에 프로젝트 비용이 올라갈 여지가 있다.

즉 이 방식은 발주자에게는 아주 불리한 계약방식으로 도급자가 공사비용을 증가시킬수록 요금도 함께 증가하므로, 도급자는 비용을 감소시키기보다는 증가시키는 방향으로 유인되기 쉽다. 예를 들면, 총공사비 실비를 500억 원으로 예상하고 그 10%를 보수로 합의했다면, 보수는 50억 원이 된다.

그러나 도급자가 실제 공사실비를 550억 원으로 증가시켰다면 보수는 5억 원이 증가한 55억 원이 되고, 실제 총공사비는 605억 원이 된다.

미국 연방조달법(federal acquisition regulation)에는 이 계약방법을 정부조달계약에 사용하는 것을 금지하고 있다.

계약방식 = A + Af (A : 공사실비, A′ : 한정된 실비 F : 정액보수, f : 비율보수)

(2) 실비정액 보수가산식

발주자와 도급자는 보수에 해당하는 금액을 고정으로 정하고 실 공사비의 증감과는 관계없이 이 금액을 지불하는 방식이다.

즉 도급자는 계약 수행에 투입된 실비(cost)와 정액의 보수(fixed fee)를 받되 프로젝트 수행능력의 우열에 관계없이 보수는 동일하다.

이 제도는 도급자가 비용을 절감하게 하는 동기를 부여하지 않는 것이 특징이다. 예를 들면 총공사비를 500억 원으로 예상하고 그 10%를 보수로 합의했다면, 보수는 50억 원이 된다. 그러나 실제 공사비용이 550억 원이 되었다고 하더라도 보수는 50억 원으로 불변하다. 따라서 공사비의 증가에도 불구하고 보수는 일정하므로 비용절감 노력은 하지 않게 된다.

이 방식은 계약 후 상당 기간이 지나도록 프로젝트의 성공 여부가 불투명한 연구개발 프로젝트 등에 적합한 경우로서 우리나라에서는 'ASEM 및 무역센터 확충 공사'에 이 계약방식이 적용되었다.

계약방식 = A + F

(3) 실비준동률 보수가산식

공사의 과정을 여러 단계로 나누고 각 단계별 실 공사비의 증감에 따라 보수비율을 변동하거나 보수규모를 다르게 하여 보수를 지급하는 방식이다.

이는 실비의 금액이 공사단계별 공사비 변동에 따라 체증하는 경우 비율보수 또는 정액보수를 체감하는 일종의 제재방법을 가미한 제도로, 실비가 절감되면 보수가 많아져 공사비의 절감의식을 고취시킬 수 있고 실비가 더 들어가도 보수가 적어지므로, 건축주 입장에서는 총액에는 큰 차이가 발생하지 않는다.

계약방식 = A + (F − A×f′)

(4) 실비한정비율 보수가산식

실비에 제한을 두고 시공자에게 제한된 범위 내에서 공사를 완성할 책임을 주는 방식으로, 보수비율이 정해져 있으므로 실비가 줄어들면 보수가 적어지므로 시공자가 불리하다.

계약방식 = A + (A′ × F)

제 5 장

건설공사의 감리와 사업관리

5.1 우리나라의 감리제도

1. 개요

우리나라의 감리제도는 민간부문과 공공부문으로 나누어 적용하는 2가지의 법체계로 운영되어 왔다. 민간부문의 감리는 1962년 건축법 제정과 1963년 건축사법이 제정되어 현행 감리제도가 도입되었다. 이때는 건축사가 시공의 적법성과 설계도서대로 시공이 되는지 여부를 확인하게 하는 감리업무가 운영되었다. 공공부문의 공사감리는 1986년 독립기념관 화재사건을 계기로 건설공사 및 부실시공대책으로 마련되었으나, 현실적으로는 감리원이 감독관의 보조업무 역할만을 수행함에 따라 실효성이 없게 되자 1987년에 건설기술관리법을 제정하여 감리제도가 시작되었다.

그러나 1992년 신행주대교 붕괴사고 등 공공부문의 부실시공이 사회문제화 되면서 정부 중심의 공사감독체계에 대한 한계성이 있었으며, 그 이후 점차 건설산업의 활성화와 건설공사 규모의 증대로 인해 공공공사의 감독인력 부족현상이 나타나자, 이를 해결하고 기술능력과 공사품질 향상 및 시공과정의 감리능력을 강화하기 위해 '건설공사시공감리규정'을 제정하여 공표하였다.

한편, 1990년 이후부터 감독관의 재량권 남용에 따른 부조리 발생 요인을 제거하고, 감독업무를 수행하는 공무원의 기술능력 및 감독인력의 부족에 따른 부실공사를 방지하고자 민간감리전문회사를 신설, 육성하여 감리업무를 수행토록 하는 '시공감리제도'를 시행하게 되었다.

그러나 지속되는 부실시공에 따른 대형사고 발생과 감리원의 책임한계 때문에 1994년부터 일정 규모 이상의 공공건설공사에 대해서는 감리원에게 실질적인 권한을 부여하고 그에 따른 책임도 강화하는 '책임감리제도'를 전면적으로 시행하였으며, 이 제도는 수차례의 법 개정을 통해 오늘에 이르고 있다.

2. 감리제도의 발전과정

(1) 1960년대

1960년대의 건설산업은 제1, 2차 경제개발 5개년계획 기간으로 건설공사가 본격적으로 착수되는 시기로서 처음에는 울산공단이나 경부고속도로, 인천항 건설 등이 착수되었다. 이 시기는 대부분 건설사업이 정부 주도하에 이루어졌고 토목공사의 관리감독은 공무원에 의해 이루어졌다.

(2) 1970년대

1970년대에 들어서면서 국내의 건설시장이 점차적으로 대형화되었고, 국내 건설인력의 해외 건설현장 진출도 활발하여 기술자 전성시대가 도래하였다. 그러나 국내 건설시장은 자본의 부족으로 도로나 상·하수도, 항만, 댐공사 등 대형 사회간접투자 등에 IBRD, ADB 및 일본의 협력기금(OECF), 상업차관 등 외국의 자본들이 국내 건설시장에 투입되었다. 외국으로부터 차관을 통한 국내 건설사업의 추진은 차관협정서의 규정에 따라 공사관리 및 감독을 위한 기술용역단의 고용을 의무화하게 되었다. 국내의 용역회사들은 외국의 기술자와 단독 혹은 공동으로 감리에 참여하게 되나, 당시의 용역단들은 주로 발주자의 감독을 보조하는 '기술자문감리'에 불과하여 감리에 대한 인식을 새롭게 하는 계기가 되었다.

(3) 1980년대

1980년대에는 건설산업이 활성화되어 건설공사의 대형화, 복잡화, 국제화가 이루어져 정부의 담당공무원에 의한 건설공사감독 체계로는 인력부족과 기술능력의 한계가 있었다. 1986년에 독립기념관의 화재사고로 건설공사의 제도개선과 부실시공에 대한 대책이 마련되어 감리업무가 강조되었다. 이 시기는 감리업무가 시공감리 및 감독관의 자문감리가 있었으나 실질적인 효과는 없었으며, 이에 따라 1987년 건설기술관리법이 제정되어 '전면책임감리제도'로 법제화하였다.

(4) 1990년대

1990년대에는 공공부문에 대한 건설사업이 활발히 이루어졌으나 1992년 7월 신행주대교가 공사 중 붕괴되어 건설공사의 부실이 사회문제화 되었다.

이에 따라 정부에서는 더 이상 현행 공무원 중심의 건설감독 체계로는 감당하기 어려운 위기를 맞게 되었다. 따라서 '건설기술관리법'에 근거하여 1994년부터 50억 원 이상의 건설공사에 대해서는 전면적인 책임감리제도를 시행하게 되었다. 이로써 감리제도의 새로운 전환을 이루게 되었다. 이 제도의 실시로 감리용역 전문회사도 대량으로 설립되었으며 건설기술자의 감리회사로의 대이동이 시작되었다. 이는 상대적으로 감리원의 부족현상과 자질문제, 감리제도에 대한 인식부족 등 또 다른 사회문제가 함께 대두되었다.

(5) 2000년대 이후

2000년대에 와서는 전면적인 책임감리제도가 시행된 이후 감리업체 수가 약 560여 개, 감리원은 약 26,000여 명으로 늘어나 감리활동이 정착되었다.

그러나 발주관청의 감독권에 대한 기득권, 시공사의 감리원에 대한 불신과 책임한계의 불명확 등으로 여러 가지 어려움을 겪어 왔다. 그러나 책임감리 제도의 정착은 건설공사의 획기적인 품질향상과 건설현장 부조리 및 안전사고의 감소 등의 역할을 수행하여 왔다. 그럼에도 불구하고 현행 감리제도는 업종 및 업역 간 이해가 상충되고, 발주자와 시공자의 감리에 대한 인식부족, IMF체제로 이후 정부의 전면 책임감리제도의 대폭축소 등 감리제도 전반에 대한 변화가 필요하였다. 뿐만 아니라 감리인력의 고령화에 따른 정보화의 활용능력 부족현상 등 건설사업환경 변화에 대응하지 못하는 문제점이 있고, 감리업무와 건설사업관리업무 간 업역의 중복성 문제와 발주체계의 변화 등으로 감리수행체계의 전반적인 제도개선을 필요로 하고 있다.

3. 공사감리제도

(1) 감리의 개념(건설기술관리법 제2조11항)

'감리'란 국가 등이 발주하는 일정 규모 이상의 '건설공사'에 대하여 감리원이 설계도서와 시방서 등 관련규정의 내용대로 시행하는지의 여부를 확인하고 품질관리, 공사관리, 안전관리 등에 대한 기술 지도를 하며 관계법령에 따라 발주자로서의 감독권한을 대행하는 것을 말한다. 여기에서 '건설공사'라 함은 건설산업기본법 제2조제4호의 규정에 의한 건설공사를 말하는 것으로, 토목공사, 건축공사, 산업설비공사, 조경공사 및 환경시설공사 등 시설물을 설치 · 유지 · 보수하는 공사, 기계설비 기타 구조물의 설치 및 해체공사 등을 말한다. 다만, 다음 각 호의 1에 해당하는 공사를 포함하지 아니한다.

① 전기공사업법에 의한 전기공사
② 정보통신공사업법에 의한 정보통신공사
③ 소방설비공사업법에 의한 소방시설공사

④ 문화재보호법에 의한 문화재수리공사

건설공사의 감리는 설계감리 · 시공감리 · 검측감리 · 책임감리 등의 유형이 있다. '책임감리'란 시공감리와 관계법령에 따라 발주청으로써의 감독권한을 대행하는 것을 말한다(건설기술관리법 제2조 정의 제11항, 책임감리).

책임감리는 감리범위에 따라 계약단위별 공사 전부에 대하여 시행하는 전면책임감리와 주요 구조물인 교량, 터널, 배수문 등 일부에 대하여 시행하는 부분책임감리로 구분한다.

또한 감리의 근무형태에 따라 현장에 상주하면서 감리업무를 수행하는 상주감리원과 감리전문회사에 근무하면서 상주감리원의 업무를 지원하는 비상주감리원이 있다. 종전에는 책임감리의 대상이 아닌 중소규모의 건설공사에 대하여는 별도의 감리제도가 없어 부실공사의 우려가 있었으나, 건설공사가 설계도서 · 관계법령의 내용대로 시공되는지 여부를 확인하거나 시공 · 안전 등에 대하여 기술지도를 수행하는 '검측감리' 및 '시공감리'제도가 2001년 건설기술관리법의 개정으로 도입되었다.

'설계감리'란 건설공사의 기획 · 조사 · 또는 설계가 관계법령 및 제34조제1항 각 호의 건설공사설계기준 및 건설공사시공기준 등에 따라 품질 및 안전을 확보하여 시행될 수 있도록 관리하는 것을 말한다(건설기술관리법 제2조의 정의 제6항, 설계감리). '검측감리'란 건설공사가 설계도서 기타 관계서류 외 관계법령의 내용대로 시공되는지 여부를 확인하는 것을 말한다(건설기술관리법 제2조 정의 제9항, 검측감리). '시공감리'란 품질관리 · 시공관리 · 안전관리 등에 대한 기술지도와 검측감리를 하는 것을 말한다(건설기술관리법 제2조 정의 제10항, 시공감리).

(2) 공사감리의 법령체계

현재 건설공사 감리와 관련된 규정을 두고 있는 법률은 모두 19개에 달하고, 시행령과 규칙 그리고 규정 등을 합칠 경우 60여 개가 넘는다. 건설감리제도는 공사수행단계별로 설계감리와 시공감리로 구분하고 있으며, 책임감리는 표 5-1과 같이 각 법령별로 분리하여 시행하고 있다.

표 5-1 책임감리 분리 · 시행 연도표

구 분	법	시행령	시행규칙	관련 부처
건설기술 관 리 법	'93.06.11 개정	'93.12.31 개정	'93.12.31 개정	국토해양부
	'94.01.01 시행	'94.01.01 시행	'94.01.01 시행	
소 방 법	'94.12.22 개정	'95.08.11 개정	'95.12.29 개정	행정안전부
	'95.06.22 시행	'95.08.10 시행	'95.12.29 시행	
전력기술 관 리 법	'95.12.30 제정	'96.10.28 제정	'96.11.27 제정	지식경제부
	'96.07.01 시행	'96.10.28 시행	'96.11.27 시행	
정보통신 공사업법	'97.08.28 개정	'97.12.31 개정	'97.12.31 개정	정보통신부
	'98.01.01 시행	'98.01.01 시행	'98.01.01 시행	

* 상기 내용은 관계법령의 개정으로 변경될 수 있음.

(3) 건설공사감리체계

현행 건설공사의 감리체계는 공공공사와 민간공사로 나누어지며, 민간공사는 다시 일반건축물과 공동주택으로 구분된다. 여기에서 공공공사는 건설기술관리법의 적용을, 민간공사에서 일반건축물은 건축법 및 건축사법을, 공동주택은 주택법의 적용을 받아 감리업무를 수행하고 있다. 감리업무의 범위는 건축물 · 건축설비 또는 공작물이 설계도서의 내용대로 시공되는지의 여부를 확인하고, 품질관리 · 공사관리 및 안전관리 등에 대하여 지도 · 감독하는 업무이다. 이와 같이 건설공사의 감리수행체계는 공공부문과 민간부문, 기타 설비공사부문으로 나누어 그림 5-1과 같이 구분할 수 있다.

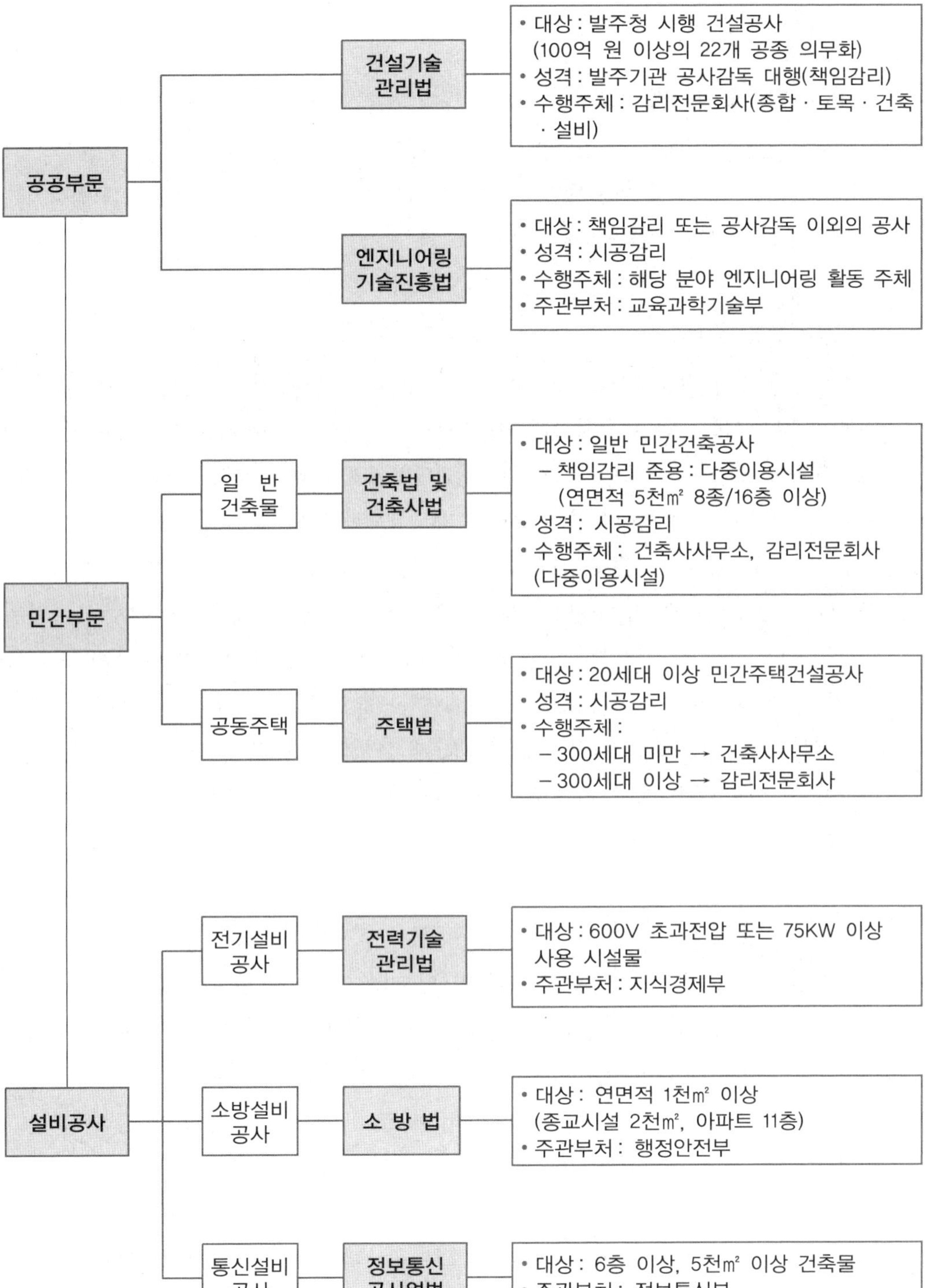

그림 5-1 건설공사의 감리수행체계

4. 관계법령별 감리유형

(1) 건설기술관리법 감리

건설기술관리법 제27조, 영 제7장, 규칙 제6장에서 규정하고 있으며, 책임감리업무의 세부절차 및 방법 등을 기술하고 있는 ≪감리업무 수행지침서≫가 있다. 책임감리는 공공감리, 민간감리는 일반감리로 불린다.

(2) 건축법 감리

건축법에 의한 건축허가를 한 경우는 공사감리자를 지정하여 감리를 해야 하며, 신고대상이라도 필요한 경우 공사감리자를 지정하여 감리를 수행해야 한다(건축법 제21조, 시행령 제19조). 또 다중이용 건축물은 연면적 5,000㎡ 이상인 공항공사 · 철도역사 · 자동차여객터미널 · 종합여객시설 · 관광숙박시설 · 관람집회시설과 종합병원 등의 시설과 16층 이상의 건축물 등 종합감리전문회사 또는 건축감리전문회사가 감리업무를 수행한다. 다만, 건설기술관리법 시행령 제52조의 규정에 의하여 감리원을 배치하는 경우 건축사를 공사감리자로 지정할 수 있다. 또 다중이용 건축물은 공중성과 건물규모를 고려한 감리 강화의 필요성 제기로 감리전문회사가 감리토록 하기 위해 종전에 건축사가 하던 감리를 개정하였으나, 단서조항으로 법 개정의 의미가 없어지게 되었다. 한편, 일반건축감리는 건축사법 제4조에 의해 300세대 이상의 공동주택감리와 다중이용 건축물을 제외한 건축물이 해당된다.

(3) 주택법 감리

민간주택건설공사의 감리제도는 건축법 및 건축사법에 의하여 건축주가 임의로 감리자를 지정하고 감리비도 적정하게 지급되지 않아 감리자가 건축주에게 예속되는 등, 사실상 객관적인 감리가 불가능하여 부실공사의 한 원인으로 작용되어 왔다. 이에 따라 1994년 8월 16일 부실공사 방지대책의 일환으로 '주택건설촉진법령'에 감리제도를 새로이 도입하여 시행하게 되었으며, 2003년 주택건설촉진법을 '주택법'으로 전면 개정하게 되었다. 이에 감리대상 공사는 (법33조의6) 주택의 경우 단독주택과 공동주택으로, 공동주택은 아파트 · 연립주택 · 다세대주택으로 구분되며, 감리대상인 주택은 사업계획 승인대상인 주택이다. 이는 민간공사로서 300세대 이상인 공동주택은 건설기술관리법에 의한 건축감리전문회사 또는 종합감리전문회사가 감리하고, 300세대 미만의 경우 건축사법에 의해 감리자격이 있는 자가 감리를 하도록 규정하고 있다(영 제34조의6). 감리자의 지정은(시행령 제19조) 민간공사의 경우 통상 건축주가 지정하고 주택은 주택건설사업계획을 승인할 국토해양부장관이 감리자를 지정하도록 규정하고 있고, 그 권한이 지방자치단체에 위임하고 있어 지자체의 장이 감리자를 지정하고 있다. 감리자의 지정기준에 대하여는 2004년 12월 30일 ≪주택건설공사 감리자 지정기준≫을 개정하여 2005년 2월 1일부터 시행하게 되었다. 감리자의 업무내용(시행령 제27조)은 시공확인, 품질보증, 설계변경 적정성, 진도확인 및 준공확인 등이며, 감리대가 및 배치기준에서 감리대가는 '주택건설공사 감리비 지급기준'에 근거하여 총공사비 비율방식을 적용하고 있다.

(4) 설비공사의 감리

설비공사란 건설산업기본법(건산법)상의 설비전문공사와 건축공사 중 독립적으로 공정이 진행되는 전기 · 소방 · 정보통신 · 가스설비 · 환경설비공사 등을 총칭한다. 이는 소관 부처가 다르고 기술인력과 업체등록 등도 개별 법령에 의해 관리되기 때문에, 건설공사에 대한 감리와 구분하여 독립적으로 수행되며 공공공사와 민간공사의 구분은 없다. 건설기술관리법에 의한 감리에서는 건축, 토목, 기계, 전기, 통신, 소방감리 일체를 감리전문회사가 감리토록 발주청에서 발주하고 있으나, 주택법에서는 사업승인권자가 감리자를 지정할 경우 전기, 소방, 통신감리를 제외하고 있어 수의계약에 의해 감리자를 선정하고 있다.

(5) 전력시설물의 감리

전력시설물도 전력기술관리법에 의해 설계감리와 공사감리로 구분되며, 공사감리의 대상시설물은 전기설비공사로서 전기사업용 전기설비와 일반용 전기 설비, 자가용 전기설비 등을 말한다. 감리자의 선정은 지식경제부 부장관에게 등록한 감리업자에게 발주, 감리업은 종합감리업과 전문감리업으로 구분하고 있다. 감리원의 자격 및 배치기준은 건설기술관리법의 규정을 원용하였기 때문에 건설감리와 비슷하며, 특급 · 고급 · 중급 · 초급으로 구분한다. 감리원은 설계도서 및 관계서류에 따라 시공되고 있는지 확인, 품질 · 안전, 공사관리에 대한 기술지도 등 건설기술관리법상의 감리규정을 원용하고 있다.

(6) 소방시설물의 감리

소방시설이란 소화활동상 필요한 소화설비 · 경보설비 · 피난설비 · 소화용수설비 등을 말한다. 소방공사의 감리대상은 연면적 1,000㎡(종교시설 2,000㎡) 이상인 특수 장소로, 감리대상 소방시설의 공사를 하고자 하는 특수 장소의 관계인(발주자)은 소방공사감리업자를 공사감리자로 지정한다. 소방감리업은 1급 · 2급 · 3급으로 구분하며, 주된 기술인력과 보조기술인력으로 규정하고 있다.

(7) 정보통신공사감리

정보통신공사업법 시행령 제7조의 규정에 의한 공사가 감리의 대상으로, 전기통신사업자가 전기통신역무를 제공하기 위한 공사 등으로 발주자는 엔지니어링기술진흥법상의 엔지니어링 활동주체 및 통신 · 정보처리기술부문의 기술사인 용역업자에게 공사감리를 발주하도록 규정하고 있다. 감리원의 등급별 분류는 기술자격자와 학 · 경력자로 구분하며, 특급 · 고급 · 중급 · 초급으로 배치기준을 구분하고 있으며, 감리대가지급에 관한 기준이 없고, 감리원의 자격 및 배치기준을 도급금액에 따라 정하도록 하고 있다. 이는 공사의 특성이나 여건 등을 반영할 수 있는 여지가 적다는 문제점도 있다.

5. 건설공사의 책임감리

(1) 책임감리대상과 공사범위

건설기술관리법 제27조, 시행령 제50조에 의한 책임감리대상 기관은 국가, 지자체, 정부투자기관, 국가 또는 지방자치단체의 출연기관, 지방공기업법에 의한 지방공사 및 지방공단 등이 발주하는 건설공사에 적용된다. 전면책임감리대상은 총공사비가 100억원 이상의 교량, 공항, 댐, 고속도로, 에니지 지장시설, 간척, 항만, 철도, 지하철, 터널, 발전소 폐기물처리시설 건설, 폐수종말처리시설, 하수종말처리시설, 상수도 건설, 하수관거 건설, 관람집회 시설, 전시시설, 공용청사 건설, 송전, 변전, 공동주택 건설 등 PQ 대상 22개 공종의 공사이며, 부분책임감리대상 공사는 전면책임감리 이외의 교량, 터널, 배수문, 철도, 고가도로, 폐기물시설, 폐수 및 하수종말처리시설 등이 이에 속한다. 영 제10조 2항에 의해 책임감리대상에서 제외되는 공사대상은 다음과 같다.

① 문화재보호법에 의한 지정문화재 및 가지정문화재의 수리 · 복원 · 정비공사
② 농어촌정비법에 의한 농어촌정비사업 · 농공단지정비사업 및 농어촌생활환경정비사업에 따른 공사

③ 농업기반공사, 한국전력공사, 한국가스공사, 한국전기통신공사, 한국석유공사, 환경관리공단 및 지방공기업법에 의한 지방공사가 시행하는 공사로서 당해 소속 직원이 감리원의 배치기준에 따라 감독업무를 수행하는 공사
④ 공사내용이 단순 · 반복적인 건설공사로서 국토해양부령이 정하는 공사
⑤ 보안을 요하는 군 특수공사 및 국가기밀 관련 건설공사
⑥ 전문기술을 요하는 방송시설공사, 원자력시설공사 등

6. 감리원의 업무

(1) 감리원의 기본임무(법 제27조의3, 지침서 제4조 2항)

감리원은 그 업무를 성실히 수행하고 건설공사의 품질향상을 위해 노력해야 하며, 감리원으로써의 품위를 손상시키는 행위를 해서는 안 된다. 감리원은 당해 공사가 설계도서 및 관계서류의 내용대로 시공되는지의 여부를 확인하고 품질관리, 시공관리, 공정관리, 안전 및 환경관리 등에 대한 기술지도, 관계법령에 따라 발주청의 감독권한을 대행하며 검측업무를 수행한다.

(2) 책임감리원의 역할(영 제50조)

① 시공계획의 검토
② 공정표의 검토
③ 시공 상세도면의 검토
④ 시공이 설계도면 및 시방서의 내용에 적합하게 행해지고 있는지에 대한 확인
⑤ 구조물 규격에 관한 검토 · 확인
⑥ 사용자재의 적합성 검토 · 확인
⑦ 건설업자 또는 주택건설등록업자가 수립한 품질보증계획에 대한 확인, 품질보증계획서의 지도, 품질시험 및 검사성과에 관한 검토 · 확인
⑧ 재해예방대책 · 안전관리 및 환경관리의 확인
⑨ 설계변경에 관한 사항의 검토 · 확인
⑩ 공사 진척부분에 대한 조사 및 검사
⑪ 완공도면의 검토 및 준공검사
⑫ 하도급에 관한 타당성 검토

⑬ 설계내용의 현장조건 부합 및 실제 시공가능 여부 등의 사전검토
⑭ 기타 건설교통부령으로 정하는 사항

(3) 비상주감리원의 역할(규칙 제34조 1항)

① 상주감리원이 수행하지 못하는 현장조사 분석 또는 주요 구조물의 기술적 검토
② 기성 및 준공검사
③ 행정지원업무
④ 설계도서의 검토
⑤ 중요한 설계변경에 대한 기술검토
⑥ 현장 시공상태의 평가 및 기술지도

(4) 시공감리의 역할(영 제52조 2항)

① 시공계획의 검토
② 공정표의 검토
③ 시공 상세도면의 검토
④ 시공이 설계도면 및 시방서의 내용에 적합하게 행해지고 있는지에 대한 확인
⑤ 구조물 규격의 적합성 검토
⑥ 사용자재의 적합성 검토
⑦ 건설업자 또는 주택건설등록업자가 수립한 품질보증계획 또는 품질시험계획에 대한 확인 · 지도
⑧ 건설업자 또는 주택건설등록업자가 실시한 품질시험 또는 검사에 대한 심노 · 확인
⑨ 재해예방대책 · 안전관리 및 환경관리의 확인
⑩ 설계변경에 관한 사항의 검토
⑪ 공사 진척부분에 대한 조사 및 검사
⑫ 완공도면의 검토 및 완공사실의 확인
⑬ 하도급에 관한 타당성 검토
⑭ 설계내용의 현장조건 부합 및 시공 가능성 등의 사전검토
⑮ 기타 건설공사의 질적 향상을 위하여 필요한 사항

(5) 검측감리의 역할(영 제52조 3항)

① 시공내용이 설계도면 및 공사시방서의 내용에 적합하게 행해지고 있는지에 대한 확인

② 구조물 규격에 관한 검토

③ 사용자재의 적합성 검토

④ 품질시험 및 검사성과에 관한 검토 · 확인

⑤ 공사 진척부분에 대한 조사 및 검사

⑥ 완공도면의 검토 및 완공사실의 확인

⑦ 기타 건설공사의 질적 향상을 위하여 필요한 사항

(6) 건축법에 의한 감리원의 업무(건축법 시행령 제19조 6)

① 공사 시공자가 설계도서에 따라 적합하게 시행하는지 여부의 확인

② 공사 시공자가 사용하는 건축자재가 관계법령에 의한 기준에 적합한 자재인지 여부 확인

③ 기타 공사감리에 관한 사항으로서 건설교통부령이 정하는 사항(건축법 시행규칙 제19조 2)

- 건축물 및 대지가 관계법령에 적합하도록 공사 시공자 및 건축주를 지도
- 시공계획 및 공사관리의 적정 여부의 확인
- 공사현장에서의 안전관리의 지도
- 공정표 검토
- 상세 시공도면의 검토
- 구조물의 위치와 규격의 적정 여부 검토 · 확인
- 설계변경의 적정 여부의 검토 · 확인
- 기타 공사감리계약으로 정하는 사항

(7) 주택법에 의한 감리원의 업무(주택법 시행령 제27조)

① 시공자가 설계도서에 따라 적합하게 시행하는지 여부의 확인

② 시공자가 사용하는 건축자재가 관계법령에 의한 기준에 적합한지 여부의 확인

③ 기타 주택건설공사의 시공감리에 관한 사항으로서 대통령령이 정하는 사항(주택법 시행령 제34조의 7)

– 설계도서가 당해 지형 등에 적합한지 확인
– 설계변경에 관한 적정성 등의 확인
– 시공계획, 예정공정표의 시공도면 등의 확인 · 검토
– 감리계획서 및 감리의견서 첨부

(8) 건설기술관리법에 의한 건설사업관리의 업무내용(건설기술관리법 시행령 제39조의4)

① 건설공사의 계약관리
② 건설공사의 사업비관리
③ 건설공사의 공정관리
④ 건설공사의 품질관리
⑤ 건설공사의 안전관리
⑥ 건설공사의 사업정보관리
⑦ 그밖에 당해 건설사업관리 용역계약서에서 정하는 사항

5.2 외국의 감리제도

1. 개요

선진 국가에서는 건설공사감리와 관련된 법률을 별도로 두지 않으며, 발주 자와 용역 업무 수행자 간의 계약에 따라 용역 서비스가 이루어지고 있다. 특히 미국과 영국 등은 감리용역 서비스는 프로젝트의 계획단계에서부터 전반에 대한 관리업무를 수행하고 있다.

또한 감리원의 역할 및 권한, 감리대가 등은 발주자의 관리능력과 공사의 종류와 성격, 기술자의 능력 등을 고려한 상호 계약을 통해 결정된다. 이에 비해 우리나라는 부실감리에 대한 처벌이 매우 강한 반면, 외국의 경우는 계약서의 내용 또는 손해배상청구를 통해 민사상의 책임을 물을 뿐, 감리원의 고의로 인한 인명피해를 발생시키지 않는 한 형사책임은 묻지 않고 있으며, 부실시공은 시공사가 그 책임을 부담해야 한다는 원칙이 확립되어 있다. 감리자의 손해배상청구 등에 대비하여 전문직 책임보험제도를 두어 재무능력이 취약한 감리회사 및 감리원의 손해배상 부담능력을 보완하고 있다.

표 5-2 외국 감리제도와의 비교

구 분	우리나라	선진국
개요	• 품질관리에 치중 • 법규에 따른 제약	• 사업 전반에 대한 경제성 • 당사자 간의 계약원칙
업체 선정	• PQ제도(수행능력, 실적 등)	• PQ제도(회사 자격, 매니저 능력)
회사형태	• 감리전문회사 등록	• 건설회사 등 참여방법 다양
감리원 자격	• 감리원(수석 · 감리사 · 감리사보)	• Residental Engineer(PE자격)
감리단 조직	• 상주감리원 · 비상주감리원	• 현장 주재 기사
수행방법	• 업무수행지침서, 계약서	• 계약서에 규정(업무, 권한 등)
용역대가	• 용역대가 기준 활용	• 시장원리에 따라 결정(수준)
감리원 권한	• 건설기술관리법, 업무수행지침서	• 계약서에 명시
감리원 제재	• 건설기술관리법(제8장)에 의거 처벌	• 계약상 책임, 의무사항 명문화는 없음

2. 미국의 공사감리

(1) 개요

미국은 감리업무 수행을 위한 별도의 법규가 없으며, 건설공사를 포괄적으로 규정한 '시설물관련법규'(uniform building code)의 테두리 안에서 각 주체 간의 계약을 통해서 정해진다. 실제 각종 건설공사에 활용되는 규정은 미 공병단이나 엔지니어링 계약위원회 등이 정하고 있는 사항을 활용한다. 또한 정부조직체계에 따라 연방정부와 주정부가 명확히 구분되어 지방자치단체가 독립적으로 수행하는 경우가 대부분이다.

(2) 공사감리의 개념

공사감리에 대한 정확한 용어는 없으나, supervision, inspection, construction management 등으로 쓰이고 있는데 이는 업무의 성격, 발주기관의 특성 및 공사의 특성에 따라 표현이 달라진다.

(3) 감리원의 정의

미국의 감리원은 크게 engineer와 inspector로 구분된다. engineer는 inspector를 관리하여 기술적인 의사결정을 내릴 수 있는 권한이 주어지며, inspector는 단순히 시공자의 작업을 검측하는 일을 수행한다. 또한 엔지니어는 일반적으로 주정부에서 인정하는 전문기술자자격(professional engineer/pe)을 소지한 자로 규정되며, inspector는 경험우선 자격자 조건으로 inspector 교육과정 이수증명서(certification of inspector)를 요구하기도 한다.

(4) 감리원의 업무내용

감리업무만을 별도로 구분하여 발주하지 않고 건설사업관리(CM) 발주방식을 채택하고 있다. 업무내용이 발주자와 건설사업관리자 간의 계약으로 정해지기 때문에 분야별 · 단계별로 그 내용이 다르다. 또한 단계별 업무로는 프로젝트 · 원가 · 공정 · 계약 · 안전 · 품질관리 등이 행해지며, 계약불이행이나 공사 지연에 대한 감리원의 책임과 권한은 상호 계약으로 정하며, 감리와 관련된 업무의 정도에 따라 용역비 지급 정도에 따라 다르게 설정한 손해배상청구를 통해 손실을 보전하게 한다. 이에 따라 감리업무지침은 대규모 공공공사의 경우, 완벽에 가까운 설계도면과 시방서가 공사착공 전에 준비되어 별개의 체크리스트는 필요하지 않으며, 시공자와 같이 감리자도 감리업무를 시방서나 계약서에 명시된 대로 수행한다.

(5) 부실감리 시 제재

미국은 계약문화가 발달한 나라답게 발주자와 감리자간의 의무와 책임, 권한, 대가지급 등은 계약법에 의거하여 계약내용에 따르고 있는데, 예컨대 감리회사가 계약내용을 위반한 경우에는 우리나라와 같이 국가가 처벌하는 것이 아니라 계약법에 근거한 손해배상청구 등으로 문제를 해결하고 있다.

(6) 감리대가

미국은 감리대가에 대한 요율체계가 없으며 시장원리에 따라 이루어지고 있다. 따라서 해당 공사의 특성에 따라 기술수준을 가진 감리원을 배치하는 것은 감리대가 산정 시 큰 변수이며, 전체 감리용역비는 감리회사가 수행하는 업무범위, 즉 계획, 설계단계에서부터 참여하거나 또는 시공단계에만 참여하느냐에 따라 달라지나 보통 총공사비의 3~10%선이다. 대금 지급에 대한 계약방식은 총액계약(lump sum contract)과 단가계약(unit price contract) 등 공사의 특성에 따라 다양한 형태가 적용되고 있다. 감리업체의 설립에 대한 자격이나 등록기준은 없으나 사업자등록증은 요구하고 있으며, 계약서의 일반적인 사항은 민간기구들이 제정한 계약서를 준용하고 있다.

3. 영국의 공사감리

(1) 건설업의 특징

영국의 건설업자는 종합도급업자(general contractor) · 설계시공도급업자(design-build contractor) · 관리도급업자(management contractor) · 직급별도급업자(trade contractors) · 전문도급업자(specialist contractors) · 주택건축업자(house builders) 등이 있다. 따라서 정부의 건설공사 발주방식은 프로젝트를 계획하고 예산을 확보하는 것은 정부 자체가 담당하고 기타 설계 · 시공 · 감리 등은 민간에게 위임되어 있다.

(2) 감리제도의 운용

영국의 공공건설은 사업입안과 예산확보는 정부가 행하고, 그 이후의 모든 절차는 민간업체를 선정하여 일임하는 체제로 되어 있다. 영국은 1990년 조달청과 유사한 기능을 가진 PSA(Property Service Agency)가 민영화되기 이전에는 제3자가 공사감리를 담당하는 형태가 존재하였으나, 그 이후 민간에게 이양하고 있으며 건축공사나 토목공사 구별 없이 공사관리회사가 공사의 전체과정을 일괄 관리한다. 설계 또는 엔지니어링 회사와 공사관리회사는 분리 발주될 수도 있는 관리계약(Management Contract, MC)이 이루어질 수 있으며, 한 회사가 공사관리 · 설계 · 엔지니어링을 동시에 수행할 수도 있다.

(3) 공공건설의 감리

영국은 1984년에 제정된 건물법(building regulation)과 보건안전법(health and safety work act)이 대표적인 건축관련 법규이다. 이 법규는 건설공사의 품질관리나 규격 등에 대해서는 영국 표준기구(british standard institution)의 기준이 많이 적용되며, 점차 ISO체제로 전환되었다. 또한 영국은 공사관리회사를 설립하여 프로젝트의 계획 · 설계도면 · 시방서 검토 · 품질관리 · 원가관리 · 하도급관리의 업무 수행과 공사현장에 적정 수준을 갖춘 관리직 · 기술직 · 감독을 배치하여 차질 없이 수행한다. 공사관리회사를 설립함에 있어 특정한 등록이나 인허가를 요하지 않는다. 인력배치 기준도 없으며 공공공사에 있어서 공사관리 전문회사의 선정은 입찰참가자격 사전심사제에 의하며, 공사수행능력 · 재정능력 등의 요소를 평가하여 선정한다.

감리대가는 우리와 같은 요율체계가 아니라 공사의 특성에 따라 계약에 의해 결정되며, 일반적으로 단순한 컨설팅 업무만을 수행할 때에는 주로 민간공사의 경우에는 총공사비의 1~2%, 관리계약 또는 DMC(Design, Manage, Construct)의 경우에는 총공사비의 4~6.5% 정도 대가를 지급받고 있다. 또한 부실공사에 대한 책임은 원칙적으로 시공자에 있으며, 문제의 원인 제공자가 누구인가를 밝혀야 한다면, 계약법(contract law)에 의해 처리된다. 공사관리 전문회사 또는 설계·엔지니어링 회사가 서비스를 제공할 때 부주의로 인한 손해배상을 위해서 가입되는 보험으로 전문가보상보험(Professional Indemnity Insurance)이 있다. 영국에서 가장 흔히 쓰이는 건설관련 계약서로는 JCT80 (Joint Contract Tribunal)과 FIDIC(Federation Internationale des Ingenieus Conseils)이 있다.

4. 일본의 공사감리

(1) 공사감리의 특징

일본의 공사감리계약서는 좋은 시공품질을 확보하기 위해 사용하고 있으며, 건설공사 감리제도는 공공건설에 대한 공사감독, 설계사에 의한 공사감리, 시공회사의 자체감리의 형태로 구분하고 있다. 1939년 "일본건축사회의 회원업무규정"에서 '감리'라는 용어가 처음 등장하였으며, 1950년에 공포된 건축사법에서 '공사감리'를 사용, 설계도서와 비교하여 그것이 설계도서대로 시공되고 있는지 확인하는 업무라 정의하고 있다. 1979년 일본건설성 고시 제1206호에 감리업무가 '공사감리'와 '공사계약 및 지도감독'으로 나뉘어 이것을 합쳐서 '공사감리 등'이라 부르고 있다. 일본은 우리나라와 유사한 감리, 감리자, 감리업무, 설계감리, 공사감리감독, 감독원, 관리 등과 같은 용어가 사용되고 있다. 그러나 법령에 구체적인 감리관련 조항이 규정되어 있지 않다. 감리업무와 관련된 사항은 개념적으로 정의하고 있으며, 일본 국토교통성이 고시한 공사감리 등의 업무내용은 다음과 같은 공사감리와 공사계약 및 지도감독업무이다.

① 설계의도를 시공자에게 정확하게 전달하기 위한 업무
② 시공도 등을 설계도서와 견주어 검토 및 승낙하는 업무
③ 공사의 확인 및 보고
④ 공사감리업무 완료절차
⑤ 공사계약에의 협력
⑥ 공사비 지불심사 및 승낙을 위한 업무

⑦ 기타 부가업무

(2) 감리의 종류와 책임

일본의 신일본건축가협회가 정한 건축가의 업무에는 '건축가가 발주자로부터 위탁받아 수행하는 설계는 설계감리'라 하여, 설계단계로부터 공사감리자로서 관여하는 감리단계까지 일련의 업무를 총칭한다. 또 공사가 설계도서 및 공사계약에 따라 진행되는지를 확인하는 사항은 '공사감리'로 보고 있다.

공사감리는 지도감독형 감리와 자주형 감리로 구분하며, 지도감독형 감리는 설계시방의 결정과 건설기술, 품질관리, 현장관리까지 행하는 감리행위이고 자주관리형 감리는 건설생산의 다양화, 복잡화에 대응하여 시공기술 · 시공관리 등 시공자의 품질관리를 비롯한 제반 프로세스를 감리자가 감시하는 감리형태이다. 공공공사의 감독원은 발주자가 임명한 '감독원'이 발주자의 대리인으로서 공사를 감독하는데, 대부분 규모가 큰 토목공사인 경우가 많다. 또한 일본은 도급공사는 도급자가 자주적으로 책임시공한다는 것을 원칙으로 삼고 있기 때문에 발주자의 감독행위는 필요한 최소의 범위에서 이루어진다. 감독업무를 수행하는 감독직원은 총괄감독원, 주임감독원 및 감독원으로 구분되고 있다.

설계 · 감리자와 시공자의 책임분담은 계약상 책임에 관한 규정이 모호하여 양자의 책임소재가 명확치 않으며 상호간 책임을 부담하지만, 대개의 경우 시공자에게 책임을 지우고 있으나 화합정신에 따른 협조체제이다. 또 하자담보책임부담에 대응하기 위해 전문직 책임보험제도의 도입을 모색하고 있다.

5. 싱가포르의 공사감리

싱가포르 공사감리의 주된 특징은 공공기관 발주공사의 경우 자체적으로 기술력을 확보하여 감리업무를 수행하고 있다. 공공공사일 경우 반드시 발주기관에서 감리감독을 수행하며, 민간공사에서는 민간회사의 기술자가 파견되어 감리업무를 수행하되, 특히 준공검사일 경우 정부에서 파견하는 감독관에 의해 철저히 확인 및 감독업무를 하고 있다. 또 싱가포르의 대표적인 공공발주기관으로는 항만청(PSA), 국가개발부(Ministry of National Development) 산하의 주택공사, 공공사업성, 환경부 등이 있으며 항만청이나 주택공사, 공공사업성 등은 자체 기술인력으로 설계와 감리를 수행하고 있다. 싱가포르에서는 감리대가를 별도로 지급되는 것이 아니라 전체 컨설턴트 비용(consultant fee)으로 통합하여 정해지고 있으며, 일반적으로 컨설턴트 비용은 15%[건축사 비용(architect fee)+감리대가 포함)] 이하에서 결정되고 있다.

6. 프랑스와 독일의 공사감리

프랑스는 토목은 대부분 공무원 신분의 엔지니어들이 공사감리를 하며, 건축은 민간업체가 담당하고 있다. 대부분의 공무원이 감독업무를 수행하고 있으며 별도의 감리자 자격기준은 두고 있지 않는다. 최근 민간으로 감리업무를 이양하고 있는 실정이다. 한편, 독일은 과거에는 공공공사감리를 공무원들이 수행해왔으나, 근래에는 자체수행과 외주비율이 반반이다. 대형공사는 공무원이 소형공사는 민간에 위탁하여 처리하고 있다.

5.3 CM제도의 도입과 운영

1. CM의 개념

1996년에 건설산업기본법이 제정되면서 건설공사 과정을 종합적으로 수행할 수 있는 기능으로 건설사업관리제도가 도입되었다. '건설사업관리란 건설공사에 관한 기획 · 타당성 조사 · 분석 · 설계 · 조달 · 계약 · 시공관리 · 감리 · 평가 · 사후관리 등에 관한 관리업무의 전부 또는 일부를 수행하는 것을 말한다(건설산업기본법 제2조제6호).' 이에 따르면 감리업무는 건설사업관리업무에 포함되는 것으로 볼 수 있다. 이는 공사감리라는 측면에서 볼 때 건설감리제도가 CM제도의 한 부분으로 발전할 수 있음을 시사한다.

2. CM제도 도입

1996년 이후 CM제도의 도입은 시공 위주의 산업구조를 EC로 전환하기 위해 대규모 공사에 한해 설계 · 시공 전반을 일괄적으로 관리할 목적으로 도입하였다. 그러나 CM 활성화를 위한 건설기술관리법의 개정은 CM의 역할과 업무범위에 대한 규정이 미비하고 국민인식의 부족, 감리제도와 개념 혼란 등으로 그동안 활성화되지 못하였다. 따라서 1999년 '공공건설사업 효율화 종합대책'의 하나로 CM 활성화를 위한 세부적인 시행

근거를 건설기술관리법에 마련토록 관련법령을 개정하였으며, 여기에서는 CM의 시행 근거, 손해배상, 대가, CM과 감리 등 타 용역과의 관계설정, 입찰평가 등 건설기술관리법 하부규정을 신설하였다.

또 2002년에는 CM의 세부규정과 건설산업기본법을 개정하여 CM 능력평가 · 공시, 건설사업관리자의 종합정보관리, 손해배상 조항을 신설하게 되었다. 건설기술관리법 제22조의 2(건설사업관리의 위탁 · 시행)에 의하면, 발주관청은 건설공사의 효율적인 수행을 위하여 필요한 경우 다음에 해당하는 건설공사에 대하여 건설사업관리를 위탁하여 시행할 수 있도록 규정하고 있다.

(1) 공항 · 철도 · 발전소 · 댐 또는 플랜트 등 대규모 복합공종의 건설공사
(2) 설계 · 시공관리의 난이도가 높아 특별히 관리가 요구되는 건설공사
(3) 발주청의 기술인력이 부족하여 원활한 공사관리가 어려운 건설공사
(4) 기타 발주청이 필요로 하는 건설공사

건설산업기본법 제26조 CM업무 수행자에는 CM업무 내용이 건설산업기본법 또는 관계법령에 의해 신고 · 등록 등을 요하는 업무인 경우에는 “관련제도에서 정하는 요건을 갖추어야 하고, CM용역의 범위 내에 ‘책임감리업무가 포함될 경우’ 감리전문회사가 반드시 참여하여야 한다.”라고 규정하고 있다. 이와 같은 CM 업무내용 및 범위를 살펴보면, 건설사업관리자는 발주자의 대리인 또는 조력자로서 계획단계부터 설계구매 · 시공과 감리 · 준공 후 운영관리 직전까지의 사업관리업무를 일괄 대행하거나 지원하는 전문용역서비스를 제공하는 주체로서 지위를 갖게 되었다.

또한 건설사업관리자가 시공을 병행할 경우에는 도급자로서의 지위와 건설관리자로서의 지위를 동시에 갖게 된다. 이러한 CMr의 위치에 따라 ‘자문형 건설사업관리(CM for Fee)’와 ‘위험부담형 건설사업관리(CM at Risk)’ 방식으로 구분된다. 그런데 이 방식의 주요 목적은 건설사업관리체계를 구축하고 건설공사 참여주체 간의 업무조정을 통해 사업기간 · 총사업비 · 품질을 최적화하는 활동이다. 즉 각각의 프로젝트 추진단계에서 발생하는 의사소통 부재와 종합적인 조정능력 부족 등으로 발생하는 공사비의 증가, 공기연장, 각종 분쟁과 소송으로 인한 피해를 줄이는 한편, 품질과 안전도를 확보할 수 있도록 제공되는 전문적인 서비스다. 또 건설사업관리자(CMr)의 업무내용은 ‘CM업무지침서’에 상세히 규정되어 있으며, 사업관리 일반 · 계약관리 · 사업비관리 · 공정관리 · 품질관리 · 안전관리 · 사업정보관 등이 있다.

3. CM과 책임감리

CM과 책임감리를 비교하면 표 5-3과 같다.

표 5-3 CM과 책임감리의 수행업무 비교

구 분	수 행 업 무	CM	책임감리
1. 종합사업관리	사업관리시스템 개발	○	
	사업관리체계 및 절차서 작성	○	
2. 설계관리	설계 · 시방기준 작성	○	
	기술검토 및 분야별 연계성 검토	○	
	시공성 검토	○	○
	V · E검토	○	
3. 사업비관리	사업비관리시스템 개발	○	
	사업비 증감 분석 및 총투자비 검토	○	
4. 계약관리	입찰 및 평가, 클레임 관리	○	
	하도급관리	○	○
	계약서 및 계약절차관리	○	
5. 종합공정관리	마스터 공정표관리	○	
	단계별 공정관리, 계획공정 유지	○	
6. 자재 · 인력관리	구매관리, 외주업체관리	○	
	자재관리시스템 개발	○	△
	자재 및 인력투입계획	○	
7. 사업정보관리	사업관리정보시스템 운영	○	
	정보관리체계 유지관리	○	
	자료보관 · 검색 · 재생, 문서관리	○	
8. 재무관리	자금조달계획, 차입금관리	○	
	투자비관리(비용, 손익분석)	○	
9. 시공관리	시공계획 검토 및 공정관리	○	○
	시공도면 · 시공확인 검토	○	○
	공사비관리(기성)	○	○
	생산성 관리	○	
	설계변경, 품질관리 및 시험	○	○
	공종별 작업 인터페이스	○	
	안전관리, 검측 · 검사	○	○

5.4 건설사업관리란

1. 개요

1994년 책임감리제도가 시행된 이후 계속되는 대형공사의 부실시공 등으로 국내 건설업계는 새로운 제도 도입의 필요성이 제기되었다.

특히 건설공사의 대형화, 복잡화, 전문화로 인해 발주관리의 전문성과 효율성 확보 차원에서 종합적인 관리시스템의 필요로 건설산업기본법을 개정하여 CM(Construction Management)제도 도입을 명문화하였다.

CM제도는 건설공사의 기획단계, 설계단계, 구매 및 입찰단계, 시공단계, 유지관리단계까지 각 단계별로 사업관리자가 참여하여 설계 및 시공자의 활동을 관리 자문하고 발주자가 원하는 최적의 서비스를 제공하고자 하는 관리시스템을 의미하며, 이 시스템에는 공정관리, 공사비관리, 정보관리, 품질관리, 계약관리 등의 관리 활동이 포함되어 있다.

이 제도의 특징은 설계 · 시공 간의 건설사업의 정보단절로 인한 공사의 부조화를 막고 설계자가 의도한 시공이 이루어질 수 있도록 관리함으로써, 공사비의 절감과 적정한 공사기간 및 품질유지를 실현시키는 장점이 있다.

이러한 면에서 국내에 적용되고 있는 책임감리제도는 선진국의 CM제도와 유사한 제도이긴 하나, CM제도는 공사기획단계부터 완료 후 단계까지 전 라이프사이클을 대상으로 하는 반면 책임감리제도는 시공단계에서 품질관리에 중점을 두고 있는 점에서 차이가 있다.

2. 제도연혁

건설사업관리제도는 1996년 건설산업기본법의 개정에 따라 도입되었으며, 그 이후 건설사업관리 세부시행 근거와 건설사업관리 대가기준을 마련하여 시행하게 되었으며, 그 이후 건설사업관리 능력의 평가 및 공시제도가 도입되어 현재에 이르렀다. 이 제도의 도입은 전통적인 공사발주방식으로는 관리가 어려운 대형공사의 출현으로 종합적 · 전문적인 관리 요구에 부응하고 국내외 시장에서의 경쟁력 강화를 실현하는 데 목적이 있었다. 또 전문지식을 충분히 갖추지 못하고 있는 발주자를 대신하여 사업관리업무를 위임할 수 있는 제도적 장치가 필요하여 이 제도를 도입하게 되었다. 국내에서 CM의 도입 사례는 인천신공항사업과 고속철도사업 등이 있다.

그러나 이러한 국책사업에 적용된 CM 실적들은 CM 고유기능의 부분적인 적용으로 인해 전체적인 건설사업관리가 가질 수 있는 효과를 감소시킨 부분이 있으며, CM이 시공단계의 책임감리제도와 유사하여 기획단계에서부터 설계 및 시공과 유지관리단계까지 전체적인 사업관리의 영역에서 시행된 것은 아니었다. 이러한 관점에서 국내에서의 CM 적용방식은 초기의 발주자 대리인 역할 방식에서 발전시켜 단계적으로는 시공형 CM방식으로 확대될 가능성이 커서 현재의 책임감리제도와는 분명한 관계 정립이 필요하다.

3. CM 관련 규정

건설산업기본법 제2조 6호 규정(건설사업관리의 정의)에 의한 '건설사업 관리'라 함은 "건설공사에 관한 기획 · 타당성 조사 · 분석 · 설계 · 조달 · 계약 · 시공관리 · 감리 · 평가 · 사후관리 등에 관한 관리업무의 전부 또는 일부를 수행하는 것"을 말한다.라고 규정하고 있다.

건설산업기본법 제26조(건설사업관리자의 업무)에는 건설사업 수행 시, 발주자는 필요한 경우 건설사업관리업무의 전부 또는 일부를 건설사업관리에 관한 전문지식과 기술능력을 갖춘 자에게 위탁할 수 있다.라고 규정하고 있다.

또한 발주자로부터 건설사업관리를 위탁받아 수행하는 자("건설사업관리자"라 한다)가 수행하는 건설사업관리업무의 내용이 이 법 또는 관계법령에 의하여 신고 · 등록 등을 해야 하는 업무인 경우에는 당해 법령에 의한 신고 · 등록 등을 한 후가 아니면 이를 수행할 수 없도록 하고 있다.

그러나 대규모 복합공사로서 공항 · 고속철도 · 발전소 · 댐 또는 플랜트공사의 건설사업관리자가 건축사 · 기술사 등 관계법령에 의한 설계 또는 감리업무를 수행할 수 있는 기술인력을 갖춘 경우에는, 건축사법 제23조제1항 또는 건설기술관리법 제28조제1항의 규정에 불구하고 설계 또는 감리업무를 함께 위탁받아 수행할 수 있도록 하고 있다.

건설사업관리자는 발주자를 위하여 선량한 관리자로서 위탁받은 업무를 수행해야 하며, 자기 또는 자기의 계열회사(독점규제 및 공정거래에 관한법률 제2조제3호의 규정에 의한 계열회사를 말한다)가 당해 건설공사를 도급받도록 조언할 수 없다.

또 건설사업관리자는 건설사업관리업무를 수행함에 있어 고의 또는 과실로 발주자에게 재산상의 손해를 발생하게 한 경우에는 이를 배상해야 한다. 제44조의 규정은 건설사업관리자의 손해배상에 관하여 이를 준용한다. 이 경우 '건설업자'는 '건설사업관리자'로 보고 있다.

건설기술관리법 제39조의 4에 의한 건설사업관리의 세부 업무내용을 살펴보면, 건설공사의 사업관리 일반, 계약관리, 사업비관리, 공정관리, 품질관리, 안전관리, 사업정보관리, 그 밖에 당해 건설사업관리 용역계약에서 정하는 사항 등 이다. 건설기술관리법 제22조의 2에 의한 건설사업관리의 시행은 발주청은 건설공사의 효율적인 수행을 위하여 필요한 경우에는 다음 각 호의 1에 해당하는 건설공사에 대한 건설사업관리를 위탁하여 시행할 수 있도록 규정하고 있다.

① 공항 · 철도 · 발전소 · 댐 또는 플랜트 등 대규모 복합공종의 건설공사
② 설계 · 시공관리의 난이도가 높아 특별한 관리가 필요한 건설공사
③ 발주청의 기술인력이 부족하여 원활한 공사관리가 어려운 건설공사
④ 상기 공사 외의 건설공사로서 당해 건설공사의 원활한 수행을 위하여 발주청이 필요하다고 인정하는 건설공사

4. CM업무

건설산업기본법 제26조제1항에는 "건설사업 수행 시, 발주자는 필요한 경우 건설사업관리업무의 전부 또는 일부를 건설사업관리에 관한 전문지식과 기술능력을 갖춘 자에게 위탁할 수 있다."라고 규정하고 있다. 또한 발주자로부터 건설사업관리를 위탁받아 수행하는 자('건설사업관리자'라 한다)가 수행하는 건설사업관리업무의 내용이 이 법 또는 관계법령에 의하여 신고 · 등록 등을 해야 하는 업무인 경우에는 당해 법령에 의한 신고 · 등록 등을 한 후가 아니면 이를 수행할 수 없다.라고 규정하고 있다. 다만, 대규모 복합공사로서 공항 · 고속철도 · 발전소 · 댐 또는 플랜트공사의 건설사업관리자가 건축사 · 기술사 등 관계법령에 의한 설계 또는 감리업무를 수행할 수 있는 기술인력을 갖춘 경우에는 건축사법 제23조제1항 또는 건설기술관리법 제28조제1항의 규정에도 불구하고 설계 또는 감리업무를 함께 위탁받아 수행할 수 있다.

또한 동법 제26조제3항에는 "건설사업관리자는 발주자를 위하여 선량한 관리자의 주의로 위탁받은 업무를 수행해야 하며 자기 또는 자기의 계열회사가 당해 건설공사를 도급받도록 조언하여서는 아니 된다."라고 설명하고 있다. 일반적으로 건설사업관리자의 사업수행단계별 주요 업무는 표 5-4~표 5-9까지 규정하고 있다.

표 5-4 공통업무

단계	업무내용	역할분담			
		발주청	사업관리자	설계자	시공자
제1단계	• 건설사업관리 수행계획서 작성 · 운영	승인	주관	–	–
	• 건설사업관리절차서 작성 · 운영	승인	주관	–	–
	• 작업분류체계 · 사업번호체계 관리	승인	주관	협조	협조
	• 사업정보 축적 · 관리 및 운영	협조	주관	협조	협조
	• 사업단계별 총사업비 및 생애주기비용관리	검토	주관	협조	협조
	• 건설공사 참여자 간 업무협의 주관	협조	주관	협조	협조
	• 건설사업관리업무관련 각종 보고	검토	주관	협조	협조
	• 각종 인허가 및 대민업무	주관	협조	협조	협조
	• 클레임 분석 및 분쟁대응 업무	주관	협조	협조	협조
	• 기타 건설사업관리 관련 업무	협조	주관		

표 5-5 설계 이전단계 업무

단계	업무내용	역할분담			
		발주청	사업관리자	설계자	시공자
제2단계	• 건설기술용역업체 선정	주관	협조	–	–
	• 사업계획서 작성 지원	승인	주관	협조	–
	• 사업타당성 조사보고서의 적정성 검토	승인	주관	협조	–
	• 발주방식(공사수행방식) 결정 지원	승인	주관	–	–

표 5-6 기본설계단계 업무

단계	업무내용	역할분담			
		발주청	사업관리자	설계자	시공자
제3단계	• 설계자 선정	주관	협조	–	–
	• 기본설계 VE	승인	주관	협조	–
	• 공사비분석 및 개략공사비 검토	승인	주관	협조	–
	• 설계용역 진행상황 및 기성관리	승인	주관	협조	–
	• 기본설계 조정 및 연계성 검토	검토	주관	협조	–
	• 기본설계의 품질관리	승인	주관	협조	–
	• 기타 기본설계단계 설계감리업무	승인	주관	협조	–

표 5-7 실시설계단계 업무

단계	업무내용	역할분담			
		발주청	사업관리자	설계자	시공자
제4단계	• 설계자 선정	주관	협조	–	–
	• 공사발주계획 수립	승인	주관	협조	–
	• 실시설계 VE	승인	주관	협조	–
	• 공사비분석, 공사원가 적정성 검토	승인	주관	협조	–
	• 설계용역 진행상황 및 기성관리	승인	주관	협조	–
	• 실시설계조정 및 연계성 검토	검토	주관	협조	–
	• 실시설계품질관리	승인	주관	협조	–
	• 기타 실시설계단계 설계감리업무	승인	주관	협조	–
	• 지급자재 조달 및 관리계획 수립	승인	주관	협조	–
	• 시공자 선정	주관	협조	–	–

표 5-8 시공단계

단계	업무내용	역할분담			
		발주청	사업관리자	설계자	시공자
제5단계	• 공정 · 공사비 통합관리	승인	주관	–	협조
	• 설계도서, 시공상세도 및 시공계획 검토	–	주관	–	협조
	• 시공 확인 및 검측업무	–	주관	–	협조
	• 품질관리 및 기술지도	–	주관	–	협조
	• 재해예방, 안전 · 환경관리	–	주관	–	협조
	• 공정관리 및 부진공정 만회대책 수립	–	주관	–	협조
	• 계약자 간 시공 인터페이스 조정	검토	주관	–	협조
	• 기성 및 준공검사	승인	주관	–	협조
	• 기타 책임감리업무	승인	주관	–	협조

표 5-9 시공 후 단계

단계	업무내용	역할분담			
		발주청	사업관리자	설계자	시공자
제6단계	• 시운전계획의 검토 및 시운전 확인	승인	주관	–	협조
	• 시설물의 운영 및 유지보수 · 유지관리업체 선정	승인	협조	–	–
	• 시설물의 인수 · 인계계획 검토 및 관련업무 지원	승인	주관	–	협조
	• 최종 건설사업관리 보고	승인	주관	–	협조

5. CM의 대가

발주청은 제22조의 2의 규정에 의하여 건설사업관리를 건설사업관리자에게 위탁하는 경우에는 적정한 건설사업관리비를 지급해야 한다. 국토해양부장관은 이 규정에 의한 건설사업관리비를 산정할 수 있는 방법을 정하여 고시할 수 있다. 건설사업관리대가의 산출은 발주청이 사업의 특성 및 업무범위를 고려하여 공사비 요율에 의한 방식 또는 실비정액 가산방식을 적용할 수 있다. 공사비 요율에 의한 건설사업관리대가 요율은 표 5-10과 같다.

표 5-10 건설사업관리의 대가요율

공사비(억 원)	기본설계단계	실시설계단계	시공단계	합계
100	0.275%	0.549%	7.989%	8.813%
200	0.227%	0.453%	6.272%	6.952%
300	0.208%	0.416%	5.407%	6.031%
400	0.196%	0.391%	4.873%	5.460%
500	0.186%	0.373%	4.485%	5.044%
700	0.179%	0.358%	4.028%	4.565%
1000	0.173%	0.345%	3.588%	4.106%
1500	0.167%	0.333%	3.209%	3.709%
2000	0.162%	0.323%	2.896%	3.381%

※ 보통공종 기준으로 산출한 것이나 법 개정에 따라 변경될 수 있음.

제 6 장

민간투자사업관리제도

6.1 민간투자사업이란

1. 개요

민간투자사업이란 도로나 항만, 철도, 학교 등 사회기반시설들을 민간의 재원으로 건설하고 운영함으로써 민간의 창의와 경영기법을 활용하여 공공투자의 효율을 제고할 수 있는 사업을 말한다.

여기에서 사회기반시설이란 각종 생산활동의 기반이 되는 시설로써 당해 시설의 효용을 증진시키거나 이용자의 편의를 도모하는 시설이며 국민생활의 편익을 증진시키는 시설을 말한다.

민간투자법 제2조제1호에는 사회기반시설의 유형을 도로, 철도, 항만, 환경 등 35개 시설과 학교, 군 주거, 노인복지, 공공보건의료, 문화시설 등 9개 시설을 합한 총 44개 시설로 한정하고 있다.

이 사업은 정부의 한정된 재정만으로는 사회기반시설을 확충하거나 수요자의 요구에 맞는 시설의 구비와 운영이 어려울 경우, 정부 예산의 한계를 극복하고 수요자에게 질 높은 서비스를 제공할 수 있는 장점이 있다.

이 사업은 민간이 재원을 마련하여 시설을 건설하고 정부에 해당 시설을 기부 채납한 후 관리운영권을 부여받아 운영수입으로 투자금을 회수하는 것이다. 이를 위해 특수목적회사(SPC : Special Purpose Company)를 설립하여 건설과 운영을 담당하게 된다. 이때 민간은 특수목적회사에 주식과 대출 등의 방식으로 참여하게 되며, 특수목적회사는 운영기간 중 수입으로 민간이 투자한 자금에 대한 배당과 원금 및 이자의 형태로 이익을 돌려주게 된다.

2. 민간투자사업 참여자

민간투자사업의 민간 측은 건설회사, 금융기관, 전문운영회사, 건축사사무소, 컨설팅기관 등이 참여하게 되며 정부 측에서는 기획예산처, 민간투자사업심의위원회, 주무관청, 공공투자관리센터 등이 추진하거나 지원하게 된다.

민간 측의 건설회사는 사업 초기비용을 부담하고 특수목적회사(SPC)에 지분 참여함으로써 해당 시설의 시공권을 확보하게 되며, 금융기관은 배당을 목적으로 하는 지분 참여와 원금과 이자 지급을 목적으로 하는 대출방식으로 참여하게 된다. 또 전문운영회사는 창의적이고 효율적인 운영을 수행하게 되며 건축사사무소는 기본계획 또는 기본설계에 참여하게 된다.

한편, 정부 측의 기획예산처는 민간투자의 정책방향과 제도를 수립하고 각 주무관청의 민간투자사업의 추진을 위한 예산을 지원하게 된다. 또 민간투자사업심의위원회는 민간투자 주요 정책의 수립, 민간투자사업 기본계획 수립, 민간투자대상 사업의 지정, 민간투자시설 기본계획 수립, 사업시행자 지정 등 민간투자사업의 추진을 위한 주요 사업을 심의한다.

그리고 주무관청은 민간투자대상 사업 지정에서부터 민간투자사업관리, 운영까지 전반을 직접 추진하고, 공공투자관리센터는 기획예산처의 민간투자정책 수립과 관련된 업무 지원 및 주무관청의 민간투자사업 추진과 관련된 업무를 지원한다. 일반적인 민간투자사업의 참여자별 역할과 운영체계를 살펴보면 그림 4-8과 같다.

6.2 민간사업의 추진 모델

1. 개요

민자사업의 추진방식은 크게 BTO(Build-Transfer-Operate)방식과 BTL(Build-Transfer-Lease)방식이 있다. BTO방식은 준공과 동시에 당해 시설의 소유권이 국가 또는 지방자치단체에 이전(transfer)되며 사업시행자에게 일정기간의 관리운영권(operate)을 인정하고, 사업시행자는 시설을 운영함으로써 투자비용을 회수하는 방식이다. BTL 사업방식은 2005년에 새로 도입된 방식으로써 민간이 자금을 투자하여 사회기반시설을 건설하면 정부가 운영기간(10~30년) 동안 이를 임차하여 시설을 사용하고 그 대가로 임대료를 지급하는 방식이다.

BTL방식의 민간사업자는 정부로부터 시설임대료와 운영비를 받게 되며, 시설임대료는 민간이 투입한 시설투자에 대한 대가로써 정부는 사업의 위험도, 자금조달 비용 등을 감안한 수익률을 반영하여 분할 지급하는 것이며, 운영비는 시설의 유지, 보수에 대한 대가로서 사전에 협약 시에 정한 금액을 기초로 정부가 시설의 유지 및 보수에 대한 서비스를 평가하여 조정한 후 지급하고 있다.

표 6-1 BTO방식과 BTL방식의 비교

구 분	BTO 방식	BTL 방식
대상시설 및 성격	• 최종 이용자에게 사용료 부과로 투자비 회수가 가능한 시설	• 최종 이용자에게 사용료 부과로 투자비 회수가 어려운 시설
투자대상	• 고속도로, 항만, 경전철, 지하철, 환경사업	• 학교, 복지, 일반철도
투자비 회수	• 최종 이용자의 사용료(수익자 부담 원칙)	• 정부의 시설임대료(정부의 제정 부담)
사업리스크	• 사업위험이 높음 • 높은 위험에 상응하는 높은 목표수익률 • 민간이 수요위험 부담 • 운영수입 변동위험	• 사업위험이 낮음 • 낮은 위험에 상응한 낮은 수익률 • 민간의 수요위험 배제 • 운영수입의 확정
사용료 산정	• 총사업비 기준(고시, 협약 체결시점 가격) • 기준사용료 신청 후 물가변동률 별도 반영	• 총민간투자비 기준 (시설의 준공시점 가격) • 임대료 산정 후 균등분할 지급
재정지원	• 건설기간 중 건설부담금 • 운영기간 중 운영수입 보장	• 대부분의 건축시설에 재정지원 없음 • 장기임대료 축소를 위해 주무관청이 필요시 재정지원

2. 민자사업의 추진 모델

(1) BTO방식

BTO사업방식은 민간이 투입한 총사업비를 운영기간 중의 운영수입(사용량×수요량)으로 회수할 수 있도록 하는 방식이다. 이 방식의 비용 산정은 고시 또는 협약체결 시점의 가격(총사업비)으로 산정하고, 사업수익률은 민간이 투자비, 운영수입, 재원조달 비용 등을 감안한 기대수익률에 근거하여 자율적으로 제시하게 된다.

이 제안은 경쟁 등을 거친 후 협상에서 평균적인 대출금리 수준, 위험보상률, 국내외 유사 민간투자사업의 수익률 수준 등을 고려하여 최종적으로 결정하게 된다. 통상적으로 실시협약에서 정한 사업수익률은 사업 시행기간 중 원칙적으로 조정이 불허하며, 예외적으로 재정지원 규모 및 사업 축소 또는 사용료 인하가 전제되는 경우는 협약 당사자 간의 합의를 전제로 사업수익률의 조정이 가능하다. 또 사용료 산정은 비용 산정 시 결정된 기준 사용료에 건설기간 및 운영기간 중의 물가변동 분을 반영한 조정 사용료로 투자비를 회수하게 된다.

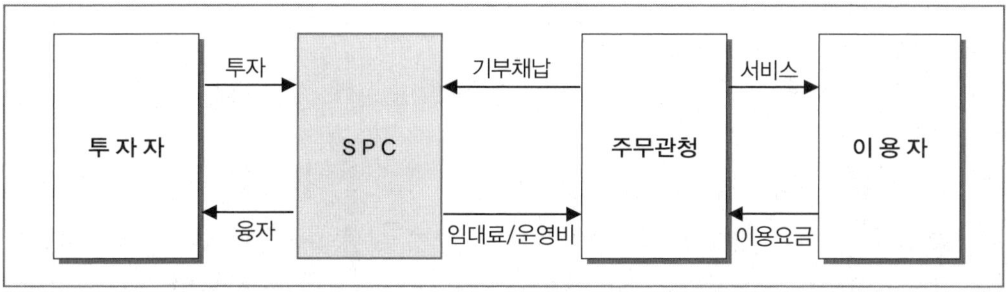

그림 6-1 BTO방식의 투자 모델

(2) BTL방식

BTL 사업방식은 민간이 투입한 시설투자비에 수익률이 반영된 투자원리금을 임대료로 하여 임대기간 중에는 매년 균등 분할하여 지급하고, 시설의 유지 관리운영에 대한 대가로 운영비를 지급하는 방식이다.

따라서 이 방식은 총민간사업비와 물가변동분 및 건설이자를 합한 금액이 총민간투자비가 된다. 사업수익률은 5년 만기 국고채 수익률인 지표금리와 가산률(장기투자, 건설 운영비 등의 프리미엄)로 하여 사업별로 자율적으로 제시하면 경쟁 등을 거친 후 협상에 의해 최종 결정된다. 이때 시설임대료는 총민간 투자비에 임대기간과 수익률을 고려한 산정방식에 따라 계산하고, 운영비는 실시협약에서 일정시점의 불변 가격으로 사전 확정하고 운영비 지급 시 물가상승률을 반영하게 된다.

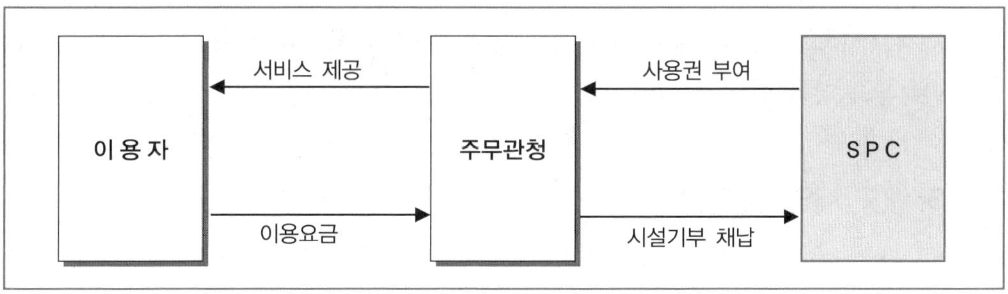

그림 6-2 BTL방식의 투자 모델

6.3 민자사업 운영절차

1. 개요

민간투자사업의 추진방법과 운영절차는 사업자 모집방법에 따라 '정부고시사업'과 '민간제안사업'으로 구분되어 추진된다. 정부고시사업의 경우 주무관청이 대상사업을 발굴하여 사업자를 모집하는 방식이며, 민간제안사업의 경우는 민간이 민간투자대상 사업의 지정을 주무관청에 요청하는 방식이다.

즉 민간투자사업의 추진방법은 주무관청이 민간투자사업을 지정하여 시설사업기본계획을 고시하고, 이를 근거로 하여 사업시행자의 지정 등 제반절차에 의해 사업을 추진하는 '정부고시사업'에 의한 방법이 있고, 민간부문이 사업제안서를 먼저 주무관청에 제출하고 주무관청은 이를 검토, 평가한 후 민간투자대상 사업으로 지정한 후 제3자의 제안을 위한 공고와 사업시행자 지정 등 절차에 따라 사업을 추진하는 '민간제안자사업' 방식이 있다.

2. 정부고시사업방식

'정부고시사업'방식은 크게 다음 그림 6-3과 같이 먼저 3단계로 구분되는데, 주무관청이 대상사업을 지정하는 단계가 있고 다음으로 시설사업기본계획 수립 및 고시와 민간부문 사업계획서 제출 및 사업계획서 평가단계가 있다. 그리고 협상 및 공사시행단계로서 협상대상자 선정, 협상 및 사업시행자 지정, 실시계획 승인, 공사시행 및 준공을 확인하는 절차가 있다.

3. 민간제안사업방식

'민간제안사업'방식은 아래의 그림 6-4와 같이 사업제안서의 접수 검토단계와 제안내용 공고 및 평가단계 그리고 협상 및 공사시행단계가 있다. 제안서 접수 및 검토단계는 민간부문의 사업제안서 제출 및 의견접수활동이 있으며, 제안공고 및 평가단계는 제안내용의 공고와 평가 및 협상자를 지정하는 활동이다.

그리고 협상 및 공사시행단계는 먼저 협상 및 시행자를 지정하고 실시계획을 승인하며 공사시행과 준공을 확인하는 단계이다.

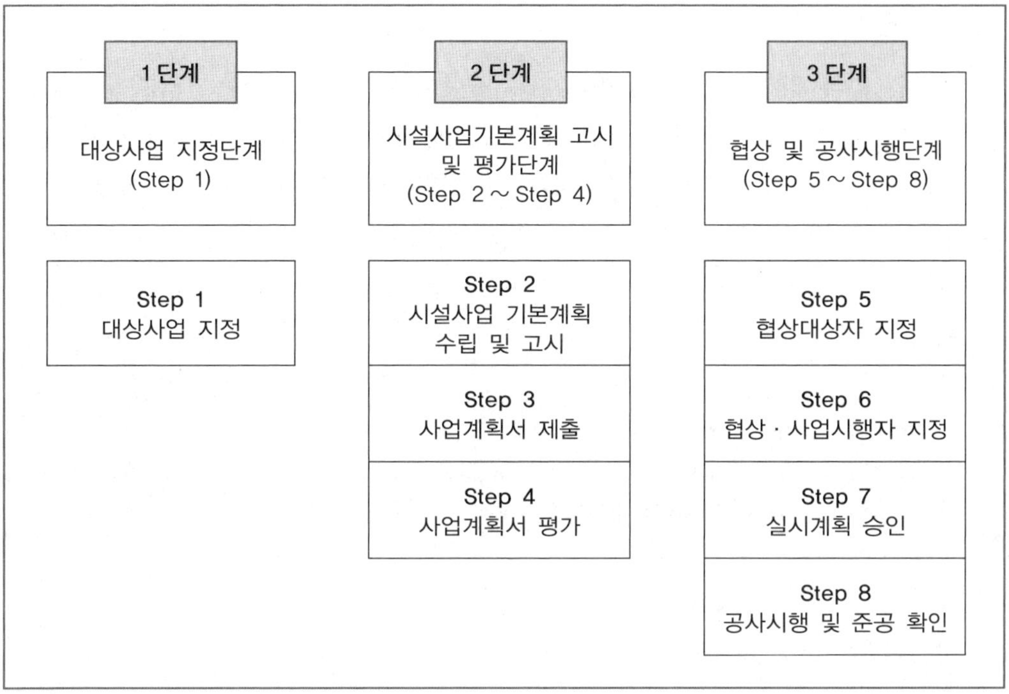

그림 6-3 정부고시사업의 절차

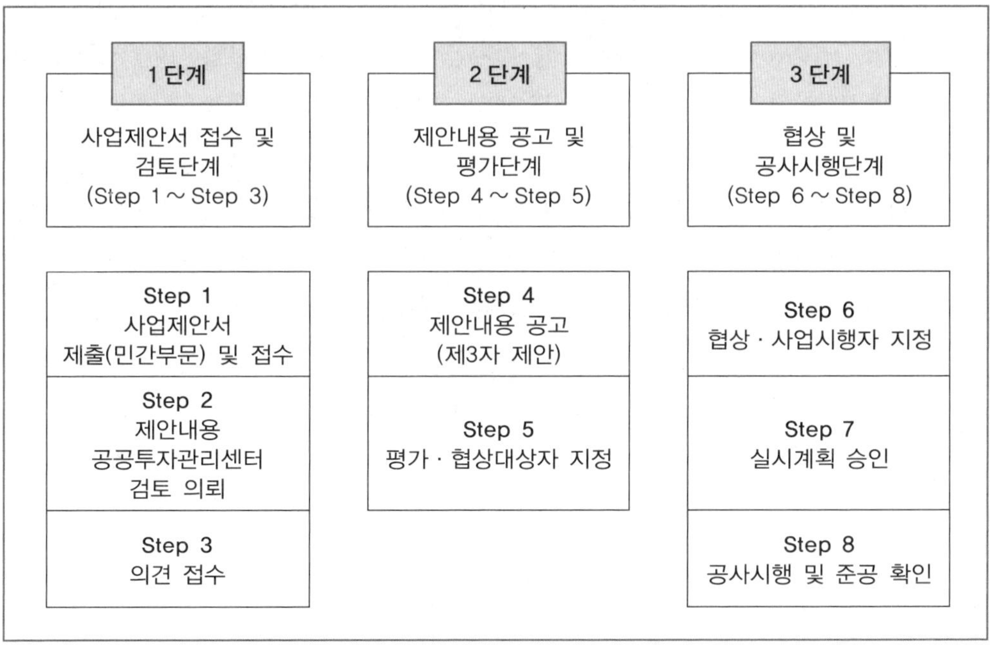

그림 6-4 민간제안사업의 절차

4. 민자사업의 평가

민자사업의 평가는 제1, 2단계 평가로 구분되며 1단계 평가는 사업수행능력에 대한 평가로서 설계능력, 시공능력, 재무능력, 운영능력이 평가기준이며, 2단계 평가는 기술, 수요 및 가격에 대한 평가로서 건설기획, 사업관리운영계획, 수요 분야와 가격 분야이다. 가격 분야는 재정지원 요구 금액과 운영수입 보장 요구 금액으로 세분화되어 있다.

6.4 민자사업계획의 수립

1. 개요

민간투자사업의 시설사업기본계획은 사업의 범위와 사업조건 및 절차, 사업의 신청, 사업계획서의 평가 및 활용, 성과요구서, 사업계획의 작성지침 등을 제시하고 있다. 일반적으로, 시설사업기본계획상의 시공법인은 건설산업기본법상 일반건설업의 토목·건축공사업, 건축공사업, 조경공사업과 전기공사업법의 전기공사업, 소방시설공사업법상 전문소방시설등록업체, 정보통신공사업법상 정보통신공사등록업체 등의 조건이 충족되어야 한다.

특히 이 중에서도 민자사업계획서는 사업관리계획, 설계계획, 시공계획, 운영관리능력, 운영관리 및 서비스수준이며, 주무관청에서 제시하는 요구기준에 따라 각 항목별로 작성되어야 한다. 통상적으로 일반지침에서 제시하는 사업계획서의 구성 및 분량, 규격, 글자 크기, 줄 간격, 언어, 화폐단위, 도량형, 감점기준, 목차 등을 기준으로 세부적인 지침이나 성과 요구기준에 따라 각각의 제시요소가 포함되도록 작성되고 있다. 사업계획서는 프로젝트에 대한 사전조사를 실시한 후 설계계획 및 시공계획, 유지관리계획과 참여자 간 의사소통체계가 확립되도록 일관성 있게 작성되어야 한다.

2. 민자사업계획 수립

(1) 현장조사

현장조사는 해당 사업의 현장여건을 사전에 확인하기 위하여 필요하다. 이는 건설공사 현장의 주변여건이나 도로현황, 지장물 · 매설물 현황 등을 조사하여 적합한 시공계획 수립과 중점적인 관리사항을 설정하기 위한 것이다.

건설사업의 현장조사사항은 다음의 표 6-2와 같다.

표 6-2 현장 사전조사 내용

구 분	조 사 내 용
도로현황	현장진입도로, 주변교통, 차량소통, 인근 주변 주차장 확보여건 및 상태
주변여건	기후, 주변지역 하천, 녹지, 환경, 시설 등의 분포상태, 민원발생 소지
현장여건	현장부지의 여건, 인접시설물의 여건, 지하수 등 배수상태
지 장 물	상 · 하수도관, 오수관, 전기인입, 가스인입 등

(2) 가설공사계획

이는 본 공사를 수행하기 위한 가설계획으로서 가설사무소, 가설울타리, 작업자숙소, 가설창고, 화장실 등과 임시 급배수시설 등 전반적인 가설공사계획을 수립한다. 가설공사는 사전조사 시 현장여건 등을 충분한 검토한 후 계획되어야 하며, 본 공사의 원활한 추진을 위해 안전하고 경제적으로 계획되어야 한다.

(3) 기술인력활용계획

기술인력은 가능한 한 회사가 보유한 인력 중 현장특성과 시공여건에 맞는 자를 선택하는 것이 바람직하나, 본 사업에서 필요로 하는 현장시공조직을 구성하고 각 분야별로 고급, 중급, 중급기술자로 분류하여 주무관청에서 제시하는 규정된 양식에 의거 작성한다.

표 6-3 기술인력투입계획

일련번호	기술 분야	자격종목	투입인원	비 고

(4) 설비 및 장비계획

시공장비와 설비들은 건설 프로젝트의 특성에 따르되 주무관청에서 제시한 규정된 양식에 따라야 하며, 장비 활용 시 시공의 적시성과 가동률 향상, 공사 관리의 안전성 등을 종합적으로 고려하여 최신정보에 의한 시공작업이 가능 하도록 계획을 수립한다.

표 6-4 설비, 장비투입계획

장비, 설비명	형 식	규 격	투입대수	비 고

(5) 공정관리

공정계획은 프로젝트의 공사내용을 파악하고 정해진 기간 내에 효율적으로 공사를 수행하기 위함이다. 이를 위해 공사내용과 작업표준 및 단위공정 간의 작업순서와 상호관계를 고려하여 공정계획을 수립한다.

이 계획은 정해진 공사조건 및 설계도서에 따라 최적의 시공방법과 시공순서를 결정하여 프로젝트의 품질확보와 공사기간 내에 경제적이고 안전한 시공을 위하여 수립하는 계획이다. 이를 위해 현장에서 널리 활용되는 공정관리기법, 즉 PMIS계획을 수립할 수 있다. 이 계획은 다음 그림 6-5와 같이 건설공사의 종합적 관리능력을 제고하고 의사

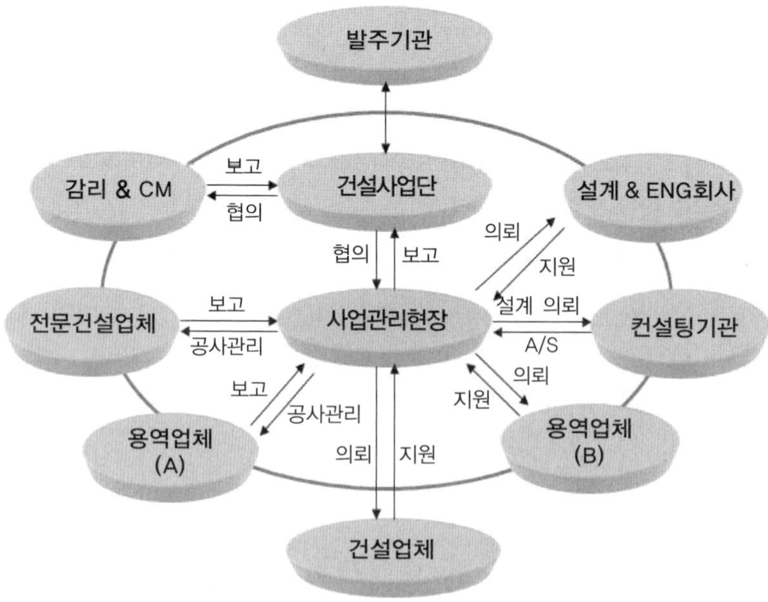

그림 6-5 사업참여자 간 공정관리체계

결정의 신속화를 도모할 수 있을 뿐 아니라 WEB기반 위에서 상호간 정보를 공유할 수 있는 장점이 있다.

(6) 품질관리계획

건설사업의 품질관리는 제품생산활동에서 사용되던 품질관리방식에서 건설사업의 전 과정에 대한 품질경영과 관리활동으로 변화한 총체적인 관리활동이다.

이 활동은 건설 프로젝트의 기획, 타당성 검토단계부터 설계, 구매, 조달, 시공, 유지관리단계 등 전 과정에 대한 종합적 서비스 실현 활동을 의미한다. 또한 품질관리활동은 국제표준화기구(ISO)에서 요구하는 품질규격(ISO9000)의 요구사항들에 대한 적용이다. 따라서 품질관리계획은 이러한 품질규격을 기반으로 수립하게 되며 품질경영활동의 의미를 담고 있다. 품질경영활동은 그림 6-6과 같이 프로세스 경영과 관리활동으로 설명할 수 있다.

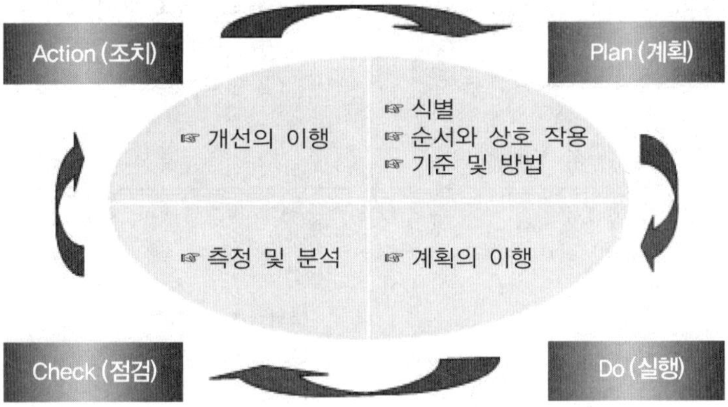

그림 6-6 프로세스 경영과 관리활동

즉 프로세스에 의한 시스템적 경영과 관리활동은 품질경영활동의 관리사이클(PDCA : Plan-Do-Check-Action)에 의해 이루어진다.

다시 말해 계획(Plan)단계의 활동은 발주자나 고객의 요구사항 및 법적인 요구조건에 따라 품질관리절차나 공사 공종별 시공계획서를 수립하는 단계이며, 실시(Do)단계에서는 시공계획에 따라 품질관리를 실시하는 것으로서 프로젝트의 설계관리, 계약관리, 구매 및 조달관리, 검사 및 시험관리, 부적합관리, 문서 및 기록관리, 교육훈련관리, 시공관리, 시운전관리, 시정 및 예방조치관리 등 제품 실현 활동을 수행하는 단계이다. 그리고 점검(Check)단계는 품질경영시스템에 대한 효과적인 이행이 이루어지는지를 자체적으로 심사하거나 조직 내의 유자격자에 의한 경영검토를 수행하는 단계이다. 조치(Action)단계는 품질경영활동의 유효성 확인단계인 내부심사나 경영검토 결과에 의한 시정조치 단계이다.

따라서 이러한 품질경영체제하의 품질계획서의 수립은 수행하는 조직의 관리체계하에서 프로세스와 시스템적 접근방법에 의해 관리되는 것이다. 이는 현재 적용되고 있는 건축시공계획이나 검사 및 시험계획, 검사 및 검측계획뿐만 아니라 '건설기술관리법'에 의해 수립되는 품질시험계획이나 준공후의 체계적 유지관리를 위한 관리계획도 이러한 국제적인 요구기준에 적합한 계획이 수립되어야 한다.

특히 품질관리계획 중 가장 핵심적인 것은 품질시험계획과 검사 및 시험계획이다. 품질시험계획은 건설기술관리법에 따라 품질시험실 및 시험인력 배치계획을 작성하고 주요 공정별 품질시험 일정표를 작성하면 되지만, '검사 및 시험계획'은 다음의 사례와 같이 단위공종마다 단계별 검사항목, 빈도, 합부기준, 적용근거, 수행기록들이 구비되어야 한다.

표 6-5 검사 및 시험계획서 작성(예)

<table>
<tr><td colspan="3" rowspan="2">검사 및 시험계획서
(ITP : Inspection Test of Plan)</td><td>접수자</td><td>검토자</td><td>승인자</td></tr>
<tr><td></td><td></td><td></td></tr>
<tr><td colspan="3" rowspan="2">○ ○ 공 사</td><td>문서번호</td><td colspan="2"></td></tr>
<tr><td>페 이 지</td><td colspan="2"></td></tr>
<tr><td>진행단계</td><td>검사 / 시험항목</td><td>시기 / 빈도 / 주기</td><td>합격기준</td><td>적용근거</td><td>수행기록</td></tr>
<tr><td>계획
(Plan)</td><td>• 반입검사 및 시험</td><td>• 반입 시마다 규격별 규정 시점</td><td>• 수량, 치수 등
• KSF2514
• KSF4091</td><td rowspan="3">• 설계도면
• 시방서
• 관련규격</td><td>• 반입검사
• 결과서
• 시험성적서</td></tr>
<tr><td>실행
(Action)</td><td>• 공정검사 및 시험</td><td>• 시공 중
• 층별 · 동별</td><td>• 바탕면 청소상태
• 바탕면 평활도
• 배관 처리상태
• 기타 규정기준</td><td>• 검측서</td></tr>
<tr><td>점검
(Check)</td><td>• 최종검사 및 시험</td><td>• 시공완료 후</td><td>• 담수시험
• 수압시험</td><td>• 검측서</td></tr>
</table>

(7) 안전관리계획

건설공사의 안전관리계획서는 건설기술관리법 제26조의2 제2항 및 시행령 제46조의 2의 규정에 따라 수립하도록 규정하고 있다. 또 동법 시행규칙 제21조의3의 규정에 의거 안전관리계획서 작성에 관한 세부적인 기준을 정하고 있으며, 이 계획서의 작성규정은 건설공사의 시공 시 체계적, 효율적 안전관리활동을 정착시키고 부실공사 방지와 소요 품질확보가 이루어질 수 있도록 하는 데에 목적이 있다. 안전관리계획의 수립은 공사에 참여하는 작업자의 안전성 확보 및 기본계획에 따라 공사단계별 세부적인 안전관리계획을 수립하는 것이 필요하다. 그리고 안전관리계획에는 건설공사 중 주기적으로 필요한 안전교육 프로그램의 구비와 훈련이 이루어지도록 하고 예방적 차원의 안전점검 계획도 구비되어야 한다.

일반적인 안전관리조직은 그림 6-7과 같다.

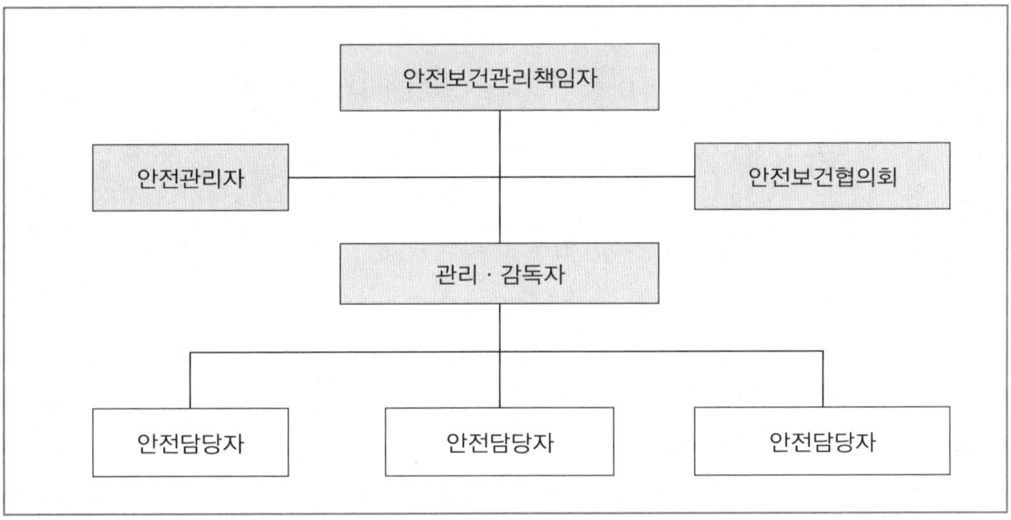

그림 6-7 안전관리조직

또한 안전관리계획은 공사 중 위험에 노출된 취약 공종과 이에 따른 위험방지계획도 함께 고려되어야 한다. 또 사후적인 안전관리계획으로 건설현장에서 안전사고가 발생하는 경우, 피해를 최소화하기 위한 조직 내의 긴급재난 또는 사고처리계획이 필요하다. 이러한 계획은 국제표준화기구(ISO)에서 채택하고 있는 안전관리규격인 ISO18001의 규격 요구사항을 활용하는 것이 효과적이다.

이 규격에는 다음의 표 6-6과 같이 비상시 대비대응 프로세스의 수립과 실행을 요구하고 있다. 일단, 현장에서 비상상황이 발생하면 이 프로그램에 따라 상시적으로 모의훈련을 실시하여 안전사고를 최소화하고자 하는 계획이다.

표 6-6 비상시 대비대응 시나리오(예)

제1단계	상황 발생	안전사고, 화재, 폭발, 붕괴, 가스누출, 천재지변	지휘반
제2단계	대책 수립 및 연락	상황파악, 대책수립, 비상조직 동원, 관련기관지원 요청, 지속적 경보실시	총괄지휘자
제3단계	조 치	전원차단, 응급복구, 화재진압, 부상자 응급조치 및 후송	지휘반, 경계반, 조치반, 소방반, 인명구조반
제4단계	종 료	상황분석, 종료방송	결과분석, 예방대책

(8) 환경관리계획

건설공사의 환경관리는 공사 중 발생하는 환경인자들의 발생을 최소화하거나 억제하기 위한 관리활동이다. 따라서 환경관리계획은 건설공사 수행 시 발생하는 환경영향 요소들의 측면을 파악하고 환경영향으로 인해 발생하는 영향도에 대하여 법적, 규제적인 요건을 포함하여 그 중대성을 평가한 후, 이를 허용규제치 이내로 관리하기 위한 목표와 프로그램 개발이 필요하다. 또 공사 수행 시 이 프로그램에 따라 실행하게 함으로써 환경관리가 가능하다.

이를 위하여 현재 국내 또는 국제적으로 규정하고 있는 환경경영 규격인 ISO14001의 규격 요구사항에 부합되도록 환경경영체제를 구축하여 운영하는 것이 바람직하다. 환경관리계획은 단위 프로젝트에 대하여 공사내용과 현장여건을 파악 하고 프로젝트 수행 시 발생할 수 있는 여러 분야의 환경 측면을 파악하고 분석, 평가하여 이에 적합한 환경관리계획을 수립하는 것이다.

이러한 계획에는 프로젝트의 활동과 관련된 환경영향 요소들에 대하여 관계되는 법규의 준수를 포함한 환경유발 시의 중대성과 심각성 등을 고려하여 이를 통제하거나 억제하기 위한 환경 추진 목표와 계획을 수립하여 운영하도록 하는 것이다.

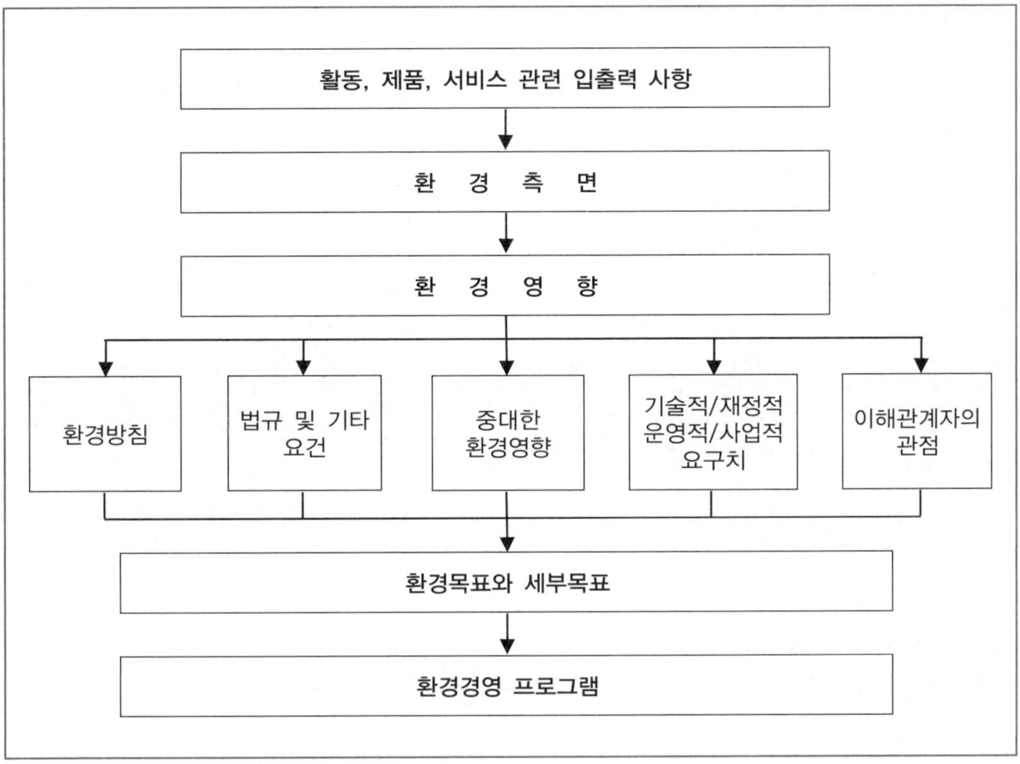

그림 6-8 환경관리계획 수립 흐름도

6.5 민자사업과 금융

1. 개요

민간투자사업의 금융(finance)은 건설사업 수행 시 발생하는 장래의 현금흐름을 주요한 상환재원으로 하며, 유·무형적 건설사업의 자산을 담보로 한다. 또한 민자사업의 금융은 출자자에 대한 상환청구권이 제한되며, 특수목적법인이 사업시행자에게 제공하는 금융을 말한다. 따라서 이 사업의 금융은 일반기업금융과 비교하여 다음과 같은 차이가 있다.

표 6-7 건설사업금융과 기업금융 비교

구 분	건설사업금융	기업금융
회사형식	• 사업관리회사(project company)	• 기존 기업
회사운영	• 대주주와는 독립적	• 대주주와 연관성
상환재원	• 운영기간 중의 현금흐름	• 영업수익
주요 담보	• 결재위탁계정	• 부동산 등 물적 담보 및 연대보증
대출규모	• 대규모(한도 설정)	• 중소규모(확대 가능)
자금용도	• soc 및 부동산, 프로젝트 자금	• 운전(시설)자금
금리	• 리스크 요인으로 금리가 높음	• 일반적인 기업대출금리
대출기간	• 약 15년 전후로 장기	• 3년 전후 단기
대출심사	• 사업성 및 리스크에 중점을 두는 프로젝트 파이낸싱(project financing)	• 자산 및 신용상태가 주안점인 일반적인 여신심사
심사자료	• 장래의 예상자료	• 과거의 실적자료
차입형태	• 금융기관 신디케이션(차관단 구성)	• 단독대출
자금관리	• 결재위탁계정	• 사업주가 관리
회계처리	• 출자자의 자산 부채와 분리	• 사업주의 자산, 부채에 포함
이해 관계자	• 금융기관, 사업시행자, 출자자, 시공자, 시설사용자, 보험회사, 정부, 회계법인, 법무법인 등	• 금융기관, 기업관계자 등

2. 민자사업금융의 특성

건축주는 사업의 소유주로써 실질적인 차입자이지만, 형식적으로는 별도의 프로젝트 회사를 설립하므로 법률적으로는 프로젝트회사가 차입의 주체가 된다.

따라서 영업이 부진하여 회사가 원리금의 상환을 지체하여 채무불이행 상태가 되더라도 원칙적으로는 사업주가 직접상환청구의 대상이 되지 않으며, 프로젝트회사의 포기도 가능하다. 또한 사업주는 경제성이 있는 프로젝트를 위한 자금조달을 기존 사업과 분리할 수 있으며, 신규 프로젝트를 통한 조달만큼 부채 수용능력을 확대할 수 있다. 또한 프로젝트회사는 별개의 회사로서 동회사의 차입에 대하여 상환청구가 되지 않으므로 사업주의 대차대조표상에도 계상하지 않으며, 제한적인 상환청구권도 사업주의 대차대조표에는 기재하지 않는다. 그러나 프로젝트 금융은 종래의 대출보다 리스크가 크므로 금리와 차입비용이 높고 사업계획 수립과 금융구조 추진과정에서 발생하는 각종 비용이 크다. 또 많은 계약당사자와의 교섭, 다양한 보험을 커버해야 하거나 추가적인 위험부담 비용이 필요하며, 프로젝트 금융 추진에 소요되는 기간이 길고 기업경영 시 탄력성 부족이나 기업정보의 과다노출 가능성이 있는 등 단점이 있다.

건설사업금융은 기존 기업과의 관계에서 사업위험을 분담하고 대차대조표상 그 이외의 금융 등 기업 측의 요구에 대응할 수 있도록 만들어진 금융상품이다. 따라서 건설사업 자체가 내재한 위험요인들을 명확히 인식하고 이들 위험을 제거하기 위한 방안이 구비된다면, 오히려 은행대출의 위험을 확실히 관리하게 되므로 더 안전할 수 있다. 또한 금융지원 판단의 근거를 계획사업의 미래에 발생할 기대현금 흐름에 두기 때문에 대출하는 은행 측에서 보면 낮은 신용도의 사업주와 경제성 있는 신규 사업을 분리하여 취급하는 것이 유리하다.

그리고 건설사업금융은 위험이 큰 특성 때문에 통상의 높은 수익률이 보장되는 것이며, 실질적으로 대출하는 은행은 계획 사업의 위험의 일부를 부담하는 대신 일반 신디케이트 대출에 비해 높은 금리나 보증료, 수수료 수입을 기대할 수 있다. 반면에 건설사업의 금융은 프로젝트마다 다양한 위험들에 대한 조사와 분석, 심사, 금융구조의 조성이 필요하고 금융조건별 교섭활동이 필요하므로 이에 소요되는 많은 전문인력과 시간이 소요된다. 또한 대출약정서에 서명한 이후에도 건설사업이 완성될 때까지 사업에 대한 지속적이고 체계적인 관리활동이 필요하다.

3. 금융절차

민자사업은 금융조달방법이 중요하다. 이는 금융기관에 따라 다소 차이가 있으나 자금을 조달하기 위한 기획단계와 자금조달을 실행하는 단계로 구분된다. 자금조달의 계획단계는 민간투자사업의 사업계획서가 작성되어 관계기관에 제출된 후 우선협상 대상자로 선정되기까지의 단계로, 금융기관은 건설 프로젝트의 특성과 금융시장을 분석한 후에 이에 적합한 예비적 재원조달계획을 수립하게 된다.

이 시기는 건설사업의 사업계획서 작성과 관련하여 금융기관의 대출 의향서가 발급되는 시기이다. 한편, 자금조달 실행단계에서는 사업시행자와 금융기관의 접촉이 이루어진 후 금융약정이 체결되기까지의 과정으로, 사업시행자는 금융조달을 원하는 금융기관과 미리 접촉하여 예비사업계획서를 배포하고 설명한다. 이에 금융기관은 프로젝트의 사업계획서와 기타 정보자료를 이용하여 사업성을 면밀히 검토한 후 재원조달 전략을 수립하게 된다.

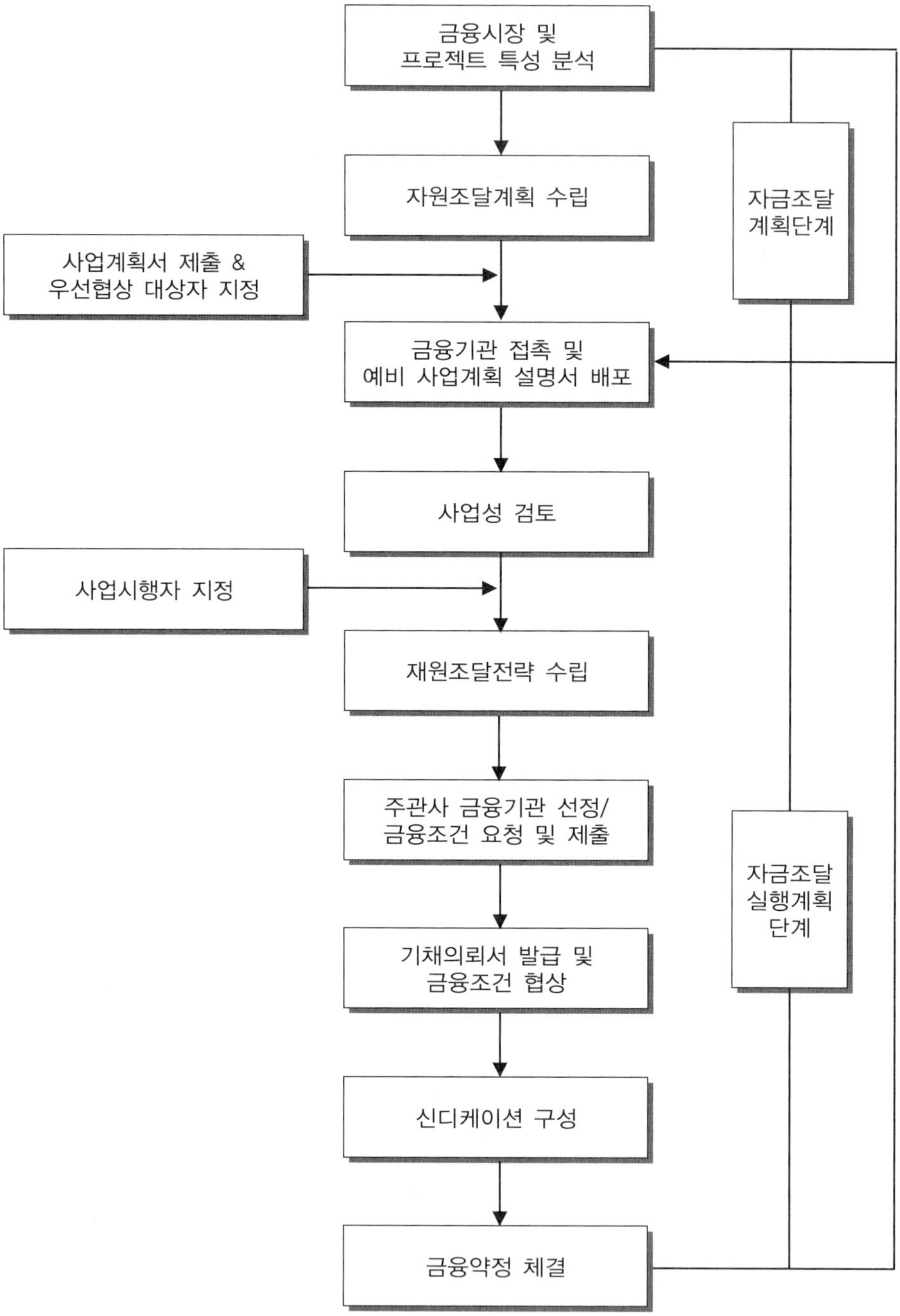

그림 6-9 민간투자사업의 금융절차도

만약 사업시행자가 금융기관을 선정하여 금융조건을 정하게 되면 사업시행자는 그 금융기관에 기채의뢰서를 발급하고 세부적인 금융조건에 대하여 협상한다. 협상이 진행되면 주관 금융기관은 신디케이션을 구성하여 금융약정을 체결한다. 일반적으로 금융기관의 영업부서는 IB사업단이나 프로젝트 파이낸스실, 기업금융단 등의 이름으로 불리는 부서인데, 이러한 부서들은 프로젝트의 사업 참여와 관련하여 새로운 사업을 발굴하고 사업성을 검토한 후 사업 참여를 위한 내부적인 의사결정을 하게 된다.

또한 사업 참여와 관련하여 여신승인신청 및 승인업무와 각종 계약 등의 기초자료 제공 업무, 사업 참여와 관련하여 제반사항 등을 검토한 후 여신참여 의사를 결정한다. 이때 발급되는 서류는 투자확약서, 의향서, 대출확약서 등이 된다.

한편, 사업시행자는 금융기관이 제출한 서류를 포함한 사업계획서를 주무관청에 제출하여 평가한 후 적합할 경우 우선협상 대상자로 선정되며, 금융기관과는 구체적인 금융조건, 즉 자금차입방법, 대주단 구성, 총약정금액, 차입 기간, 최초 차입일, 상환방법, 이자지급, 기준금리 등에 대하여 협의하게 된다.

이와 함께 금융기관의 영업팀은 사업시행자와 협의된 금융조건에 따라 여신승인 부서에 승인을 의뢰하게 되며, 승인이 이루어질 경우 사업시행자로부터 기채의뢰서를 발부받게 된다. 이 이후에는 다수의 금융기관이 참여하는 신디케이션을 구성하여 사업시행자와 금융약정을 체결하게 된다.

일반적으로 금융기관의 의사결정 안건은 프로젝트 사업시행자의 회사개요, 사업계획의 내용, 건설 및 운영계획, 사업추진 경위, 주요 금융조건, 소요자금 및 조달계획, 사업성 검토, 자금용도 및 인출 가능기간, 대출기간, 이자율 등과 실시협약내용 기타 특기사항 등이다.

4. 금융조건

금융기관은 사업시행자와 금융조건에 대하여 협의하게 되는데, 이는 금융조건이란 누구에게 언제 어떤 조건으로 빌려줄 수 있느냐 하는 것으로서 자금차입방법, 대주단 구성, 총약정금액, 차입기간, 이자지급, 대출금리, 금융수수료 등이 이에 해당된다.

(1) 차주

BTL사업의 차주는 프로젝트를 시행하는 사업시행자 특수목적법인(SPC)이 여신의 차주가 된다. 이 차주에 대한 출자자로써 건설사, 재무투자자, 운영사 등이 참여하는 형태로 이루어진다.

(2) 금융수수료

SOC 민간투자사업의 금융비용 수수료는 크게 두 가지로 구분하여 발생하는데, 사업을 추진하는 과정에서 사업시행법인(SPC)이 금융자문을 받을 경우와 사업시행자 지정 이후 타인 자본조달을 위해 금융기관을 선정하는 경우가 있다. 전자와 같이 SPC가 금융자문을 받을 경우의 대가로 받는 수수료는 보통 기본수수료와 성공수수료로 지급이 이루어진다.

표 6-8 SPC 금융자문 수수료

구 분	내 용
기본수수료	금융자문계약이 이루어지는 시점에서 일정액을 지급하는 착수금
성공수수료	사업추진 과정에서 효율적인 자금조달구조 자문 등을 통해 금융약정이 성공적으로 이루어지는 경우, 이에 대한 보수로 총차입액의 일정비율을 지급하는 금액

또한 후자와 같이 SPC가 사업시행자 지정 이후 타인 자본조달을 위해 금융기관을 선정하는 경우는 금융주선에 대한 대가로 관리수수료나 약정수수료, 대리은행수수료(agent fee), 기한 전 상환수수료 등이 있다.

표 6-9 주 금융기관 선정 수수료

구 분	내 용
관리수수료	차입약정 체결 시에 영업부서의 업무 추진에 대한 대가로 지급하는 수수료로써 차입금액의 일정비율로 지급
약정수수료	금융 약정할 총금액에 대하여 미인출된 기획이익에 대한 대가로 지급하는 수수료로 매 연도별 차입예정 총액 중 매 분기별 미인출 잔액의 일정 비율을 지급
대리은행수수료	연간 일정금액을 지급하는 등 SPC의 현금관리에 대한 서비스로 지급하는 수수료로 매년 일정금액을 대리은행에 지급
기한 전 상환수수료	SPC와 대주 간 약정한 기한 전에 대출금을 상환하는 경우 상환금액의 일정비율을 지급

(3) 대출금리

민간투자사업의 대출금리는 기준금리에 스프레드(신용도에 따라 기준금리에 덧붙이는 가산금리)를 가산한 금리를 적용한다. 일반적으로 대출금리는 민간사업에서 제시하는 사업수익률과는 다소 차이가 있으며, 사업시행자가 제시하는 사업수익률의 범위 내에서 DSCR(DSCR : Dabt-Service Coverage Ratio)을 유지할 수 있는 대출금리로 결정된다. 대출금리의 기준금리는 3년 만기 회사채(AA$^-$)금리가 사용되고 있다.

표 6-10 스프레드의 종류별 금리 산정방식

구 분	산 출 방 식	산 출 근 거
기준금리 차이	국채금리 추세와 3년 만기 회사채금리 추세 비교	사업수익률의 기준금리 : 5년 만기 국채금리 대출금리의 기준금리 : 3년 만기 회사채(AA$^-$)
유동성 · 장기투자	1~5년 만기 채권금리 수준 비교	기준금리는 운영기간 중 5년을 주기로 재조정, 사업시행자는 5년 단위 투자가 이루어짐
건설위험	회사채 등급 간 금리 수준 차이 비교	건설기간 중 발생하는 위험을 민간이 부담
운영위험	회사채 등급 간 금리 수준 차이 비교	운영기간 중 발생하는 위험을 민간이 부담

(4) 대출기간

BTL사업은 정부의 지급금이 수익금이 되어 원리금이 상환되는 구조이다. 따라서 사업의 위험이 적어 사업의 수익률이 낮기 때문에 BTO사업에 비해 투자비 회수기간이 길어진다. 또 운영기간 중 정부는 일정금액의 균등한 임대료를 지급하기 위해 적정 DSCR을 유지하기 위한 원리금상환구조를 만들어야 하지만 이러한 구조의 구축이 쉽지 않다. 따라서 가능한 대출기간은 사업기간과 거의 일치하며 건설기간 중을 거치기간으로 산정하고 있다.

제 7 장

건설공사의 계약관리

7.1 계약이란

1. 개요

우리는 살아가면서 계약과 관계되는 수많은 상황에 노출되어왔다. 그러나 계약의 중요성과 그 준수내용에 대해서는 인식의 차이가 있다. 즉 계약당사자인 상대방과 자신 사이의 어떤 계약관계가 성립되는 경우 계약서상에 명시된 책임과 의무를 준수하는 것에 대한 인식의 차이가 있다. 계약준수의무에 대하여 계약당사자 간의 인식의 차이는 예상하지 못한 다툼이나 분쟁이 발생할 수 있으며, 때로는 이로 인해 큰 손해를 볼 수 있다. 특히 대규모의 공사비가 투입되는 건설사업은 계약의 중요성이 매우 커서 공사가 진행되는 단계 자체가 계약의 이행과정이라 할 수 있다.

미국 등 선진국의 계약문화와 같이 계약문화가 점차 국제화·세계화되어 가므로 우리나라도 계약의 이행과 의무에 대한 인식의 전환이 필요하다. 즉 계약은 우리 사회의 경제나 산업활동에서 매우 중요한 역할을 하며 개인이나 기업의 재산과 권리를 보호해주는 수단으로 작용하고 있기 때문이다.

계약의 개념은 광의와 협의로 구분할 수 있는데, 광의의 계약은 '대등한 당사자 사이에 서로 대치되는 의사표시의 합치에 의하여 성립되는 법률행위'를 말하며 채권계약이나 물권계약, 신분계약 등이 이에 해당된다.

협의의 계약은 민법에서 다루고 있는 채권관계 발생을 목적으로 하는 계약만을 의미한다. 계약의 행위는 서로 대등한 입장에서 체결되어야 하며 신의와 성실의 원칙에 따라 이행되어야 한다. 특히 정부 및 공공건설사업의 계약은 자유의 원칙, 신의와 성실의 원칙, 사정변경의 원칙, 권리남용금지의 원칙 등 민법상의 법 원칙이 적용된다.

그러나 계약은 어느 일방이 공공기관이라는 이유로 순수한 사법상의 계약과는 다른 특수성이 있다. 즉 건설공사의 도급계약은 건설업자가 설계도서대로 공사목적물을 완성하는 채무를 지게 되고, 발주자는 그에 대한 일정한 대가를 지급할 채무를 지는 내용의 의사표시가 서로 합치될 때 성립한다. 따라서 계약이 성립되면 그 확정된 내용대로 이행되어야 하며 양 당사자 중 어느 일방이 불리한 사정변경이 발생하더라도 계약의 구속력은 있는 것이다. 건설공사의 계약은 건설사업이 진행되는 전 과정 그 자체가 계약을 이행하는 과정의 활동이라 할 수 있다.

또한 동일한 건설사업에서도 서로 다른 계약자 간에 유기적인 계약이 이루어지므로 단품의 일반적인 구매계약과는 차이가 있다. 또 국가나 지방자체단체 등을 상대로 하는 계약은 계약의 성격 및 특성에 따라 국가계약법 · 조달사업법 · 지방재정법 · 건설기술관리법 및 그 하위법령 등 다른 법령과의 관계에서 법령의 적용 시 그 위계를 찾아볼 수 있다. 건설공사와 관련한 국가계약법의 구성체계는 그림 7-1과 같이 다른 법령과 연계되어 있다.

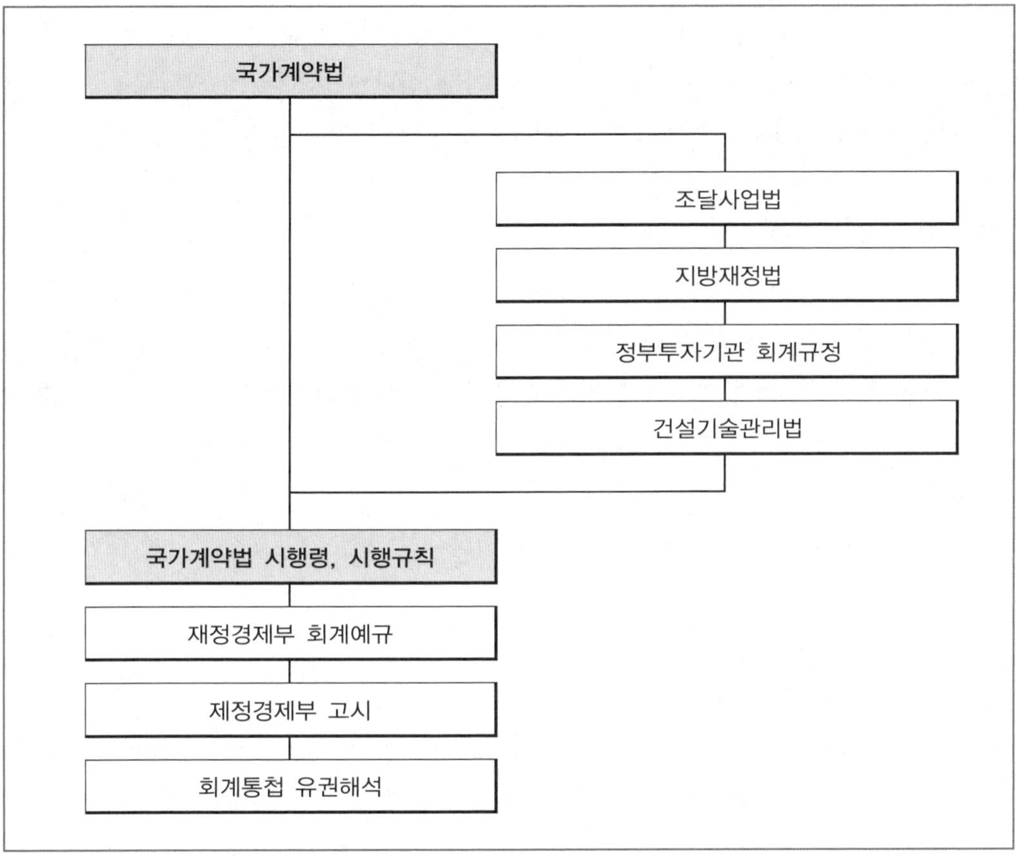

그림 7-1 국가계약법의 구성체계

2. 계약의 유형

(1) 전형계약과 비전형계약

전형계약은 민법에 규정된 14종의 계약을 말하며 비전형계약은 민법전에는 규정되어 있지 않으나 자주 사용되는 계약을 말한다.

(2) 쌍무계약과 편무계약

쌍무계약은 상대방에게 일정한 급부를 할 것을 약속함과 동시에 자기도 그 대가로 교환적인 급부를 할 것을 약속하는 계약이다. 편무계약은 재산증여 등과 같이 교환되는 급부가 없는 계약을 말한다.

(3) 유상계약과 무상계약

계약당사자가 서로 간에 대가성을 갖춘 재산상의 출연을 하는 계약을 유상계약이라 하며, 이러한 대가가 없는 것을 무상계약이라 한다. 유상계약에 해당되는 것은 교환, 매매, 임대차, 고용 등이 있고 무상계약은 증여, 사용대차 등이 있다.

(4) 구두계약과 서면계약

일반적인 계약은 문서화된 '계약서'를 작성하여 계약상대자와 합의 의사로 서명 또는 날인함으로써 성립된다. 그러나 계약당사자 간에 구두로 합의한 계약도 계약행위이다. 그러나 구두로 합의한 계약은 합의에 대한 유형적인 실체가 존재하지 않고 합의한 계약 내용도 상호간 이해가 다를 수가 있다. 건설산업기본법에는 건설공사의 도급계약은 반드시 서면계약에 의하도록 규정하고 있다. 따라서 구두계약이 서면계약의 효력을 발휘하려면, 그 계약의 후속적인 활동으로 문서화나 녹취를 하는 등 합의에 대한 실체적인 증거자료 확보가 필요하다.

(5) 명시적 계약과 묵시적 계약

'명시적 계약'은 계약사항에 대하여 계약당사자 간에 명문화하는 계약을 말하며 '묵시적 계약'은 계약당사자와의 합의내용에 대하여 구체적으로 명시하지는 않았으나 보편적으로 의도되는 수준의 내용에 대하여 상호 합의가 존재하는 것으로 간주하는 계약행위이다. 즉 명시계약은 계약조건이 구두로든 문서로든 분명하고 명확하게 하는 것으로 대부분의 건설계약은 이 계약에 해당한다.

그런데 묵시적 계약은 계약조건이 분명히 기술되어 있지 않으나 연역법적으로 이루어지는 계약이다. 따라서 이러한 계약은 계약을 둘러싼 사실과 환경이 그 계약의 뜻이 결정되기 전에 평가되어야만 계약의 효력이 있다.

7.2 계약의 성립과 효력

1. 개요

계약의 성립은 원칙적으로 서로 대립되는 계약당사자의 의사가 합치됨으로써 이루어진다. 즉 서로 대립되는 두 개의 의사가 합치되는 것을 합의라고 하며, 불합의는 서로 대립되는 두 개의 의사가 본질적인 부분에서 내용적으로 일치하지 않는 것을 말한다. 즉 불합의 시에는 계약이 성립되지 않는다.

그러나 계약당사자들의 의사표시가 객관적인 의미에서는 합치하고, 단지 주관적인 착오를 일으켰을 때에는 계약이 유효하게 성립하며 착오에 의한 의사표시의 취소 가능성은 남는다.

일반적으로 계약이 성립되기 위해서는 대립되는 두 개의 의사 중 어느 하나가 청약(offer)을 하고, 다른 당사자의 승낙(acceptance)과 결합되어 계약이 이루어진다.

다시 말해 청약은 이러한 일정한 내용의 계약을 성립시킬 목적으로 하는 의사표시일 뿐 승낙과 결합되어야 하므로 청약 자체만으로는 법률행위가 될 수 없으며 단지 의사표시일 뿐이다. 또 승낙은 청약에 대응하여 계약을 성립시킬 목적으로 청약자에게 행해지는 수령자의 의사표시이다. 따라서 청약은 불특정 다수인에게도 행할 수가 있지만 승낙은 반드시 특정인의 청약자에게 행해져야 한다. 청약을 받고서 침묵하는 것은 원칙적으로 승낙의 거부로 본다.

다만 상시적인 거래관계에 있는 당사자 간에는 그 영업분류에 속한 계약의 청약을 받았을 때에는 침묵이 승낙으로 간주된다(상법 제53조). 또 청약에 대해 원칙적으로 승낙을 하되 조건을 붙이거나 다른 내용을 첨가했을 경우, 이것은 승낙이라기보다는 상대방이 새로운 청약을 한 것으로 보아야 한다.

한편, 상대방이 승낙기간 내에 승낙을 하긴 했으나 특수한 사정으로 도달이 지연되어 승낙기간을 넘긴 경우, 청약자는 승낙통지를 받은 즉시 상대방에게 그 연착사실을 통지해야 한다(제528조의 2). 다만 승낙표시를 보낼 때는 내용 증명우편으로 청약자가 통지 부도달을 주장하지 못하도록 해야 한다.

우리나라 민법규정은 상대방이 승낙의 통지를 발송할 때 계약이 성립된다고 규정하고 있다. 그러나 이 경우 '도달주의 원칙'의 예외를 인정했는지는 알 수 없지만, 계약은 승낙이 도달되지 않는 예외적인 상황을 제외하면 승낙 발송 시에 성립한다. 때로는 승낙의 통지 없이 승낙의 의사표시로 인정되는 사실이 있다는 자체만으로도 계약이 성립한다. 이러한 사정은 청약 시의 의사표시나 관습에 의해 정해진다.

2. 계약체결의 과실

계약체결상 과실이란 계약이 아직 체결되지 않았으나 계약이 무효·취소된 경우, 또는 장래에 계약이 체결될 것이라는 신뢰를 야기한 상태에서 당사자 일방의 과실에 의하여 상대방에게 손해를 입혔을 경우에는 계약관계가 존재하지 않은 상태이므로 불법행위법에 따라 규율해야 할 것이나, 계약의 준비, 교섭단계 역시 계약관계에 준하는 관계로 인하여 계약법에 따라 규율하는 제도이다. 이는 비록 계약상 급부의무를 위반한 것은 아니나 계약상의 주의의무(고지, 설명) 및 보호의무의 위반이 인정된다. 예를 들어 집을 팔겠다고 하고서 매수할 사람을 불렀으나 그 전에 미리 팔아버려 이를 모르고 방문한 매수인이 교통비나 기타 손해를 입었을 경우가 해당된다.

민법 제535조는 "계약체결상의 과실이라는 표제하에 불능한 급부를 목적으로 계약을 체결한 자는 목적물이 불능임을 알았거나 알았어야만 했을 경우는 상대방의 신뢰이익을 배상해야 한다."라고 규정하고 있을 뿐 불능급부를 목적으로 한 경우 외에는 아무런 규율을 두지 않고 있다.

이와 같이 계약체결상의 과실제도는 엄밀히 말해 민법체계상의 예외적인 제도이며 서양과 같이 자기 의사표시에 대한 책임의 관념이 투철한 문화권에서는 통용되나, 우리나라에서는 민법에서 계약체결상의 과실을 매우 제한적으로 인정하고 있어 목적이 불가능한 계약을 가능한 것처럼 속여 이익을 편치하는 등 극심한 신뢰 위반을 저지른 사례가 아닌 한, 계약체결상 과실을 인정하면서도 계약에 의해 법적으로 구속될 의사까지는 없었던 당사자를 보호하고 있다.

3. 당사자의 의무

계약은 당사자 간 합의에 의해 적법하게 계약체결이 이루어지는 것으로서 상호간 원칙과 신뢰를 가지고 임해야 한다. 모든 계약이 유효화되기 위해서는 서로 간 사실에 대한 오류 가능성이 배제될 수 있도록 노력해야 하며, 이를 위해서는 먼저 상대방의 이익을 적극 배려하고 중대한 의사결정이 필요한 경우에는 적극적으로 신뢰와 원칙을 가지고 설명할 수 있어야 한다. 또한 계약관련 정보도 상호간 누락되거나 오류 없이 지속적인 합치가 가능하도록 공유해야 한다. 또 계약의 효력발생을 위해 필요하거나 추가적인 정보가 요구되는 경우 적극 지원하고 계약의 원만한 이행을 위하여 상대방의 재산이나 생명 또는 신체 기타 법에 규정한 권익이 침해되지 않도록 보호해야 한다.

4. 계약의 효력

계약의 효력은 그 성립요건과 유효기간을 갖추게 된다면 계약당사자가 의도한 대로 효력이 발생하게 된다. 이를 위해서는 유효화된 어떤 기준을 만족시켜야 하는데 그 기준은 다음과 같다.

(1) 의견의 일치

계약당사자들의 의견을 일치하기 위해서는 먼저 계약의 기본적인 의미와 법률적인 관계를 합의하는 것이다. 이러한 합의를 도출하기까지는 비현실적인 사항은 배제하되 사실을 바탕으로 한 합의여야 한다.

(2) 제공과 수락

제공은 어느 일방이 상대방에게 정해진 조건에 따라 구속력 있는 계약을 체결하겠다는 의향을 알리는 것이다. 이는 제공자가 그 조건을 수락함으로써 구속력 있는 계약의 창조력을 상대방에게 주는 것이다. 따라서 이 제공은 명시와 묵시 두 가지가 있는데, 수락이 이루어지지 않는 한 취소할 수 있다. 그러므로 수락은 정확히 그리고 제한 없이 무조건적이어야 한다. 그렇지 않으면 역제공이 생길 수 있다.

(3) 대가

대가는 계약성립의 일차적인 이유가 되며 원인이다. 즉 어느 일방이 가치 있는 항목이나 행위의 교환으로 받아들이는 별도의 가치다. 따라서 양 당사자가 대가로 인정하지 않으면 그 대가도 인정되지 않게 되며 계약당사자들이 서로 대가를 받지 않으면 계약은 무효가 된다. 즉 계약은 일정한 채권의 발생을 목적으로 양 당사자가 상대방의 대가에 대해 합의함으로써 성립되는 법률적인 행위다. 따라서 일반적인 계약관계는 계약당사자 상호간에는 각각의 권리와 의무의 자격을 가진다고 보아야 한다. 이와 같이 대가의 존재는 계약의 효력발생에 전제조건이 된다.

(4) 합법성 문제

계약이 어느 한쪽만을 위해 이루어진다면 계약을 무효화하는 법률적인 복잡성으로 빠지게 된다. 어느 일방의 오류나 상호 실수 또는 정보의 오류나 사기목적을 띤 허위정보의 제공, 합의에 결정적인 당해 정보의 고의적 미제공이나 합의에 강요하는 공갈, 협박 등에 의한 계약은 무효화될 수밖에 없다.

(5) 계약당사자의 법적 자격

인간은 누구나 평등하게 자기 권리에 따른 의무를 행사할 수 있지만 계약이라는 법률적 행위에 대해서는 법적 자격이 있는 자와 없는 자로 구분된다.

예를 들어 미성년자나 금치산자, 한정치산자는 법률적인 행위능력에 제한을 받게 된다. 이는 채권 채무와 관계되는 계약이라는 법률적인 행위에 대한 정상인과 법적 자격 제한 자와의 동등한 계약관계 성립이 어려울 뿐 아니라, 계약행위 시 당사자 상호간에 초례될 수 있는 불이익으로부터 보호하기 위함이다.

7.3 계약의 해제 · 해지 · 취소

1. 개요

계약을 해제한다, 취소한다, 해지한다는 말은 모두 비슷해 보이지만 법률적인 요건과 효과는 다르다. 즉 민법상 '해지'란 당사자 일방의 의사표시에 의해 계약에 바탕을 둔 법률관계를 장래에 대하여 소멸시키는 일을 말하며, '해제'란 특별조치를 풀어 평상상태로 되돌림을 말한다. 해지와 해제의 공통점은 의사표시에 따른 법률효과가 향후에 대해 효력이 없어진다는 점이며, 차이점으로는 해지의 경우 의사표시 시점부터 법률효과가 향후에 대해 효력이 없어지는 반면, 해제는 의사표시 시점에서 법률효과가 최초로부터 소급해서 효력이 소멸되고, 향후에 대해서도 효력이 없어짐을 의미한다. 즉 민법상의 계약해지는 소급효과가 없는 것이고 계약해제는 원상회복 의무가 있다는 것이 특징이다.

2. 계약의 해제

계약의 해제란 유효하게 성립하고 발생한 계약의 효력을 당사자의 일방적 의사표시에 의하여 소급적으로 소멸시킴으로써 당사자 사이에 처음부터 계약이 존재하지 않았던 것과 동일한 효과를 생기게 하는 것을 말한다. 다시 말해, 계약이 유효하게 성립하여 아무런 문제가 없음에도 불구하고 그 계약을 처음부터 없었던 것으로 되돌리는 것이 바로 해제이다. 해제는 해제권자의 일방적 의사표시에 의해 계약의 효력을 소급적으로 해소시키는 점에서 취소와 유사하고 해지와 구별된다. 해제는 계약의 굴레로부터 벗어나 원활한 경제활동을 하게 하는 기능을 한다.

3. 계약의 해지

계약해지란 계약체결 후 당사자 일방의 의사표시로써 계속적인 채권관계를 장래에 향하여 소멸시키는 것을 말한다. 해지는 장래에 대해 효력을 소멸시키는 것이므로, 이미 경과한 부분에 대하여는 영향을 미치지 않는다. 따라서 해지는 소급효과가 없는 점에서 소급효과가 있는 해제와 다르다.

해지시점 이후부터 무효가 되며, 계약 자체가 없었던 것으로 되돌리는 해제와 다르다. 즉 계약의 해지는 계속적 채권관계에서 계약의 효력을 장래에 대하여 소멸케 하는 일방적 행위를 말한다. 따라서 해지와 해제가 구별되는 근본적인 차이점은 그 효과에 있다. 즉 계약의 효력을 소급적으로 소멸시키는 해제에 반해, 해지는 오직 장래에 대하여 효력을 발생하므로, 해지가 있으면 계약에 기여한 법률관계는 해지의 효력이 발생하기 이전에서는 완전히 그 효력을 보유하고 이미 행해진 급부는 반환당하지 않는다.

그러나 채무자가 채무내용에 좇은 이행을 하기 전에는 해제를 할 수 있다. 예컨대, 근로자가 근로를 제공하기 전에 채무불이행을 이유로 계약을 해소하는 것은 해지가 아니라 해제다. 해지할 수 있는 권리를 해지권이라 하고 해지권은 발생원인에 따라 약정해지권과 법정해지권으로 나눈다. 약정해지권이란 당사자 간의 특약에 의한 해지권을 말한다. 다음은 특약에서 고려할 만한 계약해지의 사유들이다.

① 감독기관 등으로부터 영업취소, 정지 등의 처분을 받은 경우
② 파산, 회생절차 신청이 있는 경우
③ 금융기관의 거래정지처분을 받은 경우
④ 영업의 폐지 또는 청산절차에 들어간 경우

⑤ 제3자에 의한 강제집행(가압류, 가처분 포함)을 받거나 경매개시 결정, 체납처분을 받은 때

⑥ 정부의 명령, 법원의 판결 또는 법령상 제한으로 위탁관계 유지가 곤란하게 된 때

법정해지권은 약정해지권과는 달리 법률의 규정에 의해 인정되는 해지권을 말하며, 민법은 여러 가지 계약에 관하여 개별적으로 그 발생원인을 규정하고 있다. 그 대부분은 채무불이행을 이유로 인정되는 것이나, 이 밖에도 신의 · 성실 원칙의 위반을 이유로 인정되는 것이 있다.

법정해지권 발생원인에 관하여는 일반적인 규정을 두지 않고 개별적 규정을 두고 있으므로, 그러한 명문규정이 없는 경우 해지권의 발생을 인정할 수 없느냐가 문제인데, 이에 대한 학설은 대립하고 있으나 명문의 규정이 없더라도 이행지체 · 이행불능 · 불완전 이행 · 채권자 지체 및 사전변경의 원칙에 기하여 해지권은 발생할 수 있다.

왜냐하면 민법상의 개별규정이 법정해지권을 인정해야 할 모든 경우를 망라하고 있다고 볼 수 없으며, 계속적 채권관계에서의 급부의 계속성으로부터 사전변경의 원칙에 의한 해지권의 발생을 인정해야 할 필요성이 더욱 강조되기 때문이다. 해지권은 해제권과 같이 형성권(形成權)이므로 그 행사는 상대방에 대한 일방적 의사표시로 하게 된다(제543조 1항).

이 의사표시는 철회하지 못하며, 또 해지권은 불가분성이 있으므로 당사자의 일방 또는 쌍방이 여러 사람인 경우에는 그 행사는 전원으로부터 또는 전원에 대하여 해야 한다. 이 경우 해지권이 당사자 한 사람에 대하여 소멸한 때에는 다른 당사자에 대하여도 소멸한다.

해지에는 소급효과가 없다. 계약을 해지하면 장래에 대하여 계약의 효력이 소멸하므로 어떤 권리가 소급적으로 소멸하거나 소멸한 권리가 소급적으로 부활하는 일은 없기 때문이다.

그러나 계약이 해지되면 임차인의 목적물 반환의무와 같은 원상회복의무가 남게 된다. 원상회복의무가 존속하는 동안은 역시 당사자 사이에 채권관계가 일정한 범위에서 존속한다. 주의할 것은 해지 이전에 계속적 채권관계에서 이미 발생한 개개의 채무가 이행되어 있지 않으면 해지로 인해 기본적 채권관계가 소멸하더라도 그 채무는 그대로

존속한다. 예를 들어 연체된 차임채무 · 이자채무 · 비용상환의무 등이 그 예다.

계약의 존속기간에 관하여 약정이 없는 경우에는 해지권자가 해지를 하더라도 일정한 경우에는 해지기간이 경과함으로써 해지의 효력이 생긴다. 이것은 해지권자가 상대방을 보호하기 위한 것이므로 신의원칙에 반하는 것을 이유로 해지하는 경우에는 이를 인정하지 않는다. 해지권의 행사는 손해배상의 청구에 영향을 미치지 않는다. 따라서 채무불이행으로 인해 손해가 발생한 때에는 배상을 청구할 수 있으며 위임계약에서는 채무불이행의 경우가 아니라도 손해배상을 청구할 수 있다.

4. 계약의 취소

계약취소란 계약당사자 간 법률적 행위의 효력을 계약 시로 소급하여 무효화하는 것을 말한다. 계약의 취소는 법률적 행위에 적용되는 것으로 계약당사자가 법률적 자격을 상실한 때에만 가능하다. 계약이 취소될 경우 계약은 처음부터 무효이며 계약 자체가 성립되지 않은 경우에 해당된다.

7.4 건설공사의 계약

1. 개요

계약은 법으로 강제하는 양 당사자의 합의를 말한다. 어느 경우에는 제3자에게 계약이익이 돌아가는 제3자의 합의가 있을 수 있다. 그 예는 보험공채, 생명 보험 등 제3자가 수익자가 되는 경우이다. 그러나 대개 건설공사의 계약은 양 당사자들의 이익을 위해 양 당사자 간에 이루어진다. 계약은 이행될 수 있고 혹은 장차 효력이 발생할 수 있다.

2. 이행과 미이행

(1) 이행

계약은 양 당사자가 계약조건에 따라 완전히 수행했을 때 이행된다. 건설계약은 계약조건에 따라 공사를 완수하고 발주자가 그 공사대금의 지불을 완료했을 때 이행되었다고 할 수 있다. 계약의 이행은 계약서에 사인(sign)을 하고 그 계약에 양 당사자가 구속되었음을 의미하며, 계약의 의무이행은 별개의 문제가 된다.

(2) 미이행

미이행이란 계약의 일부 이행효력이 아직 남아있는 계약을 말한다. 이는 양 당사자나 어느 일방에게 생길 수 있는 상황이다. 즉 공사대금의 지불이 안 되었으면 아직 미이행이다. 양 당사자에게 전부 미이행인 경우는 어느 일방이나 양 당사자가 적어도 그들의 의무를 수행한 계약보다 쉽게 취소할 수 있다. 계약은 쌍방계약이지 일방계약이 있을 수 없다. 쌍방계약은 계약 양 당사자에 의한 상호 약속으로 이루어진다. 이 계약유형에는 각자가 2중 역할을 하게 된다.

즉 '약속자'와 '피약속자'의 역할이다. 다시 말하면 약속이 교차되는 것이다. 모든 건설계약은 발주자가 구매자가 되고 계약자가 판매자가 되는 쌍방계약이다. 이와 반대로 일방계약은 교환과정에서 어느 일방이 반대급부를 인수할 때까지 혼자 책임지는 것이다.

3. 계약의 형태

(1) 명시계약

명시계약은 계약조건이 분명하고 간략하고 명확하게 그리고 확실하게 명문화되어 있는 계약이며, 대부분 건설계약은 명시계약이다.

(2) 묵시계약

묵시계약이란 계약조건이 분명하게 기술되어 있지는 않았으나 유추나 연역을 통해 이루어지는 계약이다. 즉 묵시계약은 계약을 둘러싼 사실과 환경이 그 계약의 상호 뜻이 결정되기 전에 평가되어야 하는데, 즉 계약조건이 계약당사자들의 행위로부터 암시되어야 한다.

(3) 공동합의

이는 부동산 공동소유의 경우와 같이 책임과 의무가 계약조건에 따르며, 소유권이 복잡한 경우에 해당된다.

4. 계약의 특성

(1) 번복금지

당해 계약당사자 사이에는 정식계약이 체결되지 않은 사실임에도 불구하고 그 계약이 구속력이 있는 원리를 말한다. 특히 묵시적인 동의가 있으면, 그 일방은 이후에 그 계약의 기본적인 요소의 일부가 빠졌다고 주장할 수 없는 경우를 말한다.

(2) 보증

건설 분야에서 '보증(guaranties)'은 명시보증과 묵시보증이 있다. 명시보증은 질적 수준으로 보증하는 것이며, 묵시보증은 사용목적의 적합성으로 보증하는 것을 의미한다. 또 묵시보증은 계약 시 계약상대자가 시공품의 특수용도의 목적을 인지하고, 자기의 기술이나 역량을 믿고 발주자가 그 시공품을 선택했거나 혹은 공급했음을 인지할 경우는 묵시보증이 성립된다. 그러나 만일 발주자 측이 기술 등을 믿지 않고 계약자가 독자적인 판단을 했다면 그 묵시보증은 성립되지 않는다. 또 인도된 시공품이 발주자 측이 제공하는 도면과 시방서에 따라 시공되었다면, 그 시공품의 사용용도의 부적합은 그 도면과 시방서의 하자에 대한 발주자 측의 변명이 용인되지 않는다. 따라서 묵시보증은 계약자에 대항하여 발주자가 구제방법을 행사할 수는 없다.

(3) 요구권 포기

건설업에서 시공계약자가 계속해서 알아야 할 '함정'은 '기권'이다. 기권의 원리는 계약자 일방이 그 계약하에서 별도로 그가 가지고 있는 권리를 포기할 수 있는 것을 말한다. 예를 들면 만일 계약자가 불완전하고 하자가 있거나 혹은 지연되는 작업 수행을 하더라도 발주자 측이 그 작업 수행을 반대 없이 승인하거나 하자보수작업을 요구하지 않으면, 발주자는 엄밀히 작업 수행에 대한 권리를 포기하는 것이다. 어떤 예에서 하자 있는 당사자는 자기의 불완전한 작업에 의거하여 발생한 손해에 대한 책임이 있다. 그러나 그 책임에 대한 발주자 측의 포기는 그 위약이 구체적인 위약이 될 수 없으므로 그 계약은 해약으로 요구할 수 없다.

(4) 법정상 위약

계약의무의 불이행은 계약위반이 된다. 즉 계약당사자는 '약속대로' 계약을 이행할 의무가 있다. 계약의무의 원리는 '모든 계약거래는 존중되어야 한다.'라는 계약의 근본정신에 있다. 만약 계약위반 시의 손실액의 양은 그로 인해서 피해당사자가 입은 손실금액이다. 대부분의 위약은 계약조건의 불합치로 발생하며, 그 손해는 재구매 시의 과비용과 하자나 공기지연으로 인한 가치의 감쇠로 구성된다. 위약에는 다음 두 가지가 있다. 계약위약은 계약에 부과된 의무불이행이고, 직접위약은 비위약 당사자의 거래이익, 즉 위약 당사자가 당초대로 이행했으면 취할 수 있었던 이익금을 박탈당하는 중대한 위약사항이다.

이 경우 무과실 상대 당사자는 계약의 어느 의무에서도 해제된다. 계약상 공기가 언급되어 있지 않으면 공사이행은 '합리적'인 공기 내에 완료하면 된다. 그러나 계약자가 완공시기가 중요하다고 생각되면, 그 계약에 공기완료 시점 준수가 들어 있을 경우 그 기간 내의 불이행은 계약의 직접위약이 성립되고 발주자 측은 그 지연된 공사를 반드시 인수할 필요가 없다.

(5) 면책조항

특별한 사건이 돌발했을 때 혹은 계약자가 공사에서 어떤 예방이나 주의의무를 하지 못했을 때 생기는 잘못이나 책임에서 발주자나 감리자(engineer)를 면책시켜 주는 규정들을 말한다. 계약 양 당사자가 당초 약정했던 계약범위 밖이나 상당히 상이한 공사를 요구하는 계약내용의 변경은 계약위반이다.

5. 도급계약의 특성

도급계약이란 민법 제664조에서 정하고 있는 14개의 계약유형 중 어느 하나로써, 당사자인 수급인이 어떤 일을 완성할 것을 약정하고 상대방인 도급인은 그 결과에 대하여 대가를 지급할 것을 약정함으로써 성립하는 계약을 말한다.

(1) 도급인의 책임과 권한

도급인은 수급인이 약정한 일을 완성하였을 경우 대가를 지급할 의무를 갖는다. 이러한 대가는 도급계약에서 정한 시기에 지급해야 하며, 지급시기에 의한 약정이 없는 경우에는 일반적인 관례에 따르고 이러한 관례가 없을 경우에는 수행된 목적물의 인도와 함께 지급해야 한다. 또한 도급한 일의 완전한 수행을 위하거나 또는 도급계약서에 명시되는 경우, 필요한 재료나 자재를 지급하는 업무와 수급인이 과업을 착수하여 완성할 때까지 해당 현장에서 인적 또는 물적 사고나 위험이 발생하지 않도록 주의를 기울이거나 보호해야 할 의무가 있다. 또 각 단계별 공사가 완성되는 단계마다 도급한 일의 완성을 위하여 현장에 반입되는 재료, 자재나 작업이 도급계약에서 정한 기준대로 완성되는지를 검사하는 책임이 있다.

이러한 검사와 관련하여 수행된 일이 도급계약에 규정하거나 법적 또는 사회적 요구기준을 벗어나 의도된 완성이 어렵다고 판단되는 경우 도급계약을 해지할 수가 있으며, 그 기간 동안 수행된 일로 인해 발생한 손해배상을 청구할 수 있다. 그리고 도급인은 수행된 공사가 완성되는 경우 최종적인 검사에 참여할 수 있으며, 완성되어 인도받는 경우 향후 발생할 수 있는 하자들에 대하여 관련법에 정한 기간 내에는 보수를 요청할 수 있으며 하자로 인해 다른 손해를 입었을 경우에도 수급인에게 손해배상을 청구할 수 있다.

(2) 수급인의 책임과 권한

수급인은 계약에 의해 수급된 일의 완성의무가 있으며 계약대상이 되는 일에 전문성과 독립성을 가지고 수행할 책임이 있다. 또 과업수행 중 도급자나 감독자의 불합리한 지시나 명령에는 따르지 않아도 될 의무가 있으나, 도급자가 계약에 의해 일의 완성목적으로 제공한 자재나 재료 또는 장치물을 공급받는 경우는 이에 따라야 한다. 그리고 수급된 일이 진행 중 도급자나 그의 감독자가 행하는 검사나 시험업무에는 적극 협조해야 할 의무가 있으며, 이 경우 해당되는 검사의 결과가 규정된 기준에 부적합하여 재설치나 재시공을 요구하는 경우에도 이에 응해야 할 의무가 있다. 한편, 수급된 일이 완성되는 경우 즉시 도급인에게 인도할 의무가 있다.

도급인에게 최종적인 완성물을 인도하는 경우에는 도급자와 약정한 금액에 상응하는 대가를 받을 권한이 있으며, 대가지급이 되지 않는 경우 완성물의 인도를 거절하거나 그에 대한 대가가 지급될 때까지 인도를 유예할 수 있다.

7.5 건설공사단계별 계약관리

1. 설계단계

사업관리자는 프로젝트의 참여자 간의 정보전달체계를 수립하고 이를 이행해야 한다. 또 프로젝트 목표에 대한 실제적 또는 잠재적인 구속요인들을 참여자에게 통보하고 필요시 서면으로 건의사항을 작성한다.

사업관리자는 신속한 설계검토 의견을 제시하고 발주자의 승인을 받는다. 설계검토 의견은 품질기록으로 관리하며 각 참여자들에게 적절히 배포되는지를 확인한다. 또 사업관리자는 주공정표와 중점관리 공정표가 준비되면 공정보고서를 작성한다. 이 보고서는 프로젝트의 진행사항을 감독하고 예정된 진도와 실제의 진도를 비교하는 것이다. 공정보고는 월간단위로 작성하는 것을 원칙으로 하되, 당초 계획이나 조정된 계획에서 발생할 수 있는 지연된 사항을 정정하거나 수정된 사항을 반영하기 위한 건의내용을 포함한다. 그리고 사업예산은 집행된 공사비와 향후 예상되는 공사비를 비교하여 보고하고 참여자들에 의한 설계내용의 변경으로 인해 발생하는 사업예산의 변경사항에 대하여 비교하고 사업예산과 공사예산에는 비교된 견적가격을 구체적으로 명시하도록 한다.

2. 조달단계

입찰자들에 대한 사전자격심사 이전에 프로젝트 계약에 대한 범위를 구체화한 계약내역서를 작성해야 한다. 이 내역서는 설계에 관한 정보, 공정표 및 현지의 계약관례 등을 고려해야 한다. 또한 계약범위에 관한 기술정보의 접수, 검토 및 승인, 입찰, 평가 및 계약낙찰을 위한 주요 일자를 포함하는 공정보고서를 작성하고 입찰자 명단 작성과 입찰 참여 요청, 계약서류들을 작성하여 발주자의 승인을 얻는다.

발주자는 입찰 참가 가능성이 있는 입찰자 명단과 사전적격심사기준 작성에 협조하고, 공개입찰 시에는 공사수행에 필요한 재정능력을 포함한 입찰자의 경쟁력과 공사 수행능력에 대한 기준을 정해야 한다. 또 비공개 입찰 시 사업관리자는 발주자 및 설계자와 협의를 거쳐 입찰자 선정기준을 만들어야 한다.

입찰 참여는 유선이나 서면홍보물을 통하여 자격이 있는 입찰자들에게 최대한의 관심을 갖도록 하고, 입찰자들로부터 받은 각종 정보는 입찰자 목록 작성과 함께 공식적으로 제출되어야 한다. 또 사업관리자는 발주자가 신문이나 정기간행물 등에 입찰공고를 효율적으로 할 수 있도록 지원한다. 입찰공고에는 입찰서류를 얻기 위해 필요한 절차와 입찰대상 공사의 공사범위 및 공정계획도 명확하게 표기하고 입찰자의 참여를 위해 충분한 시간을 주어야 한다.

사업관리자는 설계자와 협조하여 입찰서류를 배포하고 입찰자들이 관련 입찰서류를 접수받아 기록으로 유지한다.

또한 정해진 입찰기간에 적절한 방법으로 입찰자들의 질문에 응답한다. 특기사항이 있을 경우 프로젝트 참여자의 동의를 받아서 절차대로 입찰자에게 전달되도록 한다.

입찰서류에서와 마찬가지로 특기사항은 검토 조정하여 특기사항이 발생하면 입찰서류를 접수받기 이전에 입찰자들에게 사실을 통보한다.

사업관리자는 공정계획, 계약조건, 발주자의 요구조건과 프로젝트의 기술정보와 관련된 요구조건을 설명하기 위해 토론형식의 사전입찰회의를 주관한다. 또 회의내용을 기록하여 모든 입찰자들에게 공식적으로 배포해야 한다. 설계자는 입찰자들로부터 질문들을 접수하고 입찰서 접수마감 이전에 서면으로 응답한다. 사업관리자는 사전입찰회의의 한 부분으로 현장조건 및 어떤 제약조건에 대한 직접적인 지식을 모든 입찰자에게 제공하기 위하여 현장방문을 주도한다.

개찰은 프로젝트의 요구조건에 따라 비공개적 또는 공개적으로 이루어질 수 있다. 개봉되지 않은 입찰서류들은 충분히 안전하게 보관되어야 하며 발주자가 정식절차를 통해 제출된 입찰서의 접수시간들을 기록한다.

입찰서들은 반드시 정해진 시간에 개봉되어야 하며 입찰서식과 유사한 입찰 비교 서식에 기록되어야 하고 입찰서류의 평가를 지원하며, 이러한 평가는 설계자와 협의하여 기술검토를 수행할 수 있다.

또한 모든 입찰자들의 이의 및 해명은 발주자에게 이해될 수 있는 방법으로 해결하고 입찰 마감시간보다 늦게 접수된 입찰서류들은 개봉하지 않은 채 정식으로 반송해야 한다. 그리고 낙찰자 선정을 위해 사업관리자가 작성한 검토 의견서는 낙찰 결정의 이유를 설명하는 문서여야 하며 입찰서들의 복사본과 입찰 비교표를 포함하여 발주자에게 제출한다.

낙찰이 예상되는 입찰자와 제안된 계약에 대해 협의하고 프로젝트 범위에 대한 명백한 이해와 입찰자가 제출했을 수도 있는 어떤 대안에 대해서 협의하기 위해 입찰 후 면담을 실시해야 한다. 이때 입찰서류에 착오가 없음을 확인하고 필요한 보증서류와 기능공 고용문제, 품질관련 사항 및 계약서류상의 어떤 특별 요구조건들 뿐만 아니라 인허가 사항들을 입찰자에게 알리고 협의된 내용은 기록하여 문서화한다. 낙찰자에 대한 발주자의 승인을 득한 후 발주자의 요구가 있을 경우, 사업관리자는 발주자가 공사계약 업무를 지원하고 발주자를 대신하여 착공지시서를 발급한다.

낙찰자가 결정될 경우 각각의 계약에 대한 예산금액과 비교하여 실제의 입찰금액을 표시하여 프로젝트 공사비 보고서를 수정해야 한다. 이때 입찰가격이 전체 예산에 미치는 영향을 분석하여 프로젝트 공사비 보고서에 포함시킨다. 이 경우 입찰금액의 확정내용에 따라 다르나 공사의 품질에 직접적인 영향을 미치는 공사수량과 단가, 즉 직접공사비의 내용과 항목을 조정할 수 없다. 입찰금액의 확정과 입찰조건 및 발주자나 시공사 간 계약조건에 따른 대금지불방법 협의조정 결과에 따라 현금흐름 보고서를 작성해야 한다.

3. 시공단계

사업관리자는 시공자들이 프로젝트에 투입되기 전에, 공사를 수행하는 동안 요구되는 관리보고와 의사소통체계를 원활히 하기 위해 프로젝트팀 회의를 소집한다. 사업관리자는 안건을 준비하여 회의를 준비해야 하며 회의록을 작성하여 당사자들에게 배포한다. 발주자가 공사에 사용되거나 설치를 목적으로 구매하여 지급하는 자재들과 장비는 발주자가 시공자에게 인도할 경우 협조하고, 이러한 장비들은 공사를 책임자에게 인도하거나 법적으로 권리가 이전되어야 한다.

사업관리자는 보험 또는 필요한 건축허가, 기능공 고용문제 및 보증서류들 확보하는 데 있어서 시공자의 업무진행 사항을 감독해야 한다. 또한 효율적이고 신속한 건축공사 진행을 위해 현장 참여자 간 상시적인 의사소통이 이루도록 하고 필요시 현장회의를 수행한다. 현장회의는 시공자, 설계자 및 발주자를 포함하여 정기회의를 주재하여 다음 사항들을 협의하고, 회의에서 도출된 현안들의 해결방안과 토론내용은 회의록을 작성하여 현장관리자에게 배포한다.

공사참여자 간 의사소통을 원활히 하기 위해 준비되어야 할 사항은 다음과 같다. 즉 프로젝트의 수행정보는 관련된 모든 당사자들에게 배포되어야 하며, 이러한 정보는 다음과 같은 사항들일 수 있다.

(1) 계약서류(계약서, 시방서, 수량산출서, 내역서, 설계도면 등)
(2) 시공자의 질의사항
(3) 발주자의 지시
(4) 설계자의 요구사항
(5) 설계변경, 계약변경, 조건변경 등 변경된 조건
(6) 클레임(계약사항의 상호 다른 해석)
(7) 월별 공정, 분기별 공정보고서
(8) 작업일보, 감리일보 등
(9) 기성 수량산출서, 기성 청구서, 기성 검토서
(10) 공종별 검측사진, 시험사진
(11) 주요 구조부 시공상세도

현장공사 진행 시 사업관리자가 품질에 대한 검토와 통제를 수행한다고 해서 시공자의 계약상 품질에 대한 책임이 경감되는 것은 아니다. 각 시공자는 작업의 품질에 대해 각각 책임을 져야 하므로 품질 요구조건을 충족시키기 위한 방법의 품질관리계획을 수립해야 한다. 이 계획에는 시방서에서 의무사항으로 명시된 '검사 및 시험'뿐 아니라 계약서류상의 요구조건과 법적인 요구사항을 충족시키기 위한 어떤 다른 검사나 시험 또는 절차를 포함한다.

또한 시공자의 작업범위가 아닌 현장시험에 대한 사항을 조정해야 하며, 이러한 사항은 입찰서류 작성 시 주의 깊게 검토되어 규정되어야 한다. 또한 품질관리계획의 관리는 계약서류에 규정된 발주자의 요구조건을 고려하여 공정하고 공평하게 수행해야 하며, 만약 시공자의 현장작업이 계약문서에 명기된 내용에 부합되지 않는다는 것을 발견한다면 다음과 같은 조치를 취해야 한다. 즉 부적합한 작업에 대한 신속한 발견은 조사결과에 대한 즉각적인 처리방안과 마찬가지로 중요하다. 품질 부적합에 대한 해결이 늦어지면 늦어질수록, 그것을 해결하기 위해 더 많은 비용과 노력이 투입된다.

부적합한 시공은 재설치, 재작업 또는 현재의 상태 그대로 승인을 받고, 이와 유사한 다른 형태의 해결방안들을 신속하게 분석하여 금액을 결정해야 하며 적용될 대금지불 조건과 함께 승인된 해결방안을 시공자에게 통보해야 한다. 사업관리자는 각 시공자의 안전관리계획을 검토하고 이를 통합 조정해야 할 책임이 있다. 그러나 시공자가 시공자 자신의 안전관리계획의 이행이나 준수에 대해서는 사업관리자의 책임은 없다.

설계변경의 처리내용과 현황은 설계변경보고서에 기록하고, 당초 또는 현재의 건설공사 예산 및 주공정표에 미치는 영향을 기록한다. 프로젝트 팀원들이 프로젝트의 공사비에 대한 상황을 전부 알 수 있도록 발주자가 승인한 설계변경과 향후 설계변경 가능성이 있는 항목들은 모두 기록해야 한다. 또 발주자와 시공자의 협조를 얻어 공사의 변경사항에 대한 해결방안을 적기에 마련하고 설계변경을 신속히 처리하는 것이 클레임 방지에 도움이 된다. 공사 전 또는 공사중 사전에 발주자의 지시작업에 대한 금액 합의가 이루어지지 않은 경우, 발주자의 요구에 의해 클레임과 설계변경을 위한 공사비를 작성하기 위해 투입된 근로자, 자재 및 장비에 대한 공사비에 대한 기록은 유지해야 한다.

시공자들은 지시작업을 완료하기 위해 요구되는 모든 자재 및 장비의 구매와 계약갱신을 위한 문서뿐만 아니라, 승인을 얻기 위해 사업관리자에게 매일 작업시간과 내용에 대한 기록지를 제출하여 승인을 얻도록 하는 것이 중요하다. 이러한 서류들은 지시작업의 전부 또는 부분적인 이행에 따른 기성 신청서류와 함께 제출되어 시공자의 기성 신청금액을 증명하는 역할을 한다.

사업관리자는 현금흐름 보고체계를 수립해야 한다. 이러한 체계는 비용 지출상의 주요한 변화가 있는 경우 적기에 반영하고 발주자에게 통보토록 규정되어야 한다. 또한 공정표의 변경 및 작업범위의 변경에 따른 현금흐름의 변동도 즉각 반영되어야 한다. 이 보고서는 적어도 매달 작성되어야 한다.

시공자에 의해 완료된 현장작업에 대해서는 적절한 방법으로 기성금의 지급을 받을 수 있도록 관리체계를 수립해야 한다. 이때 기성 지급체계는 계약상 요구조건과 일치해야 하며, 시공자의 기성 신청에 대한 조정작업을 신속하고 용이하게 할 수 있도록 공사비내역서를 포함한 필요한 양식들과 기타 서류들을 포함해야 한다. 시공의 각 단계에서는 다음과 같은 보고서를 관리하는 것이 바람직하다. 또 프로젝트 팀원들과 이 보고서들에 대한 검토를 해야 하며 수정, 관리해야 한다.

(1) 작업관리보고서
(2) 공사비보고서
(3) 예상 현금흐름보고서
(4) 공사공정보고서
(5) 기성금액보고서

프로젝트의 예외사항 요약서는 사업관리계획의 예외사항과 그러한 예외사항이 사업관리수행계획에 미치는 영향을 보여주는 것으로서 발주자의 검토를 위해 준비된다.

이러한 사항은 발주자가 프로젝트 전체의 내용 중 발주자 자신의 책임하에 사업관리자와 상관없이 직접적으로 프로젝트 일부를 수행하는 경우 또는 프로젝트 예산을 절감할 목적으로 수행되는 경우가 있다.

그러나 그러한 방법이 전체 프로젝트의 실현에 미치는 영향을 고려해야 한다. 따라서 사업관리자는 프로젝트의 모든 면을 감독해야 하며 문제발생 시 즉각적인 행동을 취할 수 있도록 발생된 문제들에 대해 프로젝트 팀원들과 토의해야 한다. 프로젝트 정보관리 시스템에서 서류로 작성해야 할 사항은 명시를 하는데, 만일 어떤 문제가 예상되는 부분이 있다면 사업관리자는 그 부분에 대하여 상세하게 보고서를 작성한다.

또한 매일의 서면보고에 이어서 사업관리자는 작업의 진도를 기록하고 이해가 상충되거나 클레임 가능성이 있는 항목들을 문서화한다. 현장공사에 대한 사진기록이 필요한 경우 사진촬영의 범위는 프로젝트의 복잡성에 달려 있다. 즉 필요에 따라 진흙, 눈, 얼음 등과 같은 현재의 현장조건들과 현장공사의 주요 요소들을 보여주어야 한다. 또한 설계변경이나 클레임의 가능성이 있는 경우 사진기록을 만드는 것은 필수적이라 할 수 있으며 모든 사진들은 제목을 붙이고 날짜가 기입되어야 한다.

사업관리자는 추가공사비 또는 공기연장과 관련하여 시공자가 발주자에게 제기하는 모든 클레임 통보를 접수하여 내용을 평가하고, 사실에 입각한 정보를 입수하고, 제기된 원인으로 인한 현재의 시공공정표에 미치는 영향을 검토하여 발주자의 판단을 위한 검토의견을 작성한다.

사업관리자는 발주자를 대신하여 시공자와 클레임에 대해서 협상할 수 있다. 클레임의 해결 또는 다른 적절한 조치의견은 발주자에게 제시할 수 있으며, 시공자의 부당한 클레임으로부터 발주자를 보호하기 위해 상세한 증거자료를 준비하여 제공할 필요가 있다. 사업관리자는 사업관리수행계획에 상세히 설명된 바에 따라 특정 프로젝트에 적합한 준공도면들을 취합하고 처리하는 절차를 수립하여 운영해야 한다.

4. 시공이후 단계

프로젝트가 진행되는 동안 현장에 설치된 장비와 시스템을 운영하기 위한 유지보수 매뉴얼과 운영절차서를 시공자들로부터 제출받아 최종 완공 이전에 이러한 자료들의 편집 및 색인작업을 통합 조정하고 서류들을 제본한다.

발주자나 수익자가 시설물을 사용하거나 운영하기 위해 유관기관들로부터 필요한 인·허가를 득할 시에는 적극 지원한다.

또 발주자의 요청에 따라 사업관리자는 조업개시를 위한 공정계획의 수립과 조정작업을 지원해야 하며 현장 상주자에 대한 직원교육을 실시한다.

시공자의 모든 공사가 완료되었다는 것을 통보받은 후 설계자 및 발주자와 함께 시설물의 최종검사를 준비한다. 최종검사는 설계도서대로 모든 시공이 완료되었을 때 실시하고, 시공자의 최종 기성금액을 검토한 후 발주자에게 공사대금 지급 의견서를 작성하여 제출한다. 계약종결 시 제출서류는 다음 사항들을 포함하고 발주자와 협의하여 프로젝트에 투입된 공사비에 대한 최종적인 정산작업을 수행한다.

(1) 실질적인 완공증명서
(2) 미결작업의 완료
(3) 최종 저당, 담보권의 해지
(4) 보증서
(5) 최종 기성금 지급조서

사업관리자는 계약서에 명시되는 경우 또는 차후의 계약에 의해 실질적으로 시설물의 완공된 이후에도 시공현장에 체재할 수 있다. 그러나 하자보증기간이 종료될 때까지 사업관리지가 현장에 체재하는 것은 비용면에서 효율적인 것은 아니므로, 각각의 계약에 대한 책임을 개략적으로 설명하는 목록이나 회사명, 회사주소, 담당자의 이름 및 전화번호를 발주자에게 제공하고 현장을 철수한다. 이때 설계와 시공기간 동안 발급되었던 모든 중요한 보고서들은 최종보고서에 요약되어야 하며, 지출비용들에 대한 분석자료와 공사비의 정산내역서를 준비하고, 실질적인 완공일자와 하자보증 착수일자의 기록 및 향후의 유지관리에 필요한 사항들을 기록하여 이관한다. 또 현장에서 철수된 이후에도 필요하거나 발주자 요구 시에 시설물의 유지관리현황 등을 점검하여 보고할 수 있도록 하는 것이 바람직하다.

7.6 건설공사의 계약조건

1. 개요

건설공사 기준은 '건설기술관리법 제34조 및 시행령 제55조'에 의거 건설공사의 기술향상과 품질확보 및 적정한 공사관리를 위해 필요한 기준이다. 이 기준은 위계에 따라 설계기준, 표준시방서, 전문시방서 등으로 구분되며, 그 하위의 기준은 지침, 편람, 기술지도서, 표준도 등으로 구분된다. 설계기준은 시설물이나 작업에 대한 품질, 강도, 안전, 성능 등을 유지하기 위한 설계조건의 한계를 규정한 기준을 말하며, 그 예로는 도로설계기준 등 총 19가지의 종류가 있다.

시방서는 표준시방서, 전문시방서, 공사시방서로 분류할 수 있고 설계도서 작성 시 공사시방서를 적용하되 표준시방서 등에서 필요한 내용을 발췌하여 해당 공사의 특성에 맞게 편집, 수정하여 공사시방서로 활용하도록 하고 있다. 건설기술관리법 시행규칙 제14조에 따라, 현재 각 발주청들이 프로젝트별 공사의 특성에 맞게 자체 전문시방서를 작성하여 활용하고 있다.

2. 건설공사 기준

(1) 시방서

시방서는 설계도서에 표시하기 어려운 공사의 재료, 공법, 품질시험 및 검사 등과 품질관리, 안전관리계획 등에 관한 사항을 기술한 문서로서 당해 공사의 특수성, 지역적 여건, 공사방법 등을 고려하여 공사별, 공종별로 정하여 시행하는 시공기준을 말한다. 이 시방서는 계약문서에 포함되는 설계도서의 하나로서 계약적인 구속력을 가지고 있으며, 공사의 질적요건을 규정하는 문서이다. 따라서 공사시방서는 공사의 시공방법과 시공품질, 허용오차 기준 등을 규정하게 되며, 발주자와 수급인 사이의 책임과 권한 및 공사감독자 및 수급인의 시공 준비사항, 시공 중의 점검, 시공완료 시의 점검지침서로도 활용된다.

(2) 설계도서

건축사법 제23조제1항의 규정에 의한 설계도서의 작성은 건축사사무소 업무를 신고한 건축사가 건축물을 설계함에 있어 필요한 설계도서의 작성기준을 정하여 양질의 건축물을 건립하도록 하는 것을 목적으로 하고 있다.

'설계도서'란 공사용 도면과 구조계산서, 수량산출조서 등을 말한다. '설계'란 건축사가 자기책임하에 건축물의 건축·대수선, 건축설비의 설치 또는 공작물의 축조를 위한 설계도서를 작성하고, 그 설계도서에서 의도한 바를 설명하며 지도·자문하는 행위를 말한다.

설계를 위한 '기획업무'는 건축물의 규모검토, 현장조사, 설계지침 등 건축설계 발주에 필요하여 건축주가 사전에 요구하는 설계업무를 말하며, '계획설계'란 건축사가 건축주로부터 제공된 자료와 기획업무 내용을 참작하여 건축물의 규모, 예산, 기능, 질, 미관적 측면에서 설계목표를 정하고 가능한 해법을 제시하는 것으로서, 디자인 개념의 설정 및 연관 분야를 말한다.

일반적으로 건설사업의 기획과 계획설계가 이루어지면 다음 단계인 중간설계가 이루어진다. '중간설계'란 계획설계 내용을 보다 구체화하여 발전된 안을 정하고 실시설계시 변경 가능성을 최소화하기 위해 다각적인 검토가 이루어진다. 이 단계는 연관 분야의 각종 자재, 공법, 장비, 용량이 구체화된 설계도서를 작성하는 것이다. 또 '실시설계'는 중간설계를 바탕으로 하여 입찰, 계약 및 공사에 필요한 설계도서를 작성하는 단계로, 공사의 범위, 양, 질, 치수, 위치, 재질, 질감, 색상 등을 결정하여 설계도서를 작성하며, 공사중 조정에 관해서는 사후설계관리 단계에서 수행방법 등을 명시하게 된다.

'사후설계관리'란 실시설계가 완료된 후 공사중 건축사의 설계의도가 충분히 반영되도록 설계도서의 해석, 자문, 현장여건 변화 및 업체 선정에 따른 자재와 장비의 치수·위지·재실·질감·색상 등의 신정 및 변경에 대한 검토·보완 등을 위해 설계를 보완하는 것을 말한다.

(3) 구조계산서

건축법에는 건축물의 층수가 3층 이상이거나 연면적이 1천 제곱미터 이상인 건축물 또는 기둥과 기둥 사이의 거리가 10미터 길이 이상인 건축물을 건축하거나 대수선하는 경우에는 구조안전을 확인할 수 있도록 구조계산서를 작성하도록 규정하고 있다.

층수가 6층 이상이거나 연면적이 1만 제곱미터 이상인 건축물 또는 건축물의 구조기준 등에 관한규칙 제6조의 규정에서 정하는 건축물을 건축하거나 대수선하는 경우에는 지진에 대한 안전 여부를 함께 확인할 수 있도록 구조계산서를 작성해야 한다. 그러나 사용승인서를 교부받은 후 5년이 경과한 건축물의 증축 및 일부 개축의 경우에는 이를 생략할 수 있다. 구조내력의 기준 및 구조계산의 방법 등은 건축물의 구조기준 등에 관한 규칙이 정하는 바에 의하고, 이에 필요한 세부기준 등은 국토해양부장관이 작성 또는 승인한 기준이 정하는 바에 따르도록 하고 있다.

(4) 수량산출조서

설계도면의 작성이 완료되면 공종별로 공사수량산출내역서를 작성할 수 있다. 이 내역서는 건축적산의 통칙을 적용하고, 이 기준에서 규정한 사항 이외에 설계도서의 작성에 필요한 사항은 한국산업규격이 정하는 바에 의한다.

7.7 건설공사의 보증과 보험

1. 개요

건설공사보험은 국가계약법 시행령 제53조(손해보험의 가입) 및 건설산업기본법 제56조(손해공제)에 따라 정부발주 공사 등 일부 공사보험에 보험가입 의무화 및 목적물 등에 대한 손해보험으로 운영되고 있다.

이 제도는 손해보험 성격을 갖고 있으며 총공사금액을 기준으로 보험요율이 적용되고 있다. 이와 관계되는 법 규정을 살펴보면, 국가계약법 시행령 제53조제2항 정부입찰계약 중 제1장(공사손해보험 가입 집행), 예정가격 작성기준 제22조(공사손해 보험료), 공사계약일반조건 제10조(손해보험) 등의 법률을 근거로 시행되고 있다. 또한 건설기술관리법 시행령 제37조의 제3항(설계 등 용역업자의 손해배상), 건설기술관리법 제21조제4항(설계 등 용역업자의 보험 또는 공제 가입) 등에는 발주관청이 시행하는 용역사업 이행 시 고의 또는 과실로 인해 당해 목적물 또는 제3자에게 재산상 손해를 끼칠 경우 설계용역업자가 배상하고, 그 배상을 담보하기 위해 보험 또는 공제에 가입하도록 규정되어 있다.

또한 민법 제66조(도급계약의 효력)와 동법 제667조(수급인의 하자담보책임), 민법 제673조(완성 전 도급인의 해제권) 등에는 도급계약의 효력과 수급인의 공사완성 전 발주자의 손해배상은 계약해제 규정과 하자담보책임에 대한 규정이 있다. 하자담보의 책임은 공사목적물의 완성 이전에 성취된 부분에 하자가 발생하면 수급인에게 담보책임을 받을 수 있도록 규정하고 있다.

2. 건설공사보험

건설공사보험은 공사관계자가 건축 및 토목공사 중 현장에서 예기치 못한 돌발적인 사고로 인해 본 공사의 목적물, 공사용 자재, 중장비에 입은 물적 손해와 제3자에 대한 대인 및 대물배상책임손해에 대해 보상받을 수 있는 보험이다.

이 보험은 1995년 국가계약법이 제정되면서 추정가격 기준 일정 공사금액 이상의 공사에 보험가입을 의무화하였으며, 사고발생 시 신속한 피해복구와 적절한 피해보상 및 시공업체의 위험관리비용을 공사원가에 명시적으로 반영하여 건설공사 현장에 위험관리를 향상 시키도록 하는 데 목적이 있다.

국가를 당사자로 하는 계약에 관한 법률 시행규칙 제23조에는 공사보험(건설공사보험 또는 조립보험)의 의무가입 대상을 정하고 있다. 이 보험은 공사의 착공에서 완공 시까지 전 기간에 걸쳐 현장에서 발생할 수 있는 우연하고도 돌발적인 사고로 인해 공사목적물이 생기는 손해를 담보하는 보험이다. 또 공사보험은 보험계약자나 피보험자의 고의, 전쟁 등 약관상 명시된 면책손해를 제외한 전 손해를 담보하는 All Risk 보험으로서 공사내용에 따라 건설공사보험과 조립보험으로 구분한다. 그러나 건설공사와 조립공사가 혼합된 경우에는 건설공사부분과 조립공사부분 중 어느 부분이 전체 공사금액의 50% 이상이 되는가에 따라 보험의 종류가 결정되고 있다.

(1) 건설공사의 위험

건설공사는 많은 인력과 장비 및 자재가 투입되어 광범위한 지역에서 수행되는 사업으로, 공사현장은 안전관리 미비, 설계 및 시공상 오류, 태풍, 폭우, 해일, 지진 등 각종 천재지변 등과 건설기계 조작의 잘못 등으로 인해 다양한 형태의 사고위험이 존재한다. 이러한 위험의 사고유형은 화재, 폭발, 파손, 붕괴, 자연재해, 기계 · 전기적 사고, 도난 등으로 인해 피보험자의 자산이 자재 및 공사물건, 공사수행을 위한 가설물, 구축물, 공사용 기계, 기구, 설비, 집기비품 및 공사현장에 근접한 피보험자의 기존 자산에 손해 등 자산의 위험이 있고, 공사현장에 투입된 사람이 업무 중 사고로 인하여 신체상해나 직업병 등의 손해에 대한 위험과 추락, 낙하비례 정도, 무리한 동작, 충돌, 감전 등의 인적인 위험이 있다.

그리고 공사 자체 또는 공사수행을 위한 구조물의 결함이나 각종 사고로 인하여 공사 현장 주변 타인의 재물이나 신체에 손해를 입힌 경우 시공자나 발주자는 이에 대한 배상비용 등의 비용을 부담하게 되는 배상책임의 위험과 각종 사고의 발생으로 인한 결과로 인한 공사의 중단이나 완공의 지연으로 발주자 등의 예정이익의 감소 또는 고정비용의 계속적 지출을 수반하는 위험이 있다. 이와 같이 위험은 인적, 물적 손해는 물론 제3자에 대한 배상책임손해를 수반하게 된다.

(2) 보험적용 기간

공사보험은 화재보험, 기계보험 등과 같이 1년 또는 2년 등 일정기간으로 정하지 않고 하나의 위험이 특정기간만 존속하는 구간보험으로써 책임개시일에 시작하여 책임종료일에 끝난다. 만약 공사목적물이 2개 이상으로 분리되어 인도되는 경우 각각의 목적물에 대한 책임기간은 각 공사의 목적물이 인도시점에서 보험의 책임이 종료된다. 보험의 적용 시기는 보험증권에 기재된 보험기간의 시기와 작업의 시작 또는 공사자재가 현장에 하역된 시점 중에서 나중에 도래하는 시점이 보험의 시기가 된다. 또 보험의 종기는 보험증권에 기재된 보험기간의 종기와 공사가 완료되었거나 발주자에게 공사목적물이 인도되는 시점 중 먼저 도래하는 시점이 보험의 종기가 된다.

(3) 계약자와 피보험자

보험계약자는 보험계약의 직접적인 당사자로, 원칙적으로 발주자 또는 시공자(통상 공사 원도급업자)가 된다. 하도급업자는 발주자 또는 원도급업자가 보험계약을 체결하지 않거나 하도급 공사계약에 의해 하도급공사의 범위가 명확한 때에 보험계약자가 될 수 있다. 피보험자는 통상 발주자, 시공자 등의 공사관계자로 한다. 공사관계자는 발주자, 도급업자, 하도급업자, 자재의 제작자 또는 공급업자 등 그 대상 범위가 광범위하므로 관계자 상호간의 책임상의 분쟁을 피하기 위하여 포괄적으로 피보험자의 범위에 포함시킨다. 건설공사의 설계자, 컨설팅, 엔지니어 등 전문직업 종사자의 전문직업 수행과 관련된 실수나 오류에 대하여는 전문인 배상책임보험의 영역이므로 피보험자에서 제외된다.

(4) 보험가입금액

재물손해에 대한 보험가입금액은 공사완공 시까지 투입되는 총공사금액이다. 이 금액에도 노무비 및 각종 경비를 포함하며 부가세는 제외된다. 도급공사의 경우 보험가입금액은 도급금액으로 하며, 관급 또는 사급자재비가 있을 경우, 이 금액은 보험가입금액에 포함시킨다.

특히 물가의 상승이나 도급금액의 변동과 같이 보험가입금액에 중대한 변경이 생긴 경우 피보험자는 해당 금액을 보험자에게 통지하여 보험가입금액을 조정할 수 있으며, 사고발생 시 보험가입금액이 완성가액보다 적을 때에는 완성가액에 대한 보험가입금액의 비율에 따라 비례하여 보상하도록 하고 있다. 또 제3자 배상책임공사보험에서 배상책임담보는 공사목적물 자체에 대한 기본담보를 가입하지 않고는 제3자 배상책임담보만을 가입할 수 없다.

배상책임의 보험가입금액은 현장 주변상황을 감안하여 1회의 사고로 발생할 수 있는 예상 최대 손해액으로 설정해야 하나, 공사보험에서는 고액의 보상한도를 제공하지 아니하므로 좀더 완전한 배상책임담보를 위해서는 도급업자 배상책임보험에 가입하는 것이 바람직하다. 그리고 예정이익 상실의 보험가입금액은 예상 매출액에서 변동비용을 공제한 금액으로 순 영업이익과 고정비용을 합한 금액을 말한다. 국내 민간투자사업의 경우에는 일반적으로 이자비용과 고정비용의 합계금액을 가입금액으로 하고 있다. 건설공사보험에서 보험요율의 종류는 협정요율과 구득요율이 있는데, 협정요율은 보험가입금액 1,000억 원 미만의 공사로 금융감독원의 인가를 받아 사용하는 협정 요율표에 의한 보험요율을 말하고, 구득요율은 보험가입금액 1,000억 이상의 대형공사나 협정 요율서에 보험요율이 명기되어 있지 않는 물건에 적용하는 요율이며, 재보험사로부터 요율을 구득받는다. 건설공사보험의 공사유형별 요율수준은 0.20~0.50%로서 공사유형(시설물유형)별 차등화되어 있다.

3. 설계 · 감리 등 용역손해보험

건설기술관리법 제21조(발주청이 시행하는 용역사업) 제4항에 의하면, "설계 · 감리 등 용역업자가 용역계약을 이행함에 있어 고의 또는 과실로 인해 당해 용역목적물 또는 제3자에게 재산상의 손해를 발생하게 한 경우에는 설계 · 감리 등 용역업자가 배상해야 하고, 그 배상을 담보하기 위하여 설계 · 감리 등 용역업자는 보험 또는 공제에 가입하여야 한다."라고 규정하고 있다.

또한 건설기술관리법 시행령 제37조의3(설계 · 감리 등 용역업자의 손해배상) 제1항에서는 법 제21조제4항의 보험 또는 공제가입 기간을 건설공사 착공일로부터 완공일까지로, 가입대상을 건설공사의 기본설계 및 실시설계의 계약금액으로 정하고 있으며, 다만 발주청은 기본설계 및 실시설계를 같은 용역업자가 수행하는 경우에는 기본설계에 해당하는 보험 또는 공제의 가입금액 상당액을 감할 수 있도록 규정하고 있다.

(1) 보험 또는 공제대상

설계 · 감리 용역손해배상보험 또는 공제업무 요령(2001. 12. 15) 제5조에는 보험 또는 공제의 종류를 다음과 같은 경우로 규정하고 있다.

- 기본설계손해보험 또는 공제
- 실시설계보험 또는 공제
- 건설사업관리보험 또는 공제
- 검측감리보험 또는 공제
- 시공감리보험 또는 공제
- 책임감리보험 또는 공제

(2) 보험기간 및 가입금액

'설계 · 감리 용역손해보험'의 보험기간은 건설공사 '착공일로부터 완공일'까지이며 보험책임의 발생시점은 공사 착공일이다. 보험가입금액은 '설계 · 감리 용역계약금액'이며 설계변경 등으로 계약변경이 되는 경우에는 변경된 최종 계약금액을 적용하고 있다. 또 동일한 공사에서 기본설계를 시행한 보험금액 계약자가 실시설계를 시행하는 경우에는 실시설계의 보증금액에 대하여 기본설계의 상당액을 감액한 잔액을 보험가입금액으로 정하고 있다.

(3) 보험요율

'설계 · 감리 등 용역손해보험'의 배상요율은 공사종류별 구간요율, 즉 기본 담보기간요율과 가산요율(표준공사기간 초과기간)을 정하고 있다. 또 기본 담보기간요율은 공사종류별 차등 적용하고 있다.

설계 · 감리 등 용역손해배상 요율서에는 보험가입대상 금액에서 부가가치세와 손해보험료를 제외한 순 용역계약금액을 기준으로 50억 원 미만의 경우는 설계 · 감리 용역손해공제 약관으로 인수하는 요율서에 제시된 요율을 적용하고, 순 계약금액이 50억을 초과하는 경우는 구득요율을 적용하도록 규정하고 있다.

건설공사의 유형별 설계용역손해보험 구간요율 기준은 공사종류별 기본담보기간은 2~5년으로 정하고, 기본설계와 실시설계의 가산율은 기본 담보기간에 따라 정하고 있다.

4. 공사이행보증보험

이행보증보험은 건설공사의 각종 계약에 따른 채무불이행을 보증하는 보험이다. 이행보증증권은 입찰보증금, 계약보증금, 차액보증금, 하자책임보증금, 선급금에 대한 담보, 물품외상판매대금, 기타 각종 지급보증에 대한 담보를 대신하는 이행보증이다. 공사보증보험과 관련한 국가계약법령은 표 7-1과 같다.

표 7-1 건설공사이행보험 관련법령

구 분	국가계약법	국가계약법 시행령	국가계약법 시행규칙	예규 등
입찰보증	제9조	제37조 제38조	제43조 제55조	공사입찰유의서 제7조
계약보증	제12조	제50조 제31조 제52조	제51조 제55조 제66조	공사계약일반조건 제7조제8조
공사이행보증	–	제2조제4항 제52조	제66조	정부입찰 · 계약 집행기준 제10장
선급금보증	–			선급금 지급요령 제2조제3조 정부입찰 · 계약 집행기준 제33조
하자이행보증	제17조 제18조	제60조 제62조	제52조, 제55조 제70조, 제72조	공사계약일반조건 제33조제34조

5. 하자이행보증보험

하자이행보증보험은 도급계약 등 각종 계약의 준공검사 또는 검수 후 하자담보책임기간 동안 하자가 발생할 경우를 고려하여 하자보수 또는 보완을 위해 납부하는 하자보증금을 대신하는 보증보험이다. 즉 보험계약자가 준공검사 또는 검수 후 하자담보책임기간 안에 발생한 하자에 대하여 발주관청으로부터 하자보수 요청을 받고도 보수를 이행하지 않음으로써 발주자가 입은 손해를 보상하는 것이다.

이와 관계되는 법령은 건설산업기본법 제28조(건설공사 수급인의 하자담보책임), 건설산업기본법 시행령 제26조의 2(보험료 등 비용 명시), 국가계약법 시행규칙 제52조(하자보수보증금 납부), 동법 시행규칙 제60조(보증기간중의 의무) 및 동법 시행규칙 제61조(보증보험증권 기간의 연장) 등이 있으며, 국가계약법 시행규칙 제55조(보증증권 등에 의한 보증금 납부)에는 하자보수보증금의 보증기간에 대하여 목적물을 인수한 날과 준공검사를 완료한 날짜 중 먼저 도래하는 날로 하고, 보증기간 만료일을 하자담보책임기간 종료일 이후로 규정하고 있다. 또 건설공사가 준공된 이후 발생하는 하자보수는 그 책임기간이 장기보증금액은 통상 계약금액의 3% 정도로 이루어져 있다.

그러나 하자담보에 대한 책임기간은 공사공종별 1년에서 10년까지 다양하게 선정되어 있다. 이와 관련한 법규는 건설산업기본법 시행령 [별표 4], 국가계약법 시행규칙 [별표 1], 지방계약법 시행규칙 [별표 1]에 각각 규정되어 있다. 건설공사 공종별 하자담보책임기간을 보면 터널, 교량, 댐, 상하수도 발전설비 등 주요 구조부와 대형 공공건축의 공사들은 최하 5년에서 10년까지 비교적 하자담보책임보증기간이 길고 독립공종, 부대공종, 기타 마감공사 등에 해당하는 건축물들은 하자담보책임기간이 1년에서 3년 이하가 대부분이다.

(1) 하자이행보험료

하자이행보증보험료란 계약이행이 완료되어 준공검사 또는 검수가 끝난 하자보증기간 중에 발생하는 하자에 대하여 보험계약자가 하자보수 요청을 받고도 이를 이행하지 아니함으로써 발주자에게 입게 되는 손해를 보상하는 보험료다. 이 보험료는 보험약관에 의거하여 보상하는 범위와 기간에 따라 달라지는데 하자이행보증의 보증기간은 계약의 준공검사 또는 물품검수를 필한 날로부터 하자보수책임이 종료하는 날까지로 정하고 있다.

또한 보험료는 위험보수에 대한 대가로, 보험사업자가 보험계약자로부터 보험가입 금액에 대한 적용보험요율을 곱하여 산출된 금액이다.

일반적으로 적용보험요율은 각 보험상품별 기본요율에 특별약관요율, 할인 · 할증률 등을 감안하여 산출된 요율을 의미한다. 또 기본요율은 보험계약자 신용등급이나 보증내용에 따라 다르나 연 0.131~1.232%로 차등 적용하고 있다.

(2) 하자의 책임

공공건설사업의 공사가 완료되어 발주관청에 인도된 이후 하자가 발생할 경우, 그 수급인(시공자)이 부담할 수 있는 책임은 민법 제66조(수급인의 담보책임) 및 국가계약법 제18조(하자보수보증금액)에 의한 '하자담보책임'과 민법 제390조(채무불이행과 손해배상), 국가계약법 시행령 제52조(공사계약에 있어서의 이행보증)에 의한 '채무불이행책임'으로 이원화되어 있다.

수급인에게 하자담보책임을 부담시킬 경우, 도급인은 하자보수청구권, 손해배상청구권, 계약해제권을 갖지만 목적물이 시설물인 경우는 계약해제권이 없다. 한편, 수급인에게 채무불이행책임을 부담시킬 경우, 도급인은 완전이행청구권, 손해배상청구권, 계약해제권을 갖는다. 이와 같이 하자책임에 대한 해석은 채무불이행책임과 하자담보책임으로 구분되어 적용됨으로써 손해배상문제와 하자의 치유 및 계약해제권의 문제가 따른다. 하자담보책임은 도급계약기간의 연장 시에도 당초 계약기간까지 도급인의 책임으로 인한 하자를 부담해야 하는 문제가 있고, 민법과 국가계약법령에 채무불이행책임을 부담시킬 수 있는 근거 법령으로 인해 채무불이행책임으로만 일원화시킬 필요성이 있다(2001, 조영준).

표 7-2 수급인의 하자담보책임의 비교

<table>
<tr><th colspan="3">구 분</th><th>민 법</th><th>국가계약법</th></tr>
<tr><td colspan="2" rowspan="2">(1) 책임근거</td><td>채무불이행</td><td>제390조</td><td>법 제12조 내지 제15조</td></tr>
<tr><td>하자담보</td><td>제664조, 제667조</td><td>법 제18조</td></tr>
<tr><td colspan="3">(2) 책임내용</td><td></td><td></td></tr>
<tr><td rowspan="4"></td><td rowspan="2">목적물 인도 전</td><td>채무불이행</td><td>완전이행청구, 손해배상청구, 계약해제</td><td>계약보증금 국고귀속, 대가지급 보류, 시정조치, 일반적손해부담(공사목적물, 관급자재, 제3자)</td></tr>
<tr><td>하자담보</td><td>손해배상, 하자보수</td><td>–</td></tr>
<tr><td rowspan="2">목적물 인도 후</td><td>채무불이행</td><td>완전이행청구, 손해배상청구, 계약해제</td><td>계약보증금 국고귀속, 대가지급 보류, 시정조치</td></tr>
<tr><td>하자담보</td><td>손해배상, 하자보수</td><td>하자보수</td></tr>
<tr><td colspan="3">(3) 목적물 인수효과</td><td>완성 전 목적물에 대한 계약해제 가능</td><td>계약의 전부 또는 일부의 해제</td></tr>
<tr><td colspan="3">(4) 발생시점</td><td>목적물 인도일 이후</td><td>전체목적물 인수일 또는
준공검사 완료일 이후</td></tr>
<tr><td colspan="3">(5) 책임요건</td><td>완성 전 성취된 목적물 또는 완성한 목적물의 하자</td><td>인수한 공사목적물 하자</td></tr>
<tr><td colspan="3">(6) 하자보수 이행 지체 시</td><td>명시되지 않음</td><td>인수 전 : 준공기간 이후부터 지체상금 부과</td></tr>
</table>

6. 보험과 보증비교

건설공사보험의 당사자는 보증보험과 같이 기본적으로 발주기관과 계약상대자 및 보험자로 이루어진다. 그러나 이들 간의 권리와 의무의 행사에서는 차이가 발생한다. 즉 보증계약 시 발주기관은 계약상대자가 계약의무를 이행하지 아니할 때 보증인으로 하여금 이행토록 청구할 수 있고, 보증인은 이를 계약상대자로부터 면제받는다. 이에 비해 공사보험은 계약상대자에게 청구된 발주기관의 손해는 보험자에게 전가되고 이를 보험사가 지급하게 된다.

건설공사의 보험과 보증의 차이점을 비교하면 표 7-3과 같다.

표 7-3 보험과 보증의 비교

구 분	보 험	보 증
부보목적	• 보험계약자와 피보험자의 보호	• 채권자(발주기관)의 보호
보상범위	• 보험사고 시 해당 손해액 보상	• 보증사고 시 보증금액 전액귀속
수 익 자	• 보험계약자, 피보험자	• 발주기관에 한정
보 험 료 및 보 증 료	• 보험료는 향후 사고에 대한 보험자의 부담을 감안하여 결정되며 보험계약자의 위험을 보험자에 전가한 대가에 해당	• 보증료는 향후 보증인에게 손실이 없을 것임을 전제로 결정되며 일종의 이자에 해당
피보험자	• 피보험자의 종전사고 기타 특성이 중요한 고려대상임.	• 피보증인은 고려대상이 아님.
구 상 권	• 보험자는 보험금 피보험자에게 지급하였다고 하더라도 보험계약자에 대하여 구상권이 없음.	• 보증인은 보증계약자에게 구상권이 있음.
상호관계	• 보증계약자와 피보험자는 동반자 관계가 있음.	• 보증계약자와 피보증인은 갈등관계에 있음.

7.8 건설공사의 계약변경

1. 설계변경에 의한 변경

(1) 설계변경 사유

설계변경의 사유는 관련법령 및 규정요건에 의거하여 설계도서의 내용이 불분명하거나 누락 · 오류 또는 상호 모순되는 점이 있을 경우, 또는 지질, 용수 등 공사현장의 상태가 설계서와 다를 경우 또는 새로운 기술 · 공법 사용으로 공사비의 절감 및 시공기간의 단축 등의 효과가 현저할 경우와 발주기관이 설계서를 변경할 필요가 있다고 인정할 경우, 기타 대형공사의 설계변경 사유(일괄입찰, 대안입찰)가 발생하는 경우 등이 있다.

여기에서 설계서의 내용이 불분명한 경우는 설계서 내용만으로는 공사시공방법 또는 투입재료 등을 확정할 수 없는 경우를 의미한다. 또 누락 또는 오류라 함은 당해 공사의 목적달성을 위해서는 필수적으로 이행되어야 할 사항이 설계서에 누락되어 있는 경우와 설계 시 그 기준이 되는 관련법령, 표준시방서, 전문시방서, 설계기준 및 지침 등에 상반되거나 상이한 설계내용이 있는 경우를 의미한다.

그리고 상호 모순되는 현장상태란 자연적인 상태와 인위적인 상태로 구분할 수 있는데, 자연적인 상태란 지질, 용수 등 본연적인 지질학적 구조, 인위적인 상태란 지하에 매설된 지장물 등의 구조물을 의미한다.

또한 계약상대자의 신기술 · 신공법 제안에 의한 설계변경을 의미하는 것으로 당초 설계보다 동등이상의 기능 · 효과를 가진 기술 · 공법 및 기자재 등을 사용함으로써 공사비의 절감 및 시공기간의 단축 등에 효과가 현저할 것으로 인정하는 경우, 이상의 기능 · 효과를 가진 기술 · 공법 및 기자재 등을 사용함으로써 공사비 절감이나 시공기간 단축 등 효과를 현저히 인정하는 경우이다.

이와 같은 설계변경 사유가 발생하면 설계변경기준과 절차에 따라 변경을 실시하고, 이에 따른 계약변경을 실시한다.

(2) 설계변경 적용기준

설계변경을 위해서는 해당되는 설계변경 사유는 적용기준에 따라 이러한 변경 사유를 뒷받침할 만한 다음과 같은 근거자료가 구비되어야 한다.

- 설계변경 사유 및 변경시점의 적정성
- 신규비목에 대한 적용 단가의 적정성
- 단순물량 증감에 대한 적용 단가의 적정성
- 협의단가 적용의 적정성
- 제경비율 적용의 적정성
- 수량산출서와 내역서 물량의 적정성
- 변경시점의 노임, 환율, 자재 적용의 적정성
- 설계도면 및 공사시방서 적정성
- 턴키공사 및 대안공사 적용의 적정성
- 공사시행 이전의 설계변경 적정성
- 사전공사에 대한 승인 서류
- 턴키공사 및 대안공사 적용의 적정성
- 사전공사에 대한 승인 서류

(3) 설계변경절차 및 방법

설계변경은 발주기관의 필요에 의한 경우와 현장여건 및 설계서의 내용이 불분명한 경우가 있다. 발주기관의 필요에 의한 경우는 당해 공사의 일부변경이 수반되는 추가공사가 발생하는 경우나 시공방법의 변경, 기타 공사의 적정한 이행을 위한 변경의 경우가 있고, 현장여건 및 설계서의 내용 불분명으로 인한 경우, 설계서의 불분명 · 누락 · 오류 및 설계서 간 상호 모순되거나 지질, 용수 등 공사현장의 상태가 설계서와 다를 경우 또는 공사기간 · 운반거리의 변경 등이 필요한 경우 등이 해당된다.

또한 설계변경의 시기는 원칙적으로 설계변경이 필요한 부분은 이행 전에 명확하게 설계변경사항을 작성하여 공사감독관을 경유하여 계약담당공무원에게 이를 통지해야 한다(공사계약일반조건 제19조의2). 이때 계약담당공무원은 계약대상자로부터 설계변경사항을 통지를 받은 즉시 공사가 적절히 이행될 수 있도록 설계자 의견수렴 및 사실조사 등을 실시하여 설계변경한 부분이 시공 전에 변경계약을 완료해야 한다. 다만, 공정이행의 지연으로 품질저하가 우려되는 등 긴급하게 공사를 수행할 필요가 있을 때에는 계약상대자와 협의하여 설계변경 시기를 정하고 설계변경 완료 전에 우선 시공하게 할 수 있다.

설계변경절차에는 다음 ①에서 ③과 같은 프로세스가 있다.

① 발주자 제의에 의한 설계변경

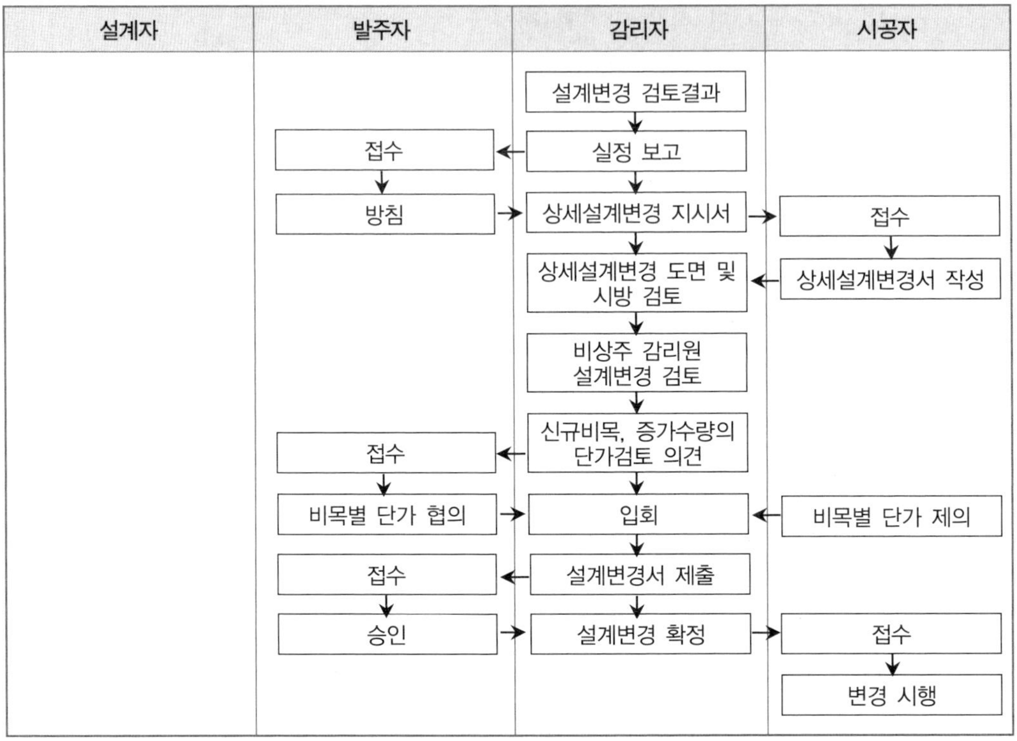

② 감리자 제의에 의한 설계변경

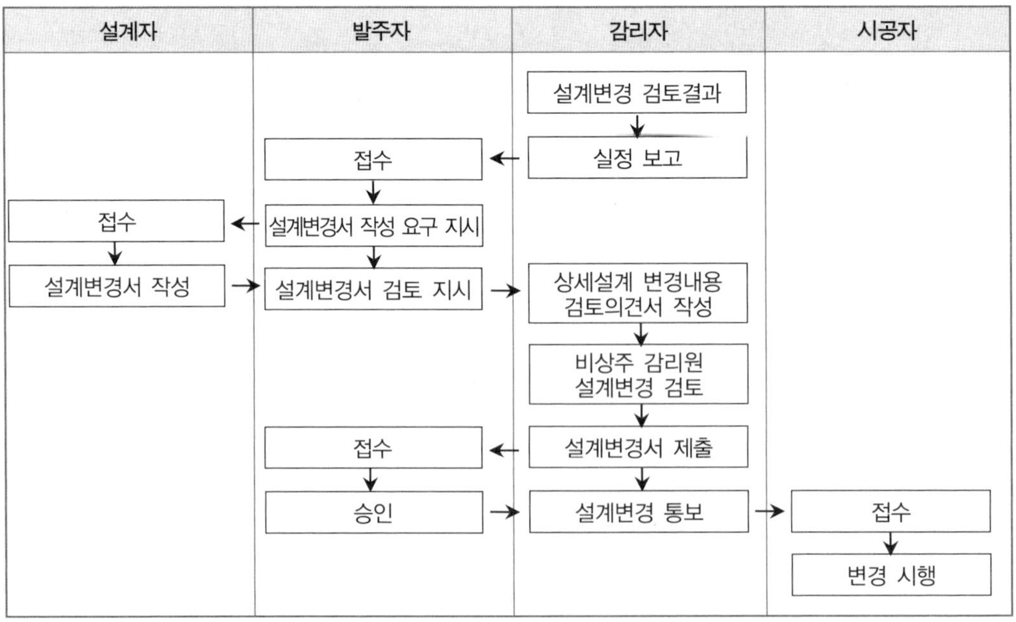

③ 시공자 요청에 의한 설계변경

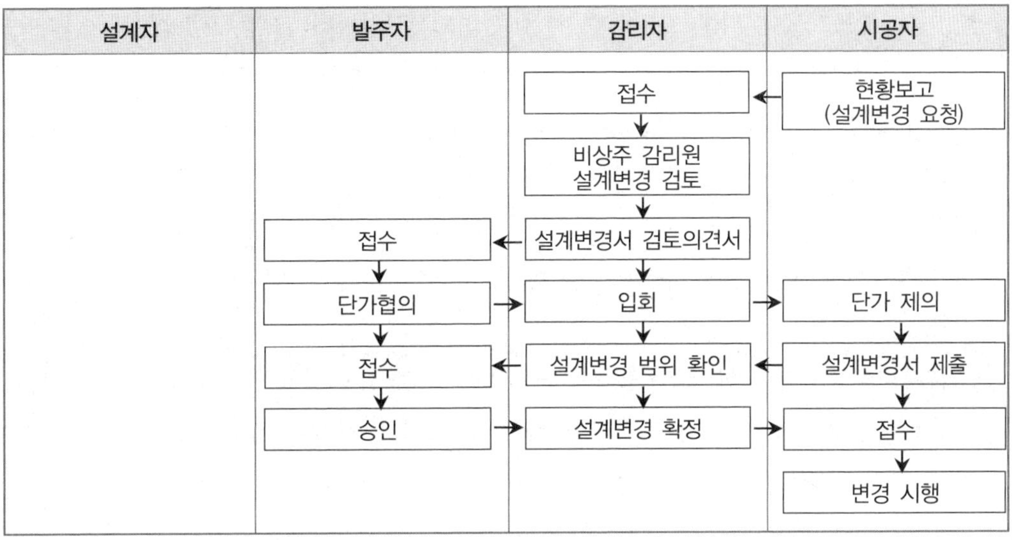

(4) 계약금액 조정

설계변경으로 산출내역서에서 공종, 규격, 수량 등이 변경되는 경우 등 내용에 따라 단가 및 금액을 산출하고 계약금액을 조정한다. 계약금액의 조정은 건설공사 유형에 따라 설계변경 사유와 책임이 누구에게 있는지를 규명하고 증·감 및 신규비목에 대한 단가산출 등이 이루어진다. 국가계약법령상 설계변경으로 인한 계약금액 조정 시 재료비, 노무비 등의 증가분에 대한 간접노무비, 산재보험료 및 안전관리비와 일반관리비, 이윤 등도 재조정하게 된다.

계약금액을 조정하기 위해 계약상대자는 설계변경으로 인한 계약금액 조정 청구를 준공대가지급신청 이전까지는 문서로 발주기관에 반드시 접수해야 하고, 발주기관은 계약상대자의 계약금액 조정 청구를 받은 날부터 30일 이내에 계약금액을 조정해야 한다. 계약담당공무원은 예정가격의 100분의 88 미만으로 낙찰된 공사에 있어서 계약금액을 증액 조정하고자 하는 경우에 증가금액이 당초 계약금액의 100분의 10 이상인 경우에는 소속중앙관서 장의 승인을 얻어야 한다.

2. 물가변동에 의한 계약금액 조정

국가를 당사자로 하는 계약에 관한 법률(이하 '국가계약법'이라 한다)에서 정하고 물가변동으로 인한 계약금액 조정은 공사기간의 장기화로 인한 물가의 변동이 있는 경우에 물가등락을 반영하여 부실시공을 방지하고 품질을 확보하고자 하는 데 목적이 있다. 물가변동자료는 다음 요건이 동시에 성립되는 날(이하 '조정 기준일'이라 한다)에 시행 중인 계약내용을 기준으로 작성해야 하며, 동 요건 중 하나라도 충족되지 않으면 물가변동 요건을 충족한 것으로 볼 수 없다. 물가변동의 요건은 계약체결(장기계속공사는 제1차 계약체결)을 한 날로부터 이행기간이 60일 이상경과(1회 이상 조정한 경우에는 직전 조정일로부터 60일 이상경과)한 경우나 조정 기준일 이후에 이행(준공)될 부분의 계약금액(이하 '물가변동 적용대가'라 한다)이 물가변동으로 인하여 5% 이상 증감되어야 한다.

물가변동자료의 작성 및 제출의 주체는 물가변동으로 인하여 계약금액이 증액되면 계약상대자(시공자)가 작성하여 공사를 관리 · 감독하는 기관에 접수해야 하며, 물가변동으로 인하여 계약금액이 감액되는 경우에는 발주자가 작성하여 발의해야 한다. 물가변동 조정에 필요한 구비요건이 충족되는 최근의 날을 물가변동 조정 기준일로 해야 하며 인위적으로 물가변동 조정 기준일을 택할 수는 없다. 물가변동 조정 기준일은 물가변동 조정 경과기간이 60일 이상 경과한 날로부터 물가변동 등락률이 5% 이상에 가장 근접하는 날을 물가변동 조정 기준일로 해야 한다.

(1) 물가변동 조정방법

물가변동에 의한 계약금액의 조정방법은 국가를 당사자로 하는 계약에 관한 법 시행령(이하 '국가계약법 시행령'이라 한다) 제64조 3항에서 택일(품목조정률 또는 지수조정률)하여 계약서에 명시하도록 규정되어 있으며, 동일한 계약에 대하여 2가지 방법을 동시에 적용할 수 없다. 계약체결 시 조정방법을 명시하지 않았을 경우 쌍방과실로 보아 추후 계약당사자 간에 합의하여 조정방법을 명시할 수 있으며, 조정방법 변경은 조정의 일관성을 유지할 수 없고 당사자 일방에게 유리한 방법으로 운용될 소지가 있어 허용하지 않고 있다. 만약 지수조정률에 의한 물가변동 조정방법을 채택하였다면, 물가변동자료는 계약상대자의 계약금액 산출내역서(이하 '계약내역서'라 한다.)를 기준으로 계약체결 시 계약담당공무원이 분류한 비목 및 산출한 계수로 물가변동을 하도록 회계예규 '지수조정률 산출요령'에 규정되어 있으며, 계약체결 시 계약상대자의 계약내역서를 기준으로 계약담당공무원이 분류한 비목 및 산출한 계수가 없는 경우에는 1차 물가변동 시 계약담당공무원이 분류한 비목 및 산출한 계수로 물가변동을 하도록 하고 있다.

이 경우 계약담당공무원은 계약대상자의 계약내역서로 비목분류 및 계수 산출이 불가한 경우에는 회계예규 '공사계약일반조건' 제52조 및 조달청 '공사계약특수조건' 제16조 제1항제3호의 규정에 따라 비목 군 분류 및 계수산출에 필요한 단가산출서, 일위대가표 등을 제출받아 비목 군 분류 및 계수산출을 할 수 있을 것이며, 계약상대자는 계약내역서의 비목 군 분류 및 계수산출에 필요한 단가산출서, 일위대가표 등을 작성할 때 발주자의 단가산출서, 일위대가표 등을 참고하여 작성할 수 있다. 따라서 이러한 소정의 절차를 밟아서 작성한 물가변동 자료를 제외하고는 조달청의 총사업비 사전검토기준에 따라 당해 공사에서 차지하는 노무비의 비율은 조달청에서 제시한 범위 내로 정하여 과다한 물가변동 조정률이 산출되지 않도록 해야 한다.

계약담당공무원은 예정가격의 100분의 88 미만으로 낙찰된 공사에 있어 계약금액을 증액 조정하고자 하는 경우, 증가금액이 당초 계약금액의 100분의 10 이상인 경우에는 소속중앙관서 장의 승인을 얻어야 한다.

제 8 장

건설공사계약일반조건

8.0 건설공사의 계약일반조건

1. 개요

계약이란 2인 이상의 당사자가 서로 대립하는 의사표시가 합치됨으로써 성립되는 법률적인 행위다. 이는 어떠한 권력이나 강제에 의한 것이 아니라 계약행위를 통하여 당사자 간 법률적인 관계를 규율하는 것이다.

건설공사의 계약은 타 산업 분야에서와는 달리 서비스 생산의 복잡성 및 특수성으로 인해 도급계약의 성질을 갖고 있다. 도급계약에 관한 사항은 특별히 민법에 규정되어 있으나 이러한 규정만으로는 계약의 목적을 실현하는 데에는 어려움이 있다. 따라서 도급계약에 관한 사항은 다른 특별법이나 약관에 의해 보다 세부적으로 규정되어 있다. 즉 건설공사의 도급계약은 건설산업기본법에 규정되어 있다. 그러나 정부공사와 관계되는 실제적인 계약행위에 대해서는 국가계약법에 따라 회계예규인 '공사계약일반조건'이 활용된다. 이는 도급계약의 관계를 보다 더 명확하고 적정하게 하기 위한 것으로서 계약당자 간의 구체적인 권리와 의무관계의 내용을 규율하기 위함이다.

이에 따라 건설공사의 계약에 대하여는 '공사계약일반조건', 용역에 대해서는 '용역계약일반조건'으로 명칭되며, 이 조항은 전문 54개로 구성되고 있다.

건설공사의 계약일반조건은 기획재정부에서 일반화하여 공공공사계약에 활용되고 있는데, 이 조항들은 전통적인 공사계약뿐 아니라 국가를 당사자로 하는 모든 건설공사의 계약일반조건이 포함되어 있어 계약문서로서 중요한 역할을 하고 있다.

본 장에서는 건설공사계약의 일반조건 각 조문에 대한 조항별 개념과 주요 내용에 대하여 설명하고자 한다.

8.1 총칙

제1조 (총칙) 계약담당공무원과 계약당사자는 공사도급표준계약서(이하 "계약서"라 한다)에 기재한 공사의 도급계약에 관하여 제3조의 규정에 의한 계약문서에서 정하는 바에 따라 신의와 성실의 원칙에 입각하여 이를 이행한다.

1. 개요

본 조항은 건설공사계약의 총칙규정으로서 계약당사자 간의 도급계약이 계약서 · 설계서 · 입찰유의서 · 공사계약일반조건 · 수량산출내역서 등이 정하는 바에 따라 신의와 성실로 계약을 이행해야 할 것을 선언적으로 규정하고 있다.

여기에서 기술하는 계약당사자란 발주자인 계약담당공무원과 도급자인 계약상대자를 말하는데 계약담당공무원과 계약상대자의 개념에 대하여는 동조건 제2조에 정의되고 있다. 또 계약담당공무원이라 함은 '국가계약법 시행규칙' 제2조의 규정에 의한 공무원을 말하며, 계약상대자라 함은 정부와 공사계약을 체결한 법인 또는 자연인을 말한다. 일반적으로 건설공사의 도급계약의 경우 발주자를 사업시행자, 도급자를 시공자라고도 하는데 발주자는 공사를 주문하는 자이고 수급자는 공사를 수주하는 자이다. 민간공사계약은 발주자를 도급인으로 계약상대자를 수급인으로 칭한다.

2. 계약당사자의 기본의무

이 조항에서는 계약당사자로서 발주자와 도급자가 부담하고 있는 기본적인 의무를 명확히 하고 있다. 즉 발주자의 의무는 공사대금을 지급하는 것이고 도급자는 설계서에 따른 공사목적물을 완성하여 발주자에게 인도하는 것이다. 여기에서 도급자의 의무는 계약당사자가 기명날인한 공사도급계약서에 설계도면, 시방서에 따라 공사도급계약을 체결하는 것이라고 기재하고 있다. 설계도면이란 공사내용과 수량을 나타내는 것이고 공사시방서는 설계도면에 나타낼 수 없는 공사내용을 상세히 기술하는 것으로서 도급자의 의무를 명확히 하고 있다.

3. 신의성실의 원칙

'신의성실'이란 법률관계의 당사자는 사회공동생활의 일원으로서 상대방의 이익을 배려하여 형평에 어긋나거나 신뢰를 저버리는 행동이나 방법의 권리행사나 의무이행을 하여서는 아니 된다는 것을 말하며, 권리남용 금지의 원칙과 함께 민법을 지배하는 대원칙이다. 또한 판례에서는 이 원칙이 법률관계의 당사자가 상대방의 이익을 배려하여 형평에 어긋나거나 신뢰를 저버리는 내용 또는 방법의 권리행사나 의무이행을 하여서는 아니 된다는 추상적인 규범이다.

즉 국가계약법에는 "계약은 상호간 대등한 입장에서 당사자 간 합의에 따라 체결하여야 하며, 계약의 내용을 신의성실의 원칙에 따라 이를 이행하여야 한다"라고 하고 있으며 건설공사의 도급계약에 관해서는 "건설공사에 관한 도급계약의 당사자는 대등한 입장에서 합의에 따라 공정하게 계약을 체결하고, 신의에 따라 성실하게 계약을 이행하여야 한다."라고 규정하고 있다.

따라서 이 원칙은 계약당사자 간의 행동의 원칙뿐 아니라 법률과 계약해석의 원리로도 작용하고 있다. 즉 상호간 계약관계는 상대방이 계약을 잘 이행할 것이라고 믿음을 주는 것과 동시에 자신도 그 의무와 계약사항을 약속에 의해 준수해야 하는 것이다.

8.2 용어의 정리

제2조 (용어의 정의) 이 조건에서 사용하는 용어의 정의는 다음과 같다.

1. "계약담당공무원"이라 함은 "국가를 당사자로 하는 계약에 관한 법률 시행규칙"(이하 "시행규칙"이라 한다) 제2조의 규정에 의한 공무원을 말한다. 이 경우 각 중앙관서의 장이 계약에 관한 사무를 그 소속공무원에 위임하지 아니하고 직접 처리하는 경우에는 이를 계약담당공무원으로 본다.
2. "계약상대자"라 함은 정부와 공사계약을 체결한 자연인 또는 법인을 말한다.
3. "공사감독관"이라 함은 제16조에 규정된 임무를 수행하기 위하여 정부가 임명한 기술직원 또는 그의 대리인을 말한다. 다만, "건설기술관리법" 제27조의 규정에 의하여 책임감리를 하는 공사에 있어서는 당해 공사의 감리를 수행하는 감리원을 말한다.

4. "설계서"라 함은 공사시방서, 설계도면 및 현장설명서를 말한다. 다만, 공사 추정가격이 1억 원 이상인 공사(제19조제2항제2호 및 제3호에 규정한 공사는 제외)에 있어서 공종별 목적물 물량(가설물의 설치에 소요되는 물량 포함, 이하 같다)이 표시된 내역서를 포함한다.
5. "설계도면"이라 함은 시공될 공사의 성격과 범위를 표시하고 설계자의 의사를 일정한 약속에 근거하여 그림으로 표현한 도서로서 공사목적물의 내용을 구체적인 그림으로 표시해놓은 도서를 말한다.
6. "공사시방서"라 함은 시공될 공사의 성격과 범위를 표시하고 설계자의 의사를 일정한 약속에 근거하여 그림으로 표현한 도서로서 공사목적물의 내용을 구체적인 그림으로 표시해놓은 도서를 말한다.
7. "현장설명서"라 함은 시행령 제14조의2 규정에 의한 현장설명 시 교부하는 도서로서 시공에 필요한 현장상태 등에 관한 정보 또는 단가에 관한 설명서 등을 포함한 입찰가격 결정에 필요한 사항을 제공하는 도서를 말한다.
8. "공종별 목적물 물량내역서"라 함은 공종별 목적물을 구성하는 품목 또는 비목과 동 품목 또는 비목의 규격 · 수량 · 단위 등이 표시되고, 시행령 제14조제1항 및 제2항의 규정에 의하여 입찰공고 후 또는 낙찰자 결정 후 입찰에 참가하고자 하는 자 또는 낙찰자에게 교부된 내역서(이하 "물량내역서"라 한다)를 말한다.
9. "산출내역서"라 함은 시행령 제14조제6항 및 제7항의 규정에 의하여 발주기관이 교부한 물량내역서에 입찰자 또는 계약상대자가 단가를 기재하여 제출한 내역서와 시행령 제85조제2항 및 제3항의 규정에 의하여 제출한 내역서 및 수의계약으로 체결된 공사의 경우 착공신고서 제출 시까지 제출한 내역서를 말한다.
10. 이 조건에서 따로 정하는 경우를 제외하고는 "국가를 당사자로 하는 계약에 관한 법률 시행령", "특정조달을 위한 국가를 당사자로 하는 계약에 관한 법률 시행령 특례규정"(이하 각각 "시행령", "특례규정"이라 한다.), 시행규칙 및 회계예규 공사입찰유의서(이하 "유의서"라 한다)에 정하는 바에 의한다.

1. 해설

건설공사계약에 사용되는 계약서나 설계도서 및 공사시방서 등은 계약목적상 정확한 의미를 전달해주는 것이 중요하다. 계약문서에 약어를 사용하게 되면 그것이 무슨 의미인지 명확하지 않은 경우가 있다. 따라서 대부분의 법률은 용어의 정의를 규정하고 있는데, 이는 계약에 규정된 내용을 올바로 이해하거나 해석함에 있어 그 뜻이 모호하여 법규의 적용 시 상호간의 해석상 충돌을 피하고자 하는 데 의의가 있다.

(1) 계약담당공무원

'계약담당공무원'은 "국가를 당사자로 하는 계약에 관한 법률 시행규칙" 제2조의 규정에 의한 자로서, 계약행위의 주체이자 계약에 대한 권한을 가지고 있는 공무원으로서 계약상 발주자를 대표한다. 이 규정에 의한 공무원의 범위에는 다음과 같은 내용을 포함한다.

① 국가계약법 제6조제1항의 규정에 의한 계약관
② 예산회계법 제65조의 규정에 의한 지출관으로부터 자금을 교부받아 '출납공무원 사무처리 규칙'에 의한 지급원인 행위를 할 수 있는 일상경비출납공무원
③ '예산회계법' 제61조의 규정에 의한 재무관
④ 세입의 원인이 되는 계약에 관한 사무를 각 중앙관서의 장으로부터 위임받은 공무원

만약 중앙관서의 장이 계약에 관한 사무를 그 소속공무원에게 위임하지 않고 직접 처리하는 경우에는 이를 계약담당공무원으로 본다.

(2) 계약상대자

'계약상대자'란 정부와 공사계약을 체결한 자연인 또는 법인으로서 계약 시 당당공무원과 상대적인 위치에 있는 자를 말한다. 이 경우 건설공사에서 계약상대자는 도급자인 건실입자가 되며 용역계약인 경우는 용역회사가 되는데 이를 '계약자'라고도 한다. 일반적으로 건설공사 계약 시 발주자는 '갑'이라 하고 수급자인 '시공자'는 '을'이라 한다. 이에 따라 계약당사자 간의 계약이 체결되면 상호간 계약이행을 위한 책임과 의무가 발생하는데, 시공자는 계약서에 명시된 내용대로 정해진 기간에 공사목적물을 완성해야 하고 발주자는 이와 동시에 공사완성에 따른 공사비를 지급할 의무가 있다.

(3) 공사감독관

공사감독관은 제16조에 규정된 임무를 수행하기 위하여 정부가 임명한 기술직원 또는 그의 대리인이나 '건설기술관리법' 제27조의 규정에 의하여 책임감리를 하는 공사에 있어서는 당해 공사의 감리를 수행하는 감리원을 말한다. 여기에서 공사감독관은 계약

된 공사의 수행에 따라 계약문서에서 정한 공사목적물에 대한 소요품질확보 및 향상을 위하여 공사감독행위를 수행하는 자이다. 공사감독이란 발주자를 대신하여 현장공사를 지휘 · 명령 · 관리하는 자로써 건설공사행위가 부적합하지 않도록 감시하고 필요시 시정조치를 취하는 업무를 담당한다. 한편, 건설기술관리법에 의해 총건설공사비의 규모가 일정규모 이상인 경우 적용되는 책임감리를 수행하는 감리원도 공사감독관이라 부른다.

① **책임감리**

책임감리는 건설기술관리법 제2조제5호의 규정에 의해 건설공사비의 총액규모가 관급자재비를 포함하여 200억 원 이상인 22개의 공종에 대하여 발주청이 발주한 건설공사에 대하여 법 제28조의 규정에 의한 감리전문회사가 위탁에 의해 당해 공사의 설계도서, 기타 관계서류의 내용대로 시공되는지 여부를 확인하고 품질관리, 시공관리, 공정관리, 안전 및 환경관리 등에 대한 기술검토와 지도를 하며 관계법령에 따라 발주청의 감독권한을 대행하는 것을 말한다.

② **공사감리**

공사감리란 건축사감리 및 시공감리를 말하는 것이며 건축물 또는 공작물이 설계도서의 내용대로 시공되는지 여부를 확인하는 것으로서 품질관리, 공사관리, 안전관리, 환경관리 등에 대하여 기술지도 및 감독하는 행위를 말한다.

(4) 설계서

'설계서'란 설계도서라고 하는데 여기에는 공사시방서, 설계도면, 수량산출서, 현장설명서를 모두 포함하는 것을 말한다.

(5) 설계도면

'설계도면'은 공사목적물이 시공될 공사의 내용과 범위를 표시하고 설계자의 의사를 기술적 · 공학적인 그림으로 표현한 도면이다. 설계도면에는 배치도, 평면도, 입면도, 단면도, 상세도와 각 부분별 세부상세도 등이 포함된다.

(6) 시방서

시방서는 설계도면에 표시하기 어려운 내용을 기술한 문서인데 건설공사 수행기준으로 계약문서의 일부가 된다. 시방서에는 표준시방서, 전문시방서, 공사시방서로 분류할 수 있으며 일반시방서와 특기시방서로 구분된다. 시방서의 내용은 공사재료, 공법에 관한 사항과 품질시험 및 검사에 관한 사항, 품질관리계획, 안전관리계획, 환경관리계획 등에 관한 사항을 기술하고 당해 공사의 특성과 현장여건에 따라 시방서의 기술내용은 달라진다.

(7) 현장설명서

'현장설명서'는 발주자가 시공자에게 공사목적물의 실현을 위해 제공하는 공사정보 문서로써, 시공에 필요한 현장상태 등에 관한 정보 또는 단가에 관한 설명서 등을 포함한 입찰가격 결정에 필요한 사항을 제공하는 설명문서를 말한다.

이 문서는 입찰참가자가 공사현장의 여건, 설계의 내용, 공사규모, 시공상의 문제점 등에 대하여 미리 숙지하게 하여 공사내용과 범위 및 공사 중 부담해야 할 위험요인들을 감안하여 적정한 공사비를 산출하게 하기 위한 설명서이다. 국가계약법 시행령 제14조에는 공사목적물의 추정가격이 300억 이상인 공사에 대하여는 반드시 현장설명을 실시하도록 규정하고 있으며, 현장설명 참가 시에는 소정의 국가기술자격을 취득하거나 관계법령에 의하여 기술자로 인정되는 자가 참가할 수 있도록 하고 있다.

(8) 물량내역서

'물량내역서'란 공사목적물의 실현을 위해 구성하는 품목 또는 비목과 동 품목 또는 비목의 규격 · 수량 · 단위로서, 시행령 제14조제1항 및 제2항의 규정에 의하여 입찰공고 후 또는 낙찰자 결정 후 입찰에 참가하고자 하는 자 또는 낙찰자에게 교부된 공사수량내역서를 말한다. 통상적으로 물량내역서는 공사예정가격을 산정하기 위해 발주기관이 공사공종별 수량 및 금액을 산출하는 설계내역서 중 단가 및 금액을 삭제한 일종의 공사내역서다. 이 내역서의 작성자는 대부분 공사목적물을 설계한 설계자나 그로부터 위탁받은 적산전문가들이다.

(9) 산출내역서

'산출내역서'는 발주기관이 입찰자에게 교부한 물량내역서에 입찰자가 단가를 기재하여 제출한 내역서와 수의계약으로 체결된 공사의 경우 착공신고서 제출 시까지 제출한 내역서를 말한다. 산출내역서는 보통 공사목적물의 공사비를 구성하는 상세내역으로서 각 공종별 규격 및 단가, 수량, 금액의 산출내역을 구체적으로 표시한 문서이다.

8.3 계약문서

제3조 (계약문서) ① 계약문서는 계약서, 설계서, 유의서, 공사계약일반조건, 공사계약특수조건 및 산출내역서로 구성되며 상호 보완의 효력을 가진다. 다만, 산출내역서는 이 조건에서 규정하는 계약금액의 조정 및 기성부분에 대한 대가의 지급 시에 적용할 기준으로서 계약문서의 효력을 가진다.

② 계약담당공무원은 "국가를 당사자로 하는 계약에 관한 법령", "공사관계법령" 및 이 조건에서 정한 계약일반사항 외에 당해 계약의 적정한 이행을 위하여 필요한 경우 공사계약특수조건을 정하여 계약을 체결할 수 있다.

③ 제2항의 규정에 의하여 정한 공사계약특수조건에 "국가를 당사자로 하는 계약에 관한 법령", 공사관계법령 및 이 조건에 의한 계약상대자의 계약상 이익을 제한하는 내용이 있는 경우 특수조건의 동 내용은 효력이 인정되지 아니한다.

④ 이 조건이 정하는 바에 의하여 계약당사자 간에 통지문서 등은 계약문서로서의 효력을 가진다.

1. 계약문서란

'계약문서'란 건설공사의 계약과 관련된 문서를 말한다. 계약문서에는 계약서와 설계서, 공사입찰유의서, 과업지시서, 과업설명서, 공사계약일반조건, 공사계약특수조건 및 산출내역서, 통지문서로 구성된다. 여기에서 국가계약법 제11조에 명시된 계약서란 계약의 목적, 계약금액, 이행기간, 계약보증금, 위험부담, 지체상금 기타 필요한 사항을 명확히 기재한 계약서류로써 계약담당공무원과 계약상대자가 계약서에 기명날인함으로써 계약이 확정된다.

공사계약일반조건에는 공사의 착공, 반입재료의 검사, 계약금액의 조정, 계약의 해제, 위험부담 등 건설공사계약체결 시 발주자와 계약상대자 간 권리와 의무사항에 대하여 규정한 문서이다. 또한 공사계약특수조건은 공사의 계약문서의 하나로, 계약일반조건의 변경이나 상세한 설명이 담긴 계약서류이며 주로 공사 요구조건, 제한사항 및 특별한 공사 요구사항 및 준수사항을 말한다.

8.4 사용언어

제4조 (사용언어) ① 계약을 이행함에 있어서 사용하는 언어는 한국어로 함을 원칙으로 한다.

② 계약담당공무원은 계약체결 시 제1항의 규정에도 불구하고 필요하다고 인정하는 경우에는 계약이행과 관련하여 계약상대자가 외국어를 사용하거나 외국어와 한국어를 병행하여 사용할 수 있도록 필요한 조치를 할 수 있다.

③ 제2항의 규정에 의하여 외국어와 한국어를 병행하여 사용한 경우 외국어로 기재된 사항이 한국어와 상이할 때에는 한국어로 기재한 사항이 우선한다.

1. 언어의 사용

사용언어에 관한 조항은 계약이행을 위하여 주고받는 문서를 한국어로 사용하는 것을 정하고 있다. 이 장의 제1항에서 "계약을 이행함에 있어서"란 단순하게 계약서만을 의미하지 않고, 계약관련 문서 이외에도 현장 공사업무 수행의 전 과정에서 계약당사자가 주고받는 모든 업무 및 정보의 교환 등도 한국어로 사용한다는 의미를 지니고 있다.

그러나 국가계약법에 따라 국제입찰에 의한 정부조달계약의 범위가 결정되는 경우에는 외국어를 사용할 수 있다. 즉 물품 · 공사 · 용역의 계약으로써 정부조달협정 및 이에 근거한 국제규범에 따라 주무부처 장관이 정하여 고시하는 금액 이상의 계약인 경우에는 국제입찰에 의한 정부조달계약의 대상이 된다. 이러한 경우에는 외국어를 사용할 수 있는데, 용역계약의 일반조건에서도 "필요하다고 인정하는 경우에는 계약이행과 관련하여 계약상대자가 외국어를 사용하거나 외국어와 한국어를 병용하여 사용할 수 있도록 필요한 조치를 할 수 있다."라고 규정하고 있다.

이러한 경우에도 한국어와 외국어의 의미에 차이가 있을 경우에는 그 효력에 있어서 한국어가 우선한다는 것을 선언하고 있다. 특히 국제입찰에 의한 입찰공고 시에는 계약의 목적물과 입찰서, 입찰참가자 신청서 제출마감일, 발주기관의 명칭 및 주소 등은 영어 · 프랑스어 · 스페인어 중 하나를 선택하여 입찰공고문 하단에 기재하도록 규정하고 있다.

8.5 통지 등

제5조 (통지 등) ① 구두에 의한 통지 · 청구 요구 회신 승인 또는 지시(이하 "통지 등"이라 한다)는 문서로 보완되어야 효력이 있다.

② 통지 등의 장소는 계약서에 기재된 주소로 하며, 주소를 변경하는 경우에는 이를 즉시 계약당사자에게 통지하여야 한다.

③ 통지 등의 효력은 계약문서에서 따로 정하는 경우를 제외하고는 계약당사자에게 도달한 날로부터 발생한다. 이 경우 도달일이 공휴일인 경우에는 그 익일부터 효력이 발생한다.

④ 계약당사자는 계약이행 중 이 조건 및 관계법령 등에서 정한 바에 따라 서면으로 정당한 요구를 받은 경우에는 이를 성실히 검토하여 회신하여야 한다.

1. 개요

이 조항 및 용역계약일반조건 제6조(통지 등)의 사항은 구두에 의한 통지 등은 반드시 문서로 보완되어야 효력이 있다는 서면주의를 나타내고 있다. 즉 계약이행 시 통지, 신청, 청구, 요구, 회신, 승인, 지시 등은 일일이 서면으로 하기는 어려운 일이긴 하나 한번 분쟁이 발생하면 통지 등을 하였는가의 여부가 중요한 판단의 기준이 된다. 만약 구두로 하였을 경우에는 이를 제3자에게 증명하기에는 설득력이 없기 때문에 반드시 문서로 행할 것을 천명하고 있다. 그러나 비록 구두로 행한 통지행위에 있어서도 충분한 증명이 확보되는 경우에는 유효한 행위로 인정된다.

2. 도급계약서 명시사항

건설사업은 다른 산업에 비해 건설생산에 소요되는 기간이 길고 공사관계 당사자인 시공업체 · 외주업체 등과의 계약관계가 복잡하므로 명확한 계약관련 근거서류가 구비되지 않고는 이로 인한 분쟁이 야기될 가능성이 있고 이를 해결하는 방법도 복잡해질 수 있다. 이에 따라 건설산업기본법 제22조에는 "건설공사에 관한 도급계약당사자는 그 계약체결에 있어서 도급금액 공사기간 기타 대통령령이 정하는 사항을 계약서에 명시하여야 하며, 서명 · 날인한 계약서를 서로 교부하여 보관하여야 한다."라고 규정하고 있다(건설산업기본법 제22조 영제25조). 이 법의 제22조제2항에는 건설공사의 도급계약서에 명시해야 할 사항을 다음과 같이 정하고 있다.

(1) 공사내용
(2) 도급금액 중 노임(인건비)에 해당하는 금액
(3) 공사착수와 공사완성 시기
(4) 도급금액의 선금이나 기성금의 지급에 관하여 약정을 한 경우에는 각각 그 지급의 시기 · 방법 및 금액
(5) 공사의 중지, 계약의 해제나 천재지변의 경우 발생하는 손해부담사항
(6) 설계변경 · 물가변동 등에 의한 도급금액 또는 공사내용의 변경사항
(7) 법 제34조제2항의 규정에 의한 하도급대금지급보증서의 교부에 관한 사항(하도급 계약 시)
(8) 법 제35조제1항의 규정에 의한 하도급대금의 직접지급 사유와 그 절차
(9) '산업안전보건법' 제30조에 따른 산업안전보건관리비 지급에 관한 사항
(10) 당해 공사 시 발생된 폐기물의 처리방법과 재활용에 관한 사항
(11) 완성 후 인도를 위한 검사 및 그 시기
(12) 계약이행 지체의 경우 위약금 지연 이자의 지급 등 손해배상청구에 관한 사항
(13) 하자담보책임기간 및 담보방법
(14) 분쟁발생 시 해결방법에 관한 사항

3. 통지의 유형

건설공사 계약일반조건에 포함되어 있는 통지 등의 종류는 다음과 같다.

표 8-1 통지의 종류

유 형	관 련 조 항
(1) 통지	• 제13조제3항(잉여 관급자재의 발주기관에 통지) • 제14조제1항(공사현장대리인의 통지) • 제19조의2 제1항(설계변경 시 통지) • 제19조의5(발주기관의 필요에 의한 설계변경 통보 및 통지) • 제22조의 제6항(보완을 완료한 사실의 통지 등
(2) 신청	• 제43조제3항(기성대가지급청구를 위한 검사 신청)
(3) 청구	• 제7조제1항(계약보증금 반환청구) • 제18조제2항(휴일 및 야간작업 시 추가비용 청구) 등
(4) 요구	• 제7조제2항(계약보증금 대체납부 요청) • 제8조제3항(계약보증금 납입 요청) 등
(5) 회신	• 제5조(통지 등에 대한 검토회신)
(6) 승인	• 제18조제1항(휴일 및 야간작업의 승인)
(7) 지시	• 제13조제3항(관급자재에 대한 지시) • 제17조제5항(공사추진에 필요한 조치 지시)

8.6 채권양도

제6조 (채권양도) ① 계약상대자는 이 계약에 의하여 발생한 채권(공사대금청구권)을 제3자에게 양도할 수 있다.

② 계약담당공무원은 제1항의 규정에 의한 채권양도와 관련하여 적정한 공사이행목적 등 필요한 경우에는 채권양도를 제한하는 특약을 정하여 운용할 수 있다.

1. 해설

계약에 의해 수행되는 건설공사는 그 수행과정에서 예기치 못한 사정으로 인해 시공자가 부도를 내거나 계속적으로 공사를 수행하기 어려운 상황이 발생할 수 있다. 이 경우 채권의 양도를 허용하지 않으면 발주자가 손해를 볼 수 있는 우려가 있다. 그러나 계약관계의 상황을 무조건 제3자에게 양도를 허용하게 할 경우 또 다른 문제들이 발생할 수 있다. 따라서 양도금지에 대한 특약을 정하여 이를 허용하고 있다. 여기에서 채권의 양도란 계약에 의한 채권의 동질성을 유지하면서 다른 사람에게 이전하는 행위이다. 즉 제6조(채권양도) 조항은 계약에 의해 발생한 채권을 제3자에게 양도할 수 있도록 허용하고 있다. 이는 민법에서 인정하고 있는 조항으로써(민법 제449조 내지 452조) 보통 양도와 양수인의 합의에 의해 그 효력이 발생하지만, 양도의 효력을 제3자에게 주장하기 위해서는 다음과 같은 요건이 필요하다.

(1) 채무자를 상대로 주장하려면 양도가 있었다는 것을 양도인으로부터 채무자에게 통지하거나 채무자가 그것을 승낙해야 한다.

(2) 채무자 이외의 제3자에게 주장하려면 통지나 승낙을 내용증명우편 등과 같은 확정일부가 있는 증서로 해야 한다.

8.7 계약보증금

제7조 (계약보증금) ① 계약자는 이 조건의 규정에 의하여 계약금액이 증액된 경우에는 이에 상응하는 금액의 계약보증금을 시행령 제50조 및 제52조에 정한 바에 따라 추가로 납부하여야 하며, 계약금액이 감액된 경우에는 이에 상응하는 금액의 계약보증금을 반환청구할 수 있다.

② 계약담당공무원은 시행령 제1항의 규정에 의하여 계약이행을 보증한 경우로써, 다음의 각 호에 해당하는 때에는 1회에 한하여 계약이행보증방법을 변경하게 할 수 있다.

1. 시행령 제52조제1항제1호의 규정에 의하여 계약이행을 보증한 계약당사자가 동항 제2호 및 제3호의 규정에 의한 보증이행방법으로 변경을 요청한 경우
2. 시행령 제52조제1항제2호의 규정에 의하여 계약이행을 보증한 계약상대자가 동항 제3호의 규정에 의한 보증이행방법으로 변경을 요청한 경우
3. 시행령 제52조제1항제3호의 규정에 의하여 계약이행을 보증한 계약당사자가 동항 제2호의 규정에 의한 보증이행방법으로 변경을 요청한 경우

③ 계약담당공무원은 시행령 제37조제2항제2호의 규정에 의한 유가증권이나 현금으로 납부된 계약보증금을 계약상대자가 특별한 사유로 시행령 제37조제2항제1호 내지 제5호에 규정된 보증서 등으로 대체 납부할 것을 요청한 때에는 동 가치 상당액 이상으로 대체납부하게 할 수 있다.

1. 개요

국가계약법 제12조 및 동법 시행령 제50조에 의하면 계약을 체결하고자 하는 자는 계약체결 전까지 계약서에 정한 계약보증금을 현금 또는 기타의 수단으로 계약담당공무원에게 납부하도록 하고 있다. 이는 계약의 채무불이행에 대비하여 계약보증에 관한 사항으로서 계약금액의 증감에 따라 계약보증금도 추가되거나 반환청구할 수 있도록 규정한 것이다.

2. 보증이란

보증채무란 채무자가 그 채무를 이행하지 않을 경우 이를 대신하여 채무를 이행하도

록 하기 위해 보증인이 채무를 부담하는 것이다. 따라서 보증이란 법률상의 채무불이행에 대하여 책임을 지는 것이며, 채무불이행에 대비하여 채무자가 채권자에게 계약보증금을 미리 제공하여 채무의 변제를 확보하는 데 사용하는 수단이다. 따라서 보증은 발주자와 시공자에 의해 보증인의 관계를 형성하여 계약 시 계약의무 이행자는 수급자인 시공자이며 발주자는 시공자의 채무이행에 대한 채권자이다. 계약보증은 발주자로부터 수급받은 시공자가 계약조건에 따라 계약상의 책임과 의무를 성실하게 수행할 것을 보증하는 것이며, 계약사항을 이행하지 않을 때에는 계약조건이나 보증서에 정하는 바에 따라 보증의무를 이행하게 된다.

8.8 계약보증금의 처리

제8조 (계약보증금의 처리) ① 계약당사자가 정당한 이유 없이 계약상의 의무를 이행하지 아니할 때에는 계약보증금을 국고에 귀속한다.

② 제1항의 규정은 시행령 제69조의 규정에 의한 장기계속공사계약에 있어서 계약상대자가 2차 이후의 공사계약을 체결하지 아니한 경우에 이를 준용한다.

③ 시행령 제50조제10항의 규정에 의하여 계약보증금 지급각서를 제출한 경우로써, 계약보증금의 국고귀속 사유가 발생하여 계약담당공무원의 납입요청이 있을 때에는 계약상대자는 당해 계약보증금을 지체 없이 현금으로 납부하여야 한다.

④ 제1항 및 제2항의 규정에 의하여 계약보증금을 국고에 귀속함에 있어서 그 계약보증금은 이를 기성부분에 대한 미지급액과 상계처리할 수 없다. 다만, 계약보증금의 전부 또는 일부를 면제받은 자의 경우에는 국고에 귀속되는 계약보증금과 기성부분에 대한 미지급액을 상계 처리할 수 있다.

⑤ 계약상대자가 납부한 계약보증금은 계약이 이행된 후 계약상대자에게 지체 없이 반환한다.

1. 해설

이 조항은 계약상대자(시공자)가 정당한 사유 없이 계약상 의무를 이행하지 않거나,

국가계약법 시행령 제69조의 규정에 의한 장기계속공사계약에 있어서 계약상대자가 2차 공사의 계약을 체결하지 않는 경우 계약보증금을 국고에 귀속하거나 계약이행 완료 후 반환하는 방안을 담고 있다. 여기에서 계약상대자의 정당한 사유란 계약상대자의 책임이 아닌 사유를 말하고, 계약상의 의무란 계약서에 따라 공사를 수행해야 할 의무를 말한다.

또한 장기계속공사란 그 공사의 성질상 수년간 계속하여 존속할 필요가 있거나 공사이행기간이 장기간을 요하는 경우에 체결하는 계약으로서 사업의 규모, 내용 등이 설계서 등에 의해 확정되었으나 예산확보의 불확실성이나 또는 국고채무 부담행위에 의한 경우에는 연차별로 준공처리해야 하며, 이 경우 지체상금도 연차별로 산정하여 부과하게 된다.

8.9 연대보증인의 자격

제9조 (연대보증인 등의 자격) ① 시행령 제52조의 규정에 의한 연대보증인 및 보증이행업체는 다음의 각 호에 해당하는 자격을 갖추고 있어야 하며, 계약담당공무원은 연대보증인 및 보증이행업체의 적격여부를 심사하기 위하여 계약상대자에게 관련 자료의 제출을 요구할 수 있다.

1. "독점규제 및 공정거래에 관한 법률"에 의한 계열회사가 아닌 자
2. 시행령 제76조의 규정에 의한 입찰참가자격 제한을 받고 그 제한기간 중에 있지 아니한 자
3. 시행령 제13조의 규정에 의한 입찰공고 등에서 정한 입찰참가자격과 동등 이상의 자격을 갖춘 자
4. 시행령 제13조의 규정에 의한 입찰의 경우에는 입찰참가자격 사전심사기준에 따른 입찰참가에 필요한 종합평점 이상이 되는 자

② 계약담당공무원은 제1항의 규정에 의하여 연대보증인 및 보증이행업체로 된 자가 부적격하다고 인정되는 때에는 계약상대자에게 연대보증인 및 보증이행업체의 변경을 요구할 수 있다.

③ 시행령 제52조제1항제3호의 규정에 의한 공사이행보증서의 제출 등에 대하여는 제1항 및 제2항외에 회계예규 "정부입찰 · 계약 집행기준" 제10장(공사의 이행보증제도 운용)에 정한 바에 의한다.

1. 연대보증이란

이 조항은 연대보증인의 자격에 관한 규정으로, "연대보증"이란 보증인이 채권자에 대하여 주 채무자와 연대하여 채무를 부담함으로써 주 채무의 이행을 담보하는 일종의 보증채무이다. 따라서 연대보증은 보증인이 주 채무자와 연대하여 채무를 부담하는 보증으로써 주 채무가 성립되지 않으면 연대보증도 성립되지 않는다. 그러나 다른 보증채무와는 달리 연대보증인은 최고나 검색의 항변권이 없으므로 채무자는 주 채무자의 자금력의 유무에 불문하고 즉시 연대보증인에게 청구하고 강제집행을 할 수 있다.

2. 연대보증인 등의 자격

연대보증인의 자격은 '국가계약법 시행령' 제36조의 입찰공고 등에서 요구한 자격과 동등한 자격을 갖춘 자여야 한다. 또 기타의 연대보증인에 관한 필요사항은 기획재정부령으로 정하고 있다(국가계약법 시행령 제52조제3항).

또한 연대보증인과 보증이행업체는 다음의 각 호에 해당하는 자격을 갖추어야 한다(국가계약법 시행령 제52조).

(1) 독점규제 및 공정거래에 관한 법률에 의한 계열 회사가 아닌 자
(2) 입찰참가자격 제한을 받고 그 제한기간 중에 있지 아니한 자
(3) 입찰공고에 정한 입찰참가자격과 동등이상의 자격을 갖춘 자
(4) 입찰참가자격 사전심사기준에 따른 입찰참가에 필요한 종합평점 이상인 자

3. 연대보증인의 권리와 의무

(1) 연대보증인의 의무

발주기관의 담당공무원은 계약상대자가 계약상 의무를 이행하지 아니할 경우 그 의무를 이행할 것을 청구하게 되는데, 이때 계약상 의무불이행의 사유가 되는 계약의 해제나 해지 사유가 발생한 때에는 연대보증인에게 해당 공사를 완성할 것을 청구할 수 있다.

이에 따라 연대보증인이 주 계약자를 대신하여 해당 공사를 완성할 것을 청구받으면 지체 없이 이행해야 한다.

(2) 연대보증인의 권리

만약 연대보증인이 주 계약자 대신 건설공사의 보증시공을 이행한 경우는 본 공사의 계약금액 중 보증이행부분에 상당하는 금액을 발주처에 직접적으로 청구할 수 있는 권리가 있다. 또 연대보증인은 원계약자를 대신하여 연대보증인의 자격으로 하자보수의무를 이행한 경우, 발주처가 하자보수보증금을 반환할 때 연대보증인의 보증이행부분에 상당하는 금액에 대하여 계약목적물의 주무관청에 직접 청구할 수 있다.

4. 공사이행보증

'공사이행보증'이란 계약상대자가 부도 등으로 공사를 이행할 수 없는 경우 공사이행보증서를 발급한 기관이 업체를 선정하여 책임시공을 하게 하는 제도이다.

이 제도의 운영요령은 '국가계약법 시행령' 제52조제1항제3호 및 제7항의 규정에 의한 공사이행보증서의 제출과 '국가계약법 시행규칙' 제66조의 규정에 의한 보증이행과 관련된 사항을 정하고 있다. 만약 국가기관과 체결한 공사계약이 계약상대자에 의해 계약상 의무를 이행하지 않아 회계예규 '공사계약일반조건' 제48조의 규정에 의하여 연대보증인이 보증시공을 청구받은 경우, 보증인은 그 보증의무를 갖게 된다.

8.10 손해보험

제10조 (손해보험) ① 계약상대자는 당해 계약의 목적물 등에 대하여 손해보험(건설산업기본법 제56조제1항제5호에 따른 손해공제를 포함한다. 이하 이 조에서 같다.)에 가입할 수 있으며, 시행령 제78조 및 시행규칙 제23조제1항에 규정된 공사에 대하여는 특별한 사유가 없는 한 계약목적물 및 제3자 배상책임을 담보할 수 있는 손해보험에 가입하여야 한다.

② 계약상대자는 제1항의 규정에 의한 보험가입 시 발주기관, 계약상대자, 하수급인 및 당해 공사의 이해관계인을 피보험자로 하여야 하며, 보험사고 발생으로 발주기관 이외의 자가 보험금을 수령하게 될 경우에는 발주기관의 장의 동의를 받아야 한다.
③ 계약목적물에 대한 보험가입금액은 공사의 보험대상 부분의 순 계약금액(계약금액에서 부가가치세와 손해보험료를 제외한 금액을 말하며, 관급자재가 있을 경우에는 이를 포함한다. 이하 같다)을 기준으로 한다.
④ 제4항의 규정에 의한 보험가입은 공사착공일(손해보험 가입비대상 공사가 포함된 공사의 경우에는 손해보험 가입대상 공사 착공일을 말함) 이전까지 하고, 그 증서를 착공신고서 제출 시(손해보험 가입비대상 공사가 포함된 공사일 경우에는 손해보험 가입대상 공사 착공 시) 발주기관에 제출하여야 하며, 보험기간은 당해 공사착공 시부터 발주기관의 인수 시(시운전이 필요한 경우에는 시운전시까지 포함한다)까지로 하여야 한다.
⑤ 계약상대자는 손해보험 가입 시 제48조의 규정에 의하여 연대보증인 또는 보증기관이 시공하게 될 경우 계약상대자의 보험계약상의 권리와 의무가 연대보증인 또는 보증기관에 승계될 수 있도록 하여야 하며, 제44조 내지 제46조의 규정에 의하여 계약이 해제 또는 해지된 후 새로운 계약상대자가 선정될 경우에도 계약상대자의 보험계약상의 권리와 의무가 새로운 계약상대자에게 승계될 수 있도록 하여야 한다.
⑥ 계약상대자는 발주기관이 작성한 예정가격조서상의 보험료 또는 계약상대자가 제출한 입찰금액 산출내역서상의 보험료와 계약상대자가 손해보험회사에 실제 납입한 보험료 간의 차액발생을 이유로 보험가입을 거절하거나 동 차액의 정산을 요구하여서는 아니 된다.
⑦ 계약상대자는 보험가입 목적물의 보험사고로 보험이 지급되는 경우 동 보험금을 당해 공사에 우선 사용하여야 하며, 보험금 지급이 지연되거나 부족하게 지급되는 경우에도 이를 이유로 피해복구를 지연하거나 거절하여서는 아니 된다.
⑧ 제1항 내지 제7항에 규정한 사항 이외 손해보험과 관련된 기타 계약조건은 회계예규 "정부입찰 · 계약 집행기준" 제11장(공사의 손해보험가입 업무집행)에 정한 바에 의한다.

1. 손해보험이란

이 조항은 건설공사 중 예기치 못한 공사목적물에 대한 손해가 발생하는 경우 이를 담보하기 위한 손해보험의 가입에 대한 규정으로써 보험의 가입방법과 보험금의 사용 및 집행방법을 기술하고 있다.

손해보험이란 보험자가 사고발생으로 생기는 손해를 전보할 것을 약정하고 보험계약자가 이에 보험료를 지불할 것을 약정하는 보험을 말하며 건설공사의 경우 건설공사보험이라 한다.

2. 보증과 보험

건설공사의 보증과 보험은 부보목적과 수익자 및 위험의 증가 등에서 차이가 있다.

표 8-2 보증과 보험의 비교

구 분	보 증	보 험
부보의 목적	• 보증계약자에게 보증금을 지급하지 아니함 • 발주처 보호의 목적	• 특정 손해인에 대하여 보험계약자 또는 피보험자에게 손해액 지급 • 시공자 공동보호 목적
특정 손해보상 여부	• 특정 손해 고려 없음	• 특정 손해에 대한 보상
수익자	• 공사계약 발주자	• 보험계약자, 피보험자
위험의 전가	• 시공자의 책임을 보증인이 대행	• 시공자의 발주처에 대한 책임을 보험자에게 전가

3. 보험제도 현황

현재 건설업에 도입되어 운영되고 있는 보험제도는 '건설공사보험'과 '설계 · 감리 용역손해보험', '하자이행보증보험' 등이 있으며, 또한 신기술의 보험적용을 벤치마킹하고자 하는 제조업의 '제품성능보증보험' 제도가 있다.

'건설공사보험'은 국가계약법 시행령 제53조(손해보험의 가입) 제1항 및 제2항에 규정되어 있으며, '설계 · 감리 용역손해보험'은 건설기술관리법 제21조(발주청이 시행하는 용역 사용) 제4항과 동법 시행령 제37조의 3(설계 등 용역업자의 손해배상)의 제1항에 보험 또는 공제에 관한 규정이 있다. 또 '하자이행보증보험' 국가계약법 제60조(공사계약의 하자담보책임기간) 제1항, 동법 제62조(하자보수보증금) 제1항, 제2항, 제3항 및 동법 시행규칙 제70조(하자담보책임기간)에 규정되어 있으며, '제품성능보증보험'은 '중소기업 진흥 및 제품구매에 관한 법률' 제19조(중소기업 제품 등에 대한 우선구매), 제22조(성능보험사업 실시), 동법 시행령 제14조의 4(성능보증사업의 담보범위 운영 등)에 근거규정을 두고 있다.

(1) 건설공사보험

건설공사보험은 건설공사 과정에서 우연한 사고로 인해 발생한 손해에 대하여 원상회복에 필요한 비용을 보상하기 위한 보험이다. 이 보험은 1995년 국가계약법이 제정되면서 모든 건설공사를 대상으로 하고 있으며, 공사규모가 300억 이상의 대안 · 일괄입찰공사이거나 공사규모가 200억 원 이상 입찰자격 사전심사(PQ) 적용대상 공사는 이 보험의 가입을 의무화하고 있다. 이 보험제도의 도입목적은 건설공사 중 사고발생 시 신속한 피해복구와 적절한 피해보상에 있으며, 건설업체의 위험관리비용을 공사원가에 명시적으로 반영하여 공사현장의 위험관리능력을 향상시키도록 하는 데 있다.

이 보험은 보험계약자나 피보험자의 고의, 전쟁 등 약관상 명시된 면책손해를 제외한 전 손해를 담보하는 All Risk 보험으로, 공사내용에 따라 공사보험과 조립보험으로 구분하고 있다. 건설공사보험은 토목, 건축공사장에 있는 공사목적을 공사용 재료 가설물 등에 생긴 사고로 인한 손해를 보상하는 보험이고, 조립보험은 각종 기계, 설비장비, 탱크, 철탑, 교량 등 강구조물의 조립공사 시 발생하는 손해를 보상하는 보험이다. 건설공사와 조립공사가 혼합된 경우는 이 두 공사금액 비율 중 어느 것이 전체 공사금액의 50% 이상이 되는가에 따라 보험의 종류가 결정된다. 건설공사보험과 조립보험을 비교하면 표 8-3과 같다.

표 8-3 공사보험과 조립보험

구 분	공 사 보 험	조 립 보 험
설계 및 제작자 결함	• 보통약관상 설계결함 담보 • 재질 및 제작결함으로 인한 간접적인 손해담보 • '설계결함특약' 첨부 시 간접 손해담보	• 보통약관상 설계, 재질, 주조결함 및 제작결함으로 인한 손해담보 • 제작자 결함담보 첨부 시 간접적인 손해담보
주위 재산손해	• 보통약관상 면책 • 주위재산담보특약으로 담보가능	• 주위재산 보상한도액을 설정하여 재물손해 가입액에 포함하여 담보 가능
진동, 지지대 철거로 인한 손해	• 보통약관상 면책 • 특별약관을 첨부하여 면책 가능	• 보통약관상 담보 가능
시운전 기간 중 위험	• 기계 및 설비 시운전 특약을 첨부하여 담보 가능	• 4주간의 시운전 기간을 보통약관상에서 기본담보

① 약관의 구성

건설공사보험은 건축공사의 발주자, 시공자, 기타 공사관계자가 각종 공사 중에 예기치 못한 돌발적인 사고로 인해 본 공사의 목적물, 공사용 자재, 가설 공사,

공사용 중장비 등에 입은 물적 손해와 제3자에 대한 대인 · 대물배상책임손해 및 예정이익 상실의 위험을 종합적으로 보상받을 수 있는 보험으로써 각종 토목공사, 수해구조물공사, 도로 및 철도 건설공사 및 건축공사를 가입대상으로 하고 있다. 이 보험의 약관 구성은 표 8-4와 같이 보통약관과 특별약관으로 구분되는데 보통약관은 기본담보와 선택담보로 구분하고 특별약관은 주위재산, 설계결합, 확장유지 담보 등이 있다.

표 8-4 건설공사 보험약관의 영역

<table>
<tr><td rowspan="3">보통약관</td><td>기본담보</td><td>물적손해담보</td><td>• 공사목적물 자체에 대한 손해
• 공사용 가설물(가설사무소 등) 물적손해</td></tr>
<tr><td rowspan="3">선택담보</td><td>제3자 배상책임</td><td>• 타인의 재물, 신체의 피해를 입힘으로써 발생하는 법률상 배상책임</td></tr>
<tr><td>예정이익 상실</td><td>• 완공 지연에 따른 발주자의 예정이익 상실 담보</td></tr>
<tr><td>특별약관</td><td>특별약관 예시</td><td>• 확장유지담보
• 설계결함담보
• 제작자 결함담보
• 주위재산담보
• 기타 담보 등</td></tr>
</table>

② 공사의 위험

건설공사는 많은 인력과 장비 및 자재가 투입되어 광범위한 지역에서 수행되는 사업으로, 공사현장은 안전관리 미비, 설계 및 시공상 오류, 태풍, 폭우, 해일, 지진 등 각종 천재지변과 건설기계 조작 잘못 등 다양한 형태의 사고위험이 존재하며 다음과 같은 위험을 수반하게 된다.

③ 자산위험

이 위험은 화재, 폭발, 파손, 붕괴, 자연재해, 기계 · 전기적 사고, 재난 등으로 인한 피보험자의 자산인 자재 및 공사물건, 공사수행 가설물, 구축물, 공사용 기계, 기구, 설비, 집기비품 등에 손해를 입을 수 있는 위험이다.

④ 인적위험

이 위험은 공사현장에 투입된 사람이 신체의 상해나 직업병 등의 발생위험과 추락, 낙하, 비례, 무리한 동작, 충돌, 감전 등의 위험이다.

⑤ 배상책임위험

이 위험은 공사수행 시 구조물의 결함이나 각종 사고로 인하여 공사현장 주변의 타인의 재물이나 신체에 손해를 입힌 경우, 시공자나 발주자는 이에 대한 배상비용을 부담하게 되는 위험이다.

⑥ 예정이익 상실위험

이 위험은 각종 사고의 발생으로 인한 공사중단이나 완공지연으로 발주자 등의 예정이익 감소와 고정비용의 지출을 수반하는 위험이다.

⑦ 손해의 구분

건설공사보험은 전 위험담보형식을 취하고 있으나 보통약관상 표 8-5와 같이 보상손해와 보상하지 않는 손해가 있다.

표 8-5 공사보험 보상손해의 범위

담보 구분	보상손해	보상하지 않는 손해
공사 자체에 대한 손해	• 공사 중 작업의 잘못으로 인한 사고 • 현장근로자, 제3자의 취급 잘못 또는 악의적 행위 • 화재, 낙뢰, 폭발사고 • 누전, 합선 등 각종 전기사고 • 지면침하, 사태, 암석붕괴 • 폭풍, 태풍, 홍수 등 자연재해사고 • 차량, 항공기 등 충돌, 낙하물로 인한 사고	• 전쟁, 내란, 폭동으로 인한 사고 • 보험계약자, 피보험자 또는 그 대리인이 고의 또는 중대성 과실 • 공사의 일부 또는 전부의 중단으로 인한 손해 • 설계결함으로 인한 사고 • 벌과금 • 공사의 지연 손실 • 제작결함 또는 재질결함 손실
제3자 책임배상 손해	• 보험기간 중 건설공사로 인하여 공사와 관련 없는 타인(제3자)의 재물을 손상시키거나 신체에 상해를 입힘으로써 갖게 되는 법률상 배상책임	• 발주자, 수급자를 비롯한 공사와 관련된 회사의 고용인 또는 가족들에게 입힌 손해 • 발주자, 수급인자 또는 그 고용인이 보호, 통제, 관리하고 있는 재물손해 • 타인과의 계약에 의해 보험계약자 또는 피보험자에게 가중된 배상책임

⑧ 보험적용 기간

공사보험의 보험적용 기간은 화재보험이나 기계보험 등과 같이 일정기간을 정하지 않고 하나의 위험이 특정 기간만 존속하는 구간보험으로써, 책임 개시일에 시작하여 종료일에 끝난다. 따라서 만약 공사목적물이 2개 이상으로 분리되어 인도되는 경우에는 각각의 목적물에 대한 책임기간은 해당 공사목적물의 인도시점에서 보험의 책임이 종료된다. 보험적용 시점은 작업의 시작 또는 공사자재가 현장에 반입된 시점 중에서 나중에 도래하는 시점이 보험의 적용시점이다. 보험의 종료시점은 공사가 완료되었거나 발주자에게 공사목적물이 인도되는 시점 중 먼저 도래하는 시점이 보험의 종료시점이다.

⑨ 보험계약자와 피보험자

보험계약자는 보험계약의 직접적인 당사자로서 발주자나 원도급자가 된다. 그러나 하도급업자인 경우는 발주자 또는 원도급자가 보험계약을 체결하지 않거나 하도급 공사계약에 의해 하도급 받은 공사의 범위가 명확한 때에는 보험 계약자가 될 수 있다. 피보험자는 통상 발주자, 시공자 등의 공사관계자로 한다. 이때 공사관계자는 발주자, 도급업자, 하도급업자, 자재의 제작자 또는 공급업자 등 그 대상범위가 광범위하므로, 상호간 책임분쟁을 피하기 위하여 포괄적인 피보험자의 범위에 포함시킨다.

⑩ 공사보험요율 산정

건설공사보험료는 건설공사 중 발생하는 물적 손해를 담보하는 손해보험에 가입했을 때 지급하는 보험료다. '공사손해보험가입 업무진행요령' 제8조에 의하면 "공사보험요율은 계약담당공무원이 보험개발원, 손해보험회사 등으로부터 제공받은 자료를 기초로 해서 산정한다."라고 규정하고 있으며, 조달청발주공사는 현장의 공사여건이나 설계내용을 감안하여 조달청 기준에 따라 보험요율을 산정하고 있다. 건설공사보험에서 보험요율의 종류는 협정요율과 구득요율이 있는데, 협정요율(기본요율)은 보험가입금액(총공사비)이 1,000억 원 미만인 경우에 적용하고, 구득요율은 1,000억 원 이상의 대형공사나 협정요율에 보험요율이 명기되지 않은 물건에 적용하는 요율로서 재보험사로부터 요율을 구득받는다.

조달청 발주공사의 공사보험 기본요율 산정은 발주되는 공사의 구조 및 시공내역에 따라 결정하고, 공사기간에 따라 적용요율을 조정하고 있다. 즉 공사예정기간의 표준담보기간보다 12개월 이상 초과할 경우는 그 초과기간에 대한 30%, 24개월을 초과할 경우는 그 초과기간에 대하여 20%를 할증하여 적용하고 있다. 일반적으로 건설공사보험을 보험가입자가 지불하는 보험료 총액과 사고발생 시 지급될

총보험금 및 사업운영에 소요되는 제 경비의 합인 지출총액이 일치되는 “수지상등의 원칙[1]”에 따라 산출하게 된다. 따라서 보험요율 산정은 적용대상별로 위험이 내포하는 특성과 변수를 파악하여 계량화하고 요율화해야 하는데, 기본요율인 경우 각 건설공사별 개별요율의 성격을 지닌 위험변수들에 대한 사고발생과 보상실적들의 상세한 통계자료가 필요하며, 이 자료들에 대한 사회적인 수용성들을 판단하여 결정하는 것이 바람직하다.

4. 설계 · 감리 등 용역손해보험

(1) 개요

건설기술관리법 제21조(발주청이 시행하는 용역사업) 제4항에 의하면, “설계 · 감리 등 용역업자가 용역계약을 이행함에 있어 고의 또는 과실로 인해 당해 용역목적물 또는 제3자에게 재산상의 손해를 발생하게 한 경우에는 설계 · 감리 등 용역업자가 배상해야 하고, 그 배상을 담보하기 위하여 설계 · 감리 등 용역업자는 보험 또는 공제에 가입하여야 한다.”라고 규정하고 있다. 또한 건설기술관리법 시행령 제37조의 3(설계 · 감리 등 용역업자의 손해배상) 제1항에서는 법 제21조제4항의 보험 또는 공제 가입기간을 건설공사 착공일로부터 완공일까지로 하고, 가입대상은 건설공사의 기본설계 및 실시설계용역의 계약금액으로 정하고 있다. 다만 발주관청은 기본설계와 실시설계가 동일한 용역업자에 의해 수행되는 경우에는 기본설계에 해당하는 보험료 또는 공제가입금액 상당액을 감할 수 있도록 규정하고 있다. 이 보험사업의 운영은 ‘엔지니어링 공제조합’ 및 ‘민간사업자’이며 분쟁이 발생할 경우는 ‘대한상사중재원’에서 중재하고 있다.

(2) 보험 또는 공제대상

설계 · 감리용역 손해배상보험 또는 공제업무 요령(2001년 12월 15일) 제5조에는 보험 또는 공제의 종류를 다음과 같은 경우로 규정하고 있다.

- 기본설계손해보험 또는 공제
- 실시설계보험 또는 공제
- 건설사업관리보험 또는 공제

1) 수지상등의 원칙 : 보험회사가 거수한 순 보험료의 총액과 지급보험료의 액이 일치되어야 한다는 것임.

- 검측감리보험 또는 공제
- 시공감리보험 또는 공제
- 책임감리보험 또는 공제

(3) 보험기간 및 가입금액

'설계 · 감리 용역손해보험'의 보험기간은 건설공사 착공일로부터 완공일로 하고, 보험책임의 발생시점은 공사착공일로 하고 있다.

보험가입금액은 '설계 · 감리 용역 계약금액'으로 하되 설계변경 등으로 계약변경이 되는 경우에는 변경된 최종 계약금액을 적용하고 있다. 또 동일한 공사에서 기본설계를 수행한 용역업체가 실시설계를 수행하는 경우에는 실시설계의 보증금액에 기본설계의 상당액을 감액한 잔액을 보험가입 금액으로 정하고 있다.

(4) 보험요율

'설계 · 감리 등 용역손해보험'의 배상요율은 시설물의 유형에 따라 '기본담보기간요율'과 '가산요율'을 정하고 있다. '설계 · 감리 등 용역손해배상요율서'에는 보험가입대상 금액에서 부가가치세와 손해보험료를 제외한 순 용역 계약금액을 기준으로 50억 원 미만의 경우는 '설계 · 감리 용역손해 또는 공제약관'으로 인수하는 요율서에 제시된 요율을 적용하고, 순 계약금액이 50억 원을 초과하는 경우는 '구득요율'을 적용하도록 규정하고 있다.

설계용역손해보험의 구간요율 기준은 기본설계의 보험요율은 기본담보기간 기준으로 0.4~0.9% 수준으로 적용되고 있으며, 실시설계의 경우는 설계비의 0.9~1.9% 수준으로 설정되어 용역비를 예상하고 있다. 또한 '가산요율'은 기본설계, 실시설계 모두 기본담보기간을 초과하는 기간에 적용되는 요율이다.

5. 건설공사보증보험

건설공사의 '이행보증보험'은 건설공사의 각종 계약에 따른 채무불이행을 보증하는 보험상품이다. 이행보증증권은 입찰보증금, 계약보증금, 차액보증금, 하자책임보증금, 선급금에 대한 담보, 물품외상판매대금, 기타 각종 지급보증에 대한 담보를 대신하는 이행보증이다. 이 보증보험과 관련한 국가계약법령은 표 8-6과 같다.

표 8-6 건설공사이행보증 관련법령

구 분	국가계약법	국가계약법 시행령	국가계약법 시행규칙	예 규 등
입찰보증	제9조	제37조 제38조	제43조 제55조	공사입찰유의서 제7조
계약보증	제12조	제50조 제31조 제52조	제51조 제55조 제66조	공사계약일반조건 제7조제8조
공사이행보증	–	제2조제4항 제52조	제66조	정부입찰 · 계약 집행기준 제10장
선급금보증	–			선급금 지급요령 제2조제3조 정부입찰 · 계약 집행기준 제33조
하자이행보증	제17조 제18조	제60조 제62조	제52조 제55조 제70조 [별표 1] 제72조	공사계약일반조건 제33조제34조

※ 자료 : 건설공제조합(2007)

(1) 하자이행보증보험

건설공사의 '하자이행보증보험'은 준공검사 후 하자보증기간 동안 발생한 하자보수 등의 채무이행을 보증하기 위해 하자보수보증금 또는 보증보험증권 납부를 의무화하는 보증보험이다. 즉 이 보증보험은 보험계약자가 준공검사 또는 검수 후 하자담보책임기간에 발생한 시설물의 하자에 대하여 발주관청으로부터 하자보수 요청을 받고도 보수를 이행하지 않음으로써 발주자가 입은 손해를 보상하는 것이다.

이와 관계되는 법령은 국가계약법 제18조(하자보수보증금) 및 건설산업기본법 제28조(건설공사수급인의 하자담보책임)이며, 하자보증기간의 시작일은 목적물을 인수한 날과 준공검사를 완료한 날짜 중 먼저 도래하는 날로 하고, 보증기간 만료일은 하자담보책임기간 종료일 이후로 규정하고 있다. 또 건설공사가 준공된 이후에 발생하는 하자보수는 그 책임기간이 장기적이고, 여러 가지 변동상황이 발생할 가능성이 커서 하자보수보증금액은 계약금액의 2~10% 정도로 정하고 있으나, 통상적으로 계약금액의 3% 정도로 도급계약자가 부담하고 있다.

이 보험의 보험료는 위험보수에 대한 대가로서 보험사업자가 보험계약자의 보험가입금액에 적용되는 보험요율을 곱하여 산출된 금액이며, 적용보험요율은 각 보험상품별 기본요율에 특별약관 요율, 할인 · 할증률 등을 감안하여 산출된 요율을 의미한다. 기본요율은 보험계약자의 신용등급이나 보증내용에 따라 연 0.131~1.232%로 차등하여 적용하고 있으며, 이 보험은 서울보증보험, 건설공제조합 및 대한주택보증이며 분쟁발생 시에는 '건설분쟁조정위원회'에서 중재하고 있다. 하자담보의 책임보증기간은 건설업법에 의한 건설공사로서 시설물의 유형별에 따라 1년에서 10년까지 차등되어 적용하고 있다. 주로 독립공종이나 부대공종, 마감공사 등은 보증기간이 1~3년이며, 주요 구조부와 대형시설공종은 5~10년으로 산정하고 있다.

(2) 하자책임의 분석

공공건설사업의 공사가 완료되어 발주관청에 인도된 이후 하자가 발생할 경우, 수급인(시공자)이 부담할 수 있는 책임은 민법 제667조(수급인의 담보책임) 및 국가계약법 제18조(하자보수보증금액)에 의한 '하자담보책임'과 민법 제390조(채무불이행과 손해배상), 국가계약법 시행령 제52조(공사계약에 있어서의 이행보증)에 의한 "채무불이행책임"으로 이원화되어 있다. 수급인에게 하자담보책임을 부담시킬 경우, 도급인은 하자보수청구권, 손해배상청구권, 계약해제권을 갖지만 목적물이 시설물인 경우는 계 해제권이 없다. 한편, 수급인에게 채무불이행책임을 부담시킬 경우, 도급인은 완전이행청구권, 손해배상청구권, 계약해제권을 갖는다.

8.11 공사용지의 확보

제11조 (공사용지의 확보) ① 발주기관은 계약문서에 따로 정한 경우를 제외하고는 계약상대자가 공사의 수행에 필요로 하는 날까지 공사용지를 확보하여 계약상대자에게 인도하여야 한다.

② 계약상대자는 현장에 인력, 장비 또는 자재를 투입하기 전에 공사용지의 확보여부를 계약담당공무원으로부터 확인을 받아야 한다.

1. 해설

건설사업은 발주자가 정한 현장에서 시공이 이루어진다. 따라서 건설공사 일반조건에 발주자의 용지확보의 의무를 명시하고, 용지확보가 곤란한 경우는 공기연장 청구나 공사중지 등과 연계하여 발주자 및 도급자의 계약관계를 명확히 하고 있다. 여기에서 공사용지란 공사목적물이 건설되는 장소를 말하는 것으로, 발주자가 계약상대자에게 제공하는 토지를 의미한다. 이러한 용지는 설계도서에 발주자가 제공하는 것으로 정해져 토지확보의 의무가 있다.

여기에서 공사용지의 확보란 토지소유권을 취득하는 것 이외에 도급자가 공사시공을 방해하는 소유권 이외의 권리 혹은 지상권, 지역권 등 용지물권, 저당권 등의 확보물건, 용역임차권, 어업권, 광업권 등 이외에도 물리적인 지상물건의 제거까지도 포함하는 것으로 인식된다. 만약 계약상대자의 책임이 없는 사유로 공사용지의 인도가 지연되어 직접적인 공사수행에 영향을 미치게 한 경우, 계약상대자는 발주자에게 계약금액의 조정과 계약기간의 연장을 요청할 수 있다. 또 발주자는 자신이 공사용지의 확보의무를 이행하지 못하여 공기연장이 청구되는 경우 이에 대한 지체상금을 부과할 수 없다.

8.12 공사자재의 검사

제12조 (공사자재의 검사) ① 공사에 사용할 자재는 신품이어야 하며 품질 · 규격 등은 반드시 설계서와 일치되어야 한다. 그러나 설계서에 명확히 규정되지 아니한 것은 표준품 이상으로서 계약의 목적을 달성하는 데 가장 적합한 것이어야 한다.

② 계약상대자는 공사자재를 사용하기 전에 공사감독관의 검사를 받아야 하며, 불합격된 자재는 즉시 대체하여 다시 검사를 받아야 한다.

③ 제2항의 규정에 의한 검사에 이의가 있을 경우 계약담당공무원에 대하여 재 감사를 청구할 수 있으며, 재검사가 필요하다고 인정되는 경우 계약담당공무원은 지체 없이 재검사하도록 조치하여야 한다.

④ 계약담당공무원은 계약상대자로부터 공사에 사용할 자재의 검사를 요청받거나

제3항의 규정에 의한 재검사 요청을 받은 때에는 정당한 이유 없이 검사를 지체할 수 없다.
⑤ 계약상대자는 불합격된 자재를 이송하지 않거나 대체하지 아니하는 경우에는 계약담당공무원이 일방적으로 불합격 자재를 제거하거나 대체시킬 수 있다.
⑥ 계약상대자는 시험 또는 조합을 요하는 자재가 있는 경우 공사감독관의 참여하에 그 시험 또는 조합을 하여야 한다.
⑦ 수중 또는 지하에 매몰하는 공작물 기타 준공 후 외부로부터 검사할 수 없는 공작물의 공사는 공사감독관의 참여하에 시공하여야 한다.
⑧ 계약상대자가 제1항 내지 제7항에 정한 조건에 위배하거나 또는 설계서에 합치되지 않는 시공을 하였을 때에는 계약담당공무원은 공작물의 대체 또는 개조를 명할 수 있다.
⑨ 제2항 내지 제8항의 경우 계약금액을 증감하거나 계약기간을 연장할 수 없다. 다만, 제3항의 규정에 의하여 재검사 결과 적합한 자재인 것으로 판명된 경우에는 재검사에 소요된 기간에 대하여 계약기간을 연장할 수 있다.

1. 해설

건설공사에 사용되는 자재는 설계도서에 따라 적합한 품질의 것을 사용해야 한다. 그러나 품질과 성능을 명시적으로 지정하는 것은 어려울 수 있기 때문에 특별히 지정되지 않는 것에 대하여는 표준품 이상의 것을 사용하도록 규정하고 있다. 이와는 별도로 계약상대자가 사용하는 건축자재는 한국공업표시규격제품(KS)을 원칙으로 하며, 규격표시가 없는 경우에는 설계도서에 표시된 자재를 사용해야 한다. 또 건축공사에 사용된 자재는 반드시 사용 전에 발주자의 감독관에 의해 검사를 받아 합격된 것만 사용하도록 하고 있으며 불합격된 자재는 재검사하여 다시 합격되기 전에는 사용할 수 없다. 여기에서 합격 또는 불합격의 기준은 도급계약 시 설계서에 미리 규정된 요구사항으로 정할 필요가 있으며, 각종 검사 및 시험방법, 검사주기, 합부판정기준 등도 또한 "검사 및 시험계획서"에 따라 운영된다.

8.13 관급자재 및 대여품

제13조 (관급자재 및 대여품) ① 발주기관은 공사의 수행에 필요한 특정 자재 또는 기계·기구 등을 계약상대자에게 공급하거나 대여할 수 있으며, 이 경우 관급자재 등(관급자재 및 대여품을 말한다. 이하 같다)은 설계서에 명시하여야 한다.
② 관급자재 등은 제17조제1항제2호의 공사공정표에 따라 적기에 공급되어야 하며, 인도일시 및 장소는 계약당사자 간에 협의하여 결정한다.
③ 관급자재 등의 소유권은 발주기관에 있으며, 잉여분이 있을 경우 계약상대자는 이를 발주기관에 통지하여 계약담당공무원의 지시에 따라 이를 반환하여야 한다.
④ 제2항의 규정에 의한 인도 후의 관급자재 등에 관한 관리상의 책임은 계약상대자에게 있으며, 이를 멸실 또는 훼손하였을 경우에는 발주기관에 변상하여야 한다.
⑤ 계약상대자는 관급자재 등을 계약의 수행 외의 목적으로 사용할 수 없으며, 공사감독관의 서면승인 없이는 현장 외부로 반출하여서는 아니 된다.
⑥ 계약상대자는 관급자재 등을 인수한 때에는 이를 검수하여야 하며, 그 품질 또는 규격이 시공에 적합하지 아니하다고 인정될 경우에는 즉시 계약담당공무원에게 이를 통지하여 이의 대체를 요구하여야 한다.
⑦ 계약담당공무원은 필요하다고 인정할 경우에는 관급자재 등의 수량·품질·규격·인도시기·인도장소 등을 변경할 수 있다. 이 경우에는 제20조 및 제23조의 규정을 적용한다.

1 해설

이 조항은 국제표준화기구(ISO)의 품질요구사항(ISO9000) 중 '고객지급품' 관리요건에 해당된다. 건설공사에 사용되는 자재를 발주관청이 지급하거나 대여하는 것에 대한 관리규정이다. 이는 발주자가 건설공사의 소요품질 확보를 위하여 직접적으로 자재를 구입하여 도급자에게 지급하거나 대여하는 것으로, 이러한 경우는 설계도서에 명시하게 되며 대부분 다량의 주요 자재가 소요되거나 집단구매 시 가격 면에서 발주자가 훨씬 유리하고 소요되는 품질을 확보할 수 있을 때 사용된다.

만약 발주자가 필요한 자재를 직접 구매하여 계약상대자에게 지급하였다 하더라도 계약상대자는 이를 검사하여야 하며, 설계서에 명시된 내용대로 반입이 되는지 여부와 해당 자재를 사용할 경우 품질에 미치는 영향이 없는지를 확인해야 한다. 또한 발주청이 제공한 자재를 시공자가 검사하여 부적합한 자재가 반입된 경우, 이 경우에도 사용 전에 발주관청에 알려 사용자재 변경의 대체를 요구하도록 하고 있다.

8.14 공사현장대리인

제14조 (공사현장대리인) ① 계약상대자는 계약된 공사에 적격한 공사현장대리인(국가기술자격 취득자 또는 "건설기술관리법"등에 의하여 기술자로 인정받고 있는 자를 말한다. 이하 같다.)을 지명하여 계약담당공무원에게 통지하여야 한다.

② 공사현장대리인은 공사현장에 상주하여 계약문서와 공사감독관의 지시에 따라 공사현장의 단속 및 공사에 관한 모든 사항을 처리하여야 한다.

1. 해설

'건설기술자'란 "건설공사에 관한 기술 또는 기능을 가진 자로서 관계법령에서 그 기술이나 기능이 있다고 인정된 자"로 규정하고 있다.(건설기술관리법 제2조제12호) 또한 동법에서는 국가기술자격법 등 관계법률에 의한 건설공사 또는 건설기술용역에 관한 자격을 가진 자와 일정한 학력 또는 경력을 자진 자로서 대통령령이 정하는 자이며, 학력 또는 경력에 의한 기술자는 전공학과와 경력내용에 따라 특급, 고급, 중급, 초급 기술자로 구분하되 해당 전공학과의 범위 및 경력 인정방법 등은 주무장관이 정하도록 한 것에 해당하는 자를 건설기술자로 정의하고 있다.

현장대리인이란 현장에 상주하여 건설공사의 모든 사항에 대하여 계약상대자인 시공사를 대리하여 처리하는 기술관리자를 말한다. 이를 현장소장이라고도 하는데 현장소장은 해당 공사를 착수하여 완성할 때까지 시공현장에서 필요한 공사의 시공관리, 공정관리, 품질관리, 노무관리, 안전관리, 환경관리, 기성관리, 준공관리 등을 총괄적으로 수행하게 된다. 건설기술자의 현장배치는 공사예정금액의 규모별 건설기술자 배치기준에 의하게 되며, 기술자의 배치는 공사금액 규모별로 기술자의 등급이 상이하지만 이들 기술자를 총괄하는 자가 현장대리인이다.

8.15 공사현장근로자

제15조 (공사현장근로자) ① 계약당사자는 당해 계약의 시공 또는 관리에 필요한 기술과 경험을 가진 근로자를 채용하여야 하며 근로자의 행위에 대하여 모든 책임을 져야 한다.

② 계약상대자는 계약담당공무원이 계약상대자가 채용한 근로자에 대하여 교체를 요구한 때에는 즉시 교체하여야 하며, 계약담당공무원의 승인 없이는 교체된 근로자를 당해 계약의 시공 또는 관리를 위하여 다시 채용할 수 없다.

1. 해설

현장근로자는 건설현장에서 건설공사에 직·간접적으로 참여하고 있는 자를 말한다. 이들 근로자의 범위에는 현장대리인을 포함하여 현장의 모든 기술자, 일용직근로자, 기계장비기사, 하도급업자, 자재공급자 등 시공에 필요한 모든 근로자를 총칭한다. 건설현장의 계약상대자인 시공자는 건설공사 착공 시 공사입찰 시에 제시한 공사수행조직도에 의한 인원을 투입하여 승인을 받게 된다. 또한 발주자의 요청으로 시공자의 근로자를 교체할 경우에도 기존의 근로자와 동등한 자격을 가진 자로써 발주자의 승인에 의해 교체될 수 있다. 이러한 경우, 시공자는 당해 계약의 원활한 시공 및 관리에 필요한 기술과 경험을 가진 자를 근로자로 선정해야 하며, 근로자가 공사 중에 행한 행위에 대하여도 책임을 져야 한다.

8.16 공사감독관

제16조 (공사감독관) ① 공사감독관은 계약된 공사의 수행과 품질의 확보 및 향상을 위하여 건설기술관리법 제27조제4항 및 동법 시행령 제52조의 규정에 의한 감리원의 업무범위에서 정한 내용 및 이 조건에서 규정한 업무를 행한다.
② 공사감독관은 계약담당공무원의 승인 없이 계약상대자의 의무와 책임을 면제시키거나 증감시킬 수 없다.
③ 계약상대자는 공사감독관의 지시 또는 결정이 이 조건에서 정한 사항에 위반되거나 계약의 이행에 적합하지 아니하다고 인정될 경우에는 즉시 계약담당공무원에게 이의 시정을 요구하여야 한다.
④ 계약담당공무원은 제3항의 규정에 의한 시정요구를 받은 날부터 7일 이내에 필요한 조치를 하여야 한다.
⑤ 계약상대자는 그가 발주기관에 제출하는 모든 문서에 대하여 그 사본을 공사감독관에게 제출하여야 한다.

1. 해설

이 조항은 공사감독관이 수행하는 업무내용과 처리방법에 대하여 규정하고 있으며, 감독업무를 성실히 수행하도록 하기 위한 임무를 부여하고 있다.

공사감독관은 계약된 공사의 수행과 소요품질확보 및 향상을 위하여 "건설기술관리법" 제27조제4항 및 동법 제52조의 규정에 의한 감리원의 업무범위에서 정한 내용 및 이 조건에서 규정한 업무를 행하게 되며, 공사감독관의 주요 업무는 다음과 같다.

(1) 계약이행에 관한 지시, 승인 및 협의
(2) 시공에 필요한 도면의 작성, 교부 및 승낙
(3) 공사공정관리
(4) 입회, 시공 상황의 검사, 재료의 시험
(5) 기타, 공사관계자에 대한 조치 청구, 부적합 공사의 재시공 및 공사중지 명령권

8.17 착공 및 공정보고

제17조(착공 및 공정보고) ① 계약상대자는 계약문서에 정하는 바에 따라 착공하여야 하며, 착공 시에는 다음 각 호의 서류가 포함된 착공신고서를 발주기관에 제출하여야 한다.

1. "건설기술관리법령"등 관련법령의 규정에 의한 현장기술자 지정신고서
2. 공사 공정예정표
3. 안전·환경 및 품질관리계획서
4. 공정별 인력 및 장비투입계획서
5. 착공 전 현장사진
6. 기타 계약담당공무원이 지정한 사항

② 계약상대자는 계약의 이행 중에 설계변경 또는 기타 계약내용의 변경으로 인하여 제1항의 규정에 의하여 제출한 서류의 변경이 필요한 때에는 관련서류를 변경하여 제출하여야 한다.

③ 계약담당공무원은 제1항 및 제2항의 규정에 의하여 제출된 서류의 내용을 조정할 필요가 있다고 인정하는 경우에는 계약상대자에게 이의 조정을 요구할 수 있다.

④ 계약담당공무원은 계약상대자로 하여금 월별로 수행한 공사에 대하여 다음 각 호의 사항을 명백히 하여 익월 14일까지 발주기관에 제출하게 할 수 있으며, 이 경우 계약상대자는 이에 응하여야 한다.

1. 월별 공정률 및 수행공사금액
2. 인력·장비 및 자재현황
3. 계약사항의 변경 및 계약금액의 조정내용
4. 공정상황을 나타내는 현장사진

⑤ 계약담당공무원은 공정이 지체되어 소정기간 내에 공사가 준공될 수 없다고 인정할 경우에는 제4항의 규정에 의한 월별 현황과는 별도로 주간 공정현황의 제출 등 공사추진에 필요한 조치를 계약상대자에게 지시할 수 있다.

1. 착공신고

계약상대자는 계약문서에 정하는 바에 따라 공사를 착공해야 한다. 공사계약문서에는 도급계약의 이행을 위해 공사착공 시 계약상대자가 착공신고서를 발주기관에 제출하도록 되어 있다. 착공신고서의 주요 사항은 다음과 같다.

표 8-7 착공신고 구비서류

항 목	내 용
(1) 현장기술자 지정신고서	• 건설기술관리법령에 의해 요구되고 제안된 기술자격을 갖춘 인원
(2) 공사예정공정표	• 주간, 월간, 연간, 전체 공정표
(3) 안전 · 환경 및 품질관리계획서	• 품질, 안전, 환경 통합관리계획서
(4) 공정별 인력 및 장비투입계획서	• 단위공정별 노무계획서, 장비사용계획서
(5) 착공 전 현장사진	• 공사착수 전 기존 대지 및 또는 시설물의 사진
(6) 기타 계약담당공무원이 지정한 사항	• 공사현장의 특수성을 고려하여 발주관청이 특별히 요구하는 상황의 문서

시공자는 자신이 제출한 착공신고서의 내용이 공사계약의 이행과정에서 최초로 제출한 내용과 서로 상이하여 설계변경이나 계약내용의 변경이 필요한 때에는 관련서류를 변경하여 제출한다. 뿐만 아니라 발주관청도 시공자가 제출한 계약문서 등의 변경 또는 조정이 필요한 경우는 계약상대자에게 이의변경을 요청할 수 있다.

2. 공징보고

계약담당공무원은 매월 계약상대자(시공자)에게 공사의 진척상황을 알 수 있도록 월별 공사공정률과 공사수행금액, 사용된 인력 및 장비와 자재현황, 당초계약 대비 계약변경사항, 기타 공정의 현황 및 사진 등을 제출하게 할 수 있으며, 이때 계약상대자는 이에 따라야 한다.

8.18 휴일 및 야간작업

제18조 (휴일 및 야간작업) ① 계약상대자는 계약담당공무원의 공기단축 지시 및 발주기관의 부득이한 지시로 인하여 휴일 및 야간작업을 지시하였을 때에는 추가비용을 청구할 수 있다.

② 제23조의 규정은 제1항의 경우에 이를 준용한다.

1. 해설

건설현장에서 휴일이나 야간에 행하는 작업은 통상적으로 공기를 만회할 목적이나 주간에 작업을 하는 것보다 훨씬 작업공정이 유리한 경우에 시행하게 된다. 이러한 경우는 발주관청의 감독관도 현장에 상주하여 시공관리와 공사감독을 수행해야 하는 것이 일반적이다. 그러나 이러한 작업관리는 현장여건상 특별한 경우를 제외하고는 쉽지 않다. 또한 야간작업의 경우 주관과 달리 안전사고의 위험이 있고 근로기준법에도(제56조) 근로자에게 통상 임금의 50% 이상을 추가적으로 지급해야 하는 등으로 노무비의 증가요인이 된다.

따라서 '공사계약일반조건' 제18조에는 "계약상대자는 계약문서에 별도로 규정하지 않는 한 계약담당공무원의 필요에 의한 경우를 제외하고는 담당공무원의 승인 없이 휴일 야간작업을 할 수 없도록 규정하고 있다." 또한 발주기관이 휴일 또는 야간작업에 대한 특별히 요구하거나 지시하지 않은 상태에서 계약상대자가 임의로 공사를 진행한 경우는 추가적인 비용청구가 어렵다.

8.19 설계변경 등

제19조 (설계변경 등) ① 설계변경은 다음 각 호의 1에 해당하는 경우에 한다.

1. 설계서의 내용이 불분명하거나 누락 · 오류 또는 상호 모순되는 점이 있을 경우
2. 지질 · 용수 등 공사현장의 상태가 설계서와 다를 경우
3. 새로운 기술 · 공법 사용으로 공사비의 절감 및 시공기간의 단축 등의 효과가 현저할 경우
4. 기타 발주기관이 설계서를 변경할 필요가 있다고 인정할 경우 등

② 제1항의 규정에 의한 설계변경은 그 설계변경이 필요한 부분의 시공 전에 완료하여야 한다. 다만, 계약담당공무원은 공정이행의 지연으로 품질저하가 우려되는 등 긴급하게 공사를 수행할 필요가 있는 때에는 계약상대자와 협의하여 설계변경의 시기 등을 명확히 하고, 설계변경을 완료하기 전에 우선시공을 하게 할 수 있다.

1. 설계변경이란

설계변경은 공사 중 예기치 못한 상황이 발생하여 공사수량의 증감이나 시공계획의 변경 등으로 당초의 설계도서 내용을 변경하는 것을 말한다.

설계변경 사유는 당초의 설계내용과 공사현장이 서로 상이하거나 설계도서 자체가 불명확할 경우 또는 발주관청의 사정으로 설계서의 내용을 변경하고자 하는 경우에 발생한다. 설계변경으로 인해 시공수량의 변경이 수반되는 경우에는 반드시 계약변경이 필요하다.

2. 계약금액의 조정 사유

계약금액의 조정은 물가변동이나 설계변경 또는 계약내용이 변경되는 경우에 실행된다. 이와 같이 계약금액의 조정 사유는 표 8-8과 같다.

표 8-8 계약금액조정 사유

구 분	내 용
설계변경	• 설계서의 불분명, 누락 및 설계서의 상호 모순 • 현장상태와 설계서의 상이함 • 발주기관의 요청에 의한 변경 • 신기술 및 신공법의 적용에 의한 변경
물가변동	• 물가변동으로 인한 계약금액조정
계약내용의 변경	• 계약내용의 변경으로 인한 계약금액의 조정

3. 설계변경절차

설계변경이나 기일연장은 현장에 상주하는 공사감독관이 임의로 행할 수 없다. 즉 설계변경의 결정권자는 계약담당공무원이다. 또 설계변경에 의한 시공은 설계변경 행위가 이루어지기 전에 이루어져야 하며, 이는 계약담당공무원이 설계변경 사유를 확인하여 결정하도록 하고 있다. 일반적으로 설계변경은 발주처의 사업계획 변경에 따른 설계변경을 제외하고는 계약상대자의 통지나 청구에 의해 이루어진다. 즉 설계변경 사유 중 설계서가 부적합한 경우와 현장상태와 여건이 서로 상이한 경우 또는 건설신기술 · 신공법을 적용하고자 하는 경우에는 '신청자 청구원칙'에 의해 계약상대자가 청구하게 된다.

보통 건설현장에서 계약상대자에 의해 설계도서 검토 시 설계도서의 오류나 공사현장과의 불일치 등이 발견되는 경우, 이 설계도서에 따라 시공하게 될지 여부는 충분히 검토한 후 사전에 설계변경 서류를 작성하고 공사감독관을 경유하여 계약담당공무원에게 서면으로 통지하게 된다.

즉 설계변경은 계약서상 별도의 특약이 없는 한 변경할 부분은 시공하기 전에 이루어져야 한다. 다만, 각 계약담당공무원이 전체적인 공정이행의 지연으로 긴급히 공사를 수행할 필요가 있다거나 품질저하가 우려되는 경우에는 계약상대자와 협의하여 설계변경의 시기 등을 명확히 하고 설계의 변경을 완료하기 전에 시공하게 할 수도 있다(국가계약법 시행규칙 제74조의2, 일반조건 제19조의3항).

설계의 변경은 계약상대자인 시공자가 설계변경 사유를 확인하여 발주관청의 공사감독관에게 관련 서류를 구비하여 청구하고, 공사감독관은 관련 사항을 확인하여 설계변경의 필요성이 인정되면 설계서의 변경 및 이에 따른 계약금액조정작업을 거쳐 계약담당공무원에 의해 변경을 결정하게 된다. 설계변경에 따른 계약금액조정업무절차는 표

8-9와 같다.

표 8-9 설계변경 및 계약금액조정절차

공사관계자	업무내용	비 고
(1) 계약상대자	• 조사 · 시험 및 변경설계서 작성, 제출	설계변경 사유 및 내용의 명확한 기술
(2) 감리자	• 설계자(감리원) 검토 · 확인	설계변경 서류 검토 계약금액조정내용 확인
(3) 발주관청	• 검토(계약담당공무원) 및 결재	지원업무 수행자 등 내부승인

설계변경으로 인한 계약금액 검토는 예정가격이 설계가의 일정비율 이하로 낙찰된 공사의 경우나, 설계변경으로 증액되는 공사비가 당초 계약금액보다 훨씬 상회하는 경우에는 공사비에 대한 예산집행심의회나 설계자문위원회의 심의와 소속기관장의 승인이 필요하다.

4. 설계변경 시 주요 업무

설계변경은 공사수량과 공사비의 증감을 수반함으로써 당초 계약 시의 계약금액 결정내용과 연계하여 일관성 있고 구체적인 설계의 변경과 계약금액의 조정이 필요하다. 즉 계약상대자가 당초 설계서의 내용과 차이가 나는 부분에 대하여 설계도면 및 상세도면으로 설계변경을 청구하고, 계약담당공무원이 이의 설계변경을 승인하는 경우에는 당초 대비 차이 부분의 공사비용에 대한 조정이 필요하다. 이를 위해 필요한 사항은 표 8-10과 같다.

표 8-10 주요 설계변경 업무

주요 업무	내 용	비 고
(1) 설계자의 의견청취	• 설계변경이 구조물의 구조변경 등으로 인한 안전과 관련이 있거나 품질하자의 발생에 대한 책임 등으로 설계자의 의견청취	계약자
(2) 설계변경 서류 제출	• 설계변경 공종의 수정도면 및 상세도면 • 설계변경 공종의 공사예정공정표 • 설계변경에 따른 계약금액조정금액 등	계약상대자
(3) 계약변경금액 청구	• 설계변경 승인 후 계약금액조정 청구	계약상대자
(4) 계약금액조정	• 계약금액조정 청구를 받은 날로부터 30일 이내에 계약금액을 조정	발주기관

8.19-1 설계서의 불분명·누락·오류, 설계서의 모순

제19조의 2 (설계서의 불분명 누락·오류 및 설계서 간의 상호 모순 등에 의한 설계변경)

① 계약상대자는 공사계약의 이행 중 설계서의 내용이 불분명하거나 설계서에 누락·오류 및 설계서 간에 상호 모순 등이 있는 사실을 발견하였을 때에는 설계변경이 필요한 부분의 이행 전에 당해 사항을 분명히 한 서류를 작성하여 계약담당공무원과 공사감독관에게 동시에 이를 통지하여야 한다.

② 계약담당공무원은 제1항의 규정에 의한 통지를 받은 즉시 공사가 적절히 이행될 수 있도록 다음의 각 호의 방법으로 설계변경 등 필요한 조치를 하여야 한다.

1. 설계서의 내용이 불분명한 경우(설계서만으로는 시공방법, 투입자재 등을 확정할 수 없는 경우)에는 설계자의 의견 및 발주기관이 작성한 단가산출서 또는 수량산출서 등의 검토를 통하여 당초 설계서에 의한 시공방법·투입자재를 확인한 후 확인된 사항대로 시공하여야 하는 경우에는 설계서를 보완하되 제20조의 규정에 의한 계약금액의 조정은 필요 없으며, 확인된 사항과 다르게 시공하여야 하는 경우에는 설계서를 보완하고 제20조의 규정에 의하여 계약금액을 조정하여야 한다.
2. 설계서에 누락·오류가 있는 경우에는 그 사실을 조사 확인하고 계약목적물의 기능 및 안전을 확보할 수 있도록 설계서를 보완한다.
3. 설계도면과 공사시방서는 서로 일치하나 물량내역서와 상이한 경우에는 설계도면 및 공사시방서에 물량내역서를 일치한다.
4. 설계도면과 공사시방서가 상이한 경우로써 물량내역서가 설계도면과 상이하거나 공사시방서와 상이한 경우에는 설계도면과 공사시방서 중 최선의 공사시공을 위하여 우선되어야 할 내용으로, 설계도면 또는 공사시방서를 확정한 후 그 확정된 내용에 따라 물량내역서를 일치한다.

1. 해설

이 장은 설계변경과 이로 인한 계약금액조정 사유 중 설계서의 불분명·누락·오류 및 설계서 간의 상호 모순 등에 의한 설계변경 시 필요한 절차를 기술하고 있다.

즉 설계도면, 공사시방서, 물량내역서 등이 서로 상이한 경우, 설계도면과 공사시방서를 확정한 후 그 내용에 따라 물량내역서를 일치시키도록 규정하고 있다. 또 설계도서 작성기준에 설계도서 해석의 우선순위는 설계도서와 법령의 해석 또는 감리자의 지시 등이 서로 일치하지 않은 경우, 특별히 계약으로 그 적용의 우선순위를 정하지 않은 때에는 특기시방서, 설계도면, 일반시방서, 표준시방서, 산출내역서, 승인된 도면, 관계법령의 유권해석, 감리자의 지시사항의 순서를 원칙으로 하고 있다. 그러나 실제로는 건설현장에서 설계도서의 내용이 서로 일치하지 않은 경우에는 관계법령의 범위 내에서 감리자의 지시에 따라야 하며, 이때 감리자는 설계자와 협의하여 지시내용을 결정하게 된다.

8.19-2 현장상태와 설계서의 차이

제19조의 3 (현장상태와 설계서의 상이로 인한 설계변경) ① 계약상대자는 공사의 이행중 지질, 용수, 지하매설물 등 공사현장의 상태가 설계서와 다른 사실을 발견하였을 때에는 지체 없이 설계서에 명시된 현장상태와 상이하게 나타난 현장상태를 기재한 서류를 작성하여 계약담당공무원과 공사감독관에게 동시에 통지하여야 한다.

② 계약담당공무원은 제1항의 통지를 받은 즉시 현장을 확인하고 현장상태에 따라 설계서를 변경하여야 한다.

1. 해설

이 조항은 입찰서류의 검토와 계약 시 확인하지 못한 사항이 공사 중 시공자에 의해 설계서와 상이한 내용이 발견되었을 경우에 계약변경이 인정되는 조항이다. 여기에서 공사현장의 상태가 설계서와 다른 것이란 시공현장의 상태가 입찰 · 계약 전에 나타난 계약서류와 다른 것으로서, 통상적인 공법이나 공사비 또는 공사기간 변경이 필요한 경우를 말한다.

실제로 현장의 상태가 계약도서에 나타난 상태와 대폭적으로 다른 경우나 계약도서에 나타나 있지는 않지만, 그 현장의 상태가 종래의 동일 공종의 공사들에 비해 현저히 다른 경우는 계약상대자가 지체 없이 설계서에 명시된 현장상태와 상이한 현장의 상태를 기재한 서류를 작성하여 계약담당공무원과 감독관에게 통지하도록 규정하고 있다. 이때 통지를 받은 계약담당관은 즉시 현장을 조사하여 확인한 경우 공사비의 증감과 공기연장 등의 계약변경을 행하도록 규정하고 있다.

8.19-3 신기술 및 신공법에 의한 설계변경

제19조의 4 (신기술 및 신공법에 의한 설계변경) ① 계약상대자는 새로운 기술 · 공법(발주기관의 설계와 동등 이상의 기능 · 효과를 가진 기술 · 공법 및 기자재 등을 포함한다. 이하 같다)을 사용함으로써 공사비의 절감 및 시공기간의 단축 등에 효과가 현저할 것으로 인정하는 경우에는 다음 각 호의 서류를 첨부하여 공사감독관을 경유하여 계약담당공무원에게 서면으로 설계변경을 요청할 수 있다.

1. 제안사항에 대한 구체적인 설명서
2. 제안사항에 대한 산출내역서
3. 제17조제1항제2호에 대한 수정공정예정표
4. 공사비 절감 및 시공기간의 단축효과
5. 기타 참고사항

② 계약담당공무원은 제1항의 규정에 의하여 설계변경을 요청받은 경우에는 이를 검토하여 그 결과를 계약상대자에게 통지하여야 한다. 이 경우 새로운 기술 · 공법 등의 범위와 한계에 대하여 이의가 있을 때에는 "건설기술관리법 시행령" 제21조의 규정에 의한 설계자문위원회(이하 "설계자문위원회"라 한다)에 청구하여 심의를 받아야 한다. 다만, 설계자문위원회가 설치되어 있지 아니한 경우에는 "건설기술관리법" 제5조의 규정에 의한 건설기술심의위원회의 심의를 받아야 한다.

③ 계약상대자는 제1항의 규정에 의한 요청이 승인되었을 경우에는 지체 없이 새로운 기술 · 공법으로 수행할 공사에 대한 시공 상세도면을 공사감독관을 경유하여 계약담당공무원에게 제출하여야 한다.

④ 계약상대자는 제2항의 규정에 의한 계약담당공무원의 결정에 대하여 이의를 제기할 수 없으며, 또한 새로운 기술 · 공법의 개발에 소요된 비용 및 새로운 기술 · 공법에 의한 설계변경 후 동 기술 · 공법에 의한 시공이 불가능한 것으로 판명된 경우 시공에 소요된 비용을 발주기관에 청구할 수 없다.

1. 해설

'건설신기술지정제도'는 1980년대 후반 국내 건설기술의 수준이 선진국 대비 약 67% 수준에 불과하여 국내 건설기술의 개발을 촉진하기 위한 목적으로 도입되었다. 이 제도의 도입목적은 기술개발자의 건설기술개발 의욕을 고취시킴으로써 국내 건설기술의 발전을 도모하고 국가경쟁력을 제고하기 위함이다.

건설신기술의 지정대상은 국내에서 최초로 개발한 건설기술 또는 외국에서 도입하여 개량한 것으로서 국내에서 신규성 · 진보성 · 현장 적용성 등이 있어 기술의 보급이 필요하다고 인정되는 기술이다. 신기술 · 신공법은 국내외에서 새롭게 개발되었거나 개량된 기술 · 공법으로써 정부의 설계와 동등이상의 기능과 효과를 가진 기술 및 기자재를 포함한다. 계약상대자인 시공자는 새로운 기술 · 공법을 사용함으로써 공사비의 절감과 공사기간의 단축 등 효과가 있는 경우, 관련서류를 첨부하여 현장 공사감독관을 경유하여 계약담당공무원에게 서면으로 설계변경을 요청할 수 있도록 하고 있다. 이때 계약담당공무원은 신기술 · 신공법의 수용 여부를 검토하여 결과를 계약상대자에게 통보하게 된다.

그러나 이 공법의 결정에 계약상대자가 이의를 제기할 수는 없으며, 또한 이 공법이 채택 된 이후에도 이 공법의 개발에 소요된 비용 및 이 공법으로 설계변경한 뒤 시공이 불가능한 것으로 판명된 경우에는 이에 소요된 비용을 발주기관에 청구할 수는 없다.

8.19-4 발주기관의 필요에 의한 설계변경

제19조의 5 (발주기관의 필요에 의한 설계변경) ① 계약담당공무원은 다음 각 호의 1의 사유로 인하여 설계서를 변경할 필요가 있다고 인정할 경우에는 계약상대자에게 이를 서면으로 통보할 수 있다.

1. 당해 공사의 일부변경이 수반되는 추가공사의 발생
2. 특정 공종의 삭제
3. 공정계획의 변경
4. 시공방법의 변경
5. 기타 공사의 적정한 이행을 위한 변경

② 계약담당공무원은 제1항의 규정에 의한 설계변경 통보 시에는 다음 각 호의 서류를 첨부하여야 한다. 다만, 발주기관이 설계서를 변경 작성할 수 없을 경우에는 설계변경 개요서만 첨부하여 설계변경을 통보할 수 있다.

1. 설계변경 개요서
2. 수정설계도면 및 공사시방서
3. 기타 필요한 서류

③ 계약상대자는 제1항의 규정에 의한 통보를 받은 즉시 공사이행상황 및 자재수급상황 등을 검토하여 설계변경 통보내용의 이행가능 여부(이행이 불가능하다고 판단될 경우에는 그 사유와 근거자료를 첨부)를 계약담당공무원과 공사감독관에게 동시에 이를 서면으로 통지하여야 한다.

1. 해설

본 조항은 설계변경의 사유 중 발주자의 필요에 의한 사항으로써, 발주자의 요구사항 또는 사정에 의하여 사업계획을 변경하거나 공사의 목적물을 변경하는 경우에 대하여 기술하고 있다. 이러한 변경사항에는 특정한 작업공종이 삭제 또는 사업계획을 바꾸거나 공정계획의 변경, 시공방법의 변경, 적정한 공사의 이행을 위한 변경 등이 해당된다. 이러한 변경은 공사의 규모나 사용재료, 공법, 구조의 변경 등이 있을 수 있다. 공사의 규모가 변경되는 경우에는 당초에 수립한 사업의 수량을 증가시키거나 또는 감소시키는 것이며, 사용자재는 당초 계획한 자재를 다른 자재로 대체하는 것이 된다. 일반적으로 발주자에 의한 설계변경절차는 다음과 같다.

(1) 발주기관이 설계변경을 하고자 하는 경우에는 설계변경 개요서와 수정도면 및 공사시방 사항, 기타 필요한 서류를 작성하여 설계변경을 계약상대자에게 통보할 수 있다.
(2) 발주기관이 설계서를 변경하여 작성할 수 없는 경우에는 설계변경 개요서만을 첨부하여 계약상대자에게 설계변경을 통보할 수 있다
(3) 계약상대자는 발주자로부터 설계변경을 통보받은 경우 즉시 공사의 이행상황과 자재수급상황 등을 검토하고, 발주자가 요구한 설계변경의 이행가능 여부를 계약담당공무원과 감독관에게 동시에 문서로 통지하여야 한다.

8.19-5 소요자재의 변경

제19조의 6 (소요자재의 수급방법 변경) ① 계약담당공무원은 발주기관의 사정으로 인하여 당초 관급자재로 정한 품목을 계약상대자와 협의하여 계약상대자가 직접 구입하여 투입하는 자재(이하 "사급자재"라 한다)로 변경하고자 하는 경우, 또는 관급자재 등의 공급 지체로 공사가 상당기간 지체될 것이 예상되어 계약상대자가 대체사용 승인을 신청하는 경우로써, 이를 승인한 경우에는 이를 서면으로 계약상대자에게 통보하여야 한다. 이때 계약담당공무원은 계약상대자와 협의하여 변경된 방법으로 일괄하여 자재를 구입할 수 없는 경우에는 분할하여 구입할 수 있으며, 분할 구입하게 할 경우에는 구입 시기별로 이를 서면으로 계약상대자에게 통보하여야 한다.

② 계약담당공무원은 공사의 이행 중 설계변경 등으로 인하여 당초 관급자재의 수량이 증가되는 경우로써 증가되는 수량을 적기에 지급할 수 없어 공사의 이행이 지연될 것으로 예상되는 등 필요하다고 인정되는 때에는, 계약상대자와 협의한 후 증가되는 수량을 계약상대자가 직접 구입하도록 이를 서면으로 계약상대자에게 통보할 수 있다.

③ 제1항의 규정에 의하여 자재의 수급방법을 변경하는 경우에는 계약담당공무원은 통보 당시의 가격에 의하여 그 대가(기성부분에 실제 투입된 자재에 대한 대가)를 제39조 내지 제40조의 규정에 의한 기성대가 또는 준공대가에 합산하여 지급하여야 한다. 다만, 계약상대자의 대체 사용 승인신청에 따라 자재를 대체 사용한 경우에는 계약상대자와 합의된 장소 및 일시에 현품으로 반환할 수도 있다.

④ 계약담당공무원은 당초 계약 시의 사급자재를 관급자재로 변경할 수 없다. 다만, 원자재의 수급불균형에 따른 원자재 가격급등 등 사급자재를 관급자재로 변경하지 않으면 계약목적을 이행할 수 없다고 인정될 때에는 계약당사자 간의 협의에 의하여 변경할 수 있다.

⑤ 제2항 및 제4항의 규정에 의하여 추가되는 관급자재를 사급자재로 변경하거나 사급자재를 관급자재로 변경한 경우에는 제20조의 규정에 정한 바에 따라 계약금액을 조정하여야 하며, 제3항 본문의 규정에 의하여 대가를 지급하는 경우에는 제20조제4항의 규정을 준용한다.

1. 해설

본 조항은 관급자재를 사급자재로 변경하는 경우에 관한 사항이다. 즉 “관급자재”란 발주관청에서 지급하는 자재로서 설계 시 조달청에 단가계약이 된 물품이나 자재를 발주관청에서 공급해주는 것을 말한다.

이러한 자재는 발주관청이 공고하는 날짜에 현장에 반입할 수 있어 공사관리가 용이하다. 그런데 관급자재가 발주관청의 사정으로 사급자재로 변경하고자 하는 경우, 또는 관급자재 등의 공급 지체로 인해 공사가 상당한 기간 동안 지연될 것이 예상되어 계약상대자가 대체승인을 신청하고 이를 승인하는 경우에는 계약담당공무원이 반드시 서면으로 계약상대자에게 통보하도록 규정하고 있다. 또한 계약담당공무원은 계약상대자와 협의하여 변경된 방법으로 일괄적인 구입이 불가능한 경우에는 분할구입이 가능하며, 이 경우는 구입시기를 서면으로 계약상대자에게 통보하도록 하고 있다. 만약 공사이행 중 설계변경 등으로 당초 관급자재의 수량이 증가되어 발주관청이 수량을 적기에 지급할 수 없어 공사의 이행에 지연이 예상되는 경우에는 발주자가 계약상대자와 협의하여 증가되는 자재의 수량을 계약상대자가 직접 구매하여 현장에 투입 할 수 있도록 하되, 이 경우에도 서면으로 계약상대자에게 통보할 수 있도록 하고 있다.

자재의 수급방법이 변경되면 계약담당공무원이 통보할 당시의 가격에 의하여 실제 투입된 기성부분에 대한 대가로 정산하여 지급해야 한다. 또한 계약상대자의 대체 사용 승인신청에 따라 자재를 대체 사용한 경우에는 계약상대자와의 합의된 사항으로 반환이 가능하다. 그런데 당초에 계약 시의 사급자재는 관급자재로의 변경은 어렵다. 다만 원자재값 수급불균형이나 가격급등으로 사급자재를 관급자재로 변경하지 않으면 공사의 계속적 이행이 어렵다고 인정되는 경우에는 계약당사자 간의 합의에 의해 변경할 수도 있다. 만약 관급자재를 사급자재로 변경하거나 사급자재를 불가피하게 관급자재로 변경한 경우는 설계변경이 가능하며, 이 경우는 설계변경 당시의 단가에 낙찰률을 곱한 금액을 산출하고 이에 따른 계약금액을 조정한다.

8.19-6 설계변경에 따른 추가조치

제19조의7 (설계변경에 따른 추가조치) ① 계약담당공무원은 제19조제1항의 규정에 의하여 설계변경을 하는 경우, 그 변경사항이 목적물의 구조변경 등으로 인하여 안전과 관련이 있을 때에는 하자발생 시 책임한계를 명확하게 하기 위하여 당초 설계자의 의견을 들어야 한다.

② 계약담당공무원은 제10조의2, 제19조의3 및 제19조의5의 규정에 의하여 설계변경을 하는 경우 계약상대자로 하여금 다음 각 호의 사항을 계약담당공무원과 공사감독관에게 동시에 제출하게 할 수 있으며, 이 경우 계약상대자는 이에 응하여야 한다.

1. 당해 공종의 수정공정예정표
2. 당해 공종의 수정도면 및 수정상세도면
3. 조정이 요구되는 계약금액 및 기간
4. 여타의 공정에 미치는 영향

③ 계약담당공무원은 제2항제2호의 규정에 의하여 당초의 설계도면 및 시공 상세도면을 계약상대자가 수정하여 제출하는 경우에는 그 수정에 소요된 비용을 제23조의 규정에 의하여 계약상대자에게 지급하여야 한다.

1. 해설

다음과 같은 경우에 대한 설계변경은 그 변경사항이 목적물의 구조변경 등으로 인하여 안전과 관련이 있는 때에는 하자발생 시의 책임한계를 명확하게 하기 위하여 당초 설계자의 의견을 들어야 한다.

(1) 설계서의 내용이 불분명하거나 누락 · 오류 또는 상호 모순되는 경우
(2) 신기술 · 신공법의 사용으로 공사비의 절감 및 공사기간 단축의 경우
(3) 지질 · 용수 등 공사현장이 설계서가 다른 경우
(4) 발주기관의 필요에 의한 설계변경

또한 설계변경 시 계약상대자가 계약담당공무원 또는 공사감독관에게 수정공정예정표, 수정도면 및 수정상세도면, 계약금액 및 공사기간, 기타 공정에 미치는 영향 등을 제출한다.

8.20 설계변경으로 인한 계약금액의 조정

제20조 (설계변경으로 인한 계약금액의 조정) ① 계약담당공무원은 설계변경으로 시공방법의 변경, 투입자재의 변경 등 공사량의 증감이 발생하는 경우에는 다음 각 호 1의 기준에 의하여 계약금액을 조정하여야 한다.

1. 증감된 공사량의 단가는 계약단가로 한다. 다만 계약단가가 예정가격 단가보다 높은 경우로써, 물량이 증가되는 경우 그 증가된 물량에 적용되는 단가는 예정가격 단가로 한다.
2. 산출내역서에 없는 품목 또는 비목(동일한 품목이라도 성능, 규격 등이 다른 경우를 포함한다. 이하 "신규비목"이라 한다)의 단가는 설계변경 당시(설계변경을 요하는 경우에는 변경도면을 발주기관이 확정한 때, 설계도면의 변경을 요하지 않는 경우에는 계약당사자 간에 설계변경을 문서에 의하여 합의한 때, 제19조제3항에 의하여 우선시공을 한 경우에는 그 우선시공을 하게 한 때를 말한다. 이하 같다.)를 기준으로 산정한 단가에 낙찰률(예정가격에 대한 낙찰금액 또는 계약금액의 비율을 말한다. 이하 같다)을 곱한 금액으로 한다.

② 발주기관이 설계변경을 요구한 경우(계약상대자의 책임 없는 사유로 인한 경우를 포함한다. 이하 같다.)에는 제1항의 규정에도 불구하고 증가된 물량 또는 신규비목의 단가는 설계변경 당시를 기준으로 하여 산정한 단가와 동 단가에 낙찰률을 곱한 금액의 범위 안에서 발주기관과 계약상대자가 서로 주장하는 각각의 단가기준에 대한 근거자료 제시 등을 통하여 성실히 협의(이하 "협의"라 한다)하여 결정한다. 다만, 계약당사자 간에 협의가 이루어지지 아니하는 경우에는 설계변경 당시를 기준으로 하여 산정한 단가와 동 단가에 낙찰률을 곱한 금액을 합한 금액의 100분의 50으로 한다.

③ 제19조의4의 규정에 의한 설계변경의 경우에는 당해 절감액의 100분의 30에 해당하는 금액을 감액한다.

④ 제1항 및 제2항의 규정에 의한 계약금액의 증감분에 대한 간접노무비, 산재보험료 및 산업안전보건관리비 등 승률비용과 일반관리비 및 이윤은 산출내역서상의 간접노무비율, 산재보험료율 및 산업안전보건관리비율 등의 승률비용과 일반관리비율 및 이윤율에 의하되, 설계변경 당시의 관계법령 및 기획재정부장관 등이 정한 비율을 초과할 수 없다.

⑤ 계약담당공무원은 예정가격의 100분의 86 미만으로 낙찰된 공사계약의 계약금액을 제1항에 따라 증액 조정하고자 하는 경우로써 당해 증액조정금액(2차 이후의 계약금액 조정에 있어서는 그 전에 설계변경으로 인하여 감액 또는 증액조정된 금액과 증액조정하려는 금액을 모두 합한 금액을 말한다.)이 당초 계약서의 계약금액(장기계속공사의 경우에는 시행령 제69조제2항에 따라 부기된 총공사금액)의 100분의 10 이상인 경우에는 시행령 제94조에 따른 계약심의회 "국가재정법 시행령" 제49조에 따른 예산집행심의회 또는 "건설기술관리법 시행령" 제21조에 따른 설계자문위원회의 심의를 거쳐 소속중앙관서의 장의 승인을 얻어야 한다.

⑥ 일부 공종의 단가가 세부공종별로 분류되어 작성되지 아니하고 총계방식으로 작성(이하 "1식단가"라 한다)되어 있는 경우에도 설계도면 또는 공사시방서가 변경되어 1식단가의 구성내용이 변경되는 때에는 제1항 내지 제5항의 규정에 의하여 계약금액을 조정하여야 한다.

⑦ 발주기관은 제1항 내지 제6항의 규정에 의하여 계약금액을 조정하는 경우에는 계약상대자의 계약금액조정 청구를 받은 날로부터 30일 이내에 계약금액을 조정하여야 한다. 이 경우 예산배정의 지연 등 불가피한 경우에는 계약상대자와 협의하여 그 조정기한을 연장할 수 있으며, 계약금액을 조정할 수 있는 예산이 없는 때에는 공사량 등을 조정하여 그 대가를 지급할 수 있다.

⑧ 계약담당공무원은 제7항의 규정에 의한 계약상대자의 계약금액조정 청구내용이 부당함을 발견한 때에는 지체 없이 필요한 보완요구 등의 조치를 하여야 한다. 이 경우 계약상대자가 보완요구 등의 조치를 통보받은 날부터 발주기관이 그 보완을 완료한 사실을 통지받은 날까지의 기간은 제7한의 규정에 의한 기간에 산입하지 아니한다.

⑨ 제7항 전단의 규정에 의한 계약상대자의 계약금액조정 청구는 제40조의 규정에 의한 준공대가(장기계속계약의 경우에는 각 차수별 준공대가) 수령 전까지 하여야 조정금액을 지급받을 수 있다.

1. 계약금액조정대상

설계변경에 의한 계약금액의 조정은 계약상대자, 즉 시공자가 설계변경을 요구하는 경우, 발주기관이 요구하는 경우, 신기술 및 신공법에 의한 설계변경의 경우 등이 있다. 이 조항에서는 설계변경에 대한 계약금액의 조정기준과 방법에 대하여 규정하고 있는데 계약금액의 조정기준은 다음과 같다.

(1) 공사수량의 증감

본 사항은 산출내역서 작성 시 특정한 비목의 설계변경을 예상하여 미리 실제의 가격보다 높게 책정하는 것을 방지하기 위하여 당초 계약한 공사수량이 증가하거나 감소하는 경우에는 계약상대자가 입찰 시 제출한 산출내역서상의 단가를 반영한 계약 시의 단가를 적용한다. 그러나 계약단가(계약자가 제출한 산출내역서상 단가)가 예정가격 단가보다 높고 공사수량이 증가하는 경우 그 증가하는 부분에 한해서는 예정가격 단가를 적용한다.

(2) 신규비목

신규비목은 계약 시 산출내역서에 없는 품목을 말하는데 이 비목은 설계변경시점을 기준으로 산정한 단가에 낙찰률을 곱한 금액을 단가로 한다. 여기에서 설계변경 시점이란 설계변경을 필요로 하는 경우에 계약상대자가 변경설계도면을 제출하여 발주기관이 이를 확정한 시점이나 또는 계약당사자 간에 설계변경을 문서에 의하여 확정한 때이다.

(3) 발주기관 요구

본 사항은 발주기관이 설계변경을 요구하는 경우에 계약당사자 간의 협의에 의해 결정한다. 즉 이 경우는 기존의 공사비목이나 신규비목의 단가가 설계변경시점을 기준으로 산정한 단가와 동 단가에 낙찰률을 곱하여 산정한 단가범위 안에서 발주기관과 계약상대자 간에 협의하여 결정하게 된다. 이 항은 계약단가가 있는 비목의 공사수량이 발주기관에 의해 설계변경이 요구되는 경우 그 계약단가가 이미 매우 낮은 가격으로 계약되어 있는 경우이거나, 계약단가는 적정히 산정되었더라도 발주기관의 예정단가 산정에 오류가 있어 동일한 예정가격 단가로 향후 증가하는 공사수량의 계약금액을 조정할 경우, 계약상대자가 예상치 못한 손실을 감수해야 하는 문제점을 방지하기 위한 것이다.

(4) 신기술 · 신공법

본 사항은 건설기술 개발을 촉진하고 기업의 경쟁력 강화를 지원하기 위해 법제화하여 운영되고 있는 것으로서 지정받은 건설신기술에 의한 설계변경은 계약상대자의 제안으로 설계변경이 가능하며, 이 경우 총절감액에 해당하는 금액을 감액하는 것이다.

(5) 승률비용 등

국가기관이 체결한 건설공사의 계약은 설계변경으로 인한 계약금액을 조정할 경우, 계약금액 증가분에 대하여 적용하는 일반관리비와 이윤은 설계변경 당시의 국가계약법 시행규칙 및 원가계산에 의한 예정가격작성 준칙 등 관계법령이 정한 비율을 초과할 수 없다. 즉 계약상대자가 제출한 산출내역서상 총공사에 의해 계상된 비율은 재정경제부 장관이 정한 비율을 초과할 수 없다. 이러한 승률이 적용되는 사항은 직접비를 제외한 간접노무비와 산재보험료, 안전보건관리비, 일반관리비, 이윤 등이 해당된다.

(6) 저가낙찰공사

정부발주 공사가 예정가격의 100분의 86 미만으로 낙찰된 경우의 공사금액을 증액조정하고자 하는 경우는 당해 증액조정금액이 당초 계약서 금액의 100분의 10 이상인 경우는 국가계약법령 제94조나 국가재정법 시행령 제49조, 건설기술관리법 시행령 제21조에 따라 심의회를 거쳐 소속중앙관서의 장의 승인을 얻어야 한다.

(7) 단가가 '1식'으로 된 경우

계약 시 단위공종에 대한 세부단가가 분류되어 있지 않은 경우에는 설계변경에 의한 계약금액조정은 계약상대자가 제출한 일위대가표나 단가산출서를 이용하고, 이러한 문서가 없는 경우는 발주처가 제시하는 일위대가표 등을 활용한다.

2. 계약금액조정 예외사항

(1) 대안입찰공사

대안입찰에 의해 대안으로 채택된 설계 · 시공일괄입찰에 대하여는 설계변경으로 인한 계약금액의 조정을 행할 수 없다. 그러나 채택된 대안설계가 발주자의 요구나 성능에 하자가 없는 경우에도 발주자의 요구로 설계변경을 하는 경우에는 그 책임이 발주관서에 있으므로 계약금액의 증액조정이 가능하다.

(2) 조정기간이 경과하는 경우

발주기관은 계약상대자의 계약금액조정 청구를 받은 날로부터 30일 이내에 계약금액을 조정해야 한다. 그러나 발주기관의 예산배정 지연 등의 사유로 인해 불가피하게 조정기간이 경과할 수밖에 없는 사유가 있는 경우, 계약상대자가 보완 요구 등의 통지를 받은 날로부터 그 보완을 완료한 사실을 통지받은 날까지의 기간은 계약조정 기한에 반영하지 않는다.

(3) 기술개발보상비

국가계약법 시행령 제65조제4항의 규정에 따라 계약상대자가 발주가의 설계와 동등 이상의 기능 · 효과를 가진 새로운 기술이나 공법 등을 제시하여 공사비의 절감과 공기 단축 등의 효과가 있다고 인정되어 설계변경을 한 경우는 설계변경에 의한 공사비의 감액요인이 있더라도 절감되는 공사비의 30%만 감액할 수 있다.

8.21 설계변경으로 인한 계약금액조정 제한

제21조 (설계변경으로 인한 계약금액조정의 제한 등) ① 다음 각 호의 어느 하나의 방법으로 체결된 공사계약에 있어서는 설계변경으로 계약내용을 변경하는 경우에도 정부에 책임 있는 사유 또는 천재 · 지변 등 불가항력의 사유로 인한 경우를 제외하고는 그 계약금액을 증액할 수 없다.

1. 시행령 제14조제6항제3호 단서에 따라 입찰을 할 때에 새로운 기술 · 공법 등에 의한 공사비 절감 사유를 제출하여 체결된 공사계약(새로운 기술 · 공법 등이 채택된 부분에 한함)
2. 시행령 제78조에 따른 일괄입찰 및 대안입찰(대안이 채택된 부분에 한함)을 실시하여 체결된 공사계약
3. 시행령 제98조에 따른 설계공모 · 기술제안입찰 및 기술제안입찰(기술제안이 채택된 부분에 한함)을 실시하여 체결된 공사계약

② 각 중앙관서의 장 또는 계약담당공무원은 시행령 제78조에 따른 일괄입찰과 제98조에 따른 설계공모 · 기술제안 입찰의 경우 계약체결 이전에 실시설계 적격자에게 책임이 없는 다음 각 호의 어느 하나에 해당하는 사유로 실시설계를 변경한 경우에는 계약체결 이후 즉시 설계변경에 의한 계약금액조정을 하여야 한다.

1. 민원이나 환경 · 교통영향평가 또는 관련법령에 따른 인허가 조건 등과 관련하여 실시설계의 변경이 필요한 경우
2. 발주기관이 제시한 기본계획서 · 입찰안내서 또는 기본설계서에 명시 또는 반영되어 있지 아니한 사항에 대하여 해당 발주기관이 변경을 요구한 경우
3. 중앙건설심의위원회 또는 설계자문위원회가 실시설계 심의과정에서 변경을 요구한 경우

③ 제1항 또는 제2항의 경우에 계약금액을 조정하고자 할 때에는 다음 각 호의 기준에 의한다.

1. 제1항제1호의 경우와 기술제안입찰은 시행령 제65조제3항에 의한다.
2. 제2항제2호의 경우와 설계공모 · 기술제안입찰은 시행령 제91조제3항에 의한다.

④ 제1항에 정한 정부의 책임 있는 사유 또는 불가항력의 사유란 다음 각 호의 1의 경우를 말한다. 다만, 설계 시 공사 관련법령 등에 정한 바에 따라 설계서가 작성된 경우에 한한다.

1. 사업계획 변경 등 발주기관의 필요에 의한 경우
2. 발주기관 이외에 당해 공사와 관련된 인허가기관 등의 요구가 있어 이를 발주기관이 수용하는 경우
3. 공사 관련법령(표준시방서, 전문시방서, 설계기준 및 지침 등 포함)의 제 · 개정으로 인한 경우
4. 공사 관련법령에 정한 바에 따라 시공하였음에도 불구하고 발생하는 민원에 의한 경우
5. 발주기관 또는 공사 관련기관이 교부한 지하매설지장물 도면과 현장상태가 상이하거나 계약 이후 신규로 매설된 지장물에 의한 경우
6. 토지 · 건물 소유자의 반대, 지장물의 존치, 관련기관의 인허가 불허 등으로 지질조사가 불가능했던 부분의 경우
7. 제32조의 규정에 정한 사항 등 계약당사자 누구의 책임에도 속하지 않는 사유에 의한 경우

⑤ 제3항에 따라 계약금액을 증감조정하고자 하는 경우 증감하는 공사물량은 수정 전의 설계도면과 수정 후의 설계도면을 비교하여 산출한다.

⑥ 제2항 각 호의 사유 및 제3항 각 호의 사유에 해당 되지 않는 경우로써 현장상태와 설계서의 상이 등으로 인하여 설계변경을 하는 경우에는 전체 공사에 대하여 증감되는 금액을 합산하여 계약금액을 조정하되, 계약금액을 증액할 수는 없다.

⑦ 계약담당공무원은 제6항에 따른 계약금액조정과 관련하여 연차계약별로 준공되는 장기계속공사의 경우에는 계약체결 시 전체 공사에 대한 증·감 금액의 합산처리방법, 합산잔액의 다음 연차계약으로의 이월 등 필요한 사항을 운영하여야 한다.
⑧ 제1항 내지 제7항에 따른 계약금액조정의 경우에는 제20조제4항 및 제7항 내지 제9항의 규정을 준용한다.

1. 계약금액조정 제한대상

다음의 경우, 설계변경에 따른 계약변경이 되더라도 정부의 책임 있는 사유나 천재지변 등 불가항력적 사유가 아니면 계약금액의 증액이 어렵다.

(1) 새로운 기술이나 공법이 적용된 경우
(2) 일괄입찰 및 대안입찰
(3) 설계공모·기술제안입찰 및 기술제안에 의해 체결된 공사

여기에서 위 (1)항은 계약상대자가 건설신기술 또는 신공법으로 적용되는 기술이 기존 기술보다 현저히 공사비가 절감된다고 하여 공사비의 절감 사유를 제출하여 계약이 체결된 경우이다. 위 (2)항은 기존의 기술이나 공법의 적용에 대한 대안으로서 설계나 공법이 이루어진 경우나 또는 설계와 시공을 계약상대자의 책임으로 일괄하여 입찰에 응하여 공사계약이 이루어진 경우이다. (3)항은 역시 계약상대자가 사전에 발주자의 요구조건에 부합되는 공사목적물을 완성하기 위하여 설계공모에 참여하거나 스스로 기술제안을 하여 입찰에 의해 채택되어 계약이 이루어진 경우이다.

2. 설계변경에 의한 계약금액조정대상

일괄입찰이나 설계공모·기술제안 입찰에 의해 공사계약이 이루어진 경우라도 그 계약의 체결이 이루어지기 전에 실제로 실시설계 적격자에게 책임이 없는 다음과 같은 경우는 실시설계를 변경한 경우라 하더라도 설계변경에 의한 계약금액조정이 가능하다.

(1) 민원, 환경·교통영향평가 또는 관련법령에 따른 인허가조건인 경우
(2) 계약체결 이전에 계약 요구사항에 없는 사항을 발주기관이 추가적으로 변경을 요구하는 경우

(3) 중앙건설심의위원회 또는 설계자문위원회가 실시설계 심의과정에서 변경을 요구한 경우

3. 계약금액조정기준

국가계약법 시행령 제65조제3장 및 일반조건 제21조제3항에 따라 건설신기술 · 신공법, 기술제안입찰에 의해 계약이 이루어지고 당초 계약된 수량보다 차이가 나는 경우는 공사수량이 증감된 부분의 단가는 계약체결 시 제출한 산출내역서상의 단가로 한다. 다만, 계약단가가 예정가격 단가보다 높은 경우로 공사수량이 증가하게 되는 경우는 그 증가된 수량에 대해서만 적용 단가를 예정가격 단가로 한다. 그러나 계약단가가 없는 신규비목의 단가는 설계변경 시를 기준으로 한 단가에 낙찰률을 곱한 금액으로 한다. 그런데 이와 달리 계약상대자에게 책임이 없는 경우로써 발주기관이 설계변경을 요구한 경우에는 계약 이후 증가된 공사수량 또는 신규비목의 단가는 설계변경 당시를 기준으로 하여 산정한 단가와 낙찰률을 곱한 금액의 범위 안에서 계약당사자 간에 협의하여 결정한다.

또한 계약당사자 간 협의가 어려운 경우는 설계변경 당시를 기준으로 하여 산정한 단가와 낙찰률을 곱한 금액을 합한 금액의 100분의 50으로 한다. 한편, 일괄입찰이나 대안입찰, 설계공모 · 기술제안입찰의 경우는 국가계약법 시행령 제91조제3항에 따라 감소된 공사량의 단가는 입찰 시 제출한 산출내역서상의 계약단가를 적용하고, 증가한 공사량의 단가는 설계변경 당시를 기준으로 산정한 단가와 산출내역서상의 계약단가의 범위 내에서 계약당사자 간에 협의하여 결정하도록 하고 있다. 이 경우에도 계약당사자 간 협의가 이루어지지 않을 경우는 설계변경 당시를 기준으로 산정한 단가와 산출내역서상의 단가를 합한 금액의 100분의 50으로 한다. 다만, 산출내역서상의 단가가 없는 신규비목의 단가는 설계변경 당시를 기준으로 산정한 단가를 적용하도록 하고 있다.

8.22 물가변동에 따른 계약금액조정

제22조 (물가변동으로 인한 계약금액의 조정) ① 물가변동으로 인한 계약금액의 조정은 시행령 제64조 및 시행규칙 제74조의 규정에 정한 바에 의한다.

② 동일한 계약에 대한 계약금액의 조정 시 품목조정률 및 지수조정률을 동시에 적용하여서는 아니 되며, 계약을 체결할 때에 계약상대자가 지수조정률 방법을 원하는 경우 외에는 품목조정률 방법으로 계약금액을 조정하도록 계약서에 명시하여야 한다. 이 경우 계약이행 중 계약서에 명시된 계약금액의 조정방법을 임의로 변경하여서는 아니 된다. 다만, 시행령 제64조제6항에 따라 특정 규격의 자재별 가격변동에 따른 계약금액을 조정할 경우에는 본문의 규정에 불구하고 품목조정률에 의한다.

③ 제1항의 규정에 의하여 계약금액을 증액하는 경우에는 상대자의 청구에 의하여야 하고, 계약상대자는 제40조의 규정에 의한 준공대가(장기계속계약의 경우에는 각 차수별 준공대가) 수령 전까지 조정신청을 하여야 조정금액을 지급받을 수 있으며, 조정된 계약금액은 직전의 물가변동으로 인한 계약금액조정 기준일로부터 90일 이내에 이를 다시 조정할 수 없다. 다만, 천재 · 지변 또는 원자재의 가격급등으로 당해 기간 내에 계약금액을 조정하지 아니하고는 계약이행이 곤란하다고 인정되는 경우에는 계약을 체결한 날 또는 직전 조정 기준일로부터 90일 이내에도 계약금액을 조정할 수 있다.

④ 계약상대자는 제3항의 규정에 의하여 계약금액의 증액을 청구하는 경우에는 계약금액조정내역서를 첨부하여야 한다.

⑤ 발주기관은 제1항 내지 제4항의 규정에 의하여 계약금액을 증액하는 경우에는 계약상대자의 청구를 받은 날로 부터 30일 이내에 계약금액을 조정하여야 한다. 이 경우 예산배정의 지연 등 불가피한 경우에는 계약상대자와 협의하여 그 조정기한을 연장할 수 있으며, 계약금액을 증액할 수 있는 예산이 없는 때에는 공사량 등을 조정하여 그 대가를 지급할 수 있다.

⑥ 계약담당공무원은 제4항 및 제5항의 규정에 의한 계약금액조정 청구내용이 일부 미비하거나 분명하지 아니한 경우에는 지체 없이 필요한 보완 요구를 하여야 하며, 이 경우 계약상대자가 보완 요구를 통보받은 날부터 발주기관이 그 보완을 완료한 사실을 통지받은 날까지의 기간은 제5항의 규정에 의한 기간에 산입하지 아니한다. 다만, 계약상대자의 계약금액조정 청구내용이 계약금액 지정요건을 충족하지 않았거나 관련 증빙

서류가 첨부되지 아니한 경우에는 그 사유를 명시하여 계약상대자에게 당해 청구서를 반송하여야 하며, 이 경우 계약상대자는 그 반송 사유를 충족하여 계약금액조정을 다시 청구하여야 한다.

⑦ 시행령 제64조제6항에 따른 계약금액조정요건을 충족하였으나 계약상대자가 계약금액조정신청을 하지 않을 경우 하수급인은 이러한 사실을 계약담당공무원에게 통보할 수 있으며, 통보받은 계약담당공무원은 이를 확인한 후 계약상대자에게 계약금액조정신청과 관련된 필요한 조치 등을 하도록 하여야 한다.

1. 개요

물가변동으로 인한 계약금액의 조정은 국가계약법 시행령 제64조에서 정한 조정요건이 충족되면 가능하다. 이 경우, 원칙적으로 물가변동에 의한 계약금액조정은 신청서를 접수한 후 30일 이내에 처리하도록 명문화하여 계약이행의 지체에 따른 관련업체의 불이익을 방지하고 있다. 그러나 물가변동으로 인해 계약금액의 조정 사유가 발생하더라도 계약금액을 증액하여 조정해야 할 경우로 증액할 예산이 없는 경우는 공사량을 조정하여 대가를 지급할 수 있도록 하고 있다(국가계약법 시행규칙 제74조제9항).

2. 조정요건 및 절차

계약체결한 날로부터 90일이 경과하고 입찰일을 기준으로 계약조건에 명시된 물가조정률이 100분의 3 이상 등락이 있는 경우는 계약금액조정이 가능하다. 물가변동에 의한 계약금액의 조정에 필요한 적용 단가는 공사예정공정표상 조정 기준일 이후에 이행되어야 할 금액이다. 이는 계약당사자 간 합의에 의해 계약체결 시 작성된 공사예정공정표와 다르게 시공하고자 하는 경우에는 당초 예정공정표를 수정해야 하며, 이 경우에도 물가변동 적용 단가는 변경된 공사예정공정표에 의해 산출되어야 한다.

계약을 체결한 후 물가변동에 따른 공사비의 조정은 그 품목이나 지수조정률이 적어도 100분의 3 이상의 등락이 있어야만 가능하다. 또 입찰 후 계약체결 시까지 기간이 너무 길어 그 사이 원자재 값의 급등이 발생하여 계약금액의 조정이 어려운 경우가 발생하므로, 이 경우에는 입찰일로부터 계약체결 시까지의 물가변동분이 반영되지 못하여 계약상대자에게 부담을 주게 되므로 물가변동률 산정의 기준시점을 입찰일을 기준으로 하고 있다.

3. 품목 또는 지수조정률

보통 동일한 계약의 계약금액조정은 품목조정과 지수조정방법 중 어느 한 개를 선택하고 있는데, 이 경우 계약금액의 조정방법은 계약상대자와 협의하여 조정한다. 그러나 계약상대자가 계약서에 특별히 지수조정방법을 원하는 경우를 제외하고는 품목조정률에 의하는 방법으로 조정한다.

4. 계약금액의 조정신청

계약금액의 조정은 계약체결일로부터 일정한 기간이 경과함과 동시에 품목조정률이 일정한 비율 이상 증가함으로써 조정 사유가 발생하나, 그 자체로 자동적으로 계약금액의 조정이 이루어지는 것은 아니다. 즉 계약금액이 증액하는 경우는 계약상대자, 계약금액이 감액되는 경우는 발주기관이 계약금액의 조정을 요청, 청구권을 행사하게 된다.

5. 계약금액의 조정시기

계약금액의 조정 청구는 계약상대자의 청구에 따라 '공사계약 조건' 제40조의 규정에 의해 준공대가 수령 전까지 신청해야 한다(단, 장기계속공사의 경우는 차수별 준공대가 수령 전까지). 이때 발주기관은 계약상대자의 청구를 받은 날로부터 30일 이내에 계약금액을 조정해야 한다. 그런데 계약금액이 조정되면 천재 · 지변에 의한 경우를 제외하고는 직전의 물가변동으로 인한 계약금액조정 기준일로부터 90일 이내에는 다시 조정할 수 없게 된다.

6. 조정금액의 산출

계약금액이 조정일은 계약상대자가 조정을 신청한 날이나 발주기관이 조정을 승인한 날과는 무관하며 계약당사자가 제출한 등록요건과 등락요건을 동시에 충족한 날로 본다. 또 물가변동 적용대가를 대상으로 한 계약금액의 조정률 계산은 총계약금액 중 조정 기준일 이전에 이행이 완료되어야 할 부분을 제외한 금액을 대상으로 산정한다. 또한 공사공정예정표를 기준으로 할 경우는 계약상대자가 공사착공 시 발주기관에 제출한 공사예정공정표를 기준으로 한다.

7. 금액조정방법

(1) 품목조정률에 의한 조정

이 방법은 계약금액을 구성하는 항목을 대상으로 등락률과 등락폭을 토대로 한 품목조정률에 물가변동 적용 단가를 곱하여 계약금액을 조정하는 방법이다. 따라서 이 방법은 먼저 입찰 당시의 가격을 산정하고 다음으로 물가변동 당시의 가격을 산정하며, 이때 등락률은 물가변동 당시 특정 품목의 가격이 입찰 시와 비교하여 상승 또는 하락되었는지를 나타내는 비율이며, 등락폭은 계약금액을 구성하고 있는 품목의 계약단가에 등락률을 곱하여 산정한 금액이다. 그러므로 등락의 폭은 계약단가와 입찰 시 산정한 가격 및 물가변동 당시 산정한 가격의 수준에 따라 구분하여 비교될 수 있다. 또 조정금액의 산정은 계약단가와 계약금액을 기준으로 조정 기준일 이후에 이행이 완료되어야 할 부분, 즉 물가변동 적용 대가에 품목조정률을 곱하여 조정금액을 산정한다.

그리고 만약 선급이 지급된 경우에는 해당 분을 공제한 후 계약금액에 산정된 조정금액을 가감하여 계약금액조정을 완료한다.

(2) 지수조정률에 의한 조정

이 방법은 원가계산에 의해 작성한 산출내역서를 첨부하여 체결한 계약의 경우, 계약금액의 각 유형별로 해당하는 재료비 · 노무비 및 경비의 합계액 비율을 산정하고 각 비목별로 적합한 지수를 적용 지수조정률을 산출하여 계약금액을 조정하는 방법이다. 이때 적용 지수는 한국은행이 매년 조사하여 공표하는 물가지수, 국가나 지방자치단체 또는 정부기관이 결정하는 노임 · 가격 · 요금의 평균지수, 통계작성 승인기관이 조사 · 공표한 해당 직종의 시중 노임지수 등을 참고로 한다.

지수조정률의 산출은 해당 금액의 산출내역서 중 재료비, 노무비, 경비를 구성하는 비목군을 편성하고 각 비목군별 산출내역서상의 금액이 동 내역서상의 재료비, 노무비 및 경비의 합계액에서 차지하는 비율로 표시한다. 또한 각 비목군별 가격변동 수준을 수치화한 지수의 산정과 기준시점 및 비교시점의 지수를 표시하고 지수조정률을 산출한다. 이때 지수의 조정률은 각 비목별 입찰 시의 가중치 계수에 지수변동률을 곱한 값에서 1을 뺀 것이며, 소수점 이하의 숫자가 있는 경우에는 소수점 다섯째 자리 이하는 절사하고 넷째 자리까지 산정한다.

8.23 기타 계약내용 변경으로 인한 계약금액조정

제23조 (기타 계약내용의 변경으로 인한 계약금액의 조정) ① 계약담당공무원은 공사계약에 있어서 제20조 및 제22조의 규정에 의한 경우 외에 공사기간 · 운반거리의 변경 등 계약내용의 변경으로 계약금액을 조정하여야 할 필요가 있는 경우에는 그 변경된 내용에 따라 실비를 초과하지 아니하는 범위 안에서 이를 조정한다.

② 제1항의 규정에 의한 계약내용의 변경은 변경되는 부분의 이행에 착수하기 전에 완료하여야 한다. 다만, 계약담당공무원은 계약이행의 지연으로 품질저하가 우려되는 등 긴급하게 계약을 이행하게 할 필요가 있는 때에는 계약상대자와 협의하여 계약내용 변경의 시기 등을 명확히 정하고, 계약내용을 변경하기 전에 계약을 이행할 수 있다.

③ 제1항의 경우에는 제20조제4항을 준용한다.

④ 제1항의 경우 계약금액이 증액될 때에는 계약상대자의 신청에 의거 조정하여야 한다.

⑤ 제1항 내지 제4항의 규정에 의한 계약금액조정의 경우에는 제20조제7항 내지 제9항의 규정을 준용한다.

1. 해설

이 항목에서 '기타 계약내용의 변경'은 물가변동과 설계변경을 제외한 계약내용의 변경을 말하는 것으로 계약금액의 조정을 수반하는 것이다. 이러한 계약내용의 변경도 변경되는 부분이 이행되기 전에 완료되어야 하며, 만약 계약금액이 증가될 경우에는 계약상대자의 신청에 의해 조정할 수 있다. 즉 모든 건설공사의 계약내용 변경은 계약금액의 조정대상이 되지만 물가변동이나 설계변경에 의해 계약금액의 조정이 이루어지는 경우를 제외한 것들에 대한 계약변경 사항을 명확히 하게 하기 위해서다.

2. 판단기준

계약사항은 계약서에 규정하고 있다. 이 계약서에 규정된 모든 변경사항은 계약변경으로 볼 수 있다. 이에 해당되는 것은 계약서의 내용으로 간주되는 시방서 현장설명서, 작업지시서 등에 제시되고 있는 사항이 변경되는 경우에는 기타 계약변경으로 볼 수 있다. 또한 공사목적물의 수량이 증감하는 경우는 설계변경으로 보지만 동일한 수량의 다른 작업내용으로 변경하는 것은 기타 계약내용의 변경에 해당된다.

3. 조정방법과 절차

기타 계약금액의 조정은 당초 계약된 내용과 달리 변경된 내용에 따라 실비를 초과하지 않는 범위 내에서 계약금액을 조정하게 된다. 이 경우의 실비란 계약변경에 따라 실제로 집행되는 금액을 말하고, 이 금액은 시공 이후에도 정량적으로 계산이 가능한 것이어서 실제로는 원가계산의 개념으로 이해해야 한다. 이 경우에도 계약금액의 조정은 실비범위 내에서만 가능하며 계약자의 신청에 의한다. 또한 실비의 산정은 실제 변경된 사용에 투입된 비용을 객관적으로 인정할 수 있는 증빙자료와 "국가계약법 시행규칙" 제7조의 규정 및 회계예규에 정한 절차와 기준에 따라 가격을 산출한다.

이와 같은 계약내용의 변경과 금액의 조정은 그 계약이행이 착수되기 전에 완료되어야 한다. 그러나 건설공사의 계약이행 지연으로 품질저하 우려가 예상되는 경우 계약상대자와 협의하여 사전에 변경사항을 먼저 이행할 수 있도록 하고 있다.

8.23-1 설계변경 등에 따른 통보

제23조의 2 (설계변경 등에 따른 통보) 제20조 내지 제23조에 의거하여 계약금액을 조정한 경우에는 계약담당공무원은 건설산업기본법 관련규정에 의거 계약금액의 조정 사유와 내용을 하수급인에게 통보하여야 한다.

1. 해설

건설산업기본법 제36조(설계변경에 따른 하도급대금의 조정)에는 "수급인이 하도급한 후 발주자로부터 설계변경이나 경제상황의 변동에 따라 공사금액을 증액하여 지급받은 경우에는, 동일한 사유로 목적물의 완성에 따른 추가적인 비용이 소요되는 때에는 원도급자가 증액하여 받은 공사금액의 내용과 비율에 따라 하도급인에게 비용을 증액하여 지급하여야 한다."라고 규정하고 있다.

또한 "이 경우 공사금액이 감소된 때에도 이에 준하여 감액하여 지급한다."라고 규정하고 있다. 일반적으로 건설공사의 하도급계약은 원도급자가 우월적인 지위에서 계약이 이루어지지만, 발주자로부터 지급받은 물가상승분 등이 원도급자 자신에게 유리하게 임의로 적용함으로써 하도급자가 불이익을 받을 수 있다. 공공발주기관은 이러한 경우를 방지하기 위하여 설계변경 등 계약금액조정 내용을 하도급인에게 통보하도록 의무화하여 원 · 하도급 간 불공정한 거래 관행을 방지하도록 하고 있다.

8.23-2 건설폐기물량 초과발생에 따른 계약금액조정

제23조의 3 (건설폐기물량의 초과발생에 따른 계약금액의 조정) 시행령 제78조에 따라 체결된 계약에 있어서 「건설폐기물의 재활용 촉진에 관한 법률」 제15조에 따라 건설공사와 건설폐기물처리용역을 분리 발주한 경우로써, 공사수행 과정에서 건설폐기물이 계약상대자가 설계 시 산출한 물량을 초과하여 발생한 때에는 당해 초과물량에 대하여 발주기관이 실제 폐기물처리업체에 지급한 처리비용만큼 계약금액에서 감액조정한다.

1. 해설

건설폐기물 재활용 촉진에 관한 법률 제2조(정의)에서 '건설폐기물'이란 건설산업기본법 제2조제4호에 해당하는 5톤 이상의 폐기물로, 대통령령으로 정하는 것을 말한다. 또한 다른 법률과의 관계에서 건설폐기물의 친환경적인 처리와 재활용 촉진에 관한 사항은 이 법을 다른 법률에 우선하여 적용하고, 이 법에 규정하지 않은 사항은 관계법령의 규정을 적용하도록 하고 있다.

일반적으로 건설공사 시 발생하는 폐기물량의 증가가 예상되어 발주기관이 본건설공사와 무관하게 별도로 건설공사의 폐기물처리를 분리하여 발주한 경우나 건설공사 시 예상하는 건설폐기물이 발생량을 초과하여 발생하는 경우, 이 초과발생 폐기물의 처리에 소요되는 비용은 계약변경을 통하여 금액을 조정하도록 규정하고 있다. 건설공사는 기존 건축물을 철거할 때 발생하는 산업폐기물이나 신축과정에서 가설재의 사용 등으로 폐기물이 발생한다.

건축계획 시 기존 시설물을 철거하는 과정에서 발생된 폐기물을 재활용하기 위한 계획도 수립한다. 따라서 건설공사의 특성이나 공사여건에 따라 발생하는 폐기물의 양이 달라질 수 있으므로 공사계획 수립 시 철저한 사전조사에 의한 폐기물량의 산정이 필요하다.

8.24 응급조치

제24조(응급조치) ① 계약상대자는 시공기간 중 재해방지를 위하여 필요하다고 인정할 때는 미리 공사감독관의 의견을 들어 필요한 조치를 취하여야 한다.

② 공사감독관은 재해방지 기타 시공상 부득이할 때에는 계약상대자에게 필요한 응급조치를 취할 것을 구두 또는 서면으로 요구할 수 있다. 이 경우 구두로 응급조치를 요구한 때에는 추후 서면으로 보완하여야 한다.

③ 계약상대자는 제2항의 규정에 의한 요구를 받은 때에는 즉시 이에 응하여야 한다. 다만 계약상대자가 요구에 응하지 아니할 때에는 계약담당공무원은 일방적으로 계약상대자 부담으로 제3자로 하여금 응급조치하게 할 수 있다.

④ 제1항 내지 제3항의 조치에 소요된 경비 중에서 계약상대자가 계약금액의 범위 내에서 부담하는 것이 부당하다고 인정되는 때에는 제23조의 규정에 의하여 실비의 범위 안에서 계약금액을 조정할 수 있다.

1. 해설

일반적으로 건설공사의 도급자는 공사에 사용되는 재료, 장비와 인력을 활용하여 공사목적물을 완성하게 된다. 그러나 건설공사는 특성상 옥외에서 이루어지고 대부분 단일공사로 그 규모가 크며, 또한 현장에 동원되는 인력이나 장비가 수시로 변동될 수 있을 뿐 아니라 공사목적물도 동일하지 않아 이를 완성하는 데에는 건설기술적, 관리적 노력이 수반된다. 따라서 이러한 공사목적물의 실현하는 과정에서 예기치 못할 불가항력적 또는 제3자에 의한 피해가 수반되는 위험이 나타날 수 있다.

본 조항에서는 계약상대자가 필요하다고 인정하는 경우 임의로 응급조치를 취할 수 있도록 하고, 공사감독관이 필요에 의해 응급조치를 계약상대자에게 요구할 수 있도록 규정하고 있다.

이러한 조치 요구는 구두 또는 서면으로 해야 하고, 만약 긴급하여 구두로 한 경우에는 사후비용 등의 분쟁을 예방하기 위하여 추후에 서면으로 보완하도록 하고 있다. 그런데 이러한 응급조치의 방법이 필요할 시에는 공사를 중단하게 하거나 철거 후 재시공 등 재해안전상의 조치가 필요하다.

특히 이 조항은 공사 중 중대한 재해안전상의 영향 또는 비용을 필요로 하는 경우에는 특별히 긴급한 경우를 제외하고는 반드시 사전에 감독원의 의견을 들어야 하는 것과 이후에 비용부담방법에 대하여 규정하고 있다.

만약 도급자가 응급조치를 취한 경우, 이러한 조치가 공공건축공사의 시공과정에서 도급자가 일반적인 관리의 범위에 속하는 경우라면 이는 도급자의 부담이 원칙이지만, 이러한 조치내용이 계약상대자의 계약범위를 벗어나 도급자가 부담하는 것이 부당할 경우에는 이 규정에 따라 실제 투입된 비용의 범위 내에서 계약금액을 조정하도록 하고 있다.

8.25 지체상금

제25조 (지체상금) ① 계약상대자는 계약서에 정한 준공기한(계약서상 준공신고서 제출기일을 말한다. 이하 같다.) 내에 공사를 완성하지 아니한 때에는 매 지체일수마다 계약서에 정한 지체상금률을 계약금액(장기계속공사계약의 경우에는 연차별 계약금액)에 곱하여 산출한 금액(이하 "지체상금"이라 한다.)을 현금으로 납부하여야 한다.

② 계약담당공무원은 제1항의 경우에 제2조의 규정에 의하여 기성부분에 대하여 검사를 거쳐 이를 인수(인수하지 아니하고 관리 · 사용하고 있는 경우를 포함한다. 이하 이 조에서 같다.)한 때에는 그 부분에 상당하는 금액을 계약금액에서 공제한다. 이 경우 기성부분의 인수는 그 성질상 분할할 수 있는 공사에 대한 완성부분으로 인수하는 것에 한한다.

③ 계약담당공무원은 다음 각 호의 1에 해당 되어 공사가 지체되었다고 인정할 때에는 그 해당 일수를 제1항의 지체일수에 산입하지 아니한다.

1. 제32조에서 규정한 불가항력의 사유에 의한 경우
2. 계약상대자가 대체 사용할 수 없는 중요 관급자재 등의 공급이 지연되어 공사의 진행이 불가능하였을 경우
3. 발주기관의 책임으로 착공이 지연되거나 시공이 중단되었을 경우
4. 계약상대자의 부도 등으로 연대보증인이 보증시공을 할 경우
5. 계약상대자의 부도 등으로 보증기관이 보증이행업체를 지정하여 보증시공할 경우

6. 제19조의 규정에 의한 설계변경으로 인하여 준공기한 내에 계약을 이행할 수 없을 경우
7. 원자재의 수급불균형으로 인하여 해당 관급자재의 조달지연 또는 사급자재(관급자재에서 전환된 사급자재를 포함한다)의 구입 곤란 등 기타 계약상대자의 책임에 속하지 아니하는 사유로 인하여 지체된 경우

④ 제3항제4호의 규정에 의하여 지체일수에 산입하지 아니하는 기간은 부도 등이 확정된 날(부도 · 파산 · 해산 등의 사유로 사실상 공사이행을 할 수 없었던 날을 의미한다)부터 보증시공을 지시한 날까지로 한다. 다만, 공동계약에 있어 공동이행방식에 의하는 경우는 공동수급체 구성원 중 마지막으로 남은 구성원의 부도 등이 확정된 날을 기준으로 한다.

⑤ 제3항제5호의 규정에 의하여 지체일수에 산입하지 아니하는 기간은 발주기관으로부터 보증채무이행 청구서를 접수한 날부터 보증이행 개시일 전일까지(단, 30일 이내에 한다)로 한다.

⑥ 계약담당공무원은 제1항의 규정에 의한 지체일수를 다음 각 호에 따라 산정하여야 한다.

1. 준공기간 내에 준공신고서를 제출한 때에는 제27조의 규정에 의한 준공검사에 소요된 기간은 제체일수에 산입하지 아니한다. 다만, 준공기한 이후에 제27조제3항의 규정에 의한 시정조치를 한 때에는 시정조치를 한 날로부터 최종 준공검사에 합격한 날까지의 기간(검사기간이 제27조의 규정에 정한 기간을 초과한 경우에는 동조에 정한 기간에 한한다. 이하 같다.)을 지체일수에 산입한다.
2. 준공기한을 경과하여 준공신고서를 제출한 때에는 준공기한 익일부터 준공검사(시정조치를 한 때에는 최종 준공검사)에 합격한 날까지의 기간을 지체일수에 산입한다.
3. 준공기한의 말일이 공휴일(관련법령의 규정에 의하여 발주기관의 휴무일인 경우를 포함한다)인 경우 지체일수는 공휴일의 익일 다음날부터 기산한다.

⑦ 계약담당공무원은 제1항 내지 제3항의 규정에 의한 지체상금은 계약상대자에게 지급될 대가, 대가 지연에 대한 이자 또는 기타 예치금 등과 상계할 수 있다.

1. 해설

계약은 본질적으로 그 자체의 구속력을 가지며, 당사자에게는 계약을 준수할 것을 강제하고 있다. 따라서 만약 계약을 이행하지 않는 경우에는 당사자에게 그에 상응하는 제재가 가해지는 것이다. 즉 계약불이행의 경우는 이행을 지체하는 것과 이행이 불가능

한 것, 그리고 이행을 하더라도 불완전하게 이행하는 것이 있다. 이행이 지체되는 경우는 채무의 이행기간이 도래하였으나 그 채무의 이행을 하지 못하는 상태를 말한다. 따라서 지체상금은 채무를 이행하지 못하는 원인이 발주자가 아닌 채무자에게 있는 경우, 이에 따른 일정한 비용을 채무자에게 부담시키는 것이다.

지체상금이란 '계약상대방이 정당한 이유 없이 계약의 이행을 지체한 경우 각 중앙관서의 장 또는 계약담당공무원이 이행지체자에 대하여 청구하는 손해배상액'을 말한다.

이행지체의 책임이 계약상대자에 없는 다음의 경우는 면책지체로 간주하여 시공자에게 책임을 전가시키기 어렵다.

(1) 계약상대자가 대체할 수 없는 관급자재 등의 공급이 지연되어 공사의 계속적 진행이 불가능한 경우
(2) 제32조에서 규정한 지진, 화재, 태풍, 홍수, 자연재해, 전쟁, 폭동, 대규모 노동파업 등과 같이 불가항력 또는 예외적 위험 등의 사유에 해당되는 경우
(3) 발주기관의 책임으로 착공이 지연되거나 공사가 중단되었을 경우
(4) 계약상대자의 부도 등으로 연대보증인이 보증시공을 할 경우나 보증기관이 보증이행업체를 지정하여 보증시공을 할 경우
(5) 제19조의 규정에 의한 설계변경으로 준공기한 내에 계약을 이행할 수 없는 경우
(6) 원자재 수급불균형으로 관급자재의 조달이 지연되거나 사급자재의 구입의 곤란 등 기타 계약상대자의 책임에 속하지 않은 사유로 지체되는 경우

2. 지체일수와 지체상금 계산

계약일반조건 제25조제6항에 따라 계약담당공무원은 제1항의 규정에 의한 지체일수를 다음의 각 호에 따라 산정하고, 지체상금은 국가계약법 시행규칙 제75조에 규정된 지체상금률에 지체일수를 곱하여 산정한다.

(1) 준공기간 내에 준공신고서를 제출한 때에는 제27조의 규정에 의한 준공검사에 소요된 기간은 지체일수에 산입하지 아니한다. 다만, 준공기한 이후에 제27조제3항의 규정에 의한 시정조치를 한 때에는 시정조치를 한 날로부터 최종 준공검사에 합격한 날까지의 기간을 지체일수에 산입한다.
(2) 준공기간을 경과하여 준공신고서를 제출한 때에는 준공기한 익일부터 준공검사에 합격한 날까지의 기간은 지체일수에 산입한다.

(3) 준공기한의 말일이 공휴일인 경우(관련법령의 규정에 의거 발주기관의 휴무일인 경우를 포함한다.) 지체일수는 공휴일의 익일 다음날부터 기산한다.

8.26 계약기간 연장

제26조 (계약기간의 연장) ① 계약상대자는 제25조제3항 각 호의 사유가 계약기간 내에 발생한 경우에는 계약기간 종료 전에 지체 없이 제17조제1항제2호에 대한 수정공정표를 첨부하여 계약담당공무원과 공사감독관에게 서면으로 계약기간의 연장 신청과 제4항의 규정에 의한 계약금액조정신청을 함께 하여야 한다. 다만, 연장 사유가 계약기간 내에 발생하여 계약기간 경과 후 종료된 경우에는 동 사유가 종료된 후 즉시 계약기간의 연장 신청과 제4항의 규정에 의한 계약금액조정신청을 함께 하여야 한다.

② 계약담당공무원은 제1항의 규정에 의한 계약기간 연장 신청이 접수된 때에는 즉시 그 사실을 조사 확인하고 공사가 적절히 이행될 수 있도록 계약기간의 연장 등 필요한 조치를 하여야 한다.

③ 계약담당공무원은 제1항에서 규정한 연장청구를 승인하였을 경우, 동 연장기간에 대하여는 제25조의 규정에 의한 지체상금을 부과하여서는 아니 된다.

④ 제2항의 규정에 의하여 계약기간을 연장한 경우에는 제23조의 규정에 의하여 그 변경된 내용에 따라 실비를 초과하지 아니하는 범위 안에서 계약금액을 조정한다. 다만, 제25조제3항제4호 및 제5호의 사유에 의한 경우에는 그러하지 아니한다.

⑤ 계약담당공무원은 제1항 내지 제4항의 규정에 불구하고 계약상대자의 의무불이행으로 인하여 발생한 지체상금이 시행령 제50조제1항의 규정에 의한 계약보증금상당액에 달한 경우로써, 계약목적물이 국가정책사업 대상이거나 계약의 이행이 노사분규 등 불가피한 사유로 인하여 지연된 때에는 계약기간을 연장할 수 있다.

⑥ 제5항의 규정에 의한 계약기간의 연장은 지체상금이 계약보증금상당액에 달한 때에 하여야 하며, 연장된 계약기간에 대하여는 제25조의 규정에 불구하고 지체상금을 부과하여서는 아니 된다.

1. 개요

본 조항은 계약기간 중에 계약의 연장 사유가 발생하는 경우 계약의 종료 이전에 지체 없이 당초 계약 시 제시된 공정표를 수정하여 계약담당공무원과 공사감독관에게 서면으로 제출하여 계약기간 연장 신청과 계약금액조정신청을 하도록 하고 있다. 이 경우 발주자는 계약상대자에게 정당한 사유가 있다고 판단되는 경우, 공사기간 지체에 따른 지체상금을 면제하거나 공사기간을 연장하는 등의 조치를 취할 수 있다.

2. 계약연장 사유

계약상대자의 계약연장 신청 사유는 다음과 같다.

(1) 천재지변 등 불가항력적 사유에 의해 공사수행이 어려운 경우

(2) 발주자에 의한 주요 관급자재의 공급이 지연되는 경우

(3) 발주기관 사유의 착공 및 시공이 지연되는 경우

(4) 계약상대자의 부도 등으로 연대보증인이 보증시공을 하는 경우

(5) 보증기관이 보증이행업체를 지정하여 보증시공할 경우

(6) 설계변경으로 인해 당초 계약기간 내에 준공할 수 없는 경우

(7) 원자재 수급불균형으로 관급자재의 조달이 지연되는 경우

3. 계약기간 연장

계약상대자에 의해 계약기간 연장 신청이 접수되는 경우 계약담당공무원은 즉시 그 사실을 조사하고 후속적인 공사가 즉시 수행될 수 있도록 계약기간 연장조치를 취한다. 또 계약상대자가 신청한 계약연장 사유가 합당한 경우 계약기간을 연장하고 관련규정에 따라 지체상금을 부과하지 않아야 한다.

또한 계약의 목적물이 중대한 국가정책 사업 대상이거나 계약상대자의 계약 미이행 및 이의 사유가 노사분규 등 불가피한 경우에도 지연된 계약기간을 연장할 수 있도록 규정하고 있다.

8.27 검사

제27조(검사) ① 계약상대자는 공사를 완성하였을 때에는 그 사실을 준공신고서 등 서면으로 계약담당공무원(「건설기술관리법」 제27조의 규정에 의하여 책임감리를 하는 공사에 있어서는 당해 공사의 감리전문회사를 말한다. 이하 이조 제2항, 제3항 및 제6항에서 같다)에게 통지하고 필요한 검사를 받아야 한다.

② 계약담당공무원은 제1항의 통지를 받은 때에는 계약서, 설계서, 준공신고서 기타 관계서류에 의하여 그날로부터 14일 이내에 계약상대자의 입회하에 그 이행을 확인하기 위한 검사를 하여야 한다. 다만, 천재 · 지변 등 불가항력적인 사유로 인하여 검사를 완료하지 못한 경우에는 당해 사유가 존속되는 기간과 당해 사유가 소멸된 날로부터 3일까지는 이를 연장할 수 있으며, 공사계약금액(관급자재가 있는 경우에는 관급자재 대가를 포함한다)이 100억 원 이상이거나 기술적 특수성 등으로 인하여 14일 이내에 검사를 완료할 수 없는 특별한 사유가 있는 경우에는 7일 범위 내에서 검사기간을 연장할 수 있다.

③ 계약담당공무원은 제2항의 검사에 있어서 계약상대자의 계약이행 내용의 전부 또는 일부가 계약에 위반되거나 부당함을 발견한 때에는 필요한 시정조치를 하여야 한다. 이 경우에는 계약상대자로부터 그 시정을 완료한 사실을 통지받은 날로부터 제2항의 기간을 계산한다.

④ 제3항의 경우에 계약이행기간이 연장될 때에는 계약담당공무원은 제25조의 규정에 의한 지체상금을 부과하여야 한다.

⑤ 계약상대자는 제2항의 규정에 의한 검사에 입회 · 협력하여야 한다. 계약상대자가 입회를 거부하거나 검사에 협력하지 아니함으로써 발생하는 지체에 대하여는 제3항 및 제4항의 규정을 준용한다.

⑥ 계약담당공무원은 검사를 완료한 때에는 그 결과를 지체 없이 계약상대자에게 통지하여야 한다. 이 경우 계약상대자는 검사에 대한 이의가 있을 때에는 재검사를 요청할 수 있으며 계약담당공무원은 필요한 조치를 하여야 한다.

⑦ 계약상대자는 제6항의 규정에 의한 검사완료 통지를 받은 때에는 모든 공사시설, 잉여자재, 폐기물 및 가설물을 공사장으로부터 즉시 철거 반출하여야 하며 공사장을 정돈하여야 한다.

⑧ 제39조의 규정에 의한 기성대가지급 시의 기성검사는 공사감독관이 작성한 감독조서의 확인으로 갈음할 수 있다. 다만, 동 검사 3회마다 1회는 제1항의 규정에 의한 검사를 실시하여야 한다.
⑨ 제8항의 규정에 의한 기성검사 시 검사에 합격된 자재라도 단순히 공사현장에 반입된 것만으로는 기성부분으로 인정할 수 없다. 다만, 계약상대자가 직접 또는 제3자에게 위탁하여 가공 · 조립 또는 제작된 자재인 때에는 당해 자재의 특성, 용도 및 시장거래 상황 등을 고려하여 반입(당해 자재를 계약목적물에 투입하는 과정의 특수성으로 인하여 가공 · 조립 또는 제작하는 공장에서 기성검사를 실시, 동 검사에 합격한 경우를 포함)된 자재의 100분의 50 범위 내에서 기성부분으로 인정할 수 있다.

1. 개요

계약에 의해 건설공사가 실현되면 발주자는 공사목적물의 적합성을 검사하게 된다.

검사란 발주자의 요구 및 기대에 따라 공사목적물이 완성되었는지를 확인하는 행위로써 검사결과 만족하지 못할 경우는 규정된 요구사항에 맞게 보완해야 하는 의미가 있다. 즉 검사는 계약상대방에 의한 급부 실현을 확인하는 행위로써 계약서와 계약내역서, 설계도서 등에 명시된 대로 건축물의 구조나 요구품질 및 공사의 수량과 규격 등이 적합하게 실현되었는가를 확인하는 행위다.

건설산업기본법 제22조제2항, 동법 시행령 제25조제1항에는 공사의 완성검사의 시기 및 방법과 인도하는 시기를 계약서에 미리 정하도록 규정하고 있다. 계약상대자는 당해 공사목적물이 완료될 경우 계약담당공무원(건설기술관리법 제27조에 의한 책임감리대상은 감리전문회사를 말한다.)에게 준공신고서류 등을 작성하여 서면으로 통지하고 적절한 검사를 받도록 규정하고 있다. 검사절차는 먼저 공사목적물이 완성되면 계약상대자가 완성 사실을 증명하는 관계서류를 작성하고 작성된 서류를 서면으로 계약담당공무원에게 통지한다. 이때 계약담당공무원은 준공서류를 통지받은 날로부터 14일 이내에 계약이행 확인검사를 실시하게 되는데, 이때는 발주자가 지급한 관급자재를 포함하여 공사비가 100억 원 이상인 경우나 당해 공사목적물의 기술적인 특성 때문에 14일 이내에 검사가 어려운 경우는 7일 범위 내에서 검사기간의 연장이 가능하다.

2. 검사방법

국가계약법 제14조제2항에 의하면, 공사목적물의 검사가 완료된 때에는 검사원은 그 검사결과를 기재한 검사조서를 작성하도록 하고 있다. 그러나 국가계약법 시행령 제56조에 의하면, 공사계약금액이 3천만 원 이하인 경우나 매각계약의 경우 또는 전기 · 가스 · 상수도의 공급계약 등 그 성질상 검사조서가 필요하지 않는 경우는 검사조서를 생략할 수 있도록 규정하고 있다.

일반적으로 검사는 3가지로 구분된다. 첫째는 공사목적물을 구현하기 위해 공사현장에 반입되는 재료나 사용자재의 적합성 여부를 확인하는 반입검사가 있으며, 둘째는 공사 중의 검사로써 단위공종의 작업이 진행되는 도중에 품질관리를 위해 계약서, 설계도서대로 시공되는지 여부를 확인하는 검사가 있고 셋째, 공사목적물이 계약내용에 따라 적합하게 완성되었는지 여부를 검사하는 완성단계의 검사가 있다. 그러나 경우에 따라서는 중간검사를 생략하고 반입검사와 완성검사만을 행하는 경우도 있다.

3. 기성검사

기성검사란 당해 공사계약에 의해 공사가 실현된 부분에 대한 공사수량과 공사비에 대한 검사를 말한다.

공사계약일반조건 제39조의 규정에 의하면, 기성검사는 공사대금을 정확하게 지급하고 수령하기 위하여 필요한 것으로서 공사감독관이 작성한 감독조서의 확인으로 기성검사가 가능하다. 그런데 기성이라 함은 당해 현장에 사용자재나 재료의 반입, 구조물이 실현된 것만으로는 기성으로 인정되기는 어렵다. 즉 기성은 적합한 자재가 현장에 반입되어 감독관에 의해 반입검사가 적합하게 이루어지고 해당 목적물에 적합하게 시공되어 최종적으로 감독관이 그 시공의 정도가 적합함을 인정했을 때 기성으로 볼 수 있다. 또한 계약상대자가 직접 또는 제3자에게 위탁한 가공 · 조립 또는 제작된 자재인 경우에는 사용자재의 특성과 용도 및 시장의 거래상황을 고려하여 반입된 자재의 100분의 50의 범위 내에서 기성부분으로 인정할 수 있다.

8.28 인수

제28조 (인수) ① 계약담당공무원은 제27조제6항의 규정에 의하여 검사완료 통지를 한 후 계약상대자가 서면으로 인수를 요청하였을 때에는 즉시 현장인수증명서를 발급하고 당해 공사목적물을 인수하여야 한다.

② 계약담당공무원은 제1항의 규정에 의하여 인수를 요청할 경우, 공사규모 등을 고려하여 필요하다고 인정할 때에는 계약상대자로 하여금 다음 각 호의 사항이 첨부된 준공명세서를 제출하여야 한다.

1. 완성된 공사목적물의 전면 · 후면 · 측면사진(10″×15″) 각 5매 및 필름
2. 제27조의 주요 검사과정을 촬영한 비디오테이프(VHS) 5본
3. 착공에서 준공까지의 행정처리 과정, 참여기술자, 관련 참여업체 등의 내용을 포함하는 「건설기술관리법 시행령」 제38조의 16의 규정에 의한 준공보고서

③ 계약담당공무원은 계약상대자가 검사완료 통지를 받은 날부터 7일 이내에 제1항의 규정에 의한 인수요청을 아니할 때에는 계약상대자에게 현장인수증명서를 발급하고 당해 공사목적물을 인수할 수 있다. 이 경우 계약상대자는 지체 없이 제2항의 규정에 의한 준공명세서를 제출하여야 한다.

④ 계약담당공무원은 공사목적물을 인수한 때에는 다음 사항을 기재한 표찰을 부착하여 공시하여야 한다.

1. 공사명 및 발주기관(관리청)
2. 착공 및 준공 연월일
3. 공사금액
4. 계약상대자
5. 공사감독관 및 검사관
6. 하자발생 시 신고처
7. 기타 필요한 사항

⑤ 발주관서는 제3항의 규정에 의하여 인수된 공사목적물을 계약상대자에게 유지관리를 요구하는 경우에는 이에 필요한 비용을 지급하여야 한다.

1. 개요

계약담당공무원은 공사목적물에 대한 준공검사가 완료되면 계약상대자에게 검사완료 통지를 하게 되고, 그 이후에는 계약상대자가 인수해줄 것을 요청하거나 발주자가 직접 공사목적물을 인수할 수 있다. 공사목적물의 검사와 인도는 발주자와 계약상대자 모두에게 중요한 의미를 갖게 된다. 즉 발주자는 공사목적물이 계획대로 완성되었는지 검사하여 부적합한 경우는 보수 요구와 재검사를 요청할 수 있고, 적합한 경우는 이를 인수받아 당초의 계획대로 이용할 수 있다. 계약상대자는 완성된 공사목적물을 인도하여 유지관리의 책임을 면하고 공사대금의 잔액을 수령할 수 있다.

2. 공사목적물의 인수

일반조건 제28조제1항에 의하면, 계약담당공무원이 공사목적물에 대한 검사완료 통지를 한 후 계약상대자가 서면으로 인수를 요청하였을 경우는 즉시에 인수증명서를 발급하고 당해 목적물을 인수하도록 규정하고 있다. 이때 계약상대자는 다음 사항이 첨부된 준공명세서를 제출한다.

(1) 완성된 공사목적물의 사진 및 필름(전면, 후면, 측면)
(2) 주요 검사과정을 촬영한 테이프(제27조에 의함)
(3) 착공에서 준공까지 행정처리 과정, 참여기술자, 관련 참여업체
(4) 준공도서
(5) 품질문서와 기록
(6) 구조계산서
(7) 시설물유지관리에 관한 사항
(8) 신공법, 특수공법 평가보고서
(9) 시운전 평가결과서

8.29 기성부분의 인수

제29조 (기성부분의 인수) ① 계약담당공무원은 전체 공사목적물이 아닌 기성부분(성질상 분할할 수 있는 공사에 대한 완성부분에 한한다)에 대하여 이를 인수할 수 있다.

② 제28조의 규정은 제1항의 경우에 이를 준용한다.

1. 개요

건설공사는 착공부터 완성까지 공사에 소요되는 기간이 길다. 따라서 발주자는 건설공사의 시공과정상 장애가 되지 않을 경우 부분적으로 준공하여 시설물을 인수할 수 있다. 특히 인수 시 이용가치를 극대화할 수 있는 상업용 시설이나 공장 등과 같이 생산설비를 조기에 라인업할 수 있는 경우에는 더욱 그러하다. 기성부분에 대한 인수는 일반공사의 인수방법 및 절차와 동일하다. 그러나 기성부분을 조기에 인수하기 위해서는 공사목적물의 성질상 분할할 수 있는 목적물의 완성부분이어야 한다. 다시 말해, 여러 개의 건축물로 구분되어 있는 경우, 그중 부분적인 공사목적물의 완성이 이루어진 때에는 현장기성인수가 가능하도록 규정하고 있다.

즉 계약담당공무원의 검사완료 통지를 받게 되면 계약상대자는 발주자에게 서면으로 기성부분에 대하여 인수를 요청할 수 있고, 이때에는 즉시 현장인수증명서를 발급하고 당해 공사목적물을 인수해야 한다.

계약담당공무원은 만약 계약상대자가 검사완료 통지를 받은 날로부터 7일 이내에 인수요청을 하지 않는 경우에는 계약상대자에게 현장인수증명서를 발급하고 당해 목적물의 기성부분에 대하여 인수할 수 있다. 이에 따라 기성부분이 인수된 경우에는 공사명과 발주기관 등을 기재한 표찰을 부착하여 공시하도록 규정하고 있다.

8.30 부분사용 및 부가공사

제30조 (부분사용 및 부가공사) ① 발주기관은 계약목적물의 인수 전에 기성부분이나 미완성부분을 사용할 수 있으며, 동 부분에 대하여는 당해 구조물 안전에 지장을 주지 아니하는 부가공사를 할 수 있다.
② 제1항의 경우 계약상대자와 부가공사에 대한 계약상대자는 계약담당공무원의 지시에 따라 공사를 진행하여야 한다.
③ 계약담당공무원은 제1항의 규정에 의한 부분사용 또는 부가공사로 인하여 계약상대자에게 손해가 발생한 경우 또는 추가공사비가 필요한 경우로써, 계약상대자의 청구가 있는 때에는 제23조의 규정에 의하여 실비의 범위 안에서 보상하거나 계약금액을 조정하여야 한다.

1. 부분사용

본 조항에서 부분사용이란 발주자가 공사의 전부 또는 일부분이 완성되기 전에 사용하도록 하는 것이다. 그러나 이러한 경우, 본 공사의 후속적인 공사공정에 영향을 미치게 하거나 공사목적물이 인도되기 전에 다른 공사목적물에 손상을 발생케 하는 경우에는 상호간 그 책임의 소재가 불명확해질 우려가 있다. 따라서 발주자에 의한 준공 전 부분사용은 계약상대자의 사전동의를 받아 공사목적물의 전부 또는 일부를 사용하는 것을 규정하는 것이다.

부분사용은 계약목적물이 발주자에게 인수되기 전에 기성부분이나 완성되지 않은 부분을 발주기관이 사용할 수 있음을 의미한다. 다만 이 경우 당해 구조물의 사용 안전에 지장을 주지 않는 부가적인 공사를 수행하도록 규정하고 있다. 그러나 부분사용의 의미는 발주자에 의해 부분사용되는 부분에 발생된 기성금의 지급을 전제조건화 하는 것과는 무관하다. 즉 부분적인 공사목적물의 인도가 공사의 부분적인 완료와 병행하여 이루어진 것인 만큼 공사대금의 지급이 이루어져야 한다는 것과는 다른 성격을 지닌다. 따라서 발주자가 시공자에게 부분사용을 청구할 경우 계약상대자가 이에 응해야 하는 것인지는 자유에 속한다. 일반적으로 발주자가 계약상대자에게 부분사용 승낙을 요청하는 경우는 특별한 사정이 없는 한 발주자의 요청을 시공자가 거절하기 어렵다.

2. 부가공사란

부가공사란 공사목적물 중 부분사용이 용인된 구조물에 대하여 일정한 부분의 인테리어공사 등 추가되는 공사를 말한다. 이는 발주기관에 의해 계약목적물 인수 전에 기성부분 또는 미완성된 부분의 부분사용이 이루어질 경우로, 특별히 구조안전상 지장이 없는 경우에는 부가적인 공사를 할 수 있도록 규정하고 있다. 따라서 이 경우에도 계약상대자는 당당공무원의 지시에 따라 공사를 진행해야 한다. 그런데 만약 발주자에 의해 공사목적물의 부분사용 또는 부가공사로 인해 계약상대자에게 손해가 발생하는 경우에는 추가공사에 해당되는 경우로써, 계약상대자의 청구에 의해 실제 공사에 투입된 비용 범위 안에서 보상하거나 계약금액을 조정할 수 있다.

8.31 일반적인 손해

제31조 (일반적 손해) ① 계약상대자는 계약의 이행 중 공사목적물, 관급자재, 대여품 및 제3자에 대한 손해를 부담하여야 한다. 다만, 계약상대자의 책임 없는 사유로 인하여 발생한 경우에는 발주기관의 부담으로 한다.
② 제10조의 규정에 의하여 손해보험에 가입한 공사계약의 경우 제1항의 규정에 의한 계약상대자 및 발주기관의 부담은 보험에 의하여 보전되는 금액을 초과하는 부분으로 한다.
③ 제28조 및 제29조의 규정에 의하여 인수한 공사목적물에 대한 손해는 발주기관이 부담하여야 한다.

1. 해설

일반적으로 건설사업은 옥외산업으로 공사에 소요되는 기간이 길고 작업자의 빈번한 이동이 생기는 특성이 있으며, 이로 인해 공사의 표준화가 어렵고 공사 중에도 예기치 못할 위험과 손해가 발생할 우려가 있다. 그런데 공사 중 발생한 위험과 손해에 대해서는 그 귀책사유가 발주자인 경우를 제외하고는 시공자가 부담해야 한다. 일반적으로 손해는 공사목적물 실현을 위해 계약이행 중에 발생하는 손해에 한한다. 이는 공사의 목적물 전체 또는 부분사용 등을 위해 발주자에게 인수하기 전에 발생하는 것으로 간주된다. 즉 공사가 준공된 이후에 발생한 손해에 대해서는 도급자가 부담하지 않는 것이 원칙이다.

그런데 공사 중 예기치 못한 우발적인 사고로 인한 손해를 전가하기 위하여 현재 국내에서는 건설공사보험이나 각종 공제보험이 활용되고 있고, 일정규모 이상인 경우는 반드시 의무적으로 보험 등에 가입하도록 규정하고 있다.

8.32 불가항력

제32조 (불가항력) ① 불가항력이라 함은 태풍·홍수 기타 악천후, 전쟁 또는 사변, 지진, 화재, 전염병, 폭동 기타 계약당사자의 통제범위를 초월하는 사태의 발생 등의 사유(이하 "불가항력의 사유"라 한다)로 인하여 계약당사자 누구의 책임에도 속하지 아니하는 경우를 말한다. 다만, 이는 대한민국 국내에서 발생하여 공사이행에 직접적인 영향을 미친 경우에 한한다.

② 제1항에서 규정한 불가항력의 사유로 인하여 다음 각 호에 발생한 손해는 발주기관이 부담하여야 한다.

1. 제27조의 규정에 의하여 검사를 필한 기성부분
2. 검사를 필하지 아니한 부분 중 객관적인 자료(감독일지, 사진 또는 비디오테이프 등)에 의하여 이미 수행되었음이 판명된 부분
3. 제31조제1항 단서 및 동조 제3항의 규정에 의한 손해

③ 계약상대자는 계약이행 기간 중 제2항의 손해가 발생하였을 때에는 지체 없이 그 사실을 계약담당공무원에게 통지하여야 하며, 계약담당공무원은 통지를 받았을 때에는 즉시 그 사실을 조사하고 그 손해의 상황을 확인한 후 그 결과를 계약상대자에게 통지하여야 한다. 이 경우 공사감독관의 의견을 참작할 수 있다.

④ 계약담당공무원은 제3항의 규정에 의하여 손해의 상황을 확인하였을 때에는 별도의 약정이 없는 한 공사금액의 변경 또는 손해액의 부담 등 필요한 조치를 계약상대자와

협의하여 이를 결정한다. 다만, 협의가 성립되지 않을 때에는 제51조의 규정에 의해서 처리한다.

1. 개요

일반적으로 사전적 의미의 '불가항력'이란 외부로부터 발생한 일로, 보통 필요하다고 인정되는 모든 수단을 다하여도 피할 수 없었던 것을 의미한다. 이는 태풍이나 홍수, 전쟁, 지진, 화재, 전염병 등과 같이 도급자의 통제범위를 벗어나는 상황 등의 사유로 인해 누구의 책임에도 속하지 않는 경우를 말한다. 불가항력이 성립되기 위해서는 천재 또는 지변을 당하거나 계약당사자의 힘으로는 방지할 수 없는 상황이거나 또는 누구의 책임으로도 돌릴 수 없는 상황일 경우에 해당된다.

2. 공사계약의 요건

일반적으로 공사계약특수조건 제33조(불가항력)에는 공사계약상의 특수요건에 불가항력적 상황에서 계약상대자의 의무와 해당 요건을 규정하고 있으며, 동조 제2항으로 불가항력의 미인정 사항은 첫째, 불가항력 사태의 발생을 대비하여 '적절한 예방조치'를 취해야 하며, "불가항력적 사태가 발생한 경우에는 피해를 최소화하기 위하여 관리자로서 의무를 다해야 한다."라고 규정하고 있다. 둘째, "계약상대자가 통제 가능한 경우이거나 계약상대자가 미리 예측하여 적절히 대비할 수 있는 경우나 사태발생 후 대피하거나 극복할 수 있는 경우, 기타 계약상대자의 귀책사유에 기인한 경우로써 계약상대자가 고의 또는 중대한 과실로 이행하지 않는 경우에는 불가항력으로 인정하지 아니한다."라고 규정하고 있다.

3. 불가항력(사례)

불가항력의 정도는 그 적용 환경과 여건에 따라 내용 및 인정의 범위가 달라진다. 우리나라에서의 불가항력에 대한 인정 사례는 다음 표 8-11과 같다.

표 8-11 불가항력 사례

태풍	해당 건설현장이 재난이나 안전관리기본법에 의한 재난위험지역 또는 특별재난지역으로 지정 발령된 경우로써 사전예방조치의 한계를 벗어난 경우
지진	해당 지역에서 리히트 지진규모 6.0 이상의 지진이 발생하여 피해가 발생하였을 경우
전쟁	국가비상사태의 발령으로 현장출입 제약 또는 현장유지가 곤란한 경우로써 제3자에 의한 피해가 발생하였을 경우
홍수	현장주변 하천이 범람하여 공사장 주변이 침수되거나 유실된 경우로써 계약상대자의 예방조치의 한계를 벗어난 경우
전염병	제1종 전염병으로 당해 지역이 법에 의해 금지되는 명령이 발행한 날로부터 해지 시까지의 기간

4. 불가항력에 따른 조치

공사 중 예기치 못한 불가항력적 상황이 발생한 경우, 계약상대자는 지체 없이 그 사실을 발주자에게 통지하고, 발주자는 통지를 받은 즉시 그 사실에 대하여 조사하고 그 손해의 상황을 확인한 결과를 계약상대자에게 통지해야 한다. 또 불가항력으로 인한 손해상황을 확인하였을 때에는 공사금액의 변경이나 손해액의 부담 등 필요한 조치를 계약상대자와 협의하여 결정한다.

8.33 하자보수

제33조 (하자보수) ① 계약상대자는 전체목적물을 인수한 날과 준공검사를 완료한 날 중에서 먼저 도래한 날부터 시행령 제60조의 규정에 의하여 계약서에 정한 기간(이하 "하자담보책임기간"이라 한다) 동안 공사목적물의 하자(계약상대자의 시공상의 잘못으로 인하여 발생한 하자에 한함)에 대한 보수책임이 있다.

② 하자담보책임기간은 시행규칙 제70조 관련 [별표 1]에 정해진 바에 따라 공종을 구분(하자책임을 구분할 수 없는 복합공사의 경우에는 주된 공종)하여 설정하여야 한다.

③ 제2항의 규정에 불구하고 하자담보책임기간을 공종 구분 없이 일률적으로 정하였거나 시행규칙 제70조 관련 [별표 1]에 정해진 기간과 다르게 정하여 계약이행중인 경우에는 동 시행규칙에서 정한 대로 계약서상 하자담보책임기간을 조정하여야 한다.

④ 계약상대자는 하자보수 통지를 받은 때에는 즉시 보수작업을 하여야 하며 당해 하자의 발생원인 및 기타 조치사항을 명시하여 발주기관에 제출하여야 한다.

1. 개요

본 조항에서 규정한 사항은 계약상대자로부터 공사목적물을 인수받았으나 하자가 발생하였을 경우, 도급자의 하자보수의 책임과 처리절차 및 방법에 관하여 기술하고 있다. 하자담보의 책임존속기간과 담보책임 및 하자보수책임 승계 등에 대해서는 민법 제670조, 국가계약법 제17조, 조달청의 공사계약특수조건 제14조 등에 규정되어 있다.

2. 하자란

본 조항에서 "하자"란 사용상의 결함이 있는 것으로서 공사목적물이 당초의 설계도서에 따라 시공되지 않아 그 사용가치가 감소하는 품질 및 성능상의 결함(defect)을 말한다. 일반적으로 공사계약자는 완공일로부터 일정기간 내에 발생한 하자에 대하여 보수할 책임이 있다. 건설공사의 하자담보책임이란 공사목적물의 인도 후에 계약서에 정한 내용과 달리 사용상 불안전한 상태가 있는 경우에는 도급자가 부담해야 할 책임이다.

이러한 책임에 대하여 발주자의 입장에서는 하자보수청구권과 손해배상청구권이 있으나 도급자의 하자담보책임에 대한 해제청구권은 없다. 여기에서 하자의 범위를 살펴보면, 하자의 영역은 공사목적물의 인도 후의 개념보다 실제로는 완성된 목적물이나 완성하기 전에 실현된 부분, 즉 기성부분에 대해서도 계약상대자의 책임이 있다 할 수 있다.

3. 하자담보책임기간

일반적으로 하자담보책임기간은 하자보수기간을 의미하는데 이 기간은 공사의 완성일로부터 시작하여 계약서에 정하는 기간이다. 그런데 이같이 하자담보책임기간은 민법과 국가계약법, 건설산업기본법 등에 규정되어 있다.

국가계약법 시행령 제60조에는 "중앙관서의 장이 공사도급계약 체결 시 전체 공사목적물을 인수한 날과 준공검사를 완료한 날 중 먼저 도래한 날로부터 1년 이상 10년 이하의 범위 내에서 기획재정부령이 정하는 기간 동안 당해 공사의 하자보수를 보증하기 위한 하자담보기간을 정하여야 한다."라고 정하고 있다.

또한 민법 제670조 등에는 일반적인 공사목적물의 인도일로부터 1년, 인도를 필요로 하지 않은 경우는 작업을 종료한 날로부터 1년이다. 건설산업기본법에서는 건설공사의 주요 공종별로 공사가 완공된 후부터 담보책임기간을 달리 정하고 있다.

4. 하자보수청구권과 하자보수

'하자보수청구권'이란 완성된 공사목적물이나 완성 이전에 실현된 구조물에 하자가 발생할 때 도급인이 수급인에게 하자보수를 청구할 수 있도록 규정한 (민법 제670조 및 동조 제1항) 것을 말한다. 즉 하자보수는 실현된 공사목적물이 본래의 품질과 성능을 회복하도록 청구하는 권리이다. 따라서 하자보수를 위한 청구권의 성립요건은 다음과 같다.

(1) 공사목적물이 규정된 사용에 벗어나는 결함이 발생해야 한다.
(2) 하자가 구조적으로 또는 사용용도상 중요하지 않고 재시공에 의하지 않으며 보수가 용이하여 소요되는 비용이 크지 않아야 한다.
(3) 하자발생에 따른 시공자의 보수준비 및 보수기간 등을 고려하여 상당한 기간이 경과가 필요하다.

따라서 계약상대자는 발주자로부터 하자보수를 요청받을 경우 가능한 빠른 기간 안에 원인분석에 의한 보수작업을 실행해야 하며, 이후 시정 및 예방조치 사항을 발주자에게 피드백해야 한다.

5. 민법상의 손해배상

민법 제667조제1항에 의하면, 공사가 완성되어 인도된 목적물에 하자가 발생한 경우, 발주자는 수급인에게 상당한 기간을 정하여 하자보수를 청구할 수 있다. 그러나 하자의 내용이 구조안전상 또는 사용상 중요하지 않으나 보수에 소요되는 비용이 과다한 경우 하자보수 대신 손해배상을 청구할 수 있다. 이는 발주자의 하자보수청구권 이외에 손해배상청구도 할 수 있다는 의미이며, 하자보수가 이루어진다 하더라도 손해의 정도를 충족시킬 수 없는 정도인 경우는 그 손해액에 대한 배상을 청구할 수 있음을 의미한다.

8.34 하자보수보증금

제34조 (하자보수보증금) ① 계약상대자는 공사의 하자보수를 보증하기 위하여 계약서에서 정한 하자보수보증금률을 계약금액(당초 계약금액이 조정된 경우에는 조정된 계약금액을 말한다)에 곱하여 산출한 금액(이하 "하자보수보증금"이라 한다)을 시행령 제62조 및 시행규칙 제72조의 규정에 정한 바에 따라 납부하여야 한다.

② 계약상대자는 제33조제1항의 규정에 의한 하자담보책임기간 중 계약담당공무원으로부터 하자보수 요구를 받고 이에 불응한 경우에는 제1항의 규정에 의한 하자보수보증금을 국고에 귀속한다.

③ 계약담당공무원은 제35조제2항의 규정에 의한 하자보수완료 확인서의 발급일까지 하자보수보증금을 계약상대자에게 반환하여야 한다. 다만, 하자담보책임기간이 서로 다른 공종이 복합된 건설공사에 있어서는 시행규칙 제70조의 규정에 의한 공종별 하자담보책임기간이 만료되어 보증목적이 달성된 공종의 하자보수보증금은 계약상대자의 요청이 있을 경우 즉시 반환하여야 한다.

1. 개요

건설공사를 완성한 후 발생할 수 있는 공사하자는 국가계약법 제16조 및 동법 시행령 제62조, 동법 시행규칙 제72조 등에는 건설공사의 하자보수를 보증하기 위한 보증금의 납부와 처리방법에 대하여 규정하고 있다. 즉 계약상대자가 건설공사의 하자보수를 보증하기 위해서는 계약서에 정한 계약보증금률을 계약금액으로 곱하여 산출한 금액을 동법 시행령 및 시행규칙에 정한 바에 따라 납부하도록 하고 있다. 또 하자보증금은 입찰보증금과 마찬가지로 현금이나 지급보증서, 보증보험증권, 각종 공제조합에서 발행하는 보증서, 유가증권, 수익증권 등이 있다.

2. 하자보수보증금률 산출

하자보수보증금률의 결정은 국가계약법 시행령 제62조제1항에 따라 계약금액의 100분의 2 이상 100분의 10 이하로 정하도록 규정되어 있으나, 동법 시행규칙 제72조에는 건설공사를 공종별로 구분하여 구체화하여 정하고 있다. 그러나 하자보증금률을 정할 수 있는 공종이 단일공종이 아니고 여러 개의 복합적인 공종인 경우에는 그중 주된 공종의 보증금률을 정하도록 하고 있다(국가계약법 시행규칙 제72조).

하자보수보증금의 산출방식은 다음과 같다.

하자보증금(산출식) = 계약금액 × 당해 공사 공종의 하자보수보증금률(2%~5%)

또한 건설공사가 장기적으로 계속되는 공사인 경우 하자보수보증금은 건설공사가 계약이 되는 연차별로 하자보수보증금을 납부하게 되지만, 연차별 공사의 내용상 하자담보의 책임을 구분하기가 곤란한 경우에는 총공사의 준공검사가 완료된 후에 하자보증금을 납부한다. 하자보수보증금은 건설공사의 준공검사가 완료된 후 하자보수보증금을 공사계약금액의 2%~5%범위 내에서 공종별로 정한 금액의 하자보수보증금을 납부한다. 물론 공공의 구분이 되는 장기계속공사는 연차별로, 구분이 되지 않는 공사는 전체 공사의 준공검사 후 하자보수보증금을 납부하게 된다.

3. 하자보수이행과 보증금 반환

공사계약담당자는 발주자로부터 하자담보책임기간 내에 하자보수 요청을 받은 경우, 즉시 하자보수를 해야 한다. 이때 하자발생의 원인과 기타 조치사항을 명시하여 발주기관에 제출해야 한다(법 제33조제1항 및 계약일반조건 제33조제4항). 또 발주자에 의한 하자보수보증금이 하자보수의 목적이 달성된 때에는 즉시 계약상대자에게 이를 반환해야 한다. 이 보증금은 시공자에 의해 하자보수가 완료되어 발주자의 하자보수완료 확인서가 발급된 경우에 한한다. 물론 이 경우에도 여러 개의 공사 공종 중 하자보수기간이 서로 다른 경우에 하자보수가 완료된 공종에 대하여는 발주자의 보증목적이 실현되었으므로, 계약상대자의 요청에 의해 하자보증금을 즉시 반환해야 한다.

한편, 건설공사가 완료되어 준공된 이후 하자가 발생하여 발주자가 이에 대한 요수를 요청하였음에도 이에 불응한 경우에는 국가계약법 시행규칙 제73조에 따라 하자보증금이 국고에 귀속이 되며, 이 비용으로 하자보수가 가능하다.

8.35 하자검사

제35조 (하자검사) ① 계약담당공무원은 제33조제1항에서 규정한 하자담보책임기간 중 연 2회 이상 정기적으로 하자를 검사하여야 한다.

② 계약담당공무원은 하자담보책임기간의 만료일부터 14일 이내에 따로 최종검사를 하여야 하며, 최종검사를 완료하였을 때에는 즉시 하자보수완료 확인서를 계약상대자에게 발급하여야 한다. 이 경우 최종검사에서 발견되는 하자사항은 이 확인서가 발급되기 전까지 계약상대자가 자신의 부담으로 보수하여야 한다.

③ 계약상대자는 제1항 및 제2항의 검사에 입회하여야 한다. 다만, 계약상대자가 입회를 거부하는 경우 계약담당공무원은 일방적으로 검사를 할 수 있으며, 검사결과에 대하여 계약상대자가 동의한 것으로 간주한다.

④ 계약상대자의 책임과 의무는 제2항의 규정에 의한 하자보수완료 확인서의 발급일부터 소멸한다.

1. 개요

국가계약법 시행령 제61조제1항에 의하면, "각 중앙관서의 장 또는 계약담당공무원이 하자담보책임기간 중에는 연 2회 이상 정기적으로 건축물의 하자를 검사하거나 소속공무원에게 그 사무를 위임하여 검사하게 하여야 한다."라고 규정하고 있다. 하자검사 결과 하자의 책임은 하자보증기간에서 정한 기간 내에는 계약상대자에 의해 책임이 있으며, 하자보수가 완료되어 발주관서에 의해 최종적으로 "하자완료 확인서"의 발급이 이루어진 이후에는 계약상대자의 하자책임이 없어진다.

2. 하자검사

국가계약법 시행규칙 제21조제1항에 따르면, "계약담당공무원은 하자담보책임기간 중 연 2회 이상 정기적으로 직접 또는 소속공무원에게 그 사무를 위임하여 준공된 건축물의 하자검사를 하여야 한다."라고 규정하고 있다. 또 하자담보책임기간 내에 최종검사가 완료된 경우에는 발주자가 하자보수완료 확인서를 계약상대자에게 발급해야 하고, 이때 계약상대자는 하자의 책임과 의무는 소멸하게 되는 것으로 규정하고 있다.

그런데 발주자 입장에서는 하자담보책임기간이 경과하고, 그 이후에 발생할지도 모를 하자에 대비하여 국가계약법 시행규칙 제21조제1항에 의하여 별도로 하자검사를 하도록 하고 있다. 하자검사를 정기적으로 별도의 전문업체에 의뢰하여 수행하는 경우는 그 시설물의 상태가 특히 전문적인 지식이나 기술을 필요로 하거나 부실시공이 우려되며 공공의 안전에 미치는 영향이 큰 시설물인 경우는 중앙관서의 장 또는 계약담당공무원이 전문기관에 의뢰하여 감사하도록 규정되어 있다.

8.36 특별책임

제36조 (특별책임) 계약담당공무원은 제35조제2항의 규정에 의한 하자보수완료 확인서의 발급에도 불구하고 당해 공사의 특성 및 관련법령에서 정한 바에 따라 필요하다고 인정하는 경우, 제27조 및 제35조의 규정에 의한 검사과정에서 발견되지 아니한 시공상의 하자에 대하여는 계약상대자의 책임으로 하는 특약을 정할 수 있다.

1. 해설

이 조항은 발주자가 공사목적물에 대하여 하자보수를 완료하고 계약상대자에게 하자보수완료 확인서를 발급하였음에도 불구하고 당해 공사의 특성이나 관련법에서 정한 바에 따라, 필요시 기성 또는 준공검사나 하자보수가 완료될 때까지 발견되지 못한 건축물의 시공상의 하자에 대하여 그 이후에 발생할 경우에 대비하여 계약상대자의 책임으로 계약서상 특약을 정할 수 있도록 한 규정이다.

이러한 경우는 당해 공사의 특성이나 관계법령에서 정한 경우여야 하는데, 이러한 조항은 발주관청이 임의적 판단에 의하여 지정되는 것은 아니며 대부분 공공의 용도에 이용되는 시설물 등 그 대상이 다중이용시설 등 유사시 인적 또는 물적 손실의 규모가 크게 예상되는 시설물 등에 해당된다.

이와 관련하여 국제품질규격(ISO9001)에서는 특수한 공사 공정에 대한 시공관리를 요구하고 있는데, 즉 작업 중에는 하자발생을 알 수 없고 공사가 완료된 이후라야만 완성상태를 확인할 수 있는 공종에 대하여는 작업기준, 작업방법, 작업자에 대한 자격기준 등을 두어 특별히 시공관리하도록 하고 있다.

8.37 특허권 등의 사용

제37조 (특허권 등의 사용) 공사의 이행에 특허권 기타 제3자의 권리의 대상으로 되어 있는 시공방법을 사용할 때에는 계약상대자는 그 사용에 관한 일체의 책임을 져야 한다. 그러나 발주기관이 제3조의 계약문서에 시공방법을 지정하지 아니하고 그 시공을 요구할 때에는 계약상대자에 대하여 제반편의를 제공 · 알선하거나 소요된 비용을 지급할 수 있다.

1. 특허권

이 조항에서는 특허권이나 기타 제3자의 권리가 있는 기술이나 공법을 건축공사에 적용할 경우 책임부담에 관한 내용을 규정하는 것으로서 법적 또는 기술적인 문제가 발생할 경우 계약상대자의 책임으로 규정하는 것이다.

'특허'란 산업상 이용할 수 있는 자연법칙을 이용한 기술적 사상의 고도화한 창작으로, 특허의 출원 전에 공지되거나 실시되지 않고 국내 · 외에서 발표된 간행물에 기재된 것이 아니어야 등록받을 수 있다.

'특허권'(patent)이란, 특허법에 의해 결정된 발명을 독점적으로 사용할 수 있는 권리로, 넓은 의미에서는 특허법, 실용신안법, 의장법, 상표법에 의하여 발명, 실용신안 · 의장 및 상표를 독점적으로 사용할 수 있는 권리다.

이러한 권리를 가진 자는 그 물건을 생산하거나 사용하거나 양도 · 대여 · 수입하는 권리를 독점할 수 있고 특허권자는 그 권리를 법 제99조에 의해 양도할 수 있으며, 특허법 제100조 및 제102조에 의해 타인에게 전용실시권이나 통상 실시권을 허락할 수 있다.

2. 특허권의 사용과 책임

"건설공사 시 사용되는 특허권이나 신기술, 신공법 또는 배타적인 권리인 재료, 기술, 공법 등을 대상으로 한 시공방법을 사용할 경우 계약상대자가 그 사용에 대한 일체의 책임을 져야 한다."라고 규정하고 있다. 이러한 경우 통상적으로 건설공사의 입찰 시에나 신기술, 신공법 적용을 위한 사전검토, 즉 해당 기술의 적용에 대한 타당성 검토를 하게 되는데, 이때에는 새로운 기술이나 공법을 활용하기 위해 유사 기술 또는 선행 기술과 비교하거나 그 기술의 적용 시 문제점들을 해결하기 위한 계획 수립이 필요하다.

그런데 만약 발주기관이 계약문서에 특별히 시공법을 지정하지 않고 특정한 신기술이나 특허기술 등의 시공을 요구할 경우에는 발주자가 시공자에게 이러한 기술이 적용될 수 있도록 제반 기술정보를 제공하거나 알선 또는 활용된 비용을 지급할 수 있다. 특별히 발주자가 건축공사계약 시 설계도서에 적용 재료나 시공방법을 명시한 경우로서, 그 기술의 사용상 특허권이나 제3자 권리대상인 것을 명시하지 않고 사용해야 하는 경우 그 기술의 사용으로 인한 권리에 소요되는 비용은 발주자의 몫이다.

8.38 발굴물의 처리

제38조 (발굴물의 처리) ① 공사현장에서 발견한 모든 가치 있는 화석 · 금전 · 보물 기타 지질학 및 고고학상의 유물 또는 물품은 관계법규에서 정하는 바에 의하여 처리한다.

② 계약상대자는 제1항의 물품이나 유물을 발견하였을 때에는 즉시 계약담당공무원에게 통지하고 그 지시에 따라야 하며, 이를 취급할 때에는 파손이 없도록 적절한 예방조치를 하여야 한다.

1. 개요

이 항은 건축공사 시 현장에서 발견된 "모든 가치 있는 발굴물은 관련법규에 정하는 바에 따라 발견 즉시 현장감독원에게 보고하여 그의 지시에 따라 도난이나 훼손됨이 없도록 적절한 예방조치를 취해야 한다."라고 규정하고 있다. 모든 현장에서 발굴되는 발굴물, 즉 화석, 금전, 보물 기타 지질학적 · 고고학적 유물이나 물품의 발굴처리와 관계되는 법규는 문화재보호법이다.

이러한 문화재들은 국가적인 유산으로 역사적 · 예술적 · 학술적인 가치를 가지는 것으로서 다음과 같은 절차에 의해 보호된다.

(1) 건축공사 중 토지나 해저 · 건조물 등에 포장된 문화재를 발견할 경우 그 발견자 또는 토지나 해저 · 또는 건조물의 소유자, 점유자, 관리자는 그 형상을 변경하지 말고 대통령령이 정하는 바에 따라 발견된 사실을 문화재청장에게 발견일로부터 7일 이내에 신고해야 한다.

(2) 매장문화재의 발견 신고는 시 · 도지사, 시장 · 군수 · 구청장, 경찰관서의 장 등 각 기관에 신고할 수 있으며, 신고받은 기관은 지체 없이 이를 문화재청장에게 보고해야 한다.

(3) 발굴되는 문화재 중 옛무덤이나 고생물 자료, 천연동굴, 그 밖의 매장문화재가 포함된 토지와 해저에 대하여는 그것이 연구의 목적이거나 건설공사의 형질변경 등 부득이 원형을 변형해야 하는 경우에는 문화재청장의 허가를 받아야만 발굴이 가능하다.

8.39 기성대가의 지급

제39조 (기성대가의 지급) ① 계약상대자는 적어도 30일마다 제27조제8항에 의한 검사를 완료하는 날까지 기성부분에 대한 대가지급청구서(하수급인 및 자재 · 장비업자에 대한 대금지급계획을 첨부하여야 한다)를 계약담당공무원과 공사감독관에게 동시에 제출할 수 있다.

② 계약담당공무원은 검사완료일부터 5일 이내에 검사된 내용에 따라 기성대가를 확정하여 계약상대자에게 지급하여야 한다. 다만, 계약상대자가 검사완료일 후에 대가의 지급을 청구한 때에는 그 청구를 받은 날부터 5일 이내에 지급하여야 한다.

③ 계약담당공무원은 제2항에 따른 기성대가지급 시 제1항의 대금지급계획상의 하수급인 및 자재 · 장비업자에게 기성대가지급 사실을 통보하고 대금수령내역(수령자, 수령액, 수령일 등) 및 증빙서류를 제출(「전자서명법」 제2조에 따른 전자문서에 의한 제출을 포함한다. 이하 제40조제3항 및 제43조의2 제1항에 따른 제출 및 통보에 있어 같

다)하게 하여야 한다.
④ 계약담당공무원은 제27조제9항 단서의 규정에 의한 자재에 대하여 기성대가를 지급하는 경우에는 계약상대자로 하여금 그 지급대가에 상당하는 보증서(시행령 제37조제2항에 규정된 증권 또는 보증서 등을 말한다)를 제출하게 하여야 한다.
⑤ 계약담당공무원은 제1항의 규정에 의한 청구서의 기재사항이 검사된 내용과 일치하지 아니할 때에는 그 사유를 명시하여 계약상대자에게 이의 시정을 요구하여야 한다. 이 경우 시정에 소요되는 기간은 제2항에서 규정한 기간에 산입하지 아니한다.
⑥ 기성대가는 계약단가에 의하여 산정 · 지급한다. 다만, 계약단가가 없을 경우에는 제20조제1항제2호 및 제2항의 규정에 의하여 산정된 단가에 의한다.
⑦ 제40조제4항의 규정은 기성대가지급의 경우에 이를 준용한다.

1. 해설

건설공사의 대가지급에 관한 사항은 국가계약법 제5조 및 동법 시행령 제58조에서, 하도급대금의 지급에 관하여는 건설산업기본법 제34조에 규정되어 있다.

이 규정에 의하면, 건설공사가 완료되면 공사비 지급은 공사완공 완료 후 검사에 합격한 경우에 한하여 시공자가 도급금액의 지급을 발주자에게 청구하고, 발주자는 공사비의 청구를 받은 날로부터 5일 이내에 지급하도록 규정되어 있다.

또한 건설공사가 완료된 경우 시공자는 계약담당공무원에게 그 사실을 통지하고 필요한 검사를 받아야 한다. 이때 시공자는 매 30일마다 검사를 완료하는 날까지의 기 수행된 기성부분에 대한 공사비청구서를 작성하여 담당공무원과 감독관에게 제출한다. 이때 이미 수령한 기성금이 있는 경우에는 기성대가를 하수급인에게 지급하여 증명하는 서류를 첨부해야 한다.

또한 각 중앙관서의 장 및 또는 계약담당공무원은 시공자로부터 접수받은 기성부분 청구서가 접수되면 해당 기성부분에 대한 검사 및 검사조서를 작성한 후 그 대가를 지급해야 한다. 다만, 부득이한 경우에는 검사 및 검사조서가 필요 없을 수도 있으나 통상 검사조서는 기성부분에 대한 상세한 내역이 기술되어야 한다.

8.39-1 계약금액조정 전의 기성대가지급

제39조의 2 (계약금액조정 전의 기성대가지급) ① 계약담당공무원은 물가변동, 설계변경 및 기타 계약내용의 변경으로 인하여 계약금액이 당초 계약금액보다 증감될 것이 예상되는 경우로써, 기성대가를 지급하고자 하는 경우에는 「국고금관리법 시행규칙」 제72조의 규정에 의하여 당초 산출내역서를 기준으로 산출한 기성대가를 개산급으로 지급할 수 있다. 다만, 감액이 예상되는 경우에는 예상되는 감액금액을 제외하고 지급하여야 한다.

② 계약상대자는 제1항의 규정에 의하여 기성대가를 개산급으로 지급받고자 하는 경우에는 기성대가 신청 시 개산급 신청 사유를 서면으로 작성하여 첨부하여야 한다.

1. 해설

이 규정은 건설공사 중 물가변동이나 설계변경 또는 기타 계약변경으로 인하여 계약금액이 당초금액보다 증감될 것이 예상되는 경우, 기성대가를 미리 개산하여 지급할 수 있는 규정이다. 개산금액이란 이후에 나타날 수 있는 채무에 대하여 확정 전에 그 금액을 개략적으로 산정하여 사전에 지급하는 것이다. 따라서 이후에 그 채무금액이 확정된 때에는 이를 정산해야 한다.

이러한 개산급의 지급은 국고금관리법 제26조에 의해 지급하는 것으로, 그 성질상 개산급을 미리 지급하지 않아 이후에 사무 또는 사업에 지장을 가져올 우려가 있는 경우에만 이를 미리 개산하여 지급하는 것으로서 이러한 경우에 해당되는 것은 다음과 같다.

(1) 국가기관에 대하여 지급하는 경비
(2) 국제연합기구에 지급하는 경비
(3) 재해구호 및 복구에 소요되는 경비
(4) 보조금 · 부담금 및 교부금이나 그 밖의 기획재정부령이 정하는 경비

8.40 준공대가의 지급

제40조 (준공대가의 지급) ① 계약상대자는 공사를 완성한 후 제27조의 규정에 의한 검사에 합격한 때에는 대가지급청구서(하수급인 및 자재 · 장비업자에 대한 대금지급계획을 첨부하여야 한다)를 제출하는 등 소정절차에 따라 대가지급을 청구할 수 있다.

② 계약담당공무원은 제1항의 청구를 받은 때에는 그 청구를 받은 날로부터 5일(공휴일 및 토요일은 제외한다. 이하 이 조에서 같다) 이내에 그 대가를 지급하여야 하며, 동 대가지급기한에도 불구하고 자금사정 등 불가피한 사유가 없는 한 최대한 신속히 대가를 지급하여야 한다. 다만, 계약당사자와의 합의에 의하여 5일을 초과하지 아니하는 범위 안에서 대가의 지급기간을 연장할 수 있는 특약을 정할 수 있다.

③ 계약담당공무원은 제2항에 따른 대가지급 시 제1항의 대금지급계획상의 하수급인 및 자재 · 장비업자에게 대가지급 사실을 통보하고 대금수령내역(수령자, 수령액, 수령일 등) 및 증빙서류를 제출하게 하여야 한다.

④ 천재 · 지변 등 불가항력의 사유로 인하여 대가를 지급할 수 없게 된 경우에는 당해 사유가 존속되는 기간과 당해 사유가 소멸된 날로부터 3일까지는 대가의 지급을 연장할 수 있다.

⑤ 계약담당공무원은 제1항의 청구를 받은 후 그 청구내용의 전부 또는 일부가 부당함을 발견한 때에는 그 사유를 명시하여 계약상대자에게 당해 청구서를 반송할 수 있다. 이 경우에는 반송한 날로부터 재청구를 받은 날까지의 기간은 제2항의 지급기간에 이를 산입하지 아니한다.

1. 개요

상기 조항은 시공자가 공사목적물을 완성한 후 발주자에게 준공대가의 신청과 지급에 관한 사항을 규정한 것이다. 즉 공사대가 신청과 지급은 그 시기를 명확히 함으로써 지급시기의 지연에 따른 회사의 불이익에 대해 감소하도록 하기 위한 법적 장치다.

건설공사의 도급비용의 지급시기와 방법에 대해서는 건설산업기본법 제22조 및 동법 시행령 제25조제1항, 국가계약법 시행령 제15조제2항 및 동법 시행령 제58조에 의해 공사대금의 지급방법 등에 대하여 계약서에 명시하도록 규정되어 있다.

이에 따라 시공자는 공사를 완성하여 검사에 합격한 경우에는 소정의 절차에 따라 발주자에게 대가의 지급을 청구할 수 있으며, 발주자는 이러한 청구를 받은 날로부터 5일 이내에 그 대가를 지급해야 한다. 그러나 이러한 대가지급기간의 결정에도 불구하고 발주자의 자금사정이 불가피한 사유가 있는 경우는 그러하지 않을 수 있으며, 계약당사자와의 합의에 의해 5일을 초과하지 않는 범위 내에서 대가지급기간 연장 특약을 정할 수도 있다(국가계약법 시행령 제58조제1항).

그런데 계약담당공무원은 시공자로부터 준공대가지급의 청구를 받았으나 그 내용의 전부나 일부에 부적합함을 발견한 경우, 그 사유를 명시하여 계약상대자에게 당해 청구서를 반송할 수 있다. 이 경우는 반송한 날로부터 재청구를 받은 날까지의 기간은 지급기간에 산입하지 않는다.

8.40-1 건강보험료 및 연금보험료의 사후정산

제40조의 2 (국민건강보험료 및 국민연금보험료의 사후정산) 계약담당공무원은 「정부입찰 · 계약 집행기준」 제93조의 규정에 의하여 국민건강보험료 및 국민연금보험료를 사후정산하기로 한 계약에 대하여는 제39조 및 제40조의 규정에 의한 대가지급 시 회계예규 「정부입찰 · 계약 집행기준」 제94조의 규정에 정한 바에 따라 정산하여야 한다.

1. 개요

상기 조항은 보험료가 그 본래의 목적 이외의 부당한 곳에 대한 사용을 방지하고 근로자의 보험가입 촉진을 위해 건설공사계약의 기성대가지급 시 보험료의 사후정산을 의무화하는 제도이다. 이는 지난 2006년부터 도입하여 정부입찰 · 계약 집행기준에 반영하고 있다.

즉 법률상 가입이 의무화된 4대보험에 소요되는 원가를 공사비용에 반영하기 위해 도급계약 산출내역서에 소요비용을 미리 명시하도록 하고 있다. 즉 보험의 가입에 필요한 비용은 각각의 보험별로 정확하게 소요비용 및 원가를 산정하여 공사비에 산정하지 않고 일반관리비와 공과잡비 등에 개략적으로 반영한 것은 정확성이 떨어질 뿐 아니라, 원도급자도부터 하도급 받은 전문업체의 경우 최저가낙찰제나 저가하도급 등으로 인해 법정보험료의 확보가 어려워지는 문제점이 있고, 실제로는 당해 건설현장에 투입되는 작업자의 비중이 높음에도 불구하고 작업자의 보험가입을 기피하고 있어 이를 보완하기 위함이다.

2. 보험료의 명시와 정산

건설산업기본법 제22조제5항에는 "건설공사의 도급계약 당사자는 그 건설공사와 관련하여 건설업자가 의무적으로 부담하여야 하는 비용의 소요금액을 대통령령이 정하는 바에 의하여 당해 건설공사의 도급계약서에 명시하여야 한다."라고 규정하고 있다. 이에 따라 발주자는 건설공사를 도급받은 건설회사가 보험료 등을 부담하였는지 여부를 확인할 수 있다. 즉 건설산업기본법 시행령 제26조제2의 제2항에는 발주자는 보험료 부담을 확인하기 위해 필요시 그 건설업체에게 보험료 등을 납부한 확인서의 제출을 요구할 수 있으며, 확인결과 건설공사의 도급금액 산출내역서에 명시된 금액이 실제로 지출된 보험료보다 많을 때에는 정산하도록 하고 있으며, 그 정산에 관한 사항은 법 제22조제5항에 의해 대통령령으로 정하고 있다.

3. 보험료의 정산절차

보험료의 정산은 '정부입찰 · 계약 집행기준' 제93조의 규정에 따라 건강보험료나 연금보험료를 사후정산하기로 한 계약에 대해서는 기성 및 준공대가지급 시 회계예규 '정부입찰 · 계약 집행기준' 제94조의 규정에 정한 바에 따라 정산하게 된다. 이때 발주자는 시공자의 기성대가지급 시 보험료 등의 납부확인서와 전 회분 기성대가에 포함하여 지급된 보험료 등의 지급액 중 해당 부분을 하수급인에게 지급하였음을 입증하는 증빙서류 등을 첨부하도록 하고 있다.

8.41 대가지급 지연에 대한 이자

제41조 (대가지급 지연에 대한 이자) ① 계약담당공무원은 대가지급 청구를 받은 경우에 제39조 및 제40조의 규정에 의한 대가지급기한(국고채무부담행위에 의한 계약의 경우에는 다음 회계연도 개시 후 「예산회계법」에 의하여 당해 예산이 배정된 날부터 20일)까지 대가를 지급하지 못하는 경우에는 지급기한의 다음날부터 지급하는 날까지의 일수(이하 "대가지급 지연일수"라 한다)에 당해 미지급금액에 대하여 지연발생 시점의 금융기관 대출평균금리(한국은행 통계월보상의 금융기관 대출평균금리를 말한다)를 곱하여 산출한 금액을 이자로 지급하여야 한다.

② 천재 · 지변 등 불가항력적인 사유로 인하여 검사 또는 대가지급이 지연된 경우에 제27조제2항 단서 및 제40조제3항의 규정에 의한 연장기간은 대가지급 지연일수에 산입하지 아니한다.

1. 개요

건설공사의 계약은 계약당사자 쌍방 중 하나인 시공자는 공사목적물을 실현할 것과 발주자는 그 실현의 대가를 지급하는 관계의 협약이다.

만약 건축시공자의 귀책사유에 의해 계약 이후 건설공사가 당초 계약일정 보다 지체되는 경우 그 귀책에 대하여는 지체상금을 부담하게 되듯이, 본 조항은 발주자가 계약 이후 시공자에 의해 공사 기성이 발생된 이후에도 당초 지불하기로 한 공사비의 지불이 지연되는 경우, 이에 대한 대금지급 지연이자의 지급과 그 방법 등에 대하여 규정하고 있다. 대가지급의 지연이란 채권액에 대한 일정비율로 지연된 기간에 따라 지급해야 하는 이자이다.

이는 채무불이행으로 인한 손해배상의 의미이며, 법률에 의한 법정이자로서 그 법률상의 성질은 이자가 아니며 손해배상이다. 따라서 손해배상의 법정이율을 원칙으로 한 지연이자라고 할 수 있다.

2. 지연이자의 청구와 지급

채권자인 시공자는 발주자의 금전채무의 이행지체 시 이를 통해 실제로 입은 손해의 유무를 불문하고 지연이자를 청구할 수는 있다. 그러나 실제로는 그 지연이자 이상의 손해가 있음을 입증할 수 있더라도 그에 대해서는 배상을 청구하지는 못한다. 다만, 법률에 특별한 규정이 있는 경우나 당사자가 지연이자 이외에 실제로 입은 손해를 배상할 것을 특약한 경우, 또는 손해배상의 예정 또는 위약금의 특약이 있는 경우에는 예외적일 수 있다. 따라서 지연이자란 이자가 아니라 손해배상의 성격을 지니므로 대금지급을 지연하면 지연이자에 대하여 다시 지연이자가 생기게 되며, 이 지연이자에 관해서는 채권자의 손해의 증명을 요하지 않으며, 채무자 또한 과실 없음을 항변할 수가 없다.

국가계약법 시행령 제59조에 따르면, 계약담당공무원이 계약상대자로부터 대가지급 청구를 받아 기성 및 준공금의 지급규정에 의한 대가지급기간까지 대가를 지급하지 못하는 경우에는, 지급기한의 다음날부터 지급하는 날까지 일수는 대가지급 지연일수에 미지급 금액에 대하여 지연발생 시점의 금융기관 대출평균금리를 곱하여 산출한 금액을 이자로 지급해야 한다.

8.42 하도급의 승인 등

제42조 (하도급의 승인 등) ① 계약상대자가 계약된 공사의 일부를 제3자에게 하도급하고자 하는 경우에는 「건설산업기본법」등 관련법령에 정한 바에 의하여야 한다.

② 계약담당공무원은 제1항의 규정에 의하여 계약상대자로부터 하도급계약을 통보받은 때에는 국토해양부장관이 고시한 건설공사 하도급심사기준에 정한 바에 따라 하도급금액의 적정성을 심사하여야 한다.

1. 개요

건설공사는 대부분 중층하도구조로 이루어진다. 즉 원도급자와 하도급자로 구성되며 하도급은 건설산업기본법과 하도급법에 의해 적용되고 있다. 이 조항에서는 건설공사의 계약당사자인 원도급자가 계약된 공사에 대하여 그 일부를 제3자에게 하도급하고자 할 경우에는 먼저 이에 관계되는 건설산업기본법령상의 하도급제도 운영에 대한 이해가 필요하다. 건설산업기본법상의 하도급은 원도급을 받은 건설회사가 그 전부 또는 일부를 전문건설업체에게 도급하기 위하여 수급인인 제3자와 체결하는 계약이다.

여기에서 수급인은 발주자로부터 건설공사의 도급을 받은 건설업자를 말하며, 하도급인은 건설공사의 하도급을 받은 자를 말한다.

2. 하도급의 제한 등

건설산업기본법 제29조의 제1항에는 건설공사의 하도급에 대한 규정을 두고 있다. 즉 건설업체는 그가 도급받은 공사의 전부 또는 대통령령이 정하는 주요 부분의 대부분을 다른 건설업자에게 하도급할 수 없다. 다만, 건설업자가 도급받은 공사가 대통령령이 정하는 바에 의하여 계획되거나 관리 및 조정하는 경우로써, 도급받은 공사 중 영 제21조제1항의 규정에 의한 부대공사에 해당하는 부분을 제외한 주된 공사의 전부를 도급하는 경우이거나 도급받은 공사가 여러 개 동에 건축되는 경우는 각 동의 건축공사 중 제21조제1항의 규정에 의한 부대공사에 해당하는 부분을 제외한 주된 공사의 전부를 도급하는 경우는 예외로 하고 있다.

한편, 건설산업기본법 제29조제2항에 의하면, 건설공사의 하도급은 종합건설업체나 전문건설업체 모두 가능하다. 그러나 도급받은 건설공사 중 전문적인 공종의 공사를 하도급하고자 하는 경우 그 전문공종의 업종에 등록한 전문건설업체에 반드시 하도급하도록 규정하고 있다. 또 수급인은 자신이 도급받은 공사의 일부를 동일한 업종에 해당하는 건설업자에게 다음의 경우를 제외하고는 하도급할 수 없다.

또한 건설산업기본법에는 원도급자로부터 도급받은 하수급인이 그가 하도급 받은 건설공사의 전부 또는 일부를 타인에게 다시 재하도급하는 것은 원칙적으로 금지된다. 다만, 발주자의 입장에서 공사의 품질이나 시공상 능률을 향상시키기 위하여 필요하다고 인정하여 서면으로 승인하는 경우로서 건설공사에 관한 설계를 포함하여 건설공사를 도급받은 건설업자가 하도급할 경우, 종합건설업체로부터 하도급 받을 경우, 그가 하도급한 공사 중 일부가 전문공사에 해당하는 업종에 등록한 다른 건설업체에게 다시 하도급하는 경우는 예외적으로 인정되고 있다.

(1) 발주자의 사전 서면승인이 있는 경우
(2) 서면승인은 공사품질이나 시공상 능률 제고를 위해 필요한 경우
(3) 부분 하도급인 경우

8.43 하도급대가의 직접지급 등

제43조 (하도급대가의 직접지급 등) ① 계약담당공무원은 계약상대자가 다음 각 호의 1에 해당하는 경우 「건설산업기본법령」 등 관련법령의 규정에 의하여 체결한 하도급계약 중 하수급인이 시공한 부분에 상당하는 금액에 대하여는 계약상대자가 하수급인에게 제39조 및 제40조의 규정에 의한 대가지급을 의뢰한 것으로 보아 당해 하수급인에게 직접 지급하여야 한다.

1. 하수급인이 계약상대자를 상대로 하여 받은 판결로서 그가 시공한 분에 대한 하도급대금지급을 명하는 확정판결이 있는 경우
2. 계약상대자가 파산, 부도, 영업정지 및 면허취소 등으로 하도급대금을 하수급인에게 지급할 수 없게 된 경우
3. 「하도급거래공정화에 관한 법률」 또는 「건설산업기본법」에 규정한 내용에 따라 계약상대자가 하수급인에 대한 하도급대금지급 보증서를 제출하여야 할 대상 중 그 지급 보증서를 제출하지 아니한 경우

② 계약담당공무원은 제1항의 규정에도 불구하고 하수급인이 당해 하도급계약과 관련하여 노임, 중기사용료, 자재대 등을 체불한 사실을 계약상대자가 객관적으로 입증할 수 있는 서류를 첨부하여 당해 하도급대가의 직접지급 중지를 요청한 때에는 당해 하도급대가를 직접 지급하지 아니할 수 있다.

③ 계약상대자는 제27조제1항의 규정에 의한 준공신고 또는 제39조의 규정에 의한 기성대가의 지급청구를 위한 검사를 신청하고자 할 경우에는 하수급인이 시공한 부분에 대한 내역을 구분하여 신청하여야 하며, 제39조 및 제40조의 규정에 의하여 제1항의 하도급대가가 포함된 대가지급을 청구할 때에는 당해 하도급대가를 분리하여 청구하여야 한다.

1. 개요

본 조항은 계약상대자의 하도급업체 중 그 하도급업체가 시공한 부분에 대한 기성금 또는 준공금을 발주자가 하수급인에게 직접 지급할 수 있도록 한 규정이다. 이를 "하도급직불제"라고도 하는데, 이 제도는 경제적으로 열악한 상황에 있는 하도급업체로 하여금 안심하고 시공에 전념할 수 있도록 함으로써 원·하도급자의 균형적인 협력을 기하

게 하고자 1989년에 도입된 제도이다.

이는 원도급자가 하수급인에게 지급해야 할 것을 즉시에 지급하지 않고 중간에서 활용하는 것을 방지하고 건설공사의 덤핑수주나 하도급 부조리를 예방하기 위해 마련된 것이다. 이 하도급직불제에 관해서는 하도급법 제14조와 동법 시행령 제4조에 건설산업기본법에서와 같은 내용이 규정되어 있으며, 실제로 발주자에 의해 하도급직불제를 선택할 수 있는 경우는 다음과 같다.

(1) 국가 · 지방자치단체 또는 정부투자기관이 발주한 건설공사가 수급인에 의해 그 하도급대금의 지급을 1회 이상 지체하거나 공사예정가격 대비 100분의 82에 미달하는 금액으로 도급계약을 체결한 경우(건설산업기본법 제35조제1항제3호)
(2) 하도급자가 원도급자를 상대로 그가 시공한 분에 대한 하도급대금의 지급을 명하는 확정판결을 받은 경우(건설산업기본법 제35조제1항제2호)
(3) 발주자와 수급자 간 하도급대금을 하수급인에게 직접 지급할 수 있다는 뜻과 그 지급의 방법 및 절차를 명확히 합의한 경우(건설산업기본법 제35조제1항제1호)
(4) 원도급자의 파산 등으로 수급인이 하도급대금을 지급할 수 없는 명백한 사유가 있고 발주자가 인정하는 경우(건설산업기본법 제35조제1항제4호)

8.43-1 하도급대금 등 지급

제43조의 2 (하도급대금 등 지급 확인) ① 계약상대자는 제39조 및 제40조의 규정에 의한 대가를 지급받은 경우 15일 이내에 하수급인 및 자재 · 장비업자가 시공 · 제작 · 대여한 분에 상당한 금액(이하 "하도급대금 등"이라 한다)을 하수급인 및 자재 · 장비업자에게 현금으로 지급하여야 하며, 하도급대금 등의 지급내역(수령자, 지급액, 지급일 등)을 5일(공휴일 및 토요일은 제외한다) 이내에 발주기관 및 공사감독관에게 통보하여야 한다.

② 계약담당공무원은 제1항에 의한 대금지급내역을 제39조제3항 또는 제40조제3항에 따라 하수급인 및 자재 · 장비업자로부터 제출받은 대금수령내역과 비교 · 확인하여야 한다.

1. 개요

본 조항은 발주자로부터 공사대금을 지급받은 계약상대자가 해당 공사목적물에 하도급업체로 활용된 건설업체나 자재생산업체에게 그가 발주자로부터 지급받은 공사비 중 하도급업체에 의해 실현된 양에 해당하는 대금을 적정 시기에 지급하도록 하는 데 그 목적이 있다. 따라서 원도급자는 공사대금을 지급받은 날로부터 15일 이내에 그 하수급인 또는 활용된 자재·장비업체에게 실행된 공사비 또는 제작비를 지불해야 하며, 지불된 내역을 발주기관에 5일 이내에 통보하도록 한 것이다.

이때 담당공무원은 원도급자가 제시한 대급지급내용이 실제로 그 하수급인에게 적정하게 지급되었는지 여부를 확인해야 한다.

8.44 계약상대자의 책임 있는 사유로 인한 계약해제 등

제44조(계약상대자의 책임 있는 사유로 인한 계약의 해제 및 해지) ① 계약담당공무원은 계약상대자가 다음 각 호의 1에 해당하는 경우에는 당해 계약의 전부 또는 일부를 해제 또는 해지할 수 있다. 다만, 제3호의 경우 계약상대자의 계약이행 가능성이 있고 계약을 유지할 필요가 있다고 인정되는 경우로써, 계약상대자가 계약이행이 완료되지 아니한 부분에 상당하는 계약보증금을 추가 납부하는 때에는 계약을 유지한다.

1. 정당한 이유 없이 약정한 착공시일을 경과하고도 공사에 착수하지 아니할 경우
2. 계약상대자의 책임 있는 사유로 인하여 준공기한까지 공사를 완공하지 못하거나 완성할 가능성이 없다고 인정될 경우
3. 제25조제1항의 규정에 의한 지체상금이 시행령 제50조제1항의 규정에 의한 당해 계약(장기계속공사계약인 경우에는 차수별 계약)의 계약보증금상당액에 달한 경우
4. 장기계속공사의 계약에 있어서 제2차 공사 이후의 계약을 체결하지 아니하는 경우
5. 계약의 수행 중 뇌물수수 또는 정상적인 계약관리를 방해하는 불법·부정행위가 있는 경우
6. 기타 계약조건을 위반하고 그 위반으로 인하여 계약의 목적을 달성할 수 없다고 인정될 경우

② 계약담당공무원은 제1항의 규정에 의하여 계약을 해제 또는 해지한 때에는 그 사실을 계약상대자 및 제42조의 규정에 의한 하수급자에게 통지하여야 한다.

③ 제2항의 규정에 의한 통지를 받은 계약상대자는 다음 각 호의 사항을 준수하여야 한다.

1. 당해 공사를 즉시 중지하고 모든 공사자재 및 기구 등을 공사장으로부터 철거하여야 한다.
2. 제13조의 규정에 의한 대여품이 있을 때에는 지체 없이 발주기관에 반환하여야 한다. 이 경우 당해 대여품이 계약상대자의 고의 또는 과실로 인하여 멸실 또는 파손되었을 때에는 원상회복 또는 그 손해배상을 하여야 한다.
3. 제13조의 규정에 의한 관급재료 중 공사의 기성부분으로서 인수된 부분에 사용한 것을 제외한 잔여재료는 발주관서에 반환하여야 한다. 이 경우 당해 재료가 계약상대자의 고의 또는 과실로 인하여 멸실 또는 파손되었을 때, 또는 공사의 기성부분으로서 인수되지 아니하는 부분에 사용된 때에는 원상회복 또는 그 손해배상을 하여야 한다.
4. 발주기관이 요구하는 공사장의 모든 재료, 정보 및 편의를 발주기관에 제공하여야 한다.

④ 계약담당공무원은 제1항의 규정에 의하여 계약을 해제 또는 해지한 경우 및 제48조의 규정에 의하여 보증기관이 보증이행을 하는 경우에 기성부분을 검사하여 인수한 때에는 당해 부분에 상당하는 대가를 계약상대자에게 지급하여야 한다.

⑤ 제1항의 규정에 의하여 계약이 해제 또는 해지된 경우, 계약상대자는 지급받은 선금에 대하여 미정산 잔액이 있는 경우에는 그 잔액에 대한 약정이자상당액[사유발생 시점의 금융기관 대출평균금리(한국은행 통계월보상의 대출평균금리를 말한다)]에 의하여 산출한 금액을 가산하여 발주기관에 상환하여야 한다.

⑥ 제5항의 경우 계약담당공무원은 선금잔액과 기성부분에 대한 미지급액을 상계하여야 한다. 다만, 「건설산업기본법」 및 「하도급거래공정화에 관한 법률」에 의하여 하도급대금지급보증이 되어 있지 않은 경우로써, 제43조제1항의 규정에 의하여 하도급대가를 직접 지급하여야 하는 때에는 우선적으로 하도급대가를 지급한 후 기성부분에 대한 미지급액의 잔액이 있을 경우 선금잔액과 상계할 수 있다.

1. 개요

일반적으로 계약이란 쌍방이 계약서의 내용에 따라 이행되도록 노력하는 것이 정당하다. 그러나 어느 한쪽의 채무자가 계약내용에 따른 채무의 이행을 하지 않을 때에 채권자는 법률이 정해진 절차에 따라 이를 강제로 실현시킬 수 있는 것이다. 그런데 어느 일방의 채무가 사후적으로 이행불능 상태가 되어 그 채무를 강제로 이행시킬 때에는 원래의 계약목적을 달성할 수 없는 경우 계약이 없었던 상태로 원상회복시키거나 이미 이행된 부분을 그대로 두고 앞으로 이행할 부분에 대하여만 그 이행의무를 면제시켜줌으로써 쌍방이 모두 계약의 구속력으로부터 벗어날 수 있게 하기 위해 마련된 제도이다.

건설공사계약의 해제와 해지의 유형은 계약상대자의 책임 있는 사유로 인한 계약의 해제 및 해지의 경우와 사정변경에 의한 해제 또는 해지되는 경우, 그리고 계약상대자에 의한 계약해제 또는 해지되는 경우가 있다.

계약의 해제란 계약이 체결된 후 계약상대자 중 일방의 의사표시에 의하여 계약의 효력을 계약체결 시점부터 소멸시키는 것으로 소급의 효과가 있다. 따라서 계약이 해제되면 미이행 채무에 대하여는 변제의무가 소멸하게 되고 이미 이행한 채무에 대하여는 원상회복의 의무가 있다. 그러나 건설공사의 계약은 시공자가 수행한 공사부분이 해제되었다 하여 원상회복하기는 현실적으로 어렵고 경제적으로도 원상회복에 대한 실제적인 이익은 없다. 그러므로 건설계약은 매우 제한적인 경우(착수 전 계약의 해제)를 제외하고는 실제적인 의미에서 계약의 해제는 해지를 뜻한다.

2. 계약해제 사유

공사계약일반조건 및 용역계약일반조건에 따라 계약의 해제 사유 중 계약상대자의 책임 있는 사유로 인한 계약의 해제 및 해지의 경우로써, 다음의 경우에는 당해 계약의 전부 또는 일부를 해제 또는 해지할 수 있다.

(1) 정당한 사유 없이 약정한 착공시일을 경과하고도 공사를 착수하지 않는 경우
(2) 계약상대자의 책임 있는 사유로 인해 준공기간까지 공사를 완공하지 못하거나 완성할 가능성이 없다고 인정되는 경우
(3) 공사계약일반조건 제25조제1항의 규정에 의한 지체상금이 시행령 제50조제1항의 규정에 의한 당해 계약의 계약보증금상당액에 달한 경우
(4) 장기계속공사의 계약에서 제2차 공사 이후의 계약을 체결하지 않는 경우
(5) 계약의 수행 중 뇌물수수 또는 정상적인 계약관리를 방해하는 불법·부정행위가 있는 경우

(6) 기타 계약조건을 위반하고 그 위반으로 인해 계약의 목적을 달성할 수 없다고 인정될 경우

3. 계약해제 등에 따른 정산

계약상대자의 책임 있는 사유로 인해 계약을 해제 또는 해지한 경우 및 공사계약일반조건 제48조의 규정에 의하여 연대보증인 또는 보증기관이 보증이행을 하는 경우에 기성부분을 검사하여 인수한 때에는 당해 부분에 상당하는 대가를 계약상대자에게 지급해야 한다. 또한 계약이 해제 또는 해지된 경우는 계약상대자는 지급받은 선금에 대하여 미정산액이 있는 경우에는 그 잔액에 대한 약정이자 상당액을 가산하여 발주기관에 상환해야 한다. 여기에서 약정액의 상당액이란 해당 사유 발생시점의 금융기관 대출평균금리에 의해 산출된 금액을 말한다.

그런데 계약이 해제 또는 해지된 경우 계약상대자는 기 지급받은 선금에 대하여 미정산 잔액이 있는 경우 계약담당공무원은 선금잔액과 기성부분에 대한 미지급금액을 상계해야 한다. 다만, 건설산업기본법 및 하도급거래공정화에 관한 법률에 의하여 하도급대금지급 보증이 되어 있지 않은 경우로써 공사계약일반조건 제43조에 의해 하도급대금을 직접 지급해야 하는 때에는 우선적으로 하도급대가를 지급한 후 기성부분에 대한 미지급 잔액이 있는 경우에는 선금잔액과 상계할 수 있다.

8.45 사정변경에 의한 계약해제 또는 해지

제45조(사정변경에 의한 계약의 해제 또는 해지) ① 발주기관은 제44조제1항 각 호의 경우 외에 객관적으로 명백한 발주기관의 불가피한 사정이 발생한 때에는 계약을 해제 또는 해지할 수 있다.

② 제44조제2항 본문 및 제3항의 규정은 제1항의 규정에 의하여 계약을 해제 또는 해지하는 경우에 이를 준용한다.

③ 발주기관은 제1항의 규정에 의하여 계약을 해제 또는 해지하는 경우에는 다음 각

호에 해당하는 금액을 제44조제3항 각 호의 수행을 완료한 날부터 14일 이내에 계약상대자에게 지급하여야 한다. 이 경우 제7조의 규정에 의한 계약보증금을 동시에 반환하여야 한다.

1. 제32조제2항제1호 및 제2호에 해당하는 시공부분의 대가 중 지급하지 아니한 금액
2. 전체 공사의 완성을 위하여 계약의 해제 또는 해지일 이전에 투입된 계약상대자의 인력 · 자재 및 장비의 철수비용

④ 계약상대자는 선금에 대한 미정산 잔액이 있는 경우에는 이를 발주기관에 상환하여야 한다. 이 경우 미정산 잔액에 대한 이자는 가산하지 아니한다.

1. 개요

계약의 해제 또는 해지 사유 중 시공자의 책임 있는 사유 외에도 발주자의 불가피한 사정이 발생하였을 때에는 계약을 해제 또는 해지할 수 있다. 즉 계약상대자는 완전한 계약의 이행에 따르고 있음에도 시공자와의 계약을 해제시키는 발주자의 계약상 권리로 상당한 이유로 인하여 행사될 수 있다. 이는 발주자에 의해 임의해제되는 경우로 발주자는 시공자에게 보상해야 할 의무가 있고 시공자에게 서면으로 통지해야 한다.

2. 계약해제 사유

발주기관은 불가피한 사정이 있는 경우 계약을 해제하거나 해지할 수 있다. 이때 발주기관의 임의적 판단에 치우칠 우려가 있으므로 보다 객관적인 사정변경을 인정할 수 있는지에 따라 계약해제 또는 해지 여부가 결정된다.

3. 계약해제 시의 조치

발주기관이 계약을 해제 또는 해지한 때에는 그 사실을 계약상대자 및 그 하수급자에게 통지하고 계약상대자는 다음의 절차에 따른다. 또한 발주기관은 계약의 해제 · 해지하는 경우, 계약상대자에게 통지한 후 계약상대자의 조치가 완료된 날로부터 14일 이내에 정산한 잔금을 계약상대자에게 지급해야 한다.

이 경우에는 시공부분의 대가 중 지급하지 않은 금액과 전체 공사의 완성을 위하여 계약의 해제 · 해지 이전에 투입된 계약상대자의 인력 · 자재 및 장비의 철수비용 등이 모두 포함된다. 계약해제 시의 계약상대자의 조치사항은 다음과 같다.

(1) 당해 공사를 즉시 중단하고 모든 공사용 자재나 기구 등은 공사장으로 철거한다.
(2) 대여품이 있는 경우는 즉시 발주기관에 반환한다.
(3) 관급재료는 기성부분으로 인수된 부분에 사용한 것을 제외한 잔여재료는 발주관서에 반환한다.
(4) 발주기관이 요구하는 모든 공사장의 재료, 정보 및 편의를 발주기관에 제공한다.

8.46 계약상대자에 의한 계약해제 또는 해지

제46조 (계약상대자에 의한 계약해제 또는 해지) ① 계약상대자는 다음 각 호의 1에 해당하는 사유가 발생한 경우에는 당해 계약을 해제 또는 해지할 수 있다.

1. 제19조의 규정에 의하여 공사내용을 변경함으로써 계약금액이 100분의 40 이상 감소되었을 때
2. 제47조의 규정에 의한 공사정지기간이 공기의 100분의 50을 초과하였을 경우

② 제45조제2항 내지 제4항의 규정은 제1항의 규정에 의하여 계약이 해제 또는 해지되었을 경우에 이를 준용한다.

1. 개요

계약상대자에 의한 계약의 해제 또는 해지는 국가계약법이나 관련법상의 조항이라기보다 개별적 계약조건하에서 채택되는 조항이다.

계약상대자는 발주자와의 계약이 체결된 이후 계약의 이행과정에서 설계변경 등에 의하여 공사내용을 변경함으로써, 계약금액이 100분의 40 이상 감소되었거나 공사감독관에 의한 공사정지기간이 전체공기의 100분의 50을 초과하였을 경우에는 당해 계약을 해지할 수 있다.

2. 계약해지 및 정산

계약상대자에 의해 계약이 해제되거나 해지된 경우에도 발주기관에 의해 해제 또는

해지되는 경우의 절차에 따르며, 마찬가지로 이 경우에는 계약해지 또는 해제된 날을 통보하여 전산처리가 완료된 날로부터 14일 이내에 발주자는 정산잔액을 지급해야 한다. 또한 이 경우에도 계약보증금을 동시에 반환해야 하며, 시공부분의 대가 중 지급하지 않은 금액과 계약해제 이전에 투입된 비용 등에 대한 미정산액이 있는 경우에는 발주기관이 지급해야 한다. 다만, 이 경우의 미정산 잔액에 대한 이자는 가산하지 않는다.

8.47 공사의 일시정지

제47조 (공사의 일시정지) ① 공사감독관은 다음 각 호의 경우에는 공사의 전부 또는 일부의 이행을 정지시킬 수 있다. 이 경우 계약상대자는 정지기간 중 선량한 관리자의 주의의무를 해태하여서는 아니 된다.

1. 공사의 이행이 계약내용과 일치하지 아니하는 경우
2. 공사의 전부 또는 일부의 안전을 위하여 공사의 정지가 필요한 경우
3. 제24조의 규정에 의한 응급조치의 경우
4. 기타 발주기관의 필요에 의하여 계약담당공무원이 지시한 경우

② 공사감독관은 제1항의 규정에 의하여 공사를 정지시킨 경우에는 지체 없이 계약상대자 및 계약담당공무원에게 정지 사유 및 정지기간을 통지하여야 한다.

③ 제1항의 규정에 의하여 공사를 정지시킨 경우 계약상대자는 계약기간의 연장 또는 추가금액을 청구할 수 없다. 다만, 계약상대자의 책임 있는 사유로 인한 정지가 아닌 때에는 그러하지 아니한다.

④ 발주기관의 책임 있는 사유에 의한 공사정지기간(각각의 사유로 인한 정지 기간을 합산하며, 장기계속계약의 경우에는 당해 차수 내의 정지기간을 말함)이 60일을 초과한 경우 발주기관은 그 초과된 기간에 대하여 잔여 계약금액(공사중지 기간이 60일을 초과하는 날 현재의 잔여 계약금액을 말하며, 장기계속공사계약의 경우에는 차수별 계약금액을 기준으로 함)에 초과일수 매 1일마다 지연발생 시점의 금융기관 대출평균금리(한국은행 통계월보상의 금융기관 대출평균금리를 말한다)를 곱하여 산출한 금액을 준공대가지급 시 계약상대자에게 지급하여야 한다.

1. 공사정지 사유

계약상대자에 의한 공사의 전부 또는 일시중지의 사유는 다음과 같다.

(1) 공사의 내용이 계약내용과 상이하게 진행되는 경우

(2) 공사 중 현장안전을 위하여 정지가 필요한 경우

(3) 제24조(응급조치)에 의한 응급조치가 필요한 경우

2. 처리방법

현장공사감독관은 당해 공사 중 정지 사유 중의 하나에 해당하는 경우에는 공사를 정지시킨 후에 지체 없이 계약상대자와 계약담당공무원에게 정지 사유 등을 통지해야 한다. 계약상대자는 이러한 공사정지 이유 때문에 계약기간의 연장이나 추가금액을 청구할 수 없다.

그러나 공사의 중지가 계약상대자의 책임 있는 사유가 아닌 때에는 그렇지 않으며, 만약 발주기간의 책임 있는 사유이고 공사의 정지기간이 60일을 초과한 경우에는 그 초과된 기간에 대하여 잔여 계약금액에 초과일수 매 1일마다 지연발생 시점의 금융기관 대출평균금리를 곱하여 산출한 금액을 준공대가지급 시 계약상대자에게 지급해야 한다.

8.47-1 계약상대자의 공사정지 등

제47조의 2 (계약상대자의 공사정지 등) ① 계약상대자는 발주기관이 「국가를 당사자로 하는 계약에 관한 법령」과 계약문서 등에서 정하고 있는 계약상의 의무를 이행하지 아니하는 때에는 발주기관에 계약상의 의무이행을 서면으로 요청할 수 있다.

② 계약담당공무원은 계약상대자로부터 제1항의 규정에 의한 요청을 받은 날부터 14일 이내에 이행계획을 서면으로 계약상대자에게 통지하여야 한다.

③ 계약상대자는 계약담당공무원이 제2항에 규정한 기한 내에 통지를 하지 아니하거나 계약상의 의무이행을 거부하는 때에는 당해 기간이 경과한 날 또는 의무이행을 거부한 날부터 공사의 전부 또는 일부의 시공을 정지할 수 있다.

④ 계약담당공무원은 제3항의 규정에 의하여 정지된 기간에 대하여는 제26조의 규정에 의하여 공사기간을 연장하여야 한다.

1. 개요

본 장은 발주기관의 사유에 의한 공사가 정지되는 사유로서 계약상대자가 발주자에게 계약의 이행을 촉구하고 이를 거부할 때에는 공사를 일시적으로 정지시킬 수 있도록 한 것이다. 즉 계약상대자 입장에서는 국가기관인 발주자가 '국가를 당사자로 하는 계약에 관한 법령' 등의 계약문서에서 정한 계약상 의무를 이행하지 않을 때에는 해당되는 발주기관에 계약의 의무이행을 서면으로 요청할 수 있다. 이 경우의 근거규정은 '국가계약법 시행령 제55조에 의한 검사기한, 제58조의 대가지급, 제59조 대가지급 지연에 대한 이자지급, 제66조 물가변동으로 인한 계약금액의 조정, 제65조 설계변경으로 인한 계약금액의 조정, 제66조 기타 계약내용의 변경으로 인한 계약금액의 조정' 등이 있고 '국가계약법 시행규칙' 제63조 보증금의 반환 등이 있다.

2. 처리방법

만약 계약담당공무원이 이와 같은 사유로 인해 계약상대자로부터 계약의무이행에 대한 요청을 받은 경우에는 14일 이내에 이행계획을 서면으로 계약상대자에게 통보하고, 공사가 정지된 경우에는 본 규정 제26조(계약기간 연장) 조항에 따라 공사기간을 연장해야 한다.

8.48 공사계약의 이행보증

제48조 (공사계약의 이행보증) ① 계약담당공무원은 계약상대자가 제44조제1항 각 호의 1에 해당하는 경우로써, 시행령 제52조제1항제3호의 규정에 의한 공사이행보증서가 제출되어 있는 경우에는 계약을 해제 또는 해지하지 아니하고 제9조의 규정에 의한 보증기관에 대하여 공사를 완성할 것을 청구하여야 한다.

② 제1항의 청구가 있을 때에는 보증기관은 지체 없이 그 보증의무를 이행하여야 한다. 이 경우 보증의무를 이행한 보증기관은 계속공사에 있어서 계약상대자가 가지는 계약체결상의 이익을 가진다. 다만, 보증기관은 보증이행업체를 지정하여 보증의무를 이

행하는 대신 공사이행보증서에 정한 금액을 현금으로 발주기관에 납부함으로써 보증의무 이행에 갈음할 수 있다.

③ 제2항의 규정에 의하여 당해 계약을 이행하는 보증기관은 계약금액 중 보증이행부분에 상당하는 금액을 발주관서에 직접 청구할 수 있는 권리를 가지며, 계약상대자는 보증기관의 보증이행부분에 상당하는 금액을 청구할 수 있는 권리를 상실한다.

④ 〈삭제〉

⑤ 제1항 내지 제3항의 규정 외에 공사이행보증서 제출에 따른 보증의무 이행에 대하여는 회계예규「정부입찰 · 계약 집행기준」 제10장(공사의 이행보증제도 운용)에 정한 바에 의한다.

1. 해설

계약의 이행보증은 공사계약의 원활한 이행을 위하여 규정되어 있다. 이 보증은 계약상대자의 책임 있는 사유 때문에 계약이 해제 또는 해지되는 경우에도 계약체결 시 연대보증인에게 공사를 완성하도록 청구하거나, 만약 공사이행보증서가 보증기관에 제출되어 있는 경우에는 그 연대보증인 또는 보증기관에 대하여 공사를 완수할 수 있게 청구하도록 한 규정이다.

넓은 의미의 이행보증은 발주자에 대한 시공자의 모든 채무의 이행을 보증하는 것으로서 계약이행보증, 선수금상환, 하자보수, 근로자에 대한 임금지급의무 등을 포함하고 있다. 또한 좁은 의미에서의 이행보증은 계약의 이행보증을 의미한다. 이 경우 시공자가 계약조건에 따라 계약상의 책임과 의무를 성실하게 수행할 것을 보증하는 것이다. 따라서 계약의 이행보증은 국가계약법 시행령 제52조에서 규정한 공사계약 체결 시의 계약상대자가 중앙관서의 장이나 계약담당공무원이 특성상 필요하다고 인정하는 계약이행보증방법을 하나의 방법으로 정하고 있다. 계약이행보증의 방법은 다음과 같다.

(1) 국가계약법 시행령에 제50조제1항 등에 규정한 계약보증금을 납부하고 당해 공사의 계약상 시공의무 이행을 보증하는 1인 이상의 연대보증인을 세우는 방법
(2) 위 1항과 같은 연대보증인을 세우지 않고 계약보증금을 계약금액의 100분의 20 이상 납부하는 방법
(3) 계약금액의 40% 이상의 공사이행보증서를 보증기관에서 발행받아 제출하는 방법이 있다.

8.49 부정당 업자의 입찰참가자격 제한

제49조 (부정당 업자의 입찰참가자격 제한) ① 계약상대자가 시행령 제76조의 규정에 해당하는 경우에는 해당 중앙관서의 장으로부터 일정기간 동안 입찰참가자격 제한조치를 받게 된다.

② 계약상대자는 지방자치단체 또는 정부투자기관에서 입찰참가자격 제한을 받은 경우 시행령 제76조제8항의 규정에 의하여 그 제한 사유가 시행령 제76조제1항제1호 내지 제5호, 제7호 내지 제8호에 의한 것은 반드시 그 제한을 받게 된다.

1. 개요

부정당 업자란 입찰경쟁의 공정한 집행 또는 계약의 적정한 이행을 해칠 우려가 있거나 기타 입찰참가에 부적합하다고 인정되는 자를 말한다. 이러한 자에 대해서는 2년 이내의 범위에서 대통령령이 정하는 바에 따라 입찰참가자격을 제한하며 즉시 다른 중앙관서의 장에게 통보해야 한다. 국가계약법 제27조제1항에서는 해당 관서의 장이 해당 자의 입찰참가자격을 제한하도록 규정하고 있다.

2. 부정당 업자

국가계약법 시행령 제76조제1항에 의한 부정당 업자는 다음과 같다.

(1) 계약이행 시 부실·조잡 또는 부당하게 하거나 부정한 행위를 한 자
(2) 건설산업기본법 기타 다른 법령에 의한 하도급의 제한규정을 위반하여 하도급한 자 및 발주관서의 승인 없이 하도급하거나 하도급 조건을 변경한 자
(3) 독점규제 및 공정거래에 관한 법률 또는 하도급공정화에 관한 법률의 규정을 위반하여 공정거래위원회로부터 입찰참가자격 제한 요청이 있는 자
(4) 중소기업청장으로부터 입찰참가자격 제한의 요청을 받은 자
(5) 조사설계용역계약 또는 원가계산용역계약에 있어서 고의 또는 중대한 과실로 조사설계금액이나 원가계산금액을 적정하게 산정하지 아니한 자
(6) 건설기술관리법 제2조에 따른 타당성 용역계약에 있어서 고의 또는 중대한 과실로 조사설계금액이나 원가계산금액을 적정하게 산정하지 아니한 자

(7) 계약이행 시 안전대책을 소홀히 하여 공중에게 위해를 가한 자 또는 사업장에서 산업안전보건법에 의한 안전 · 보건조치를 소홀히 하여 근로자 등에게 사망 등 중대한 위해를 가한 자
(8) 정당한 이유 없이 계약의 체결 또는 이행하지 아니한 자
(9) 입찰 또는 계약에 관한 서류를 위조 · 변조하거나 부정하게 행사한 자
(10) 고의로 무효의 입찰을 한 자
(11) 입찰참가신청서 또는 입찰참가 승낙서를 제출하고도 정당한 이유 없이 당해 회계연도 중 3회 이상 입찰에 참가하지 아니한 자
(12) 입찰 · 낙찰 또는 계약의 체결 · 이행과 관련하여 관계 공무원에게 뇌물을 준 자
(13) 경쟁입찰 시 입찰자 간에 서로 상의하여 미리 입찰가격을 협정하거나 특정인의 낙찰을 위하여 담합한 자
(14) 입찰참가를 방해하거나 낙찰자의 계약체결 또는 그 이행을 방해한 자
(15) 감독 또는 검사 시 그 직무수행을 방해한 자
(16) 입찰금액의 적정성 심사의 대상자로 선정된 후 정당한 이유 없이 심사에 필요한 서류의 전부 또는 일부를 제출하지 아니하거나 서류제출 후 낙찰자 결정 전에 심사를 포기한 자
(17) 일괄입찰의 낙찰자를 결정하는 경우에 실시설계 적격자로 선정된 후 정당한 이유 없이 기한 내에 실시설계서를 제출하지 아니한 자
(18) 감리용역계약 시 감리원 교체 사유 및 절차에 의하지 않고 감리원을 교체한 자

8.50 기술지식의 이용 및 비밀엄수의무

제50조 (기술지식의 이용 및 비밀엄수의무) ① 발주기관은 계약서상의 규정에 의하여 계약상대자가 제출하는 각종 보고서, 정보 기타 자료 및 이에 의하여 얻은 기술지식의 전부 또는 일부를 계약상대자의 승인을 얻어 발주기관의 이익을 위하여 복사 · 이용 또는 공개할 수 있다.

② 계약상대자는 당해 계약을 통하여 얻은 정보 또는 국가의 비밀사항을 계약이행의 전후를 막론하고 외부에 누설할 수 없다.

1. 해설

이 조항에서는 발주기관이 계약규정에 따라 공사수행 과정에서 알게 된 각종 정보와 기술지식들에 대하여 발주기관의 이익을 위하여 계약상대자의 승인을 얻어 복사·이용 또는 공개할 수 있도록 규정하고 있다.

또한 계약상대자는 계약을 통하여 알게 된 정보나 국가적인 기밀사항에 대하여 계약이행의 전후를 막론하고 일체 비밀을 준수할 것이며 외부에 누설할 수 없도록 한 규정이다.

8.51 분쟁의 해결

제51조 (분쟁의 해결) ① 계약의 수행 중 계약당사자 간에 발생하는 분쟁은 협의에 의하여 해결한다.

② 제1항의 규정에 의한 협의가 이루어지지 아니할 때에는 법원의 판결 또는 「중재법」에 의한 중재에 의하여 해결한다. 다만 「국가를 당사자로 하는 계약에 관한 법률」(이하 "국가계약법"이라 한다) 제4조의 규정에 의한 국제입찰의 경우에는 국가계약법 제28조 내지 제31조에 규정한 절차에 의할 수 있다.

③ 계약상대자는 제1항 및 제2항의 규정에 의한 분쟁처리절차 수행기간 중 공사의 수행을 중지하여서는 아니 된다.

1. 개요

이 조항은 계약당사자 간 계약이행 과정에서 발생하는 분쟁의 해결방법과 절차에 관하여 규정하고 있다. 분쟁의 해결방법으로 먼저 당사자 간 협의를 하고, 협의가 되지 않을 때에는 법원의 판결 또는 중재법에 의한 중재에 의해 해결할 수 있다. 그러나 만약 국제입찰의 경우에는 국가계약법에서 정한 절차에 따를 수 있다. 계약당사자 간에 분쟁이 발생하는 도중에도 계약의 이행을 중단하지는 못한다. 여기에서 분쟁(dispute)이란, 계약당사자 간 당초의 계약 이후에 변경된 사항에 대하여 상호간에 이견이 발생하여 협의에 의해 해결하지 못하고 제3자의 조정이나 소송으로 진행되는 것이다. 우리나라에서 분쟁의 해결방법은 국가계약법이나 그 외의 민법, 건설산업기본법 등에 규정되어있다. 특히 공사계약일반조건 제51조 및 용역계약일반조건 제36조에서는 분쟁해결에 관한 규정이 있다.

2. 분쟁의 해결

계약에 의해 이루어지는 건설공사나 용역의 수행 중 변경된 상황의 발생으로 계약당사자 간에 발생하는 분쟁의 해결방법은 협상 · 조정 · 중재 · 소송의 방법이 있다. 협상은 당사자 간에 해결하는 것이지만 조정은 당사자 간에 해결이 어려운 경우 제3자의 개입에 의하여 분쟁을 해결하는 수단 중 하나이다. 대부분의 분쟁들은 당사자 간의 협의에 의하여 해결되지만, 이러한 협의만으로 분쟁이 해결되지 않은 경우는 중재나 조정 또는 소송 등 제3자를 통한 해결이 필요한데, 그 방법과 절차는 다음과 같다.

(1) 중재법에 의해 중재기관의 중재
(2) 국제입찰의 경우, 국제계약분쟁조정위원회의 조정
(3) 발주기관의 소재지를 관할하는 법원의 판결에 의한 분쟁의 해결

8.52 공사관련 자료의 제출

제52조 (공사관련 자료의 제출) 계약담당공무원은 필요하다고 인정할 경우 계약상대자에게 산출내역서의 기초가 되는 단가산출서 또는 일위대가표의 제출을 요구할 수 있으며, 이 경우 계약상대자는 이에 응하여야 한다.

1. 해설

본 규정은 발주자는 계약 시 계약상대자가 제시한 계약서, 설계도서, 시방서, 내역서 및 수량산출서 등이 첨부된다. 그런데 계약 이후 공사 수행 시에는 발주자가 실제 투입되는 공사수량과 기성량 등 원가내용의 파악과 유사시 분쟁에 대비할 수 있는 기초자료로서 산출내역서의 근거가 되는 단가산출서나 일위대가표의 제출을 요구할 수 있다. 일위대가표는 공사비의 단가산출의 근거가 되는 단위공종에 대한 재료비, 노무비, 경비를 품목별 계량단위별로 산출한 비용명세서이며, 단가산출서는 이를 근거로 각 공종별 세부공사항목의 설계 및 시방기준에 따라 단가를 산출한 표이다. 보통 단가를 산출할 때에는 기획재정부의 '회계예규의 예정가격 작성기준'과 대한건설협회 등에서 발행한 '표준품셈' 등을 기준으로 단위공종별 및 세부항목별 공사비를 산출하게 된다.

8.53 적격심사관련 사항 이행

제53조 (적격심사관련 사항 이행) ① 시행령 제42조제1항 본문의 규정에 의한 공사를 수행함에 있어 계약상대자는 회계예규「적격심사기준」 별표의 심사항목에 규정된 사항에 대하여 적격심사 당시 제출한 내용대로 철저하게 이행하여야 한다.

② 계약담당공무원(조달사업법 제3조에 따라 조달청에 의뢰하여 계약한 공사로서 수요기관이 공사관리를 하는 경우에는 수요기관)은 제1항에 규정한 이행상황을 수시로 확인하여야 하며, 제출된 내용대로 이행이 되지 않고 있을 때에는 즉시 시정토록 조치하여야 한다.

1. 해설

적격심사에 관한 사항은 기획재정부 "회계예규"에 규정되어 있으며 이 예규는 적격심사기준을 정한 것으로서, 국가를 당사자로 하는 계약에 관한 법률 제10조제2항 및 동법 시행령 제42조의 규정에 따르고 있다. 즉 국고의 부담이 되는 경쟁입찰에 있어서 예정가격 이하로 최저가격으로 입찰한 자의 순으로 계약이행능력을 심사하여 낙찰자를 결정하며, 계약이행능력 심사는 입찰 참여자의 공사수행 실적, 기술능력, 재무상태, 신인도, 자재 및 인력조달가격의 적정성, 계약질서의 준수성, 입찰가격 등을 종합적으로 고려하여 재정경재부장관이나 재정경재부장관과 협의를 거친 중앙관서의 장이 정하는 심사기준에 따라 세부적인 심사기준을 정하여 적격 여부를 심사하도록 규정하고 있다.

8.54 유효기한

제54조 (유효기한) 이 예규는 「훈령 · 예규 등의 발령 및 관리에 관한 규정」(대통령훈령 제248호)에 따라 이 예규 발령 후의 법령이나 현실여건의 변화 등을 검토하여야 하는 2012년 9월 21일까지 효력을 가진다.

1. 개요

이 규정은 훈령이나 예규 등의 발령과 관리에 관한 사항으로, 만약 훈령이나 예규가 법령에 적합하지 않거나 현실적으로 부적합할 때를 대비하여 주기적으로 검토, 정비하여 실효성과 국민편익증진에 이바지하도록 하는 목적으로 2009년도에 제정되었다. 훈령이나 예규는 법령집행의 통일성을 확보하기 위해 필요한 경우에만 발령하고, 법률에 근거가 없는 국민의 권리의무에 관한 사항을 규정하거나 법령의 내용과 다른 사항을 규정하지 않아야 하며, 또한 행정기관이 쉽게 확보할 수 있는 서류를 국민에게 제출하도록 하거나 현실에 맞지 않은 사항을 규정하지 않아야 한다. 또 훈령이나 예규는 다른 훈령이나 예규 등과 조화와 균형이 유지되어 서로 중복되거나 상충되지 않도록 하여야 하며 누구든지 알기 쉬운 용어와 표현으로 사용되어져야 한다.

제 9 장

건설공사 클레임과 분쟁관리

9.1 건설공사의 클레임과 분쟁

1. 개요

건설공사는 현장여건이나 특성에 따라 항상 불확실한 요소가 내재하기 때문에 공사의 시공과정에서 예견하기가 어려운 시공상황이 나타날 수 있다. 또 설계도서나 시방서가 미비하여 발주자나 시공자 간 도급계약서의 해석상 차이가 발생하는 경우가 있다. 이러한 경우는 클레임이나 분쟁발생의 요인이 잠재하게 된다. 분쟁은 발주자와 도급자 간 공사비의 증액이나 공사기간의 연장 요구 등으로 인해 일어날 수 있다. 이때 도급자는 발주자에게 계약위반에 근거하여 클레임을 제기하거나 계약상 요구되는 것 이상의 작업이 진행되었을 경우 클레임을 제기하게 된다.

이와 같이 분쟁과 클레임은 건설공사가 가지고 있는 작업조건과 범위의 다양성 때문에 발생한다. 특히 계약당사자 간 의견의 대립은 계약의 해석상 차이나 발주자의 잘못으로 인한 공기지연이나 설계도서와 상이한 현장조건 및 작업조건의 변경, 작업 독촉, 작업중단, 도면이나 시방서의 결함 등에 따라 발생한다.

2. 클레임과 분쟁의 정의

클레임(claim)은 건설사업의 수행 주체가 고의나 과실로 계약내용을 위반하거나 부당한 조치 등에 따른 계약상대자의 경제적 · 시간적인 손실이 초래되는 경우 이에 대한 보상을 요구하는 것을 말한다.

반면에 분쟁(dispute)은 변경된 사항에 대하여 발주자와 계약상대자 상호간에 이견이 발생하여 서로 협상에 의해 해결하지 못하고 제3자의 조정이나 중재 또는 소송의 개념으로 진행하는 것을 말한다. 따라서 클레임은 분쟁 이전단계를 가리키며 클레임이 제기되어 상호간 협의를 통해 타결된다면 문제가 없으나 결렬되는 경우는 분쟁으로 발전하게 된다.

그러나 우리나라의 정부공사계약은 공사계약일반조건 제51조 및 기술용역 계약일반조건 제36조에 의해 클레임과 분쟁은 포괄하는 개념으로, 계약과 관련하여 발생하는 모든 분쟁, 즉 클레임과 분쟁을 일괄하여 분쟁이라고 정의하고 있다. 클레임을 제기하고 이것으로 상호협상에 의해 타결되지 않을 경우에는 분쟁으로 발전할 가능성이 있다. 즉 합의로 해결된다는 것은 협상에 의한 타결을 뜻하며, 중재나 소송이 따른다는 것은 분쟁화했다는 것을 의미한다. 그림 9-1은 클레임과 분쟁의 단계를 구분하고 각 단계별 진행 흐름도를 나타낸 것이다.

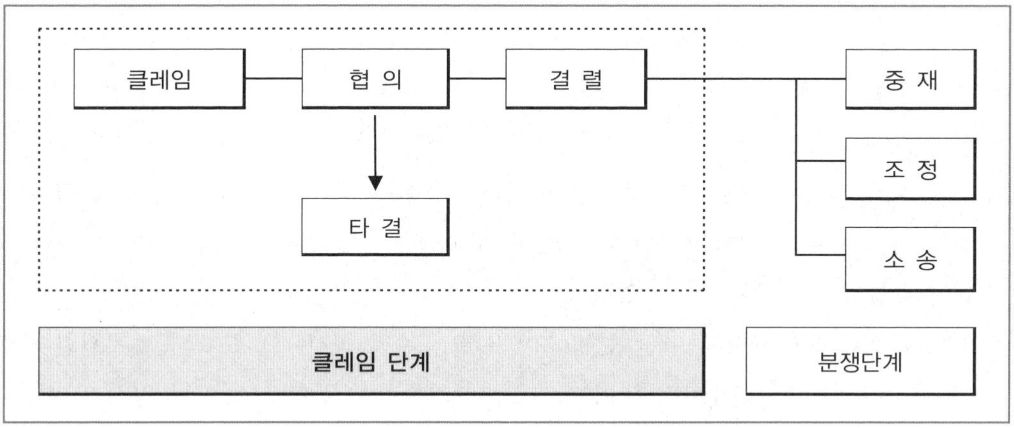

그림 9-1 클레임과 분쟁의 개념도

3. 클레임의 유형

클레임은 주로 도급금액의 변경이나 공사기간의 연장, 계약의 불이행에 의해 발생하는 손해배상이다. 클레임의 원인제공이 되는 대상은 계약문서이다. 즉 계약문서의 각 조항이나 현장여건 또는 시공조건의 차이점에 의해 발생하는 문제점 때문에 발주자나 시공자가 이의를 제기함으로써 클레임이 발생한다. 이와 같이 클레임 발생원인은 다음과 같은 유형으로 분류할 수 있다.

표 9-1 클레임의 유형

클레임 유형	내 용
공기지연	• 도급자의 과실로 인한 책임 있는 지연 • 면책지연
공사촉진	• 발주자의 공사촉진명령 • 공기지연 만회 촉진
불충분한 계약문서	• 계약 및 입찰 전 조건과 상이(설계도서 결함, 공사수량 차이) • 계약도서의 불명확
공사변경	• 설계변경 • 계약해석변경
계약해제	• 발주자의 사정에 의한 계약해제 • 도급자의 공기지연으로 인한 해제
발주자의 부당행위	• 계약내용 이해부족, 잦은 변경, 공사중지, 현장인도지연, 준공 전 시설 이용, 불합리한 승인거부, 시공확인지연 등

(1) 공기지연

발주자와 도급자 간 공기지연에 관한 논쟁은 도급자의 입장에서는 면책이 되는 지연과 면책이 되지 않은 지연이 있다. 면책이 되지 않는 지연은 도급자가 그 책임을 부담해야 하며 면책이 되는 지연은 그 책임을 부담할 필요가 없다. 여기에서 도급자에게 책임이 있는 공기지연이란 도급자 자신의 과실로 인해 공사가 지연되는 경우로써, 건설공사 수행 시 인력이나 자재, 장비의 사용이 지연되거나 또는 하도급업체 선정 과실로 인해 공사가 지연되는 경우를 말한다. 이러한 경우 도급자는 발주자와 계약 시 합의한 공사기간을 준수하지 못하게 됨에 따른 공기지연의 지체보상금을 지불하게 되거나 또는 계약해지 등의 대상이 될 수 있다.

또한 도급자의 책임이 아닌 면책 지연은 도급자의 공사수행 노력과는 무관한 발주자의 과실이 있거나 천재지변, 자연재해 등 불가항력적 상황으로 인해 공사가 지연되는 경우로써, 이 경우에는 도급자가 공사기간 연장의 권리를 갖게 된다. 만약, 도급자의 책임으로 공사가 계약기간 내에 준공되지 못하여 그 시설물을 계획된 시기에 발주자가 사용을 하지 못하게 된다면, 이로 인해 영업상 또는 자금상환 등에 차질이 생겨 손해를 보게 된다. 이 경우 발주자는 도급자에게 공사촉진과 함께 당초 공사기간대로 완공할 것을 요구할 수 있고, 경우에 따라서는 계약서에 명시된 대로 공사기간 1일 지연에 대한 손해 배상액을 계산하여 청구할 수 있게 된다.

도급자의 입장에서는 발주자로부터 공기지연에 따른 손해배상 청구를 면하기 위하여 사전에 공사기간의 연장을 요청하거나, 공기만회에 따른 공사비 증가를 피하기 위하여 공사비의 증액을 위한 계약변경을 요청할 수 있다.

현재 우리나라의 계약관련 규정은 시공자가 도급계약서에서 정한 준공기간에 공사를 완성할 수 없을 때 그 지체일수에 상당하는 지체상금을 현금으로 납부하도록 하고 있다. 그러나 해당 공사기간 내에서 불가항력적 사항이 발생하거나 계약서상 공급되기로 한 관급자재가 적기에 현장에 반입되지 않거나 또는 발주자의 책임으로 공사착공 또는 시공중단, 부도로 인한 연대보증인이 시공 또는 설계변경 등으로 준공기간 내에 계약사항을 이행할 수 없는 경우 또는 계약상대자의 책임에 속하지 않는 경우 등은 공사기간의 지체일수에서 제외된다.

(2) 공사내용 변경

건설공사는 도급계약 후 시공단계에서도 발주자나 시공자에 의해 공사내용과 작업범위 등이 변경될 수 있다. 이러한 공사내용의 변경은 동시에 공사비나 공사기간의 변경을 수반한다.

공사내용의 변경은 계약이후 현장조건이 상이함에 따른 설계변경이나 설계도면, 시방서, 수량산출서 등의 미비나 오류, 계약서에 명시된 내용의 오류, 시공하기로 한 건설자재의 수급이 곤란한 경우 등에 공사의 변경이 이루어지며, 시공자가 계약 당시 수행키로 한 공사범위 이외의 발주자로부터 추가적인 작업 수행을 요구받거나 계약조건에 그것이 명확히 정의되어 있지 않아 입찰서나 내역서에 포함시킬 수 없었던 업무를 수행했을 때 제기될 수도 있다.

대다수의 건설공사는 공사계획이 적절히 수립되면 공사내용의 변경이 발생하지 않는다. 그러나 당초의 의도와 달리 공사계약상의 내용과 큰 차이가 있을 경우에는 공사비의 변동 없이 당초의 계약대로 공사를 수행하기는 어렵다. 이러한 경우 계약당사자 간에는 새로운 계약의 한 부분으로 이해하여 다룰 필요가 있다. 일반적으로 공사내용 변경은 발주자가 문서로서 명령하는 경우와 단순한 구두작업 지시에 의한 경우가 있다. 문서로 공사변경을 요구하거나 명령하는 경우는 발주자가 도급자에 대하여 당초의 계약취지를 벗어나지 않는 범위 내에서 공사의 변경을 명할 수 있다.

그러나 계약상 규정된 공사의 일부가 변경을 수반하는 추가공사가 발생하거나 특정한 공종의 작업이 삭제되거나 시공방법의 변경으로 설계변경이 필요한 경우에는 반드시 계약상대자에게 서면으로 통보하도록 규정(일반조건 제19조의 2)하고 있다. 공사내용의 변경은 문서상 또는 구두에 의한 변경이든 당초 계약된 공사범위를 벗어나 공사비용이나 공사기간 변동사항이 발생하면 쌍방이 협의하여 계약변경이 이루어져야 한다.

(3) 불충분한 계약문서

계약문서란 도급계약 시 쌍방 간에 계약의 성립을 위해 필요한 문서로써 계약서, 설계도면, 공사시방서, 현장설명서, 입찰유의서, 공사계약일반조건 및 특수조건, 산출내역서 등으로 구성된다.

건설산업기본법 제22조, 영제25조에는 건설공사계약으로부터 발생할 수 있는 문제점들을 사전에 예방하기 위하여 공사의 내용, 공사의 착수시기와 완성시기, 공사의 중지, 해제 또는 천재지변의 경우에 발생하는 손해의 부담에 관한 사항, 설계변경, 물가변동에 기인한 도급금액 또는 공사내용의 변경에 관한 사항, 손해배상 및 분쟁발생 시의 해결방법 등에 관한 사항을 계약서의 내용에 명시하도록 하고 있다. 계약문서 중 설계도서의 결함 사항은 설계도면과 시방서 간에 차이가 발생하는 경우가 있는데 이러한 경우는 발주자에게 책임이 있다. 일반적으로 건설공사가 설계도면이나 공사시방서에 의해 도급자가 완성한 건설구조물은 하자가 발생하더라도 도급자의 책임이 아니다. 그러나 도급자가 사전에 설계도서의 결함을 알고 발주자에게 보완요청을 하여 설계보완이 이루어진 경우 당초의 계약과 상이한 공사비의 증감이 발생하면 도급자가 계약변경을 요구할 수 있다.

(4) 공사촉진

건설공사의 촉진은 발주자가 도급자에게 시공속도를 높여 조기에 공사를 완공하도록 하기 위해 공사촉진을 명령하는 경우와 공사기간 중 기상상황 등의 악화로 인해 공기가 지연된 경우 이를 만회하기 위해 공기촉진을 요구하는 경우가 있다. 전자의 경우 발주자에게는 건축물의 조기가동 등으로 이익이 발생하지만 도급자에게는 공기단축을 위해 당초의 시공계획을 변경하여 당초보다 조기에 공사가 이루어져야 하므로, 이에 따른 장비, 자재, 인력의 조기투입 등 공사비의 증가가 이루어짐으로써 발주자에게 추가비용을 청구할 수 있다.

이와 같이 발주자의 요청으로 공사가 촉진되는 경우는 발주자의 책임이 따르지만, 후자와 같이 천재지변, 기상악화 등과 같이 예기치 못한 우발적 상황에 대하여 공기가 지연되었을 경우에는 도급자가 이를 만회하기 위해 비용이 추가적으로 부담되는 등으로 인해 공기연장을 요청하는 경우가 있다. 즉 도급자는 계약상 원래의 권리로서 공기연장을 인정받아야 할 상당한 이유가 있음에도 공기연장이 인정되지 않는 경우가 있다.

이러한 경우는 발주자가 공기연장을 거부한 사실이나 공사촉진을 요구한 사실 등에 대하여 도급자가 발주자로부터 요구받은 사실을 증명해야만 공기연장이 가능하다. 그러나 발주기관이 공기단축을 지시하거나 부득이한 사유 및 공사기간이나 운반거리 등 계약내용의 변경으로 인하여 휴일이나 야간작업을 지시하였을 경우는 계약금액을 조정할 수 있도록 규정하고 있다.

(5) 계약해제

계약해제란 발주자의 사정에 의한 해제와 도급자의 계약불이행에 의한 해제가 있다. 발주자의 사정에 의한 계약해제는 '계약해제'가 발주자의 이익과 일치한다고 판단할 때 가능하며, 도급자에 대한 계약해제는 발주자가 도급자에게 해제의 범위와 그 일시를 통지하는 방법과 해제와 관련된 공사중지, 하도급계약해제, 계약에 의해 도급자에게 주어진 권리, 권한 등을 해제하는 방법이 있다. 발주자와 도급자 간 계약해제는 도급자 입장에서는 계약해지일로부터 1년 이내에 최종 계약해제해결 제안서, 즉 계약해제에 수반되는 도급자의 청구금액을 제출하게 된다. 또한 도급자의 공사지연 등 계약불이행에 의한 시공권 해제가 있다. 이는 도급자가 공사기간 내에 공사를 완성하지 못하고 해제하는 경우와 시공할 수 없어 지연되는 경우, 이때 발주자는 그 지연부분에 대한 공사시공권을 해제할 수 있다. 이때 공사완공 지연에 대한 손해액의 결정권은 계약담당공무원에게 있다.

우리나라는 건설공사계약일반조건 제44조 내지 제46조에 의하면, 계약의 해제 또는 해지에 해당하는 조건을 3가지로 규정하고 있다. 하나는 시공자의 책임 있는 사유로 인해 해제 또는 해지에 관한 사항으로, 정당한 이유 없이 약정한 기간을 경과하고도 공사에 착수하지 아니할 때나 준공기간까지 완성하지 못하여 지체상금이 계약보증금액상당액에 달한 경우로, 계약기간을 연장해도 공사의 완공 가능성이 없을 때와 같이 시공자의 중대한 계약위반에 근거한 것일 경우가 있다.

둘째는 시공자의 책임 있는 사유로 인해 해제 또는 해지하는 경우로, 객관적으로 명백한 발주기관의 불가피한 사정이 발생한 때에는 계약을 해제 또는 해지할 수 있다. 이러한 경우는 시공자가 완전한 계약이행을 하고 있음에도 시공을 해제시키는 발주자의 권리로, 이 경우는 발주자가 시공자에게 보상해야 할 의무가 있다. 마지막으로 시공자에 의한 계약의 해제가 있는데, 이 경우는 공사계약조건 제46조의 규정에 의한 것으로서 공사내용을 변경함으로써 계약금액의 100분의 40 이상 감소되거나 공사정지기간이 100분의 50을 초과하였을 경우에 시공자가 계약을 해지할 수 있다. 이밖에도 일방적인 계약파기, 공사비 지불지연 등과 관련된 클레임이 있을 수 있으며 이상과 같은 각 클레임 유형에 대한 보상내역은 표 9-2와 같다.

표 9-2 클레임 유형에 대한 보상내역

클레임의 비용항목	클레임 유형			
	자연 클레임	작업범위 클레임	공기단축 클레임	현장조건 변경 클레임
• 추가 직접노무시간		*		*
• 생산성 손실에 기인한 추가 직접노무시간	*	0	*	0
• 증가 노무율	*	0	*	0
• 추가 재료량		*	0	0
• 추가 재료단가	*	*	0	0
• 추가 하도급작업		*		0
• 추가 하도급비용	*	0	0	*
• 장비임대비용	0	*	0	*
• 자가장비 사용비용	*	*	0	*
• 증가된 자가장비 비율에 의한 비용	0		0	0
• 작업 부대경비(가변)	0	*	0	*
• 작업 부대경비(불변)	*			0
• 회사 부대경비(가변)	0	0	0	0
• 회사 부대경비(불변)	*	0		0
• 이자 또는 자금조달비용	*	0	0	0
• 수익	0	*	0	*
• 기회 수익의 감소	0	0	0	0

주) * : 정상적으로 클레임에 포함되어야 함.
0 : 경우에 따라 포함됨.
공란 : 포함되지 않음.

4. 클레임의 발생요인

클레임은 계약당사자 간에 계약조건이나 내용 및 계약의 계속적 이행에 이견이 발생하는 것으로, 이 같은 상황이 발생하는 데에는 다음과 같은 요인들이 있다.

건설업은 주문생산으로 인해 생산방식이나 활동이 다양화될 수 있고 옥외 이동산업으로 인해 자연환경이나 계절적 영향을 받을 수 있다. 또 하나의 현장에서 장기간 건축생산행위가 이루어짐으로 인해 사정변경 요인이 발생할 수도 있으며, 생산의 하도급화로 균일한 시공수준과 품질을 유지하기가 어렵다.

또한 발주자는 주어진 공사기간 내에 최단기간에 최소의 비용으로 최고의 품질을 기대하지만 시공자는 주어진 프로젝트에 대한 이익창출을 최고의 목표로 삼고 있다. 그리고 클레임은 계약서나 계약내역서, 설계도서 등이 현장의 공사여건과 맞지 않아 시공활동에 어려운 경우가 있고 또한 설계시방서의 오류, 누락 또는 해석의 모호성으로 인해 완성하게 될 계약목적물에 대한 기대와 결과에 차이가 발생한다.

5. 클레임의 제기

클레임의 제기에는 계약자가 제기하는 클레임과 발주자가 제기하는 클레임이 있다. 계약자가 제기하는 클레임은 공사수량을 변경, 분리한 현장조건에 대한 계약변경, 계약해제 등이 있고, 발주자가 제기하는 클레임은 계약변경 조항의 방어나 편의적 계약해제, 계약위반, 발주자의 피해, 잠재적인 시공결함 등이 있으며, 그 이외에도 공사변경 클레임이 있다. 공사변경이란 계약내용의 증감, 작업의 수정, 시공방법의 변경, 발주자가 제공하는 재료나 설비의 변경, 계약, 공기, 기타 요건의 변경 등이 있다.

공사계약 체결 시 완벽한 계약도서를 준비하기가 어렵고 특별한 언급이 없거나 불분명한 내용이 포함되어 설계자와 도급자가 각기 다른 해석을 하는 경우, 현장여건이 도면이나 시방서 내용과 다르거나 예측불허의 특이한 기상요건으로 부득이하게 공기를 연장해야 하는 경우, 발주자 측에 자금조달에 어려움이 생겨 공사규모의 축소가 불가피한 경우, 부동산 시장에 커다란 변동이 생긴 경우 등 건설업이 가지는 본질적인 특성이나 환경적인 조건에 따라 변경이 필요한 경우가 생기게 된다. 또 계약체결 후 발주자의 요구나 환경적인 요소가 변할 수도 있는데, 변경은 이러한 조건을 부합시킬 수 있어야 한다. 경우에 따라서는 도급자의 제의에 의해 변경이 이루어지기도 한다.

변경은 계약의 변경조항에 의해 좌우되며, 발주자는 변경조항에 의거하여 공사변경을 명할 수 있고, 변경명령으로 공사비와 공기에 대한 적절한 조정이 이루어지도록 해야 한다. 도급자는 변경이 필요하다고 믿어지는 작업조건이 발견되면 이를 즉시 발주자 측에 문서로 통보해야 한다. 이때 공사비나 공기에 증감이 필요하다고 인정되면 이를 표시해야 한다. 이러한 통보는 당해 공사가 시작되기 전에 이루어져야 한다. 변경이 이루어질 때는 필요한 추가 도면, 시방서 등을 포함한 적당한 설명이 발주자 측에 의해 준비되어 도급자에게 통보된다.

변경에는 크게 지시변경과 추정변경으로 나눌 수 있다. 지시변경은 발주자 측이 발주자의 요구사항을 더 확대하거나 공사개선을 한다든지, 필요 없는 부분을 없애거나 시방되어 있는 물건이나 장비가 없다든지, 적용할 법규나 기술개선상 변경하거나 공사계약 범위 내에서 변경명령서를 발급하여 공사의 변경을 도급자에게 요구하는 것을 말한다.

이는 양자의 서명날인으로 이루어지며 발주자 측에서 제시한 공사비와 공기가 도급자에게 타당하지 않더라도 일단 공사를 진행하고 차후에 계약의 분쟁조항을 이용하여 클레임을 걸어 보상을 요구해야 한다.

추정변경은 발주자 측으로부터 받은 서면변경 이외의 모든 행위, 즉 메모식 또는 구두 지시를 여러 원인에 의해 도급자가 발주자에게 제기하는 클레임을 말한다.

6. 클레임의 추진절차

(1) 사전준비

클레임 제기를 위해서는 먼저 어떠한 클레임이 있는지와 만약 클레임 제기 시 어떠한 계약문서의 조항에 해당되는지 조사해야 한다. 또 어떤 방법으로 클레임을 제기해야 보상을 받을 수 있는지와 계약의 실현과정에서 입게 된 손실을 객관적이고 구체적으로 계량화하는 방법을 정해야 한다. 즉 다음과 같은 사항을 평가하여 클레임의 추진 여부를 결정하는 것이 바람직하다.

① 계약문서 검토와 설계변경 가능성 검토
② 클레임의 종류와 제기절차의 결정
③ 제품 실현 및 서비스 제공 시 발주자와의 관계 등 검토
④ 클레임 제기 시 필요한 자료 및 증거물
⑤ 클레임 제기 시 손실금액
⑥ 클레임 제기를 위한 체크리스트

클레임 제기를 위한 체크리스트는 명확하고 성공적인 손실보상을 얻기 위해 필요한 준비과정이다. 일반적으로 클레임 제기 체크리스트는 표 9-3과 같은 사항에 의한 점검이 필요하다.

표 9-3 클레임 체크리스트

점 검 사 항	해당 유무
• 계약서에 명시되지 않은 추가적인 작업내용이 있는가.	
• 발주자가 지급하는 자재가 있을 경우 적기에 현장에 조달되고 있는가.	
• 설계도서 검토 후 변경사항에 대하여 사전에 발주자에게 설명하였는가.	
• 발주자가 계약공기 이외에 추가적인 공기단축을 요구하였는가.	
• 공기지연 시 만회대책을 세워 발주자에게 사전에 제시하여 승인받았는가.	
• 현장여건이 변동되어 계약 당시와 다른 현장여건 변동이 있는가.	
• 발주자가 시공자에게 추가적인 작업 독려 및 공기단축을 요구하였는가.	
• 계약서 내용이 발주자와 상이하게 해석되는 부분이 있는가.	
• 발주자가 계약과 무관한 특수한 방법의 작업지시를 한 적이 있는가.	
• 계약서 내용대로 공사기간 내에 공사가 진행되지 않고 있는 사항이 있는가.	

(2) 근거자료 확보

클레임은 계약당사자가 계약서 내용과 상이한 내용이 추가적으로 행함으로써 입게 되는 손해를 상대방에게 제기하는 것이므로 사전에 충분한 근거자료의 확보가 필요하다.

이러한 자료는 계약당사자 사이에 오고간 모든 문서, 즉 제품의 서비스를 실현하기 위해 활용된 모든 자료들이다. 이 자료는 전문가 의견서나 감정서류, 각종 조사보고서, 발주자와의 주고받은 지시서, 보고서, 회신문서, 업무일지, 이메일 자료, 사진 검측자료 등이다. 또한 근거자료의 문서화 내용에는 건설공사 참여자가 발행한 문서도 포함된다.

클레임 제기의 성공은 계약상대자에게 자신의 권리를 어떻게 입증하느냐에 달려있으므로 실제로 실무에 임한 자의 정보와 자료의 보유가 중요하다. 이러한 정보문서들은 녹취록이나 사진, 전자문서 등으로 확보될 수도 있다. 일반적인으로 문서와 기록은 표 9-4와 같은 것들이 있다.

표 9-4 클레임 제기 내용별 근거자료 확보사항

설계변경	공기연장	분쟁처리
1. 각종 조사보고서	1. 기성서류	1. 도급계약서 및 공사내역서
2. 발주자 지시문서	2. 발주자 지시사항(공문)	2. 변경공사비내역서
3. 공사수량산출서	3. 현장작업일보	3. 공사대금입금증명서
4. 현장여건보고서	4. 회의록, 사진, 녹취록	4. 발주자 지시사항 관련문서
5. 작업일보, 공정보고서	5. 휴일 및 야간작업 수행실적	5. 공사일지, 감리일지
6. 업무일지	6. 각종 보험료 지급내역서	6. 공사완료보고서
7. 현장사진, 각종 변경사진	7. 공정표, 공정보고서	7. 준공검사 관련서류
8. 설계도면, 변경도면	8. 공기연장 사유 공문	8. 잔금지불요청 서류
9. 설계변경내역서	9. 현장직원 급여대장	9. 발주자와 주고받은 내용
10. 시방서, 특기시방서	10. 설계변경사항	10. 기타 추가요청사실 입증 서류

(3) 발주자에 대한 사전통지

건설공사 중 클레임을 제기해야 할 상황이 발생할 경우, 시공자는 공사 중 발생하는 상황변동에 대한 설명과 함께 그것이 공사에 미치는 영향 등을 기술한 클레임 문서를 작성하여 사전에 발주자에게 통지할 수 있다. 이러한 문서는 시공자가 발주자와의 계약사항 중 어떠한 근거조항에 따라 이의를 제기하는지에 대하여 발주자가 알기 쉽게 파악할 수 있도록 하는 것이 좋다. 특히 시공자는 자신이 제기한 클레임의 통보사실을 발주자에게 알리고, 발주자 또한 클레임 문서를 접수받은 사실을 시공자에게 알릴 필요가 있다.

일반적으로 클레임은 계약당사자 간 협의가 전제되지만 여의치 않을 경우에는 복잡한 분쟁으로 발전할 수 있다. 따라서 클레임은 언제 제기하느냐가 매우 중요하며, 시공자는 발주자에 대하여 도급자로서의 제품실현활동에 영향이 가는 모든 사항들에 대하여 문서화하여 명확하게 통지하는 것이 바람직하다.

건설공사의 클레임 문서는 다음과 같은 내용이 포함되도록 하는 것이 좋다.

① 요지(클레임의 전반적인 내용을 요약한 문서)

② 손실금액 및 산출근거

③ 근거조항(계약서의 규정 각 해당 조항)

④ 손실보상의 요청사항과 그 사유
⑤ 기존 계약상황과 변경사항의 비교사항
⑥ 제시되는 가격(가격결정의 단가산정 기준과 제시금액)
⑦ 기타 필요시 계산서, 증빙자료, 사진, 회의록, 발주자와의 근거문서

9.2 건설공사분쟁의 해결방안

1. 개요

건설공사의 분쟁해결에 관해서는 국가계약법에 규정하고 있으며, 민법과 건설산업기본법에서는 계약에 관한 기본원칙을 규정하고 있다. 우리나라의 경우 공사계약일반조건 제51조에 분쟁해결에 관하여 “계약 수행 중 계약당사자 간에 발생하는 분쟁은 협의에 의하여 해결한다.”라고 규정하고 있다. 그러나 이러한 협의가 이루어지지 않을 때에는 중재법에 의한 중재기관의 중재 또는 국제입찰의 경우에는 국제계약분쟁조정위원회의 조정, 발주기관의 소재지를 관할하는 법원의 판결에 의해 분쟁을 해결하는 것으로 하고 있다.

협의와 조정의 차이는 전자가 문제해결의 주체가 계약당사자에 있는 데 비하여 후자는 중립적인 제3자가 문제해결의 주체가 된다는 점에서 차이가 있다. 조정의 경우 계약당사자는 조정결정에 대하여 이를 수용하느냐 아니면 소송으로 갈 것이냐 만을 선택하는 입장에 있다.

2. 건설분쟁의 해결방안

건설공사의 분쟁발생 시 이를 해결하기 위한 유형은 그림 9-2와 같다.

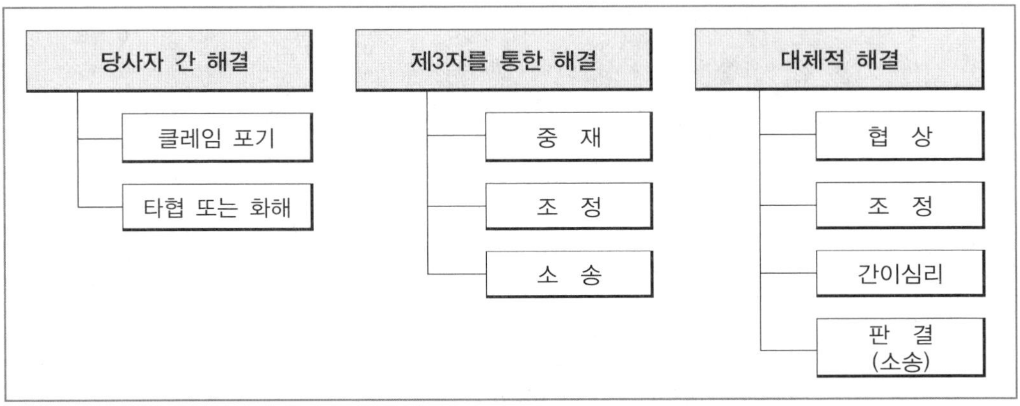

그림 9-2 분쟁처리의 유형

(1) 당사자 해결

분쟁이 발생하면 계약당사자 어느 누구에게도 이로울 것이 없으며, 경제적 · 정신적으로 많은 어려움을 당하게 된다. 따라서 갈등을 일으키는 분위기보다 상호 이해와 협조, 그리고 타협으로 신뢰하고 양보할 수 있는 분위기여야 한다. 그러나 분쟁이 발생하면 가장 신속한 해결방법은 제3자의 개입 없이 계약당사자들이 협상을 통하여 클레임을 철회하거나 화해를 하는 것이다.

(2) 제3자를 통한 해결

분쟁을 해결하는 방법으로는 조정 · 중재와 소송이 있다. 조정은 당사자 간 협상이나 토론을 통해 분쟁을 해결하지 못할 경우 제3자의 개입에 의해 분쟁을 해결하는 방법이다. 따라서 협상이 당사자 간의 합의에 의해 타결을 도출하는 수단이라면, 조정은 제3자에 의해 타결이 이루어진다는 점에서 차이가 있다. 또한 조정은 개인적 또는 사적인 절차이므로 비공개로 진행되며 조정절차는 분쟁당사자와 조정인에 의해 결정되고 통제되므로 협상처럼 미래지향적인 절차이다. 따라서 조정은 절차가 단순 · 신속 · 저렴하며, 분쟁에 대하여 타협과 양보를 통하여 당사가 간의 인적관계를 파괴하지 않고 원만하게 해결할 뿐 아니라 오랜 적대감정을 없앨 수 있는 장점이 있다.

그러나 당사자들이 지식 · 경제력 · 협상기술 등의 정도의 격차가 심하면 적용이 어렵고, 합의가 이루어지지 않는 경우에는 오히려 시간이 많이 소용될 뿐만 아니라 강제집행수단이 없는 것이 단점으로 지적된다. 이러한 건설관련 분쟁조정기구는 발주자와 시공자 간의 분쟁을 조정대상으로 하고 있는 건설산업기본법상의 '건설분쟁조정위원회'와 원도급자와 하도급자 간의 건설공사 하도급 거래에 관한 분쟁처리를 위한 하도급법상의 '하도급분쟁조정위원회' 등이 있다. 또한 민사조정법에는 조정판사나 법원에 설치된 조정위원회가 분쟁당사자로부터 주장을 듣고 조정안을 제시하여 서로 양보와 타협을 통하여 합의에 이르게 함으로써 분쟁을 평화적이고 신속하게 해결하는 제도로 '민사조정제도'가 있다.

중재나 조정 또는 소송 모두가 분쟁당사자 간 스스로 타결점을 찾지 못할 때 제3의 기관이 타결을 유도하거나 판정한다는 점에서 유사성이 있다. 그러나 중재와 조정은 다음과 같은 점에서 차이가 있다. 즉 중재는 분쟁당사자가 중재인을 직접 선정하거나 그렇지 않을 경우 본인에게 맞지 않은 중재인에 대한 기피권이 있는 반면, 조정은 분쟁당사자에게 조정인의 선정이나 기피권이 없으며 조정인은 사안에 대한 결정권은 없고, 단지 분쟁당사자의 화해를 유도할 뿐이다. 반면에 중재인은 결정권이 있을 뿐만 아니라 그 결정은 최종적인 구속력을 갖는다. 따라서 중재를 이용하기 위해서는 계약서에 중재조항이 포함되고, 분쟁의 경우는 중재를 통해서 해결한다는 사항에 동의해야 한다. 중재는 협상에 비해 소요시간이 길고 예측이 불가능한 결과를 초래하는 경우도 있으나, 복잡하고 소요기간이 길고 비용부담이 많은 소송에 비해서는 장점이 크므로 이 방법의 활용도가 점차 커지고 있다.

중재기관으로는 '대한상사중재원'이 국내 유일의 중재기관이다. 중재대상은 국제는 물론 국내의 상거래의 모든 분쟁을 다루게 되며, 무역 · 건설 · 금융 · 보험 · 용역 · 등 당사자가 처분할 수 있는 '사법상의 모든 분쟁'을 대상으로 한다. 따라서 당사자가 자유로이 처분할 수 없는 법률관계인 형사사건 · 가사심판사건 · 강제집행사건 · 행정소송사건 등은 중재의 대상이 아니다. 한편, 분쟁을 중재에 의해 해결하기로 하는 합의를 중재계약이라 하는데 중재에는 '중재합의'가 있어야 중재해결이 가능하다.

중재합의는 서면으로 명문화해야 하며 중재계약은 사전중재계약방식과 사후계약방식이 있으나, 대부분의 경우는 분쟁이 발생한 후에는 중재계약이 체결되기 어려우므로 계약체결 시에 중재조항을 삽입해두는 것이 바람직하다.

중재사건이 접수되어 판정이 내려질 때까지의 중재 진행과정을 보면, 우선 중재계약에 의해 중재원에게 신청을 하면 중재원에서는 이를 담당할 중재인을 선임하게 된다. 선임된 중재인은 중재심리를 하여 중재판정을 내리게 되며, 이 판정에 따라 강제집행 등의 순으로 진행된다. 중재법 제3조에 따라 "중재계약의 당사자는 중재판정에 따라야 한다. 다만, 중재계약이 무효화되거나 효력을 상실하여 이행이 불능할 때에는 법원에 소송을 제기할 수 있다."라고 규정하고 있으며, 동법 제12조에서는 "중재판정은 당사자 간 법원의 확정판결과 동일한 효력이 있다."라고 하여, 판정이 일단 내려지면 소송과 같은 불복절차인 항소나 상고제도는 허용되지 않는다.

(3) 대안적 해결

클레임이나 분쟁의 해결은 시간과 비용이 많이 들어 상호간에 이들의 방법 외에 또 다른 방안을 강구하게 된다. 이와 같은 공식적인 절차에 의하지 않고 분쟁당사자의 합의에 의해 분쟁을 해결하는 절차가 대안적 분쟁해결방법(Altemative Dispute Resolution : ADR)이다. 여기에서 대안적 분쟁해결이란 법원의 소송에 대체한다는 뜻으로 해석하여 비소송적인 분쟁해결 수단이라고도 하며, 또는 포괄적인 시각에서 이해하여 비형식적인 분쟁해결 수단으로 부르기도 한다.

이 대안적 분쟁해결방법은 화해결정이나 계약체결 시에 양 당사자 간에 의해 합의된 분쟁처리 패널 및 구속력 없는 중재나 간이재판 등의 절차가 있다.

9.3 분쟁의 단계별 해결과정

1. 개요

건설분쟁은 초기에는 다른 사람의 개입 없이 당사자들 간의 해결방안인 제기된 클레임을 포기하거나 타협 또는 화해를 하게 되지만, 다른 사람의 도움으로 당사자들 간의 직접해결을 촉구하는 방안도 있다. 그러나 이와 같은 조정으로 해결되지 않을 경우에는 조정자가 직접 나서거나 중재자가 당사자의 입장을 청취하여 중재하는 방안이 있다. 그러나 여의치 않을 경우에는 소송으로 이어지게 된다. 단계별 분쟁의 해결과정은 다음과 같다.

(1) 협상

분쟁당사자들이 조정자, 중재인, 판사, 변호사, 혹은 그들 상급자들의 개입 없이 직접 분쟁해결을 추구하는 경우이다. 이와 같은 협상은 경우에 따라 변호사와 회사 상급자가 협상장 밖에서 각각의 자기 협상자에게 자문을 구할 수도 있다.

(2) 조정

조정이란 한사람의 조정자 도움으로 당사자들 간에 직접 해결을 할 수 있도록 추구하는 것이다. 여기에서 조정자는 분쟁해결소위원회 회원 중에서 선정하든가 혹은 외부에서 분쟁해결 적임자로 추천된 자이다. 조정은 공사담당 감리단의 전문가의 자문을 제외하고는 분쟁해결의 공통적인 근거를 모색하기 위해 당사자들이 직접 개최한다. 조정단계에서도 변호사는 자문을 할 수 있으나, 모든 당사자들의 동의나 법률상 자문을 바라는 조정자의 특별한 요구 없이는 회담장의 출입이 금지된다. 이는 당사자들 간에 직접적인 대화를 통해 원만한 해결을 하도록 유연성을 주기 위함이다.

(3) 조정-중재

조정과 중재를 위해 운영되는 '재판소위원회'는 당사자들이 그들 입장의 합리성을 설정하기 위해 노력하는 여러 당사자들의 입장을 듣는다. 각 조정자와 그의 상급자들은 모든 당사자들에게 자유롭게 질문하고 그들 각자의 입장을 가장 잘 평가하고 적합한 조치를 취하기 위해 입증을 한다. 변호사들은 소송절차를 주시할 수 있도록 허락되나 모든 당사자들의 동의나 법률상 지도를 바라는 조정자의 특별한 요구 없이는 회담장의 출입이 금지된다.

(4) 중재와 소송

중재는 법적인 판결이다. 여기에는 중재와 송사 두 가지가 있다. 조정자는 중재인으로 입회하는 것이 아니라 중재인 선정을 위해 입회한다. 중재규칙과 규정은 계약에 의한 것이어야 하며, 특별한 계약상 요구사항이 없는 경우는 국가중재원의 규약에 따라야 한다. 법관이나 배심원이 계약에서 선정된 사법권의 법체계의 모든 규칙에 따라 분쟁판결에 임한다. 그 법관의 지배권은 재판과 상고에 관하여 법의 기본규정에 제약을 받는 계약분쟁이 일어나면 계약당사자의 누구에게도 이로울 것이 없으며, 경제적 · 정신적으로 어려움을 당하게 된다.

계약분쟁을 사전에 방지하기 위해서는 가능한 한 저가입찰자를 낙찰자로 먼저 정하지 않는 것이 좋다. 왜냐하면 이러한 도급자는 공사에서 적자를 보거나 적은 이윤밖에 남길 수 없다고 생각하기 때문에 이를 계약분쟁을 통해서 보상받으려는 경향이 있기 때문이다. 또한 적절한 계약방식을 선택해야 한다. 계약분쟁의 최소화만을 위해 계약방식을 선택할 수는 없지만 실비정산식 계약방식이 계약분쟁의 최소화를 위해 가장 좋은 방식이며 총액계약방식은 계약분쟁이 일어날 여지가 많은 방식이다. 아울러 갈등을 일으키려는 분위기보다 이해와 협조, 타협으로 상호 신뢰하고 양보할 수 있는 공존공영의 분위기를 만들어야 한다. 그리고 부족함이 없는 대안을 준비하고 일일공사기록을 철저하게 작성 · 보관하는 것도 계약분쟁을 최소화할 수 있는 하나의 방편이다.

계약분쟁의 해결방법에는 크게 3가지가 있다. 즉 상호 합의에 의한 해결방법과 중재에 의한 해결방법, 법정의 판결에 의한 해결방법이 있다. 상호 합의에 의한 해결은 가장 간단하며 최소의 경비로 처리할 수 있다. 따라서 되도록 중재나 법정에 의한 해결방법은 피하는 것이 좋다. 중재를 통한 방법은 계약에 의한 합의, 또는 중재는 합의한 경우에만 가능하다. 중재자는 계약규정에 따라 선정되며 그 수는 계약의 중재조항에 명시되지 않은 경우에는 적절한 법령에 따라 정하게 된다. 중재자가 법적으로 특별한 자질을 갖추어야 할 필요는 없으나, 해당 분야에 많은 지식을 가질수록 좋으며 공정, 정직하고 편향됨이 없어야 하며, 편견을 가졌거나 이권이 개입된 사람은 부적당하다.

중재자의 의무는 위임 또는 양보할 수 없고 판결은 제출된 자료에 의해 이루어져야 한다. 판결은 모든 중재자가 참석한 가운데 심사숙고와 토론의 단계를 거쳐 이루어져야 하며, 각 당사자의 공청의 시간, 장소에 대한 통지가 합리적이고 적절해야 하며 공청회에는 양 당사자 모두가 참관해야 한다. 분쟁이 이상에서 언급한 상호 합의나 중재에 의해서도 해결되지 않을 경우에는 양 당사자 중 어느 한쪽에 의해 제기된 법정소송에 의해 해결하게 된다.

9.4 분쟁조정위원회 설치와 운영

1. 개요

'건설분쟁조정위원회'는 건설업 및 건설용역업에 관한 도급계약내용, 시공상의 책임 등에 관한 분쟁을 심사 · 조정하기 위해 국토해양부장관 소속하에 설치, 운영하고 있는 법정기구이다. 즉 건설공사 수행 시 상호간 계약서에 대한 인식 차이로 인해 수많은 문제점이 발생한다. 예를 들면, 도급계약서의 해석상 문제, 공사대금 지급조건의 문제, 요구되지 않은 조잡한 공사수행의 문제, 시설물의 하자발생 책임문제 등 분쟁에 관하여 심사나 조정 등 적법절차에 따라 분쟁당사자 간 정당한 권리관계의 설정은 물론 소송경제의 원칙에 따라 당사자 간 부담의 경감과 신속하고 합리적인 의견을 찾고자 하는 데 목적이 있다.

그러나 이와 같이 분쟁조정위원회가 설치되어 있음에도 불구하고 실제적으로는 활성화되지 못하고 있다. 따라서 건설분쟁조정위원회를 건설분쟁중재원으로 확대 개편하여 분쟁의 신속한 중재처리는 물론, 건설시장 개방에 따라 외국 업체들이 제기하는 클레임까지도 담당하도록 하는 것이었다. 그러나 이 위원회가 사법권을 갖는 데 대한 주무부처의 반대의견이 있어 분쟁을 확대하여 조정 전 합의제도를 도입하는 것을 내용으로 건설업법이 개정되었다.

그 내용은 시공자와 그 하수급인뿐만 아니라 설계자 · 감리자 · 시공자 상호간의 분쟁과 보증인과의 분쟁도 조정대상에 포함시켰으며, 분쟁당사자 중 어느 일방이 조정거부 이유를 서면으로 상대방에게 통보하도록 의무화하였고, 신청사건의 처리절차 중 당사자 간에 합의한 경우는 조정을 중단하고 위원장의 확인하에 조정서와 동일한 효력을 갖도록 하여 조정절차의 단순화와 위원회의 기능강화를 도모하였다.

건설분쟁은 신속 공정하게 해결되어야 건설공사의 능률적인 시공이 이루어질 수 있으므로 많은 시간과 경비가 소요된다. 따라서 사법기관에 의해 해결하는 제도보완과 역할 정립이 필요하며, 이를 위해 건설분쟁 발생 시 상호 양보에 의해 법규적인 구속을 떠나 조리와 실정에 맞는 해결방안을 구비하는 것이 중요하다.

2. 위원회의 설치와 운영

건설업이나 건설용역업에 관한 분쟁을 조정하기 위하여 국토해양부장관 소속하에 중앙건설분쟁조정위원회(이하 '중앙위원회'라 한다)와 시 · 도지사 소속하에 지방건설분쟁조정위원회(이하 '지방위원회'라 한다)를 둔다(법69조1항). 중앙위원회와 지방위원회(이하 '위원회'라 한다) 당사자의 일방 또는 쌍방의 신청에 의하여 설계 · 시공 · 감리 등 건설공사에 관계한 자 간의 책임에 관한 분쟁, 수급인 또는 하수급인과 제3자 간의 자재대금 및 건설기계 사용대금에 관한 분쟁, 건설업의 양도에 관한 분쟁, 수급인의 하자담보책임에 관한 분쟁, 건설업자의 손해배상책임에 관한 분쟁을 심사하고 조정한다.

여기에서 심사조정이라 함은 분쟁의 내용을 심사하고 이에 따른 화해의 성립을 말한다. 심사는 조정을 위한 분쟁내용의 조사이고, 그러한 심사에 따라 분쟁을 조정해야 하므로 심사와 조정은 상호 보완적인 개념이다. 그러나 건설업자가 아닌 당사자는 건설산업기본법에 의한 건설업자가 아니므로 조정신청을 할 수 없으며 일방 또는 쌍방이 건설업자인 경우에만 분쟁조정신청이 가능하다. 건설분쟁조정위원회는 위원장과 부위원장 각 1명을 포함한 15명 이내의 위원으로 구성한다. 위원회의 회의는 위원장이 소집하며 재적위원 과반수의 출석과 출석위원 과반수의 찬성으로 의결한다.

3. 조정의 신청과 운영절차

건설분쟁에 따른 조정을 신청하고자 하는 자는 건설분쟁조정신청서에 당사간의 교섭경위서(내용과 입증자료), 기타 분쟁조정신청사건의 심사 · 조정에 참고가 될 수 있는 객관적인 자료, 당사간의 교섭경위서, 타 분쟁조정신청사건의 심사 · 조정에 참고가 될 수 있는 객관적인 자 등 서류를 첨부하여 위원회에 제출해야 한다.

위원회는 당사자 일방으로부터 분쟁의 조정신청을 받은 때에는 그 신청내용을 상대방에게 통지해야 하는데, 이 통지를 받은 상대방은 조정에 응할 것인지에 관한 의사를 위원회에 통지해야 한다. 그리고 위원회는 분쟁의 조정신청을 받은 날부터 60일 이내에 이를 심사하여 조정 항을 작성해야 한다. 다만, 부득이한 사정이 있는 경우에는 위원회의 의결로 60일의 범위 내에서 그 기간을 연장할 수 있는데, 연장한 경우에는 기간연장의 사유 기타 기간연장에 관한 사항을 당사자에게 통보해야 한다. 여기에서 '당사자'라 함은 분쟁의 직접당사자를 말하며 반드시 도급계약의 당사자일 필요는 없다.

이때 당사자는 주로 건설업자나 발주자가 될 것이나 분쟁원인에 대한 직접 이해관계에 있으면 누구나 당사자가 될 수 있다. 위원장은 분쟁조정신청사건을 심사하기 위하여 필요하다고 인정하는 때에는 관계 전문기관에 감정 · 진단 · 시험 등을 의회할 수 있으며, 의뢰받은 기관은 의뢰받은 날로부터 20일 이내에 그 결과를 제출해야 한다. 이 경우 20일 이내에 결과를 제출할 수 없는 부득이한 사유가 있는 때에는 그 사유와 제출기간을 정하여 위원회에 통지해야 한다. 위원회는 필요하다고 인정되는 경우에는 위원회의 위원 · 건설교통부 소속공무원 또는 특별시 광역시 또는 도(이하 '시 · 도'라 한다) 소속공무원으로 하여금 관계서류를 열람하게 하거나 관계 사업장에 출입하여 조사하게 할 수 있다. 또한 필요시 당사자 또는 관계 전문가로 하여금 위원회에 회의에 출석하게 하여 그 의견을 들을 수 있다.

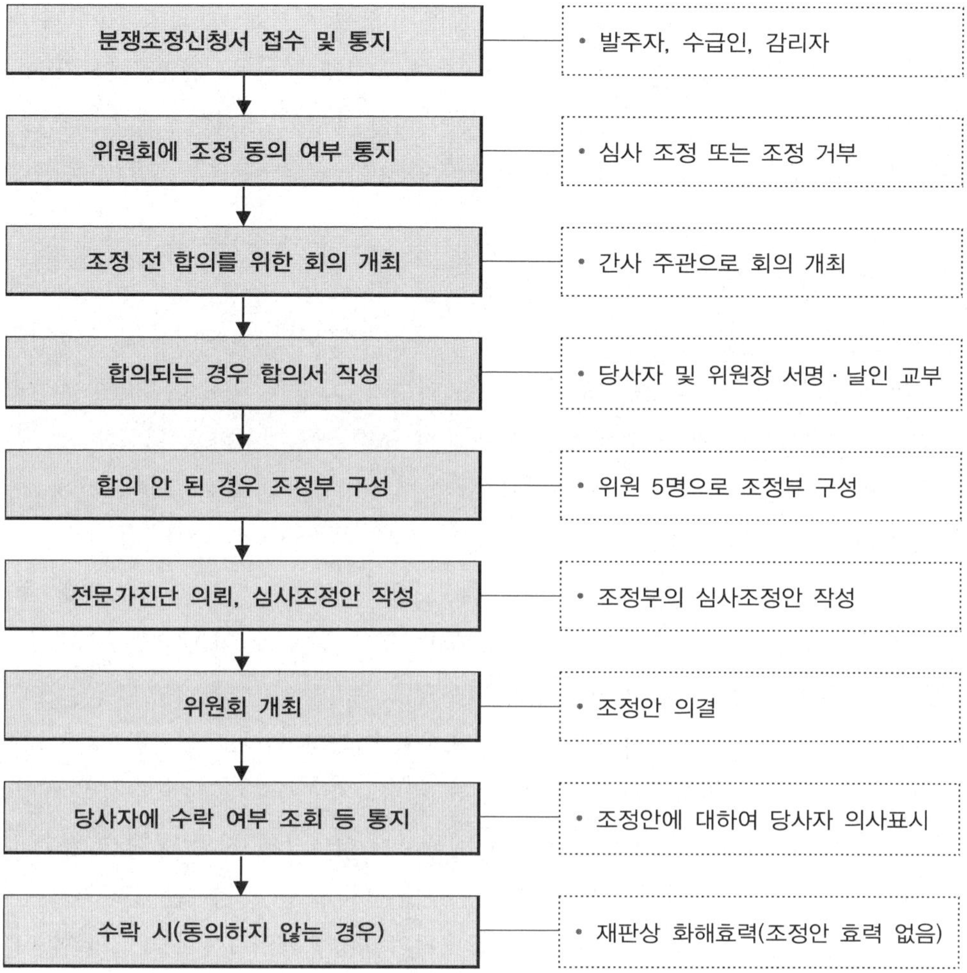

그림 9-3 단계별 분쟁조정절차

4. 조정부의 구성과 합의

위원회는 조정업무의 효율적인 처리를 위하여 필요하다고 인정하는 경우에는 조정사건의 분야별로 5명 이내 위원으로 조성된 조정부를 둘 수 있다.

조정부는 미리 조정신청사건을 심사하여 조정안을 작성, 회의에 상정해야 한다. 위원장은 필시 조정부(conciliation division)를 지정하여 분쟁조정사건을 회부할 수 있고 의원을 지명하기도 한다. 조정부에서는 신속하고 정확한 사건처리를 위하여, 앞에서 언급한 바와 같이 필요시에는 관계 전문기관에 감정 · 진단 · 시험 등을 의뢰할 수 있고 전문가로 하여금 조정부에 출석하게 하여 의견을 청취할 수도 있다. 위원회는 분쟁당사자 쌍방이 분쟁의 해결에 관하여 합의한 때에는 당해 사건에 대한 조정을 중단하여 분쟁당사자가 합의한 내용에 따라 즉시 합의서를 작성해야 하며, 위원장 및 각 당사자는 이에 서명 · 날인해야 한다. 분쟁조정에 따른 서류 송달에 관하여는 민사소송법 제161조 내지 제182조의 규정을 준용한다.

5. 조정의 효력

위원회에서 조정안을 작성하면 지체 없이 이를 각 당사자에 제시하고, 조정안의 제시를 받은 당사자는 제시받은 날로부터 15일 이내에 그 수락 여부를 위원회에 통보한다. 만약, 당사자가 조정안을 수락한 때에는 즉시 조정서를 작성하고 위원장 및 당사자는 이에 서명 · 날인한다. 그리고 당사자가 조정안을 수락한 때에는 당사자 간에 조정서와 동일한 내용의 합의가 성립된 것으로 본다.

조정안은 위원회가 작성하는 분쟁의 해결안으로, 조정안 자체가 당사자를 구속하는 힘, 즉 구속력은 없다. 다만 조정안은 당사자 임의의 수락에 의해서만 당사자를 구속하게 되므로 위원회는 당사자에게 조정안의 수락을 권고할 수 있을 뿐이다.

당사자가 조정안을 수락하느냐 여부는 당사자 임의의 의사로 결정한 문제이며, 만약 당사자가 조정을 수락하지 않으면 조정안은 성립되지 않는다. 조정의 성립에 관계인의 합의를 필요로 한다는 점에서 소송과 본질을 달리하며, 제3자의 중재가 필수적이라는 점에서 반드시 중재를 요하지 않은 화해가 구별된다. 또한 조정에는 민간인이 참여하는 조정위원회의 주도가 원칙적이다. 이밖에 조정위원회가 개입하여 관계인의 합의를 필요로 하는 점에서 조정이 성립되지 않을 때에는 법관이 직권으로 행하는 조정에 갈음한 재판, 즉 강제조정과 구별된다. 또한 조정은 합의된 사항을 조정서에 기재함으로써 성립하며 조정서는 재판상의 화해와 동일한 효력을 갖는다. 조정이 성립되지 않을 경우 상당하다고 인정하는 때에는 직권으로 조정에 갈음하는 결정을 할 수 있다.

조정의 효력은 준재심의 절차에 의해서만 다룰 수 있다. 조정이 성립되지 아니한 때 신청인은 제소신청을 할 수 있으며, 제소신청이 있는 때에는 조정신청을 한 때에 소가 제기된 것으로 본다. 한편, 화해라 함은 당사자가 상호 양보하여 당사자 간의 분쟁을 중지할 것을 약정함으로써 성립한 계약을 말한다. 화해계약은 분쟁이 있음을 요건으로 하나 분쟁의 종류에는 제한은 없다. 또 상호 양보하는 것을 요건으로 하고 있으므로 당사자의 일방만이 그 주장을 감축하는 것은 화해가 아니다. 화해계약은 당사자 일방이 양보할 권리가 소멸되고, 상대방이 화해로 인하여 그 권리를 취득하는 효력이 있다.

제10장

법원판례 및 중재사례 (부록)

10.1 건설공사의 낙찰자 지위확인소송

1. 판정요지

(1) 국가를 당사자로 하는 계약에 관한 법률 및 같은 법 시행령상의 낙찰자 적격심사제 관련 규정의 성질

(2) 입찰자의 적격심사를 담당하는 국가의 계약담당공무원이 전년도에 하자보수를 지체한 자에 대하여 감점하도록 정한 심사기준의 특별 신인도 항목을 해석 · 적용함에 있어서, 부정당 업자에 대한 입찰참가자격을 제한한 국가를 당사자로 하는 계약에 관한 법률 시행령 제76조제4, 5항을 유추 적용하여 하자보수를 지체하였던 법인의 변경 전 상호를 사용하고, 그 법인의 대표자를 대표이사로 선임하여 입찰한 법인에 대하여 하자보수를 지체하였던 법인과 마찬가지로 특별 신인도 항목에 관한 심사기준을 적용하여 감점조치를 한 것이 같은 법상 적격심사 관련규정의 해석 · 적용에 관한 정당한 결정 범위 내에서 이루어진 것으로서 위법하다고 할 수 없다고 한 사례

(판정기관 : 대법원, 판정일자 : 2006. 4. 2, 사건번호 : 82004다 50129)

2. 판결요지

(1) 국가를 당사자로 하는 계약에 관한 법률 제10조제2항 및 같은 법 시행령 제42조에 따라, 국고의 부담이 되는 경쟁입찰에 있어서는 예정가격 이하인 최저가격으로 입찰한 자의 순으로 계약이행능력을 심사하여 낙찰자를 결정하며, 계약이행능력심사는 입찰자의 이행실적, 기술능력, 재무상태, 과거 계약이행 성실도, 자재 및 인력조달 가격의 적정성, 계약질서의 준수 정도, 과거 공사의 품질 정도 및 입찰가격 등을 종합적으로 고려하여 재정경제부장관이나 재정경제부장관과 협의를 거친 중앙관서의 장이 정하는 심사기준에 따라 세부심사기준을 정하여 적격 여부를 심사해야 하는 바, 이와 같은 국가를 당사자로 하는 계약에 관한 법률 및 같은 법 시행령의 적격심사제 관련규정은 국가가 사인과의 사이의 계약관계를 합리적 · 효율적으로 처리할 수 있도록 관계 공무원이 지켜야 할 계약사무 처리에 관한 필요한 사항을 규정한 것으로, 국가의 내부규정에 불과하다.

(2) 입찰자의 적격심사를 담당하는 국가의 계약담당공무원이 전년도에 하자보수를 지체한 자에 대하여 감점하도록 정한 심사기준의 특별 신인도 항목을 해석 · 적용함에 있

어서, 부정당 업자에 대한 입찰참가자격을 제한한 국가를 당사자로 하는 계약에 관한 법률 시행령 제76조제4, 5항을 유추 적용하여 하자보수를 지체하였던 법인의 변경 전 상호를 사용하고, 그 법인의 대표자를 대표이사로 선임하여 입찰한 법인에 대하여 하자보수를 지체하였던 법인과 마찬가지로 특별 신인도 항목에 관한 심사기준을 적용하여 감점조치를 한 것이 같은 법상 적격심사 관련규정의 해석 · 적용에 관한 정당한 결정범위 내에서 이루어진 것으로, 위법하다고 할 수 없다고 한 사례(국가를 당사자로 하는 계약에 관한 법률 제10조제2항, 국가를 당사자로 하는 계약에 관한 법률 시행령 제42조, 국가를 당사자로 하는 계약에 관한 법률 제27조, 국가를 당사자로 하는 계약에 관한) 법률 시행령 제76조제1항, 제3항, 제4항, 제5항

10.2 낙찰자 결정의 법적 성질

1. 판정요지

지방재정법 제63조가 준용하는 국가계약법 제11조는 지방자치단체가 당사자가 되는 계약의 체결은 계약서의 작성을 성립요건으로 하는 요식행위로 정하고 있으므로, 이 경우 낙찰자의 결정으로 바로 계약이 성립된다고 볼 수는 없어 낙찰자는 지방자치단체에 대하여 계약을 체결해줄 것을 청구할 수 있는 권리를 갖는 데 그치고, 이러한 점에서 국가계약법에 따른 낙찰자 결정의 법적 성질은 입찰과 낙찰행위가 있은 후에 더 나아가 본 계약을 따로 체결한다는 취지로써 계약의 편무예약에 해당한다.

한편, 이와 같이 낙찰자의 결정으로는 예약이 성립한 단계에 머물고 아직 본 계약이 성립한 것은 아니라고 하더라도, 그 계약의 목적물, 계약금액, 이행기 등 계약의 주요한 내용과 조건은 지방자치단체의 입찰공고와 최고가(또는 최저가) 입찰자의 입찰에 의하여 당사자의 의사가 합치됨으로써 지방자치단체가 낙찰자를 결정할 때에 이미 확정되었으므로, 지방자치단체가 계약의 세부사항을 조정하는 정도를 넘어서서 계약의 주요한 내용 내지 조건을 입찰공고와 달리 변경하거나 새로운 조건을 추가하는 것은 이미 성립된 예약에 대한 승낙의무에 반하는 것으로서 특별한 사정이 없는 한 허용될 수 없다.

(판정기관 : 대법원, 판정일자 : 2006. 6. 29, 사건번호 : 2005다41603)

10.3 입찰무효 여부에 관한 건

1. 판정요지

(1) 국가를 상대로 낙찰자 지위확인을 구하는 소는 소가를 산출할 수 없는 재산권상의 소인지 여부

(2) 입찰서에 첨부한 산출내역서 기재를 정정함에 있어 통상적인 방법을 사용하지 않고 끝장에 별도의 총괄집계표를 첨부하여 첫 장의 총괄집계표를 무효로 하고 이를 대신한다는 취지로 정정하고 그곳에 정정인을 찍었다면, 입찰무효 사유에 해당한다고 볼 것인지 여부다.

계약사무처리규칙 제25조제9호와 이에 근거한 입찰유의서 제10조제8호에서 입찰무효 사유로 규정한 담합의 의미

(판정기관 : 대법원, 판정일자 : 1994. 12. 02, 사건번호 : 94다41454호)

2. 판결요지

(1) 민사소송법 제23조제1항, 제24조, 민사소송등인지법 제2조제1항, 민사소송등인지규칙 제6조, 예산회계법 제77조제3항, 예산회계법 및 같은 법 시행령에 기초한 재무부령인 계약사무처리규칙 제44조, 제55조의 규정들에 비추어볼 때, 낙찰자의 지위는 계약상대자로 결정되어 계약을 체결할 수 있는 지위에 불과하고 계약을 체결하여 계약상의 권리의무가 발생한 계약당사자의 지위와는 다르다고 보여지므로, 최초입찰에 있어서 낙찰자 지위확인을 구하는 소에서 원고가 승소하더라도 원고는 계약당사자와 같이 공사대금의 청구 등 계약상의 권리를 취득하게 되는 것이 아니라 단순히 원고가 유효한 낙찰자의 지위에 있음을 확인받아 그에 따른 계약을 체결하여줄 것을 청구할 수 있는 권리를 취득하는 것이고, 이는 결국 금전으로 가액을 산출하기 어려운 경제적 이익을 얻는 데 불과하므로 낙찰자 지위확인을 구하는 소는 재산권상의 소로서 그 소가를 산출할 수 없는 경우에 해당한다.

(2) 예산회계법 시행령 제97조제3항, 계약사무처리규칙 제25조제6호, 입찰유의서 제6조, 제10조제7호, 제11호, 총액단가입찰집행요령 제4조 각 조항의 어디에도 말소 또는 정정된 곳 자체에 정정인을 날인해야 한다는 규정이 없을 뿐만 아니라 위 법령들이

정정한 곳이 있을 때에는 반드시 정정날인을 하도록 요구하고 있는 것은 입찰자의 의사에 의하지 아니하고 제3자에 의하여 권한 없이 정정되는 것을 방지하려는 데 그 취지가 있으므로, 비록 입찰서에 첨부한 산출내역서 기재를 정정하면서 정정할 곳에 횡선을 긋고 정정인을 찍는 통상적인 방법을 사용하지 않고 입찰서상의 투찰금액과 다른 금액이 기재된 산출내역서 1페이지 총괄집계표상의 기재금액을 산출내역서의 끝장에 별도의 총괄집계표를 첨부하고, 거기에 위 1페이지의 총괄집계표는 계산착오로 무효이고 이를 총괄집계표로 한다는 취지로 정정한 후 그 곳에 정정인을 찍는 방법으로 정정하였어도 전체적으로 입찰서상의 투찰금액에 맞추어 제대로 정정된 이상 입찰내역서의 작성이 정정의 방법에 위반되거나, 그로 인하여 입찰서의 금액과 산출내역서상의 금액이 일치하지 아니하는 입찰 또는 입찰서의 입찰금액 등 중요한 부분이 불분명하거나 정정한 후 정정날인을 누락한 입찰로 되어 입찰무효 사유에 해당한다고 볼 수 없다.

(3) 계약사무처리규칙 제25조제9호와 이에 근거하여 재무부장관이 정한 입찰유의서(1993. 05. 20 회계예규 2200.04-102-12) 제10조제8호에서 입찰무효의 사유로 규정한 담합이라 함은, 입찰자가 입찰을 함에 즈음하여 실질적으로는 단독입찰인 것을 그로 인한 유찰을 방지하기 위하여 경쟁자가 있는 것처럼 제3자를 시켜 형식상 입찰을 하게 하는, 소위 들러리를 세운다거나 입찰자들끼리 특정한 입찰자로 하여금 낙찰받게 하거나 당해 입찰에 있어서 입찰자들 상호간에 가격경쟁을 하는 경우, 당연히 예상되는 적정한 가격을 저지하고 특정 입찰자에게 부당한 이익을 주고 입찰 실시자에게 그 상당의 손해를 입히는 결과를 가져올 정도로 싼 값으로 낙찰되도록 하기 위한 사전협정으로써, 그 어느 경우이건 최저가 입찰자가 된 입찰자에게 책임을 돌릴 수 있는 경우를 말하고, 단지 기업이윤을 고려한 적정선에서 무모한 출혈경쟁을 방지하기 위하여 일반거래 통념상 인정되는 범위 내에서 입찰자 상호간에 의사의 타진과 절충을 한 것에 불과한 경우는 위의 담합에 포함되지 않는다(민사소송법 제23조제1항, 제24조, 민사소송등인지법 제2조제1항 민사소송등인지규칙 제6조, 예산회계법 제77조제3항, 계약사무처리규칙 제44조, 제55조, 예산회계법 시행령 제97조제3항, 계약사무처리규칙 제25조제6호, 형법 제315조, 계약사무처리규칙 제25조제9호).

10.4 계약체결 및 착공금지 가처분

1. 판정요지

(1) 정부투자기관이 발주하는 공사의 입찰에서 한 최저가 입찰의 법적 효력

(2) 정부투자기관이 발주하는 공사의 입찰에서 최저가 입찰로써 성립하는 예약의 법적 성질 및 최저가 입찰자가 가지는 권리

(3) 국가를 당사자로 하는 계약에 관한 법률 제7조 및 정부투자기관 회계규칙 제22조에 위반하는 계약의 효력 여부

(판정기관 : 대전고법, 판정일자 : 2000. 5. 29.)

2. 결정요지

(1) 정부투자기관 회계규칙 제2조제2항의 국가를 당사자로 하는 계약에 관한 법률 제11조에 따르면, 정부투자기관이 일방 당사자인 계약은 계약의 목적 · 계약금액 · 이행기간 · 계약보증금 · 위험부담 · 지체상금 기타 필요한 사항을 명백히 기재한 계약서를 작성하여 그 계약담당자와 계약상대자가 계약서에 기명 · 날인 또는 서명함으로써 비로소 확정되므로, 정부투자기관이 발주하는 공사의 입찰에서 최저가 입찰을 함으로써 성립하는 것은 공사도급계약 자체가 아니라 그에 대한 예약이다.

(2) 정부투자기관이 발주하는 공사의 입찰에서 최저가 입찰행위로 성립되는 예약의 성질은, 그것이 전제하고 있는 본 계약이 국가를 당사자로 하는 계약에 관한 법률 제11조, 같은 법 시행령 제48조와 같은 법 시행규칙 제49조에 정한 엄격한 방식을 따라야 하는 요식계약인 점에 비추어볼 때 일방예약이 아니라 편무예약으로 보아야 하므로, 최저가 입찰자는 형성권인 예약완결권을 가지는 것이 아니고 본 계약체결청구권을 가지게 된다.

(3) 정부투자기관이 체결하는 계약을 원칙으로 일반경쟁에 부치도록 정한 국가를 당사자로 하는 계약에 관한 법률 제7조와 정부투자기관 회계규칙 제13조는 국가 · 지방자치단체나 정부투자기관이 가지는 공적인 기능에 주목하여 계약담당자들의 부정 · 비리의 소지를 차단하고, 더 많은 경제주체들에게 공평한 경제활동의 기회를 부여하는 데 그 뜻이 있는 것으로서, 이를 위반한 계약담당공무원, 계약담당자나 계약상대자에 대하여

형사처분이나 별도의 행정처분을 그 안에 규정하고 있지 않을 뿐 아니라, 이를 위반하여 체결된 계약의 효력에 관하여도 아무런 정함이 없으므로, 이들은 행정청이나 정부투자기관에 대한 업무지침일 뿐 그에 위반한 법률행위의 사법상 효력까지 부인하는 효력규정은 아니라고 해석함이 상당하다(국가를 당사자로 하는 계약에 관한 법률 제11조, 정부투자회계규칙 제2조제2항 민법 제527조, 국가를 당사자로 하는 계약에 관한 법률 제11조, 같은 법 시행령 제48조, 국가를 당사자로 하는 계약에 관한 법률 제7조, 정부투자회계규칙 제13조).

10.5 도급계약 후 공사착수 전 해제로 인한 손해배상

1. 판정요지

신청인(도급인)은 피신청인(수급인)간에 실내골프장 실내공사의 도급계약을 체결하고 계약금 및 착수금으로 금 10,000,000원을 지급하고 신청인은 공사를 착수하지 못하고 있던 중 자신의 자금사정으로 인하여 공사를 중단할 상태이므로 피신청인에게 도급계약의 해제를 통고하였다. 그렇다면 본건 계약은 해제되었으므로 신청인은 피신청인이 입은 손해를 배상해야 할 것인바 피신청인이 약간의 자재와 공사준비를 하던 중 계약이 해제된 점이 인정되므로, 신청인이 인정하는 금 5,000,000원과 공사완료 시 얻을 수 있는 피신청인의 이익금 2,000,000원 도합 7,000,000원의 손해를 피신청인이 입었다고 봄이 합당하므로 피신청인은 착수금으로 수령한 금액에서 위 손해금을 공제한 잔액 3,000,000원을 신청인에게 지급할 의무가 있다고 판정한다.

(판정기관 : 대한상사중재원, 판정일자 : 1993. 12. 18, 사건번호 : 제93내33호)

10.6 도급계약해지 시 선급금반환처리방법

1. 판정요지

(1) 선급금 지급 후 도급계약이 해제 또는 해지되는 등의 사유로 중도에 선급금을 반환하게 된 경우의 처리방법

(2) 선급금 지급 후 도급계약의 해제 또는 해지 등의 사유가 발생한 경우, 하수급인이 시공한 부분을 수급인의 기성고로 보아 선급금에서 공제할 것인지 여부

(판정기관 : 대법원, 판정일자 : 2007. 09. 20, 사건번호 : 2007다40109)

2. 판결요지

(1) 선급금은 자금사정이 좋지 않은 수급인으로 하여금 자재확보 · 노임지급 등에 어려움이 없이 공사를 원활하게 진행할 수 있도록 하기 위하여, 도급인이 장차 지급할 공사대금을 수급인에게 미리 지급하여 주는 선급 공사대금으로, 구체적인 기성고와 관련하여 지급된 공사대금이 아니라 전체 공사와 관련하여 지급된 선급 공사대금이므로, 선급금을 지급한 후 계약이 해제 또는 해지되는 등의 사유로 중도에 선급금을 반환하게 된 경우에는 선급금이 공사대금의 일부로 지급된 것인 이상 선급금은 별도의 상계 의사표시 없이 그때까지의 기성고에 해당하는 공사대금에 당연 충당되고, 그래도 공사대금이 남는다면 그 금액만을 지급하면 되는 것이고, 거꾸로 선급금이 미지급 공사대금에 충당되고 남는다면 그 남은 선급금에 관하여 도급인이 반환채권을 가지게 된다고 보는 것이 선급금의 성질에 비추어 타당하다.

(2) 건설산업기본법 제35조제1항, 하도급거래공정화에 관한 법률 제14조제1항 등에서 하도급대금의 직접지급에 관하여 규정을 두고 있는 것은, 수급인이 파산하거나 그 외 사유로 하도급업자들에게 하도급대금을 지급하지 않거나 지급할 수 없는 사유가 생길 경우 약자의 지위에 있는 하도급업자들을 보호하고 공사 수행에 대한 대가를 실질적으로 보장하기 위함에 그 취지와 목적이 있는 것일 뿐이지 도급인과 하수급인과의 직접적인 도급계약 관계의 설정을 전제로 한 것은 아니므로, 결국 하수급인이 시공한 부분은 수급인의 기성고로 볼 수밖에 없다(민법 제105조 (2), 민법 제105조, 건설산업기본법 제35조제1항, 하도급거래공정화에 관한 법률 제14조제1항).

10.7 명의대여 시공자의 불법행위에 대한 명의자의 사용자 책임

1. 판정요지

(1) 어떤 사업에 관하여 자기 명의를 사용할 것을 허용한 경우, 명의 사용자의 그 업무수행상 불법행위에 대하여 사용자 책임이 있는지 여부

(2) '1'항의 경우 민법 제756조 소정의 사용자 책임의 요건으로서의 사용관계 유무의 결정기준

(판정기관 : 대법원, 판정일자 : 1994. 10. 25, 사건번호 : 94다24176호)

2. 판결요지

(1) 타인에게 어떤 사업에 관하여 자기의 명의를 사용할 것을 허용한 경우에 그 사업이 내부관계에 있어서는 타인의 사업이고 명의자의 고용인이 아니라 하더라도 외부에 대한 관계에 있어서는 그 사업이 명의자의 사업이고 또 그 타인은 명의자의 종업원임을 표명한 것과 다름이 없으므로, 명의 사용을 허가받은 사람이 업무 수행을 함에 있어 고의 또는 과실로 다른 사람에게 손해를 끼쳤다면 명의 사용을 허락한 사람은 민법 제756조에 의해 그 손해를 배상할 책임이 있다.

(2) 명의대여 관계의 경우 민법 제756조가 규정하고 있는 사용자 책임의 요건으로서의 사용관계가 있느냐 여부는 실제적으로 지휘 감독을 하였느냐의 여부에 관계없이 객관적으로 보아, 사용자가 그 불법행위자를 지휘 감독해야 할 지위에 있었느냐의 여부를 기준으로 결정해야 한다(민법 제756조).

10.8 공사대금 약정에 관한 의사해석

1. 판정요지

(1) 법률행위 해석의 의의 및 당사자가 표시한 문언에 의하여 그 객관적인 의미가 명확하게 드러나지 않는 경우의 법률행위 해석방법

(2) 공사대금 지급의 합의약정에 관한 당사자의 의사해석을 그르친 위법이 있다고 본 사례

(3) 당사자의 약정에 의하여 지명된 감정인의 감정의견에 따라 기성공사대금을 지급하기로 한 경우, 감정의견이 신빙성이 없을 때 법원이 취해야 할 조치

(판정기관 : 대법원, 판정일자 : 1994. 04. 29, 사건번호 : 94다1142호)

2. 판결요지

(1) 법률행위의 해석은 당사자가 그 표시행위에 부여한 객관적인 의미를 명백하게 확정하는 것으로서, 당사자가 표시한 문언에 의하여 그 객관적인 의미가 명확하게 드러나지 않는 경우에는 그 문언의 내용과 그 법률행위가 이루어진 동기 및 경위, 당사자가 그 법률행위에 의하여 달성하려고 하는 목적과 진정한 의사, 거래의 관행 등을 종합적으로 고찰하여 사회정의와 형평의 이념에 맞도록 논리와 경험의 법칙, 그리고 사회일반의 상식과 거래의 통념에 따라 합리적으로 해석해야 한다.

(2) 공사대금 지급의 합의약정에 관한 당사자의 의사해서을 그르친 위법이 있다고 본 사례

(3) 당사자의 약정에 의하여 지명된 감정인의 감정의견에 따라 기성공사대금을 지급하기로 한 경우에 있어 그에 따른 감정의견이 신빙성이 없다고 판단되는 경우에는 법원으로서는 다른 합리성이 있는 전문적 의견을 보충자료로 삼아 분쟁사안을 판단할 수밖에 없다(민법 제105조, 민사소송법 제187조).

10.9 도급계약 시 수급인의 공사중단과 인과관계가 있는 도급인의 손해범위

1. 판정요지

공사도급계약에 공사비 조정 약정이 있는 경우 수급인의 공사중단과 인과관계 있는 도급인의 손해의 범위

(판정기관 : 대법원, 판정일자 : 2002. 11. 26)

2. 판결요지

당초의 시공회사가 공사를 중단함으로 인하여 도급인이 그 미시공부분에 대하여 비용을 들여 다른 방법으로 공사를 시행할 수밖에 없고 그 비용이 당초 시공회사와 약정한 공사대금보다 증가하는 경우라면, 증가된 공사비용 중 합리적인 범위 내의 비용은 시공회사의 공사도급계약 위반으로 인한 손해라고 할 것이고, 당초의 시공회사가 공사를 중단하여 도급인이 제3의 시공자로 하여금 같은 규모의 공사를 하게 하였으나 그 비용이 당초의 시공회사와 약정한 공사대금보다 증가하게 되어 도급인의 자금사정상 부득이 공사규모를 축소하게 됨으로써 건축하지 못하게 된 부분에 관한 공사비용 중 합리적인 범위 내의 비용도 시공회사의 채무불이행으로 인한 손해라고 볼 수 있을 것이지만, 당초의 도급계약에서 공사가 진행되는 과정에서 물가변동 등의 사유가 있으면 처음에 정하여진 공사대금의 증액이 예정되어 있어서 비록 수급인의 귀책사유 때문에 공사가 중단되었다고 하더라도, 그러한 공사중단과는 무관하게 물가변동으로 인한 공사대금의 증액사유가 발생하여 도급인으로서는 어차피 당초 약정된 공사대금을 증액지급할 것을 회피할 수 없었던 경우라면, 그러한 공사대금의 증액으로 인하여 도급인에게 추가적인 경제적인 부담이 초래되었다고 하더라도 다른 특별한 사정이 없는 한 이를 가리켜 수급인의 귀책사유와 상당 인과관계가 있는 손해라고 보기는 어렵다고 할 것이다(민법 제390조, 제393조, 제664조).

10.10 발주자의 원사업자에 대한 대금지급 채무 소멸요건

1. 판정요지

(1) 공사도급계약 및 하도급계약을 함께 체결하면서 도급인, 원수급인과 하수급인이 '공사대금은 도급인이 원수급인의 입회하에 하수급인에게 직접 지급하고 원수급인에게는 지급하지 않는 것'으로 약정한 경우, 이로써 도급인이 원수급인의 공사대금 채권에 대한 압류채권자에게 대항할 수 있는지 여부

(2) 하도급거래공정화에 관한 법률 제14조제2항에 의하여 발주자의 원사업자에 대한 대금지급 채무가 소멸하기 위한 요건 및 그 범위

(판정기관 : 대법원, 판정일자 : 2008. 02. 29, 사건번호 : 2007다54108)

2. 판결요지

(1) 공사도급계약 및 하도급계약을 함께 체결하면서 도급인, 원수급인과 하수급인이 '공사대금은 도급인이 원수급인의 입회하에 하수급인에게 직접 지급하고 원수급인에게는 지급하지 않는 것'으로 약정한 경우, 당사자들의 의사가 위 도급계약 및 하도급계약에 따른 공사가 실제로 시행 내지 완료되었는지 여부와 상관없이 원수급인의 도급인에 대한 공사대금 채권 자체를 하수급인에게 이전하여 하수급인이 도급인에게 직접 그 공사대금을 청구하고 원수급인은 공사대금청구를 하지 않기로 하는 취지라면, 이는 실질적으로 원수급인이 도급인에 대한 공사대금 채권을 하수급인에게 양도하고 그 채무자인 도급인이 이를 승낙한 것이라고 봄이 상당하다.

이러한 경우 위와 같은 채권양도에 대한 도급인의 승낙이 확정일자 있는 증서에 의하여 이루어지지 않는 이상, 도급인은 위와 같은 채권양도와 그에 기한 채무의 변제를 들어서 원수급인의 위 공사대금 채권에 대한 압류채권자에게 대항할 수 없다. 반면, 당사자들의 의사가 하수급인이 위 각 하도급계약에 기하여 실제로 공사를 시행 내지 완료한 범위 내에서는 도급인은 하수급인에게 그 공사대금을 직접 지급하기로 하고 원수급인에게 그 공사대금을 지급하지 않기로 하는 취지라면, 압류명령의 통지가 도급인에게 도달하기 전에 하수급인이 위 공사를 실제로 시행 내지 완료하였는지 여부나 그 기성고 정도 등에 따라 도급인이 원수급인의 위 공사대금 채권에 대한 압류채권자에게 하수급인

의 시공부분에 상당하는 하도급대금의 범위 내에서 대항할 수 있는지 여부 및 그 범위가 달라진다.

(2) 하도급거래공정화에 관한 법률 제14조제2항의 규정 취지는 같은 조 제1항의 규정내용에 비추어 보면, '발주자가 하도급대금을 수급사업자에게 직접 지급하기로 발주자 · 원사업자 및 수급사업자 간에 합의한 경우'에 발주자는 바로 그 하도급대금 전액을 해당 수급사업자에게 직접 지급할 의무가 발생하는 것이 아니라, '수급사업자가 제조 · 수리 · 시공 또는 용역수행한 분에 상당하는' 하도급대금을 해당 수급사업자에게 직접 지급할 의무가 발생하는 것이고, 그 범위 내에서 발주자의 원사업자에 대한 대금지급 채무가 소멸한다고 해석함이 상당하다.

10.11 발주자의 하도급대금 직접지급의무의 범위

1. 판정요지

(1) 하도급거래공정화에 관한 법률(2004. 01. 20. 법률 제7107호로 개정되기 전의 것) 제14조제1항과 동법 시행령(2004. 04. 19. 대통령령 제18371호로 개정되기 전의 것) 제4조제1항제1호에 의하면, 원사업자의 파산으로 원사업자가 하도급대금을 지급할 수 없게 된 경우로써 수급사업자가 발주자에게 하도급대금의 직접지급을 요청한 때에는 발주자는 수급사업자에게 하도급대금을 직접 지급해야 할 의무를 부담하는 것이기는 하지만, 특별한 사정이 없는 한 발주자는 원사업자에 대한 대금지급의무의 범위 안에서만 하도급대금 직접지급의무를 부담할 뿐이다.

(2) 위 법률 제13조제7항 소정의 "원사업자가 하도급대금을 목적물의 수령일부터 60일을 초과하여 지급하는 경우에는 그 초과기간에 대하여 공정거래위원회가 정하여 고시하는 이자율에 의한 이자를 지급하여야 한다."는 규정은 원사업자가 수급사업자에 대하여 하도급대금을 지급하는 경우에 관한 규정이어서, 이 사건과 같이 발주자인 피고가 원사업자의 파산 등으로 수급사업자에게 하도급대금을 직접 지급하는 경우에는 적용될 수 없다.

(3) 원사업자의 파산으로 발생한 발주자의 하도급대금 직접지급의무는 파산폐지 결정으로 소멸하지 아니한다.

(판정기관 : 대법원, 판정일자 : 2005. 07. 28, 사건번호 : 2004다64050)

10.12 사정변경으로 인한 계약해제 가능 여부

1. 판정요지

(1) 사정변경으로 인한 계약해제가 인정되는 경우

(2) 지방자치단체로부터 매수한 토지가 공공공지에 편입되어 매수인이 의도한 건축이 불가능하게 되었더라도, 이는 매매계약을 해제할 만한 사정변경에 해당하지 않고 매매계약을 그대로 유지하는 것이 신의칙에 반한다고 볼 수도 없다고 한 사례

(3) 이른바 사정변경으로 인한 계약해제는 계약성립 당시 당사자가 예견할 수 없었던 현저한 사정의 변경이 발생하였고, 그러한 사정의 변경이 해제권을 취득하는 당사자에게 책임 없는 사유로 생긴 것으로서 계약내용대로의 구속력을 인정한다면 신의칙에 현저히 반하는 결과가 생기는 경우에 계약준수 원칙의 예외로 인정되는 것이고, 여기에서 말하는 사정이라 함은 계약의 기초가 되었던 객관적인 사정으로써 일방당사자의 주관적 또는 개인적인 사정을 의미하는 것은 아니다. 또한 계약의 성립에 기초가 되지 아니한 사정이 그 후 변경되어 일방당사자가 계약 당시 의도한 계약목적을 달성할 수 없게 됨으로써 손해를 입게 되었다 하더라도 특별한 사정이 없는 한 그 계약내용의 효력을 그대로 유지하는 것이 신의칙에 반한다고 볼 수도 없다.

(4) 지방자치단체로부터 매수한 토지가 공공공지에 편입되어 매수인이 의도한 음식점 등의 건축이 불가능하게 되었더라도 이는 매매계약을 해제할 만한 사정변경에 해당하지 않고, 매수인이 의도한 주관적인 매수목적을 달성할 수 없게 되어 손해를 입었다 하더라도 매매계약을 그대로 유지하는 것이 신의칙에 반한다고 볼 수도 없다고 한 사례.

(판정기관 : 대법원, 판정일자 : 2007. 03. 29, 사건번호 : 2004다31302)

10.13 도급계약이 해제되는 경우 지체상금 발생시기 및 종기

1. 판정요지

(1) 완공기한 내에 공사를 완성하지 못하여 도급계약이 해제된 경우, 그에 따른 지체상금 발생의 시기 및 종기

(2) 통상의 공사도급계약상의 지체상금률인 1/1000보다 3배나 높게 정한 약정 지체상금을 감액한 원심의 판단에 대하여, 통상의 지체상금률보다 높은 지체상금률을 정한 구체적인 동기 내지 사정에 대한 심리가 미진하다는 이유로 이를 파기한 사례

(판정기관 : 대법원, 판정일자 : 2001. 01. 30, 사건번호 : 2000다56112)

2. 판결요지

(1) 수급인이 완공기한 내에 공사를 완성하지 못한 채 완공기한을 넘겨 도급계약이 해제된 경우에 있어서 그 지체상금 발생의 시기(始期)는 완공기한 다음날이고, 종기(終期)는 수급인이 공사를 중단하거나 기타 해제 사유가 있어 도급인이 이를 해제할 수 있었을 때를 기준으로 하여 도급인이 다른 업자에게 의뢰하여 같은 건물을 완공할 수 있었던 시점이다.

(2) 지체상금의 약정은 그 성질상 준공기한의 약정 위반에 대한 손해배상액의 예정이므로, 그 액수가 부당히 과다한 경우에는 법원이 적당히 감액할 수 있다고 보아 통상의 공사도급계약상의 지체상금률인 1/1000보다 3배나 높게 정한 약정 지체상금을 감액한 원심의 판단에 대하여, 통상의 지체상금률보다 높은 지체상금률을 정한 구체적인 동기 내지 사정에 대한 심리가 미진하다는 이유로 이를 파기한 사례(민법 제387조, 제393조, 제664조/ [2]민법 제398조제2항).

10.14 계약해지 시 선금정산 및 지체상금

1. 판정요지

(1) 건설공사도급계약에서 도급인이 지급한 선금의 법적 성격(=선급공사대금) 및 기성고 해당 공사대금에서 선금을 정산하는 방법

(2) 계속적 거래관계에 있어서 공급자가 선이행의 자기채무를 이행하였으나 이행기가 지난 전기의 대금을 지급받지 못하였거나 또는 후 이행의 상대방의 채무가 아직 이행기가 되지 아니하였으나 이행기의 이행이 현저히 불안한 사유가 있는 경우에 공급자가 이행거절을 할 수 있는지 여부

(3) 쌍무계약에 있어 선이행의무자가 선이행을 거절할 수 있는 민법 제536조제2항 소정의 '상대방의 채무이행이 곤란할 현저한 사유가 있는 때'의 의미

(4) 공사도급계약에서 도급인이 기성고 해당 중도금 지급의무의 이행을 일부 지체하였다고 하여 바로 수급인이 완성의무의 이행을 거절할 수는 없다고 한 사례

(5) 불가항력으로 인하여 도급 목적물의 준공이 지연된 경우, 지체상금의 면책 사유가 되는지 여부(적극) 및 이른바 IMF사태와 그로 인한 자재수급의 차질이 이에 해당하는지 여부

(6) 이례적인 강우가 지체상금의 면책 사유가 되는지 여부(한정 소극)

(7) 준공예정일을 넘겨 도급계약이 해제된 경우 지체상금의 발생시기(=완공기한 다음날)

(8) 지체상금의 법적 성질(=손해배상액의 예정) 및 그 감액기준

(판정기관 : 대법원, 판정일자 : 2002. 09. 04, 사건번호 : 2001다1386)

2. 판결요지

(1) 공사도급계약에서 지급되는 선금은 자금사정이 좋지 않은 수급인으로 하여금 자재확보, 노임지급 등에 어려움이 없이 공사를 원활하게 진행할 수 있도록 하기 위하여 도급인이 장차 지급할 공사대금을 수급인에게 미리 지급하여 주는 선급공사대금이라고 할 것인데, 만약 선금을 수급인이 지급받을 기성고 해당 중도금 중 최초 분부터 전액 우선 충당하게 되면 위와 같은 선금지급의 목적을 달성할 수 없는 점을 감안하면, 선금

이 지급된 경우에는 특별한 사정이 없는 한 기성부분 대가지급 시마다 계약금액에 대한 기성부분 대가 상당액의 비율에 따라 안분 정산하여 그 금액상당을 선금 중 일부로 충당하고 나머지 공사대금을 지급받도록 함이 상당하다.

(2) 계속적 거래관계에 있어서 재화나 용역을 먼저 공급한 후 일정기간마다 거래대금을 정산하여 일정기일 후에 지급받기로 약정한 경우에 공급자가 선이행의 자기 채무를 이행하고 이미 정산이 완료되어 이행기가 지난 전기의 대금을 지급받지 못하였거나, 후 이행의 상대방의 채무가 아직 이행기가 되지 아니하였지만 이행기의 이행이 현저히 불안한 사유가 있는 경우에는 민법 제536조제2항 및 신의성실의 원칙에 비추어볼 때 공급자는 이미 이행기가 지난 전기의 대금을 지급받을 때 또는 전기에 대한 상대방의 이행기 미도래 채무의 이행불안 사유가 해소될 때까지 선이행의무가 있는 다음 기간의 자기 채무의 이행을 거절할 수 있다.

(3) 민법 제536조제2항에서의 '상대방의 채무이행이 곤란할 현저한 사유'라 함은 계약성립 후 상대방의 신용불안이나 재산상태의 악화 등 사정으로 반대급부를 이행 받을 수 없게 될지도 모를 사정변경이 생기고, 이로 인하여 당초의 계약내용에 따른 선이행의무를 이행하게 하는 것이 공평의 관념과 신의칙에 반하게 되는 경우를 말한다.

(4) 공사도급계약에서 도급인이 기성고 해당 중도금 지급의무의 이행을 일부 지체하였다고 하여 바로 수급인이 일 완성의무의 이행을 거절할 수는 없다고 한 사례.

(6) 천재지변이나 이에 준하는 경제사정의 급격한 변동 등 불가항력으로 인하여 목적물의 준공이 지연된 경우에는 수급인은 지체상금을 지급할 의무가 없다고 할 것이지만, 이른바 IMF사태 및 그로 인한 자재수급의 차질 등은 그와 같은 불가항력적인 사정이라고 볼 수 없다.

(7) 일반적으로 수급인이 공사도급계약상 공사기간을 약정함에 있어서는 통상 비가 와서 정상적으로 작업을 하지 못하는 것까지 감안하고 이를 계약에 반영하는 점에 비추어볼 때, 천재지변에 준하는 이례적인 강우가 아니라면 지체상금의 면책 사유로 삼을 수 없다.

(8) 수급인이 완공기한 내에 공사를 완성하지 못한 채 완공기한을 넘겨 도급계약이 해제된 경우에 있어서 그 지체상금 발생의 시기는 완공기한 다음날이다.

(9) 지체상금에 관한 약정은 수급인이 그와 같은 일의 완성을 지체한 데 대한 손해배상액의 예정이므로, 수급인이 약정된 기간 내에 그 일을 완성하여 도급인에게 인도하지 아니하여 지체상금을 지급할 의무가 있는 경우, 법원은 민법 제398조제2항의 규정에

따라 계약당사자의 지위, 계약의 목적과 내용, 지체상금을 예정한 동기, 실제의 손해와 그 지체상금액의 대비, 그 당시의 거래관행 및 경제상태 등 제반 사정을 참작하여 약정에 따라 산정한 지체상금액이 일반 사회인이 납득할 수 있는 범위를 넘어 부당하게 과다하다고 인정하는 경우에 이를 적당히 감액할 수 있다.

10.15 지체상금 발생시기와 종기

1. 판정요지

공사도급계약에 있어 지체상금의 발생시기와 종기
(판정기관 : 대법원, 판정일자 : 1998. 02. 24, 사건번호 : 95다38066호)

2. 재판요지

지체상금은 약정된 준공기일의 익일부터 발생하고, 종기는 수급인이 공사를 중단하거나 기타 해제 사유가 있어 실제로 해제한 때가 아니라 이를 해제할 수 있었을 때로부터 도급인이 다른 업자에게 의뢰하여 건물을 완성할 수 있었던 기간이 경과하기까지의 시점이다(민법 제398조).

10.16 물가변동으로 인한 계약금액조정 기준

1. 판정요지

국가를 당사자로 하는 계약에 관한 법률 시행규칙 제74조제1항 및 제3항 소정의 물가변동으로 인한 계약금액조정의 기준이 되는 '물가변동 당시 가격'이나 '계약체결 당시 가격' 또는 '계약단가'의 의미

(판정기관 : 대법원, 판정일자 : 2003. 10. 24. 사건번호 : 2002다494)

2. 판결요지

국가를 당사자로 하는 계약에 관한 법률 시행규칙(1998. 02. 23. 총리령 제682호로 개정되기 전의 것) 제74조제1항은, 물가변동으로 인한 계약금액조정의 기준이 되는 '품목조정률'은 각 품목 또는 비목의 수량에 등락폭을 곱하여 산출한 금액의 합계액을 계약금액으로 나누어 산출하고, '등락폭'은 계약단가에 등락률을 곱하여 산출하며, '등락률'은 물가변동 당시 가격에서 계약체결 당시 가격을 뺀 다음 이를 계약체결 당시 가격으로 나누어 산출하도록 규정하면서, '물가변동 당시 가격'이라 함은 물가변동 당시 산정한 각 품목 또는 비목의 가격을, '계약체결 당시 가격'이라 함은 계약체결 당시 산정한 각 품목 또는 비목의 가격을 말한다고 규정하고 있고, 같은 조 제3항은 제1항의 등락폭을 산정함에 있어서는 물가변동 당시 가격이 계약단가보다 높고 계약단가가 계약체결 당시 가격보다 높을 경우의 등락폭은 물가변동 당시 가격에서 계약단가를 뺀 금액으로 하고, 물가변동 당시 가격이 계약체결 당시 가격보다 높고 계약단가보다 낮을 경우의 등락폭은 영으로 한다고 규정하고 있는바, '물가변동 당시 가격'이나 '계약체결 당시 가격' 또는 '계약단가'는 각기 별개의 개념으로써 '물가변동 당시 가격'은 물가변동 당시의 객관적인 거래가격을, '계약체결 당시 가격'은 계약체결 당시의 객관적인 거래가격(입찰의 경우에는 입찰예정가격이 계약체결 당시 가격으로 될 수 있다)을 말하고, 다만, 객관적인 거래가격이 없는 품목에 있어서는 실제의 계약단가 또는 실제 구입가격 그 자체가 계약체결 당시 가격 또는 물가변동 당시 가격으로 인정될 수 있다.(국가를 당사자로 하는 계약에 관한 법률 제19조, 구 국가를 당사자로 하는 계약에 관한 법률 시행령(1998. 02. 24. 대통령령 제15661호로 개정되기 전의 것) 제64조, 구 국가를 당사자로 하는 계약에 관한 법률 시행규칙(1998. 02. 23. 총리령 제682호로 개정되기 전의 것) 제74조제1항, 제3항)

10.17 물가변동으로 인한 계약금액조정

1. 판결요지

지수조정률, 품목조정률에 의한 물가변동으로 인한 계약금액조정신청서류내역작업(조달청, 교육청, 해양수산부, 주택공사, 농업기반공사, 국방부, 서울시, 지방자치단체, 건설교통부국토관리청, 한국전력, 한국도로공사, 한국토지공사, 지하철건설본부, 한국가스공사, 법무부, 철도공사) 국가계약법 제19조(물가변동 등에 의한 계약금액조정) 각 중앙관서의 장 또는 계약담당공무원은 공사·제조·용역 기타 국고의 부담이 되는 계약을 체결한 다음 물가의 변동, 설계변경 기타 계약내용의 변경으로 인하여 계약금액을 조정할 필요가 있을 때에는 대통령령이 정하는 바에 의하여 그 계약금액을 조정한다. 국가계약법 시행령 제64조(물가변동으로 인한 계약금액의 조정)

(1) 각 중앙관서의 장 또는 계약담당공무원은 법 제19조의 규정에 의하여 국고의 부담이 되는 계약을 체결(장기계속공사 및 장기물품제조 등의 경우에는 제1차 계약의 체결을 말한다)한 날부터 90일 이상 경과하고, 동시에 다음 각 호의 1에 해당되는 때에는 재정경제부령이 정하는 바에 의하여 계약금액(장기계속공사 및 장기물품제조 등의 경우에는 제1차 계약체결 시 부기한 총공사 및 총제조 등의 금액을 말한다. 이하 이 장에서 같다)을 조정한다. 이 경우 조정 기준일(조정 사유가 발생한 날을 말한다)부터 90일 이내에는 이를 다시 조정하지 못한다.

(2) 각 중앙관서의 장 또는 계약담당공무원은 제1항의 규정에 의하여 계약금액을 조정함에 있어서 동일한 계약에 대하여는 제1항 각 호의 방법 중 하나의 방법에 의해야 하며, 계약을 체결할 때에 계약서에 계약상대자가 제1항제2호의 방법을 원하는 경우 외에는 동항 제1호의 방법으로 계약금액을 조정한다는 뜻을 명시해야 한다.

(3) 예산회계법 시행령 제56조제1항의 규정에 의하여 당해 계약상대자에게 선금을 지급한 것이 있는 때에는 제1항의 규정에 의하여 산출한 증가액에서 재정경제부령이 정하는 바에 의하여 산출한 금액을 공제한다.〈개정 1999. 9. 9〉

(4) 각 중앙관서의 장 또는 계약담당공무원은 관계법령에 의하여 최고판매가격이 고시되는 물품을 구매하는 경우, 기타 제1항의 규정을 적용하여서는 물품을 조달하기 곤란한 경우에는 계약체결 시에 계약금액의 조정에 관하여 제1항의 규정과 달리 정할 수

있다.〈신설 1999. 9. 9〉

(5) 제1항의 규정을 적용함에 있어서 천재 · 지변 또는 원자재의 가격급등으로 인하여 당해 조정 제한기간 내에 계약금액을 조정하지 아니하고는 계약이행이 곤란하다고 인정되는 경우에는, 동항의 규정에도 불구하고 계약을 체결한 날 또는 직전 조정 기준일부터 90일 이내에 계약금액을 조정할 수 있다.〈개정 2005. 9. 8〉 국가계약법 시행규칙 제74조(물가변동으로 인한 계약금액의 조정)

10.18 장기계속공사의 지체상금 부과기준

1. 개요

신청인들은 피신청인을 발주자로 하여 2001년 4월 7일 △△고등학교 신축공사계약을 체결하였다. 신청인들은 3차에 걸쳐 나뉘어 시행 완료된 본건 장기계속공사에서 피신청인이 공기분배를 무리하게 분배하였으며, 최종 준공기일보다 앞당겨 공사를 완료하였음에도 불구하고 차수별 공사지연을 이유로 막대한 지체상금을 부과하였다면, 이로 인한 미지급공사대금의 반환을 요구하며 중재를 신청하였다.

2. 당사자의 주장 요지

(1) 신청인

① 이 사건 공사는 신설고등학교를 신축하는 공사로써 분리독립된 여러 개의 구조물을 순차로 건립하는 것이 아니라 일반교실 동과 특별 동을 동시에 건립하는 단일공사인데, 예산의 분기별 배정에 의하여 차수를 분리계약한 하나의 장기계속계약이므로 공기의 준수 여부는 각 차수별 공기가 아니라 전체 공사의 공기를 전제로 판단해야 한다. 그런데 신청인들은 전체 공사의 최종 준공일자(제3차 공사의 준공일자와 같다)의 기간(2002. 11. 8) 내에 준공을 완료하였으므로 준공을 지체한 것이 아니며, 계약서에도 차수별로 지체상금을 부과한다는 규정이 없다. 신청인들은 이 사건 공사의 전체 공정으로 볼 때 공사완료 예정일인 2002년 12월 29일보다 훨씬 앞당겨 2002년 11월 8일에 공사 전부를 완료하였는데, 다만

개별 차수, 즉 1차와 2차의 준공지연을 이유로 막대한 지체상금을 부과하는 것은 부당하며 신의칙에 반하고 지체상금제도의 목적에도 부합하지 않는다.

② 이 사건 공사는 공정표상 520일의 절대공기가 소요되는 장기간의 공사이고 공사금액을 기준으로 한 제1차 공사의 물량이 전체 공사물량의 73.71%이고 제1차 공사의 소요기간이 약 460일임에도 불구하고, 피신청인은 2002년 3월 1일 △△고등학교를 개교하기 위하여 1차 공사에 전체공기의 53.85%에 불과한 280일을 배정함으로써, 제1차 공사는 절대공기의 부족으로 103일 정도의 공사지체는 불가피하므로 추후 차수변경을 통하여 공기문제를 해결할 것을 전제로 각 공사계약을 체결하였다. 또한 각 차수별 공사내역의 분배에 있어서도 예컨대 건물의 일부만을 외장까지 마감하여 준공을 마친 다음 나머지 부분을 2차에 걸쳐 다시 증축하는 방식으로 되어 있어서, 한번 설치하였다가 철거한 비계를 다시 설치하고 골조 및 외장작업을 하는 등으로 불합리하게 분배하였다. 또 제1차 공사의 준공일인 2002년 5월 24일은 학교의 개교와는 상관이 없어 제1차 공사의 공기 준수는 별 의미가 없는 것이었다.

③ 피신청인의 학교부지 매입이 39일 지연되어 일조시간이 긴 여름철 공사기간이 단축되었고 공사 준비를 이중으로 다시 해야 하는 바람에 상당한 공기가 지연되었다.

④ 피신청인이 학교부지 이동로에 있는 교회건물의 화장실을 제때에 철거하지 아니하여 작업차량의 진출입이 크게 지장을 받았고, 조경공사와 자연석 쌓기, 보도블록 및 포장공사가 지연되어 약 30일 정도의 공기연장 사유가 있었다.

⑤ 우천으로 인하여 공사를 할 수 없었던 기간을 보면 제1차 공사기간인 2001년 7월 28일부터 2002년 5월 24일까지 사이에 5mm 이상 비가 내린 28일과 2001년 7월 28일 이후 지체상금 산정 종기인 2002년 9월 1일까지 사이에 5mm 이상의 비가 내린 21일 등 49일이다. 그리고 제2차 공사의 경우 우천으로 인한 10일의 공기연장을 받았으나 연장된 2002년 8월 1일부터 준공시점인 2002년 9월 16일까지 사이에 5mm 이상의 비가 내린 12일도 지체일수에 반영해야 한다.

⑥ 신청인들은 2002년 8월 16일경 조경이나 일부 마감은 미흡하였지만 학교건물을 인도하여 같은 해 8월 19일부터 학생들이 학업을 수행하였으므로, 공사계약금액에서 완성부분의 공사금액을 공제한 나머지 금액을 기준으로 지체상금을 부과해야 할 것임에도 불구하고 이를 고려하지 아니한 것은 부당하다.

(2) 피신청인

① 장기계속공사를 예산배정 등의 사유로 차수를 나누어 계약하는 경우 그 준공의 지체 여부는 개별차수계약을 기준으로 해야 하고, 지체상금의 면제 사유는 원칙적으로 계약서에 정한 계약기간 내에 발생한 것이어야 하는 것이다. 이 사건 공사기간은 단순히 공사물량(금액)으로 결정한 것이 아니라 각 차수별로 확보된 예산범위 내에서 공사의 범위를 감안하고 주요 공정별 착공준비, 부지정지, 기초공사, 골조공사, 조적공사, 미장공사, 마감공사, 준공준비 등의 기간을 감안하여 결정한 것이다. 발주 당시 피신청인은 신청인들에게 현장설명을 통하여 전체 공사내용과 공정 및 제1차 공사의 공정을 설명하였고, 신청인들은 이에 대하여 이해를 하고 각각 1, 2, 3차 공사의 공정에 대한 검토와 조사를 거쳐 위 공정기간 내에 공사를 마칠 수 있다고 하였으며, 특히 1차 공사의 범위 등은 신청인들의 현장대리인 H씨, 신청인 A사 상무 E씨 등이 참여하여 여러 차례 협의하여 결정한 것이다. 그리고 공사 도중에 근로자의 농성 등으로 공사진행이 순조롭지 못한 때에도 신청인들은 수차 공기만회가 가능하다고 하였다.

② 신청인들이 이 사건의 공사를 하도급하여 진행하던 중 하수급업체가 공사현장 근로자들에 대한 임금을 체불하여 근로자들이 공사를 중단하고 감리원 사무실을 점거하고 집기를 부수며 현장점검을 하러 나온 ○○도 교육청 시설과장을 인질로 억류하는 일도 있었는데, 2001년 10월 15일부터 2001년 12월 11일까지 57일간 보강토 옹벽공사가 중단되고 2001년 11월 13일부터 2001년 12월 10일까지 28일간 및 2002년 4월 22일부터 2002년 4월 30일까지 9일간 각 철근콘크리트공사가 중단되었으며 2002년 8월 20일부터 2002년 9월 4일까지 15일간 천장 및 잡철물공사가 중단되었고, 특히 철근콘크리트공사가 중단된 것은 회복할 수 없는 공정지연이었으며 이는 전적으로 신청인들의 귀책사유로 인한 것이다.

③ 학교부지 매입이 38일 지연된 것은 사실이나 이를 1차 공사기간에 반영하여 당초 2001년 6월 20일부터 2002년 3월 27일까지를 2001년 7월 28일부터 2002년 5월 3일까지로 변경하였고, 위와 같은 공사기간의 변경으로 인하여 오히려 일조시간이 더 많아졌다.

④ 교회 화장실의 철거가 늦어졌다고 할지라도 신청인은 공사를 착공한 지 9개월이 지난 2002년 4월 2일에야 교회 화장실의 처리를 요청하였으며, 작업차량은

그 옆으로 우회통행을 하여 조경공사, 포장공사 등에 별 지장이 없었다.

⑤ 우천으로 인하여 작업이 불가능할 경우에 신청인들의 요청에 따라 공사기간을 연장할 수 있는데, 제1차수공사에 관하여 우천으로 인하여 작업에 지장이 있었다고 할 수 있는 날은 8일 정도이나 신청인들이 단 한 번도 공사기간 연장을 요청한 사실이 없었고, 제2차수공사에 관하여 2002년 4월 3일부터 2002년 7월 20일 사이에 비가 내린 16일에 대하여 공사기간연장 신청을 하여 피신청인은 검토결과 실제로 공사에 영향을 주었다고 판단한 10일에 대하여 공사기간을 연장해주었다.

⑥ 신청인들의 주장대로 2002년 8월 19일부터 학생들이 이 사건 건물에서 수업을 한 것은 사실이나 건물의 완공지연으로 인한 학생들의 불편과 피해를 줄이기 위하여 전체 건물 연면적 11,650㎡ 중에서 부득이 일반교실 등 1, 2, 3층 연면적 3,071.08㎡(전체의 26.5%)를 이용하여 수업을 한 것이므로 이를 1차 공사의 준공이나 건물의 인도라고 주장하는 것은 부당하다.

3. 판정내용

(1) 판정주문

① 피신청인은 신청인 A에게 금 18,201,080원, 신청인 B에게 금 11,754,864원, 신청인 C에게 금 4,929,459원, 신청인 D에게 금 3,033,513원 및 각 이에 대한 2003년 3월 13일부터 완제일까지 연 6푼의 비율에 의한 금원을 지급하라.

② 신청인들의 나머지 청구는 기각한다.

③ 중재비용은 이를 10등분하여 그 9는 신청인들의, 나머지 1은 피신청인의 부담으로 한다.

(2) 신청취지

① 피신청인은 신청인 A사에 금 193,177,220원, 같은 B사에 금 124,760,287원, 같은 C사에 금 52,318,830원, 같은 D사에 금 32,196,203원 및 각 금원에 대한 2002년 11월 9일부터 이 사건 신청서 송달일까지는 연 6푼, 그 다음날부터 다 갚는 날까지 연 2할 5푼의 비율에 의한 금원을 지급하라.

② 중재비용은 피신청인의 부담으로 한다.

10.19 지체상금 약정이 지나치게 높은지에 대한 판단

1. 판정요지

(1) 사건의 표시 대법원 2001. 01. 30. 선고 2000다56112 공사대금

(2) 완공기한 내에 공사를 완성하지 못하여 도급계약이 해제된 경우, 그에 따른 지체상금 발생의 시기 및 종기

(3) 통상의 공사도급계약상의 지체상금률인 1/1000보다 3배나 높게 정한 약정 지체상금을 감액한 원심의 판단에 대하여, 통상의 지체상금률보다 높은 지체상금률을 정한 구체적인 동기 내지 사정에 대한 심리가 미진하다는 이유로 이를 파기한 사례

(판정기관 : 대법원, 판정일자 : 2002. 01. 30, 사건번호 : 2000다56112)

2. 판결요지

(1) 수급인이 완공기한 내에 공사를 완성하지 못한 채 완공기한을 넘겨 도급계약이 해제된 경우에 있어서 그 지체상금 발생의 시기(始期)는 완공기한 다음날이고, 종기(終期)는 수급인이 공사를 중단하거나 기타 해제 사유가 있어 도급인이 이를 해제할 수 있었을 때를 기준으로 하여 도급인이 다른 업자에게 의뢰하여 같은 건물을 완공할 수 있었던 시점이다.

(2) 지체상금의 약정은 그 성질상 준공기한의 약정 위반에 대한 손해배상액의 예정이므로 그 액수가 부당히 과다한 경우에는 법원이 적당히 감액할 수 있다고 보아 통상의 공사도급계약상의 지체상금률인 1/1000보다 3배나 높게 정한 약정 지체상금을 감액한 원심의 판단에 대하여, 통상의 지체상금률보다 높은 지체상금률을 정한 구체적인 동기 내지 사정에 대한 심리가 미진하다는 이유로 이를 파기한 사례(대법원 1989. 07. 25. 선고 88다카6273, 6280 판결(1984, 520), 대법원 1998. 02. 24. 선고 95다38066, 38073 판결(1988, 189), 대법원 1999.10.12. 선고 99다14846 판결(1992, 1037), 대법원 1997. 06. 10. 선고 95다37094 판결(공1988, 168), 대법원 1999. 03. 26. 선고 96다23306 판결(공1993하, 2098), 대법원 1999. 04. 23. 선고 98다45546 판결(공2000하, 1547).

10.20 공기단축 약정 및 지체상금부과에 대한 판례

1. 판정요지

도급인이 일방적으로 공사의 완공이 불가능할 정도의 공기단축을 요구하여 수급인으로 하여금 부득이 이에 응하게 한 경우, 그 단축된 준공기한 위반을 이유로 지체상금을 물게 하는 것은 선량한 풍속 기타 사회질서 위반이 될 수 있다고 본 사례

(판정기관 : 대법원, 판정일자 : 1997. 06. 24, 사건번호 : 97다2221호)

2. 재판요지

도급인의 지위에 있는 행정기관이 당초의 입찰이나 계약체결 시에 약정한 공사기간을 그 후 행정상의 이유로 일방적으로 수급인이 당초 전혀 예상하지 못했을 정도로 상당한 기간의 단축을 요구하여 수급인으로 하여금 이에 부득이 응하게 한 경우, 공사기간을 단축할 당시에 있어서의 기성공정률과 그 공사의 완공에 필요한 총기간 및 남은 공사기간 등을 참작하여 그 단축된 기간 내에 공사를 준공하는 것이 물리적으로 불가능하거나 총체적으로 부실공사를 강요하는 것이 될 수밖에 없다면, 당초의 지체상금에 관한 약정을 그대로 적용하여 그와 같이 준공이 불가능할 정도로 단축된 준공기한을 기준으로 일률적으로 계산한 지체일수 전부에 대하여 당초의 약정에 의한 지체상금의 배상을 그대로 물게 하는 것은 선량한 풍속 기타 사회질서에 비추어 허용할 수 없으므로, 준공기한을 앞당기기로 하는 그 합의는 준공에 절대적으로 필요한 최소한의 기간에 해당하는 지체상금부분에 한하여 무효라고 한 사례(민법 제103조, 제398조, 제664조).

10.21 건설업등록을 한 건설사가 미등록자에게 하도급한 경우 처벌

1. 판정요지

건설산업기본법 제29조제1항의 '건설업자'는 같은 법 제2조제5호에서 말하는 '등록 등을 하고 건설업을 영위하는 건설업자'에 한정되는지 여부

(판정기관 : 97다2221호, 판정일자 : 97다 2221호, 사건번호 : 2007도9972)

2. 판결요지

건설산업기본법(2007. 05. 17. 법률 제8477호로 개정되기 전의 것) 제29조제1항은 "건설업자는 그가 도급받은 건설공사의 전부 또는 대통령령이 정하는 주요 부분의 대부분을 다른 건설업자에게 하도급할 수 없다."라고 규정하고, 제96조제5호는 "제29조제1항의 규정에 위반하여 하도급한 자는 1년 이하의 징역 또는 1천만 원 이하의 벌금에 처한다."고 규정하고 있으며, 제2조 5호는 "건설업자라 함은 이 법 또는 다른 법률에 의하여 등록 등을 하고 건설업을 영위하는 자를 말한다."고 규정하고 있으므로, 위 제29조제1항, 제96조제5호에 의한 벌칙 적용은 등록 등을 한 건설업자가 등록 등을 한 다른 건설업자에게 하도급을 하는 경우에 한정된다(구 건설산업기본법(2007. 05. 17. 법률 제8477호로 개정되기 전의 것) 제2조제5호, 제29조제1항, 제96조제5호).

10.22 설계변경으로 인한 공기연장 사유와 지체상금

1. 사건개요

(1) 원고는 2003년 12월 18일 피고 산하 인천대학교(이하 '피고'라고만 한다)로부터 인천대학교 미래관 건립공사(이하 '이 사건 공사'라 한다)를 수급하였다.

(2) 원고는 2003년 12월 22일, 이 사건 공사에 착수하여 당초 설계상의 공법으로 터파기공사를 시행하던 중 이 사건 공사현장의 지반이 준설토임을 발견하고, 같은 달

18일 피고에게 강재 널말뚝공법(steel sheet pile)으로 흙막이공사를 추가 시행함에 따른 토공사 설계변경 검토를 요청하였다. 피고는 2004년 3월 30일 이 사건 토공사의 공법을 원고의 요청과 같이 변경하는 것을 승인하였다.

(3) 원고는 책임감리단에게 2004년 12월 10일 이 사건 공사 가운데 석공사와 관련한 석재트러스 항목이 원가계산서에 누락되어 있음을 지적하며 이에 따른 설계변경을 요청하였고, 같은 달 22일부터 2005년 1월 25일까지 석재트러스의 자재를 수급이 곤란한 설계상의 HOT G.I 4T에서 용융아연도금으로 변경해줄 것을 수회 요청하였다. 책임감리단은 2005년 2월 1일에 원고의 요청을 받아들여 석재트러스 자재를 용융아연도금으로 변경하게 하였다.

(4) 원고는 2005년 1월 4일 흙막이공법의 변경 등으로 인하여 지연된 공기를 반영하여 60일의 공기연장을 책임감리단에 요청하였고, 책임감리단은 같은 날 피고를 방문하여 원고의 공기연장 신청과 관련한 업무협의를 한 뒤 피고로부터 공기연장에 관해 아무런 통보를 받지 못하자 2005년 2월 2일 원고가 제출한 연장 안을 토대로 위 공법변경으로 공사기간이 46일 정도 추가 소요된다는 내용의 공문을 피고 앞으로 작성하였다.

(5) 한편, 원고는 그간의 공법변경 등을 반영한 설계변경을 2005년 2월 18일부터 감리단을 통해 피고에게 요청하였고, 피고는 2005년 6월 7일에 감리단을 통하여 제1회 설계변경을 승인하였다.

(6) 피고는 두 차례에 걸쳐 이 사건 공사 완공기일 다음날인 2005년 8월 15일부터 같은 해 9월 28일까지 45일간의 지체상금으로 피고가 계산한 방식에 따라 금 286,481,760원을 공제하였다.

(판정기관 : 인천지방법원, 판정일자 : 2008. 05. 30, 사건번호 : 2007가합7566)

2. 주요 쟁점

원고가 이 사건 공사를 약정 완공기일보다 늦게 완공한 것에 대하여 귀책사유가 있다고 볼 수 있는지 여부

3. 법원의 판단

이 사건 공사의 당초 공정표상 터파기공사의 작업일수는 70일이었던 사실, 감리단은 피고에게 2004년 7월 9일과 같은 달 30일 두 차례에 걸쳐 변경된 흙막이공법에 따라

소요되는 토공사의 작업일수를 116일과 135일로 각각 산정한 안을 보고한 사실, 피고는 이에 대응해 2004년 8월 2일 감리단에게 위 흙막이공법에 따라 변경된 공정표를 승인하는 취지의 공문을 보낸 사실, 감리단은 원고의 공기연장 신청이 있자 피고와 협의를 거친 뒤 2005년 2월 2일 소요일수가 더 적은 116일을 기준으로 추가 공사기간으로 46일(116일~70일)이 필요하다는 취지의 공문을 작성하여 피고에게 제출하려 한 사실, 원고와 피고 및 감리단은 2004년 5월 24일부터 터파기공사의 공법변경으로 인한 이 사건 공사의 공정부진을 해결하기 위한 대책을 수차 의논한 사실, 특히 2004년 11월 23일 공사관련 회의에서 피고측 관계자가 내역서에서 누락된 트러스에 관해 설계변경을 인정해야 하고, 터파기공사의 공법변경이 공기연장 사유가 된다는 취지의 말을 한 사실, 감리단이 2005년 10월 14일 피고에게 작성 제출한 공문에는 원고가 요청한 석재트러스 설계변경이 공사중단에 따른 감리자 철수로 설계변경을 제때 검토하지 못해 변경승인이 늦어졌다는 취지가 기재된 사실을 인정할 수 있고, 위 인정사실 등에 비추어 드러난 다음과 같은 사정, 즉

(1) 감리단과 피고는 토공사의 공법변경만으로도 이 사건 공사기간이 적어도 46일 정도 추가 소요될 것임을 충분이 예상하고 있었다는 점.

(2) 그럼에도 피고는 공법변경으로 인해 추가되는 공사대금은 증액해주었으면서도 늘어난 공사기간을 반영해 이 사건 공사의 완공기한을 연장해주지는 않은 점(2005년 4월 20일과 같은 해 7월 1일에 이루어진 두 차례의 기한연장은 단순히 피고의 사정에 따라 중단된 기간만을 반영한 것에 불과하고, 또한 공사재개 후 완공일까지 남은 기간이 40여 일에도 못미처 토공사 공법변경에 따라 추가 소요되는 공사기간만을 충족하기에도 부족하였음에도 위와 같은 공법변경 등에 따른 공사기간 연장을 전혀 해주지 아니하였다).

(3) 사정이 이와 같아 원고가 제때에 공기를 맞출 수 없는 것이 객관적으로 분명해 보임에도 피고는 공기를 적절히 연장해주는 등으로 계약목적을 달성할 노력은 하지 아니한 채 원고 측에게 공기를 준수하도록 해온 점 등을 종합하여 볼 때, 원고가 완공기한을 도과하여 이 사건 공사를 완공한 것에 귀책사유가 있다고 보기 어렵다. 따라서 피고는 원고에게 지급하지 아니한 이 사건 지체상금 명목의 금 286,481,760원 및 그 중 1차 지체상금 210,086,620원에 대하여는 위 8차 기성금 청구일 다음날인 2005년 9월 13일부터, 2차 지체상금 76,395,140원에 대하여는 위 준공검사 다음날인 2005년 9월 29일부터 각 이 사건 소장 부본 송달일임이 기록상 명백한 2007년 6월 13일까지

는 상법이 정한 연 6%의, 그 다음날부터 다 갚는 날까지는 소송촉진 등에 관한 특례법이 정한 연 20%의 각 비율에 의한 지연손해금을 지급할 의무가 있다. 당초 설계상 예상하지 못한 지반상태로 인해 공법을 변경할 수밖에 없었고, 이에 따라 공사기간이 추가 소요됨이 분명한 점에 비추어 지체상금 부과는 부당하다는 점을 분명히 하였다.

10.23 공기연장에 따른 추가공사비 청구

1. 판정요지

A는 1995. 08. 29. B와 '○○-○○간 도로 4차선 확포장공사'의 도급계약을 총공사부기금액 26,345,000,000원, 착공연월일은 1995년 9월 4일, 준공연월일은 2000년 9월 4일로 하여 공사도급계약을 체결하였다. 그 후 여러 변경계약을 체결하였고 2002년 5월 30일에 최종 도급계약을 체결하였는바, 준공 연월일을 당초 2000년 9월 4일에서 2002년 6월 30일로 연장함에 따라 추가간접비가 소용되어 그 지급을 구하고자 중재를 신청한 사건이다. A는 이 사건 전체 공사의 준공예정일이 2000년 9월 4일이었음에도 불구하고, A의 귀책사유가 아닌 편입토지보상 등의 사유 등으로 공사기간이 연장, 변경되어 2002년 6월 30일이 준공일로 된 만큼 B는 위 연장기간에 상응하여 추가로 투입된 간접노무비, 일반관리비, 산재보험료, 이윤 등 소위 간접비 등을 A에게 지급할 의무가 있다고 주장한다.

이에 대해 B는 이 사건 공사가 총예산이 미확보된 장기계속공사로써 매년 당해 연도 예산범위 내에서 차수별 별도계약을 하였으며, A가 손실보상을 구하는 간접노무비와 기타 경비는 차수별 공사계약 시 공사계약일반조건 제6조에 의거, 이미 공사계약금액에 포함되었으므로 A가 공사기간 연장으로 추가간접비가 발생하는 손해를 입었다는 주장은 근거 없는 것이라고 항변한다. 중재판정부는 이 사건 공사기간 연장 사유 중 일부는 A의 책임에 속하지 아니한 사유들이 포함되어 있다고 간주하여 공기연장으로 인하여 추가된 간접비 등에 대한 계약금액조정이 필요하다고 판단하였다. 한편, A와 B는 그간 A의 귀책사유로 볼 수 없는 사유 등으로 당초 예정하였던 공사기간의 일부 변경이 있었고, 이에 따른 간접비 등이 추가로 소요되리라는 점을 알고 있었으나, 최종적으로 정한 전체 공사대금에는 추가 소요된 간접비 등까지 모두 반영되어 있는 것으로 양해하고 추가간접비 등에 대하여는 더 이상 거론하지 않기로 한 것으로 최종 판정하였다.

(판정기관 : 대한상사중재원, 판정일자 : 2003. 11. 10, 사건번호 : 031110123)

2. 판정주문

(1) 신청인의 중재신청을 기각한다.

(2) 중재비용은 신청인의 부담으로 한다.

3. 신청취지

(1) 피신청인은 신청인에게 금 829,247,000원 및 이에 대한 중재신청서 부본 송달 다음날부터 완제일까지 연 20%의 비율에 의한 금원을 지급하라.

(2) 중재비용은 피신청인의 부담으로 한다.

10.24 설계변경 관련 판정

1. 판정요지

(1) 피신청인은 신청인에게 금 7,197,272,055원 및 이에 대한 중재판정문 수령일 다음날부터 완제일까지 연 18%의 비율에 의한 금원을 지급하라.

(2) 신청인의 나머지 신청을 기각한다.

(3) 중재비용은 3등분하여 그 1은 신청인의, 나머지 2는 피신청인의 각 부담으로 한다.

(판정기관 : 대한상사중재원, 판정일자 : 2000. 11. 30, 사건번호 : 제99111-0046호)

2. 신청취지

(1) 피신청인이 신청인에게 금 10,008,106,149원 및 이에 대하여 1998년 2월 11일부터 이건 신청서 부본 송달일까지 연 6푼의, 그 다음날부터 완제일까지는 연 2할5푼

의 각 비율에 의한 금원을 지급하라.

(2) 중재비용은 피신청인의 부담으로 한다.

3. 판정이유

피신청인은 시설 공사계약일반조건(1993. 10. 20. 갑제2호증의7) 제31조제2항이 임의 조항에 불과하다는 이유로 신청인의 이건 중재신청이 중재법 제2조 소정의 중재계약이라고 할 수 없어 부적법하다고 다투므로, 살피건대 공사계약일반조건(갑제7호증 회계예규 2200 04-104-14 1993. 10. 20) 제31조제2항을 보면 “제1항의 합의가 성립되지 못할 때에 당사자는 관계법률에 의하여 설치된 조정위원회의 조정 또는 중재로 해결할 수 있다.”고 하였는바, 이 규정의 취지는 조정에 의하지 않을 경우 중재로 해결한다는 선택적 규정으로, 이를 임의 중재조항으로 보는 것은 정부가 국가계약법 제11조 및 동법 시행령 제48조 등에 근거하여 제정한 회계예규라는 점에 비추어 타당하다고 할 수 없다. 즉 위 조항의 규정취지는 당사자 간에 협의가 성립되지 않을 경우 조정 또는 중재 중 한편을 취한다는, 이른바 선택조항으로서 조정을 선택하지 않은 이상 중재를 취할 수밖에 없다고 할 것이다. 따라서 이건 중재신청은 중재법령이나 계약조항에 부합되지 아니한다고 볼 수 없으므로 위 항변은 받아들이지 아니한다.

10.25 물가변동으로 인한 계약금액조정

1. 사건개요

A는 각종 산업설비, 건물, 토목시설의 설계 및 시공업에 종사하는 법인으로서 이 사건 공사도급계약의 공동수급인이고, B는 홍삼제품의 제조와 판매 등을 주목적으로 하는 법인으로 이 사건 공사계약의 도급인이다. B는 ○○시에 ○○건설을 위하여 2000년 7월 3일에 입찰공고를 하였고, A가 2000년 11월 14일에 컨소시엄을 구성하여 공동으로 입찰에 참가하였으며, B는 같은 달 27일에 A를 실시설계 적격자로 선정하였다. 한편, B는 공사기간 단축을 위하여 이 사건 공사를 설계 · 시공 병행방식으로 시행을 요

청하여 2000년 12월 8일에 공사도급계약을 체결한 후, 위 공사계약은 4차례에 걸쳐 변경하여 공사가 진행되었으나, 당사자들 사이에 물가변동으로 인한 계약금액조정 문제로 분쟁이 발생하였다.

A는 B가 국가계약법상 당연히 반영해주어야 할 물가변동으로 인한 계약금액증액 요청조차 거절하였을 뿐만 아니라, 입찰 또는 계약체결 전에는 전혀 예상할 수 없었던 암반의 발생으로 인하여 추가발생한 공사비를 증액해주지 아니하였고, B의 편의에 따라 일부 공종을 개산계약에서 확정계약으로 변경하는 과정에서 마땅히 계상해주어야 할 순공사원가를 제외시키는 등 우월적 지위를 이용하여 일방적으로 자신들만의 이익을 추구하여 A는 이 사건 공사로 많은 적자를 보게 되었다고 주장한다. 이에 대해 B는 물가변동으로 인한 계약금액 증액에 대한 A의 주장은 이유가 없으며, 예상할 수 없었던 암반의 발생으로 인하여 소요된 불가항력적인 추가비용에 대한 A의 근거 없는 주장 또한 받아들일 수 없다고 항변한다.

중재판정부는 이 사건 공사계약일반조건 제22조제1항의 물가변동으로 인한 계약금액의 조정은 관련법령에 의하여 계약금액조정방법을 지수조정률방식으로 적용할 것을 명시하고 있으므로, 설계시공 일괄입찰계약과 설계 · 시공 병행방식에 대하여 국가계약법상의 계약금액조정 조항이 적용되는가에 관한 당사자들의 다툼과 관계없이, 이 사건 중재신청에 관하여는 국가계약법상의 계약금액조정 조항이 적용된다고 결정하였다. 또한 이와 관련된 물가변동의 기준시점은 2000년 12월 8일로 봄이 상당하므로 위 기준시점과 변경된 지수조정률을 기준으로 계산하면 A가 주장하는 금원에 대한 지급의무가 있다고 판단하였다.

그리고 이 사건 공사수행 전 공사부지에 대한 지반조사가 당사자들 간에 상당 수준 이루어짐을 알 수 있고, 지반조사는 그 성질상 제한적 시간 내에 표본추출방식에 의하여 이루어질 수밖에 없어 지반조사에 대한 모든 책임을 계약상대방에게 부담시키는 것은 어느 일방에게 지나치게 가혹하다는 점에서 연암의 대량 발견은 당사자들의 책임소재를 판단하기보다는 형평과 선에 따라 책임분담비율을 정하는 것이 이유 있다고 판정하였다.

(판정기관 : 대한상사중재원, 판정일자 : 2003. 11. 10, 사건번호 : 031110108)

2. 판정주문

(1) 피신청인은 신청인들에게 금 9,669,208,510원 및 이에 대하여 중재신청서 송달

일(2003. 10. 06)부터 중재판정일까지는 연 6%의, 그 다음날부터 완제일까지는 연 20%의 각 비율에 의한 금원을 지급하라.

(2) 신청인들의 나머지 청구를 기각한다.

(3) 중재비용은 이를 3분하여 그 1은 신청인들의, 나머지는 피신청인의 각 부담으로 한다.

10.26 건설산업기본법상 하도급을 금지하는 공사의 범위

1. 판정요지

(1) 구 건설산업기본법 제29조제1항 등에 정한 하도급 금지대상의 범위

(2) 수급인이 발주자로부터 도급받은 건설공사를 하수급인에게 하도급하는 경우, 그 하도급이 구 건설산업기본법 제29조제1항 등의 하도급 금지규정을 위반하였는지 여부의 판단방법

구 건설산업기본법(2004. 12. 31. 법률 제7306호로 개정되기 전의 것) 제29조제1항 본문, 같은 법 시행령(2005. 06. 30. 대통령령 제18918호로 개정되기 전의 것) 제31조제1항, 제21조제1항 등의 규정은 건설업자에 대하여 그가 도급받은 건설공사의 '전부'나 '부대공사에 해당하는 부분을 제외한 주된 공사의 전부'를 다른 건설업자에게 하도급하는 것을 금지하고 있으므로, 건설공사 중 부대공사만을 하도급하거나 부대공사를 제외한 주된 공사의 일부를 하도급하는 행위는 하도급 금지대상에 포함되지 않는다고 할 것이다. 그리고 수급인이 발주자로부터 도급받은 건설공사를 하수급인에게 하도급하는 경우, 그 하도급이 위 금지규정에 위반하였는지 여부를 판단함에 있어서는 원도급금액과 하도급금액, 하도급금액이 원도급금액에서 차지하는 비중 외에도 발주자로부터 도급받은 전체 건설공사 및 하도급한 공사의 내용, 하도급한 공사가 전체 공사에서 차지하는 위치, 하도급한 공사의 수급인과 하수급인이 실제 시공한 각 공사의 내역, 건설업자의 업종 등을 참작하여 주된 공사가 무엇인지를 확정한 다음, 주된 공사의 전부가 하도급되었는지를 살펴보아야 할 것이다.

원심이 적법하게 확정한 사실관계에 의하면, 원고가 도급받은 이 사건 공사는 수해로 인하여 무너진 하천제방을 복구하기 위한 공사인 사실, 위 공사는 토공, 구조물공, 부대공으로 구성되었고, 구조물공은 전석 쌓기, 앞사석 쌓기, 뒤채움 잡석, 레미콘 타설 및 합판거푸집, 전석 채집 및 운반, 전석 구입 및 운반의 세부공정으로 이루어진 사실, 원고는 토공과 부대공을 제외한 위 구조물공을 하도급하였다가 원도급계약 및 하도급계약의 변경으로 구조물공 중 레미콘 타설 및 합판거푸집, 전석 구입 및 운반의 세부공정과 추가된 교량건설 공정을 직접 시공한 사실, 원고가 시공한 레미콘 타설 및 합판거푸집 공정은 하천제방을 축조하기 위하여 쌓은 전석의 상단부가 서로 부착될 수 있도록 쌓은 전석의 양쪽에 합판거푸집을 설치한 후 폭 80cm 내지 1m, 두께 약 10cm의 콘크리트 타설을 하는 공정인 사실, 원고가 하도급하지 않고 직접 시공한 토공에는 제방을 쌓을 기초공사로 구조물 터파기 공정이 포함되어 있는 사실을 알 수 있는바, 위 법리와 이와 같은 사실관계에 비추어 보면, 이 사건 공사는 하천제방을 축조하기 위한 공사인데 레미콘 타설 및 합판거푸집 공정이나 토공 중 구조물 터파기 공정 등은 하천의 제방 자체를 형성하기 위한 공정이므로 이 사건 공사의 주된 공사에 해당한다고 할 것이고, 원고가 이러한 주된 공사의 일부를 직접 시공한 이상 하수급인에게 주된 공사의 전부를 하도급하였다고 할 수는 없으므로, 원고가 하도급을 금지하는 관계법령을 위반하였다고 할 수는 없다.

그럼에도 불구하고 원심은 그 판시와 같은 이유를 들어 원고가 시공한 공사가 주된 공사에 포함되지 않는다는 전제하에 원고가 주된 공사의 전부를 하도급하여 관계법령을 위반하였다고 판단하고 말았으니, 이러한 원심판결에는 주된 공사의 범위에 관한 법리를 오해하여 판결에 영향을 미친 위법이 있다. 이를 지적하는 상고이유의 주장은 이유 있다. 그러므로 나머지 상고이유에 대한 판단을 생략한 채 원심판결을 파기하고, 사건을 다시 심리 · 판단하게 하기 위하여 원심법원으로 환송하기로 하여 관여 대법관의 일치된 의견으로 주문과 같이 판결한다.

(판정기관 : 대법원, 판정일자 : 2008. 04. 24, 사건번호 : 2006두8198)

10.27 도급인의 공사대금지급과 공사완공과의 관계

1. 판정요지

(1) 건축공사도급계약에서 수급인이 공사를 완공하더라도 도급인이 공사대금의 지급 채무를 이행하기 곤란한 현저한 사유가 있는 경우, 수급인이 공사완공의무를 거절할 수 있는지 여부(적극)

일반적으로 건축공사도급계약에서 공사대금의 지급의무와 공사의 완공의무가 반드시 동시 이행관계에 있는 것은 아니지만, 도급인이 계약상 의무를 부담하는 공사 기성부분에 대한 공사대금 지급의무를 지체하고 있고, 수급인이 공사를 완공하더라도 도급인이 공사대금의 지급채무를 이행하기 곤란한 현저한 사유가 있는 경우에는 수급인은 그러한 사유가 해소될 때까지 자신의 공사완공의무를 거절할 수 있다.

(2) 수급인이 책임질 수 없는 사유로 인하여 공사가 지연된 경우, 지체일수가 공제되는 수급인에게 책임지울 수 없는 사유의 의미. 수급인이 책임질 수 없는 사유로 인하여 공사가 지연된 경우에는 그 기간만큼 지체일수에서 제외되어야 할 것이나, 지체일수가 공제되는 수급인에게 책임지울 수 없는 사유란 공사도급계약에서 예상하지 못하였던 사정이 발생하였고, 그 사정으로 인하여 일정한 기간 동안 예정된 공사를 진행할 수 없어 공사의 지연이 불가피하였음을 입증하였어야 하는 것이지, 단지 어떤 사유가 수급인의 귀책사유와 경합하여 공사기간이 연장될 가능성만 있는 때에는 배상예정액의 감액에서 고려할 수 있을 뿐이다.

(판정기관 : 대법원, 판정일자 : 2005. 11. 25, 사건번호 : 2003다60136)

10.28 도급계약에서 완성된 목적물에 하자가 있는 경우의 법률관계

1. 판정요지

도급계약에 있어서 완성된 목적물에 하자가 있는 때에는 도급인은 수급인에게 하자의 보수를 청구할 수 있고, 그 하자의 보수에 갈음하여 또는 보수와 함께 손해배상을 청구할 수 있는바, 이들 청구권은 특별한 사정이 없는 한 수급인의 보수지급청구권과 동시이행의 관계에 있다. 이 경우 도급인이 하자의 보수를 청구하려면 그 하자가 중요한 경우이거나 중요하지 아니한 것이라고 하더라도 그 보수에 과다한 비용을 요하지 아니하는 경우여야 하고, 도급인이 하자의 보수에 갈음하여 손해배상을 청구하는 경우에는 수급인이 그 손해배상청구에 관하여 채무이행을 제공할 때까지 그 손해배상의 액에 상응하는 보수의 액에 관하여만 자기의 채무이행을 거절할 수 있을 뿐, 그 나머지 액의 보수에 관하여는 지급을 거절할 수 없다.

(판정기관 : 대법원, 판정일자 : 2001. 06. 15, 사건번호 : 2001다21632)

10.29 손해배상청구권의 소멸시효기간의 기산일(하자발생 시)

1. 판정요지

(1) 항소심에서 소의 교환적 변경이 있는 경우의 주문표시

(2) 집합건물의 하자보수에 갈음한 손해배상청구권의 소멸시효기간의 기산일(= 각 하자발생 시)

(3) 보증기간을 10년으로 한 공동주택의 내력구조부에 대한 의무하자보수보증계약에 있어 보증대상의 범위

(4) 주택사업공제조합이 발급한 하자보수보증서에 의하여 보증대상이 되는 하자의 보수책임기간

(판정기관 : 대법원, 판정일자 : 2009. 02. 26, 사건번호 : 2007다83908)

2. 판결요지

(1) 항소심에 이르러 소가 교환적으로 변경된 경우에는 구 청구는 취하되어 그에 해당하는 제1심 판결은 실효되고 신 청구만이 항소심의 심판대상이 되는 것이므로, 제1심이 원고의 청구를 일부 인용한 데 대하여 쌍방이 항소하였고 항소심이 제1심이 인용한 금액보다 추가로 인용하는 경우, 항소심은 제1심 판결 중 항소심이 추가로 인용하는 부분에 해당하는 원고 패소부분을 취소한다거나 피고의 항소를 기각한다는 주문표시를 하여서는 아니 된다.

(2) 집합건물의 하자보수에 갈음한 손해배상청구권의 소멸시효기간은 각 하자가 발생한 시점부터 별도로 진행한다.

(3) 구 주택건설촉진법 시행령(1999. 04. 30. 대통령령 제16283호로 개정되기 전의 것) 제43조의5 제1항제1호(가)목에서는 주택사업공제조합이 행할 수 있는 하자보수보증을 의무하자보수보증과 장기하자보수보증으로 구분하고, 의무하자보수보증을 '구 공동주택관리령(1998. 12. 31. 대통령령 제16069호로 개정되기 전의 것) 제16조'의 규정에 의한 하자보수의무기간 중 발생한 하자의 보수에 대한 보증이라고 규정하고 있을 뿐, 구 주택건설촉진법(1999. 02. 08. 법률 제5908호로 개정되기 전의 것) 제38조제16항 및 그에 따른 구 공동주택관리령 제16조의2의 규정에 의한 하자의 보수에 대한 보증으로 되어 있지 아니하고, 구 공동주택관리령 제16조와 그에 따른 시행규칙에서는 보증기간을 10년 내지 5년이라고만 규정하고 있을 뿐 그 범위를 주택이 무너졌거나 무너질 우려가 있는 경우로 한정하고 있지 않다. 그러므로 보증기간을 10년으로 하여 이루어진 공제조합의 의무하자보수보증의 보증대상은 결국 내력구조부에 발생한 모든 하자라고 봄이 상당하다.

(4) 사업주체가 공동주택의 사용검사권 자에게 사용검사신청서를 제출하면서 주택사업공제조합으로부터 하자보수보증서를 발급받아 이를 예치한 경우, 그 하자보수보증서에 의해 보증대상이 되는 하자의 보수책임기간도 사용검사일로부터 구 공동주택관리규칙(1999. 12. 07. 건설교통부령 219호로 개정되기 전의 것) 제11조제1항 [별표 3]에 규정된 바와 같이 각 세부항목별로 그 규정하는 기간으로 한정된다고 보아야 한다.

10.30 건물 신축공사에서 미완성과 하자의 구별

1. 판정요지

(1) 건물 신축공사 도급계약에 있어 신축공사의 미완성과 신축공사를 완성하였으나 하자가 있음에 불과한 경우의 구별 기준

(2) 건물 신축공사 도급계약에 있어 건물 신축공사가 완성되었다고 본 사례

(판정기관 : 대법원, 판정일자 : 1997. 08. 19, 사건번호 : 95나33834호)

2. 재판요지

(1) 건물 신축공사의 미완성과 하자를 구별하는 기준은 공사가 도중에 중단되어 예정된 최후의 공정을 종료하지 못한 경우에는 공사가 미완성된 것으로 볼 것이지만, 그것이 당초 예정된 최후의 공정까지 일단 종료하고 그 주요 구조부분이 약정된 대로 시공되어 사회통념상 건물로 완성되고, 다만 그것이 불완전하여 보수를 해야 할 경우에는 공사가 완성되었으나 목적물에 하자가 있는 것에 지나지 않는다고 해석함이 상당하고, 개별적 사건에 있어서 예정된 최후의 공정이 일단 종료하였는지 여부는 당해 건물 신축공사 도급계약의 구체적 내용과 신의성실의 원칙에 비추어 객관적으로 판단할 수밖에 없다.

(2) 신축 건물의 남측 2층 계단, 발코니, 처마와 인접대지 경계로부터 두어야 할 거리가 30cm 모자란다는 이유로 그 사용승인이 나지 아니하고 있다고 하여도, 수급인이 인접대지 경계와 두어야 할 거리를 확보하기 위하여 1층 계단과 발코니 부분을 절단하였으나, 2층 계단과 발코니 부분은 도급인이 더 이상 절단작업을 못하게 하여 그 거리를 확보하지 못하였고, 보일러, 2층의 수도, 세면기, 양변기 등 설치공사를 남겨둔 상태에서 도급인이 수급인으로 하여금 더 이상 공사를 못하게 한 후 직접 그 공사를 하여 입주하였으며, 수급인이 그 건물의 신축공사를 금 101,696,720원에 도급받았는데, 위 수도 등 공사비로는 금 1,168,000원이, 보일러 설치비로는 금 2,860,000원이 소요될 뿐이라면, 사회통념상 그 건물은 완성되었다고 본 사례.

3. 주문

상고비용은 피고의 부담으로 한다.

10.31 도로현장 공기연장비용 청구

1. 클레임 사유

당해 공사는 당해 연도의 예산범위 안에서 각 차수별 공사를 이행하는 장기계속공사로서 제6차 공사를 수행 중에 있다.

그러나 당초 계약기간이 2000년 11월 17일에 종료됨에도 불구하고 공정률이 72.24%에 지나지 않은 것은 ○○청의 예산확보가 여의치 않아 잔여공사를 수행할 수 없었던 바, 부득이 계약기간의 연장이 되고 있다.

2. 산출기준

시공자가 이 계약의 체결 이후 시공자에 책임 있는 사유가 아닌 사유로 계약기간이 연장됨으로 인하여 추가로 투입한 비용, 즉 연장비용에 대하여 보상을 청구할 수 있는 근거는 현행 「국가를 당사자로 하는 계약에 관한 법률」 시행령 제66조, 「공사계약일반조건」 제13조의3 등에 규정되어 있으며, 해당 조항은 구체적으로는 회계예규인 「실비산정기준」에 의거하여 산정하게 된다. 연장비용 청구는 연장기간 동안 당해 현장에서 기 발생된 간접비용을 실비로 산정하지만 그 용이성을 제고하고자 우선 당초 계약기간 중 최근 1년(1999. 10. 01~2000. 09. 30) 동안 당해 현장의 실 투입비용을 산정하여 이를 토대로 향후 연장기간 동안 발생이 예상되는 비용의 추산치를 산정한다. 추후 발생이 예상되는 임금 증가분 또는 현장여건에 따른 인원변동 등을 고려하여 공사완료 후 정산할 예정이다.

10.32 계약해제에 따른 시공자의 손해청구

1. 클레임 사유

본건 청구의 원인이 되는 시공자의 손해는 크게 첫째 : 발주자의 기성대가의 지급지체 및 미지급, 둘째 : 발주자의 책임 있는 사유로 인한 공사의 제한적 수행, 셋째 : 공사의 정지 및 넷째 : 계약의 해제로 인한 손해로 구분된다. 당해 공사는 설계와 시공이 분리된 계약으로 시공자는 발주자가 제공한 설계서에 따라 공사를 이행하면 된다. 그러나 발주자가 당해 공사착공 당시 시공자에게 제공한 설계서(구체적으로는 건축허가용 설계도면)는 당해 설계서 수령 직후부터 상당 기일 동안 시공자가 검토한 결과, 건축허가 이전의 변경도면과 혼재되어 있었다. 이로 인하여 건축도면의 경우 도면 간의 일치성에 확보되지 아니할 정도로 상이하였고, 건축도면과 전기도면 또는 설비도면의 불일치 등으로 인하여 사실상 이로써는 공사의 수행이 불가능하다시피 하였다. 따라서 시공자는 당해 계약을 제한적으로 수행할 수밖에 없었던 바, 이러한 제한적 수행은 당해 공사 착수 당시로부터 공사의 정지기간까지 계속되었으며, 이에 시공자가 당해 기간 동안 총 16회에 걸쳐 설계도면의 문제점을 적시하고 관련 문제점의 수정 또는 확정요청을 하였을 뿐만 아니라, 발주자가 또는 감독관, 감리자, 설계자 등 당해 공사관계자들이 참석한 가운데 개최된 바 있는 총 15여 회의 현장 공정회의에서도 이러한 문제점은 시공자뿐만 아니라 감리자조차도 꾸준히 제기하여 왔음에도 불구하고 발주자 또는 설계자로부터 당해 문제점의 즉시적 또는 근본적인 해결책은 강구되지 아니하였다.

그러므로 시공자는 당해 기간(1998. 05. 27~2000. 04. 17 : 691일간) 중 인력 및 장비의 작업률을 인위적으로 저하시키는 등 공정계획을 재조정하지 않을 수 없었으며, 발주자로 하여금 이에 상당하는 조치를 취하여줄 것을 촉구하였음에도 불구하고 취하여지지 아니한 바, 급기야는 계약이행기간 중인 1999년 11월 29일에 철골제작 · 설치 하도급자로부터 당해 공사의 철골공사이행과 관련한 설계자의 잦은 설계변경과 관련도면 미확정 등으로 인하여 제작 및 설치공사의 추후 진행이 불가능하다는 전언을 통지받게 된다. 이에 시공자가 공사중지 요청을 발주자에게 한 바, 이에 대해 발주자는 시공자에게 2000년 5월 10일 계약해제 통보를 받았고, 이에 따라 시공자는 현장철수계획을 발주자에게 제출한 바 있다.

2. 산출기준

(1) 공정차질비용=(계획기성고－실시 기성고)×이윤율

(2) 공사정지비용=실비(actual costs)로 계상

(3) 철수비=실비(actual costs)로 계상

(4) 금융비용=지급 지체일수×(지급 지체금액×연 %)

(5) 기대이익상실분=미수행공사비×이윤율

10.33 공기연장비용 청구

1. 클레임 사유

당해 공사의 계약은 당초 착공 후 16개월로 1995년 4월 28일에 체결되었으나, 발주기관의 사정변경으로 인하여 총 11차에 걸쳐 공기가 연장되었다.

(1) ○○○정거장 교통처리 협의지연에 따른 착공지연

당해 시공자는 1996년 3월 21일 당해 공사의 C.P(Critical Path)인 ○○○정거장 공사의 착공이 인근 도로에 대한 ○○경찰청과의 교통처리협의가 지연됨에 따라 공사기간이 163일 연장되었고, 이에 공기연장을 신청하였다.

(2) 발주기관의 건축예산 미확보로 인한 공사중지

발주기관은 시공자에게 1999년 3월 26일 건축·기계설비 분야 공사에 필요한 사업비가 계획대로 확보되지 아니하여 건축공사 착수를 별도 통보 시까지 공사를 중지하도록 하였으며, 이후 동년 11월 4일 공사를 재개하도록 하였다. 이에 따라 발주자는 2000년 5월 15일 당초 2000년 5월 16일까지였던 공사기한을 2000년 12월 25일까지로 223일 연장하였다.

(3) 시공자의 책임에 속하지 아니하는 사유

절대공기 부족, 지장물 이설에 따른 지연, 암굴착공법 변경에 따른 지연, 전차공사

지연에 따른 후속공사의 지연, ○○정거장 승강장 기둥폭 조정에 따른 지연, 발주기관의 예산 미확보로 인한 지연 등이다.

10.34 설계변경에 따른 추가비용 청구

1. 클레임 유형

설계변경에 따른 추가비용 청구

2. 클레임 사유

(1) 터널굴착방법 변경

당초 설계상 패턴별 굴착공법은 PD-3,4의 경우 상·하 반단면으로, PD-5의 경우 전단면으로 되어 있었으나 민원의 최소화, 지장물의 보호 및 연도변 노후건물의 보호 등을 위하여 전 구간에 걸쳐 LEG DRILL을 사용한 상·하 반단면 굴착공법으로 변경·실시하였다.

(2) 정거장 내부계단의 구조 보강

당해 시공자의 공사구간 내 ○○정거장의 내부계단 및 ○○정거장의 내부계단에 대하여 건축 마감공간을 감안하여 벽체 두께와 개구부 폭을 조정하고 계단벽체에 철근을 보강하였다.

(3) 내부계단 개구부 위치변경

당초 설계상 ○○정거장의 지하 1층 내부계단 개구부의 위치는 에스컬레이터와 1.265m 차이가 나도록 되었으나, 에스컬레이터 지지용 거더가 내부계단을 간섭함으로 인하여 에스컬레이터 개구부 횡거더와 내부계단 개구부 횡거더를 일치시키고자 내부계단 개구부 위치를 시점방향으로 1.265m 이동 보강하였다.

(4) 집수정 구조변경

당초 설계상 집수정에 대하여 공단은 이를 확대하도록 요구한 바, 이에 따라 시공자는 ○○정거장의 집수정 규격을 확대 · 변경하였다.

(5) 도시계획시설 변경에 따른 설계변경

○○시의 도시계획시설의 변경됨에 따라 공단은 시공자로 하여금 ○○정거장의 출입구 및 환기구의 위치를 변경하도록 하였다.

(6) 가변차로 시설물 철거 및 재설치

○○경찰청의 요청에 따라 공단은 시공자로 하여금 신호대, 교통표지판 등 가변차로 시설물을 철거한 후 재설치하도록 지시하였다.

(7) 정거장 정화조 구조변경

당초 설계상 오수처리수방식은 장기폭기방식이었으나, 공단은 2002년부터 오수처리수 기준이 강화된다 하여 시공자로 하여금 이를 접촉산화방식으로 변경하도록 지시하였다.

10.35 공기단축비용 청구

1. 클레임 유형

공기단축비용 청구

2. 청구대상

공기단축비용의 청구항목은 당해 공사의 공기단축에 따른 추가비용으로 ① 시공자의 공기단축비용, ② 하수급인의 공기단축비용 및 ③ 사업관리단의 추가업무비용이다.

3. 클레임 사유

발주기관의 사정변경으로 인하여 ① 계약체결 전인 1999년 1월 12일 "발주부서의 검토의견서"에 따라 2001년 9월 30일까지 공사기간의 단축 지시(제1차 공사기간 단축)가 있었으며, ② 2000년도 공정률을 당초 64.5%에서 75.19%로 향상시키도록 지시(제2차 공사기간 단축), 및 ③ 2000년 11월 2일에 설계변경에 의한 공사물량의 증가로 계약금액과 업무범위가 확대되었지만 당초대로 2000년도 말까지 공정률 75.19%를 달성토록 단축 지시(제3차 공사기간 단축)가 있었다.

10.36 지하철공사 설계변경에 따른 추가비용 청구

1. 사건개요

1993년 12월 29일 신청인과 피신청인은 신청인을 수급자로, 피신청인을 도급자로 하여 ○○시 지하철 건설공사에 관한 공사계약을 체결하고, 계약방식은 설계시공일괄수행방식(turn key방식)으로 되어 있다. 이 사건 공사는 3차에 걸쳐 나뉘어 시행 완료되었으며, 공사 시행 중 총 17회의 설계변경과 5회의 공사금액조정 및 7회의 물가변동에 따른 조정이 이루어졌다.

2. 양 당사자의 주장

(1) 신청인

① 신청인은 공사 중 지보재와 강지보, 임시작업구 등의 추가설치로 인한 큰 금액 지출, 주민들과 노점상들의 철거 반대에 따른 공기지연으로 인하여 추가공사비 발생, 여러 가지 이유에 따른 설계변경으로 인하여 발생한 추가공사비 발생 등으로 총 15가지 항목에 걸쳐 발생한 추가공사비 금액을 모두 합치면 26,646,134,014원이 산출된다.

② 한편, 계약 당시 근거법령인 예산회계법령 및 국가계약법령, 공사계약일반조건에 의하면, 신청인의 공사 도중 피신청인의 책임 있는 사유나 불가항력으로 인

하여 발생한 추가공사비는 피신청인이 부담하게 되어 있다. 따라서 법적으로 드러나지 않는 공사현장의 열악함과 피신청인의 협조성 미비, 장기간의 홍수로 인한 공사 수행의 어려움 등으로 발생한 추가공사들이므로 이는 피신청인이 부담해야 한다.

(2) 피신청인

① 신청인의 이 사건 중재신청은 계약서의 서류 중 일부인 공사계약일반조건상의 제31조 [분쟁의 해결]에 의한 것인데, 이것은 양 당사자 간의 명확한 중재합의로 볼 수 없다. 즉 중재란 국민의 기본권인 소송을 받을 권리를 포기하고 분쟁당사자 간의 합의로 제3자인 중재인의 판정에 의하여 분쟁을 해결하는 것이므로, 위의 조항만으로는 이 사건을 중재로 해결할 수는 없다고 할 것이다.

② 또한 이 사건 중재신청의 제출과 진행에 비변호사가 신청인을 도운 것이 확실하고, 이것은 명백한 위법사항이므로 이러한 이유에 의하더라도 이 사건 중재신청은 각하되어야 할 것이다.

③ 설사 이 사건 중재신청이 중재합의가 있는 것으로 간주된다 하더라도 신청인이 주장하는 추가공사비는 피신청인의 책임 있는 사유나 불가항력으로 인해 발생한 것들이 아니고 모두 신청인에게 책임이 있어 발생한 사유들이므로, 사적 자치의 원칙이나 신청인이 언급한 관계법령에 위반되는 것들로써 신청인의 이 사건 중재신청은 당연히 기각되어야 할 것이다.

3. 판정주문

(1) 피신청인은 신청인에게 금 10,773,022,131원 및 이에 대한 2001년 1월 28일부터 완제일까지 연 5푼의 비율에 의한 금원을 지급하라.

(2) 신청인의 나머지 신청은 기각한다.

(3) 중재비용은 이를 5등분하여 그 3은 신청인의, 나머지 2는 피신청인의 각 부담으로 한다.

10.37 계약변경 및 공기연장에 따른 비용청구

1. 사건개요

신청인은 1996년 12월 30일 피신청인으로부터 ○○시 ㅁㅁ지구 토지구획정리공사에 총액단가 입찰방식으로 참여하여 낙찰을 받아 공사를 시공하였으며, 사업기간은 1996년 12월 30일부터 2000년 12월 30일까지로 되어 있던 중 2000년 12월경에 이르러 2001년 12월 31일까지로 연장되었다. 신청인은 공사 중 피신청인 측의 요구로 인하여 수차례의 공사계약 변경 또는 공사계약상의 준공일 연장 등이 되었으며, 그러한 공사기간의 연장 사유는 피신청인 측의 전적인 사유에 기한 것이므로, 피신청인에게 계약금액을 조정하여줄 것을 요청하였음을 주장하여 이를 추가비용으로 청구하고 있다.

2. 양 당사자의 주장 요지

(1) 신청인

① 당초의 계약이 피신청인의 수차에 걸친 동절기 공사중지 지시 및 체비지매각부진 등으로 인해 3회에 걸쳐 변경되고 공기도 1년에 걸쳐 지연되었는 바, 신청인은 이로 인하여 시간에 비례해 금액이 증가하게 되는 간접노무비, 기타 경비 등의 금액이 당초보다 현저히 증가되었다. 그러므로 이와 같은 비용은 신청인의 책임 없는 사유로 발생한 추가비용이므로 피신청인은 이를 국가계약법 및 이 사건 공사계약에 부수된 회계예규 공사계약일반조건에 의하여 신청인에게 지급해야 할 것이다.

② 국가계약법 제19조 및 동법 시행령 제66조제1항과 계약서에 첨부된 회계예규 공사계약일반조건 제16조에 의하면, 각 중앙관서의 장 또는 계약담당공무원은 계약내용의 변경으로 계약금액을 조정할 필요가 있을 때에는 실비를 초과하지 않는 범위 내에서 이를 조정하도록 되어 있다. 위 각 조항은 민법상 사정변경의 원칙의 이념과 마찬가지로, 이 사건 공사도급계약이 시행과정에서 계약 시에 고려하지 않은 사유의 발생이나 시공자의 책임 없는 발주자의 귀책사유로 인하여 계약이 당초대로 유지되면, 양 당사자의 대등성과 형평성이 현저하게 저해되는 경우 이를 해결하기 위한 것이다. 이 사건 공사의 총도급금액은 금

15,557,000,000원이고, 위와 같이 발주자인 피신청인의 귀책사유로 인한 공기의 연장으로 신청인에게 발생된 추가비용은 무려 금 500,283,000원에 달하므로, 이는 위 조항상 계약금액의 조정 사유들 중에서 공사기간의 변경 또는 공사의 일시정지로 인한 계약금액의 조정 사유에 해당한다.

③ 이와 같이 신청인에게 추가비용이 발생하였고, 따라서 피신청인은 이를 전액 지급할 의무가 있다고 할 것이므로 신청인은 사유를 밝히고 정당한 감정위탁에 의하여 실비기준으로 공기연장으로 인한 추가비용을 산출하여 피신청인에게 계약금액의 조정을 요청하는 공문을 발송하였으나, 피신청인은 5개월이 지나도록 청구의 적정여부만 검토하고 있을 뿐 신청인의 청구에 응하지 않고 있다.

(2) 피신청인

① 신청인과 피신청인은 이 사건 총괄계약을 5차에 걸쳐 변경하였는바, 그때 이미 공기가 2001년 12월 31일까지 변경되었었고 또한 계약금액도 증액, 변경되어 있었으며, 이때 신청인은 이와 같은 계약변경에 관하여 하등의 이의를 제기하지 않을 것을 확약하였었다.

② 또한 이와 같은 공기연장이 체비지매각 및 유관기관의 도시가스배관공사 지연에 따른 것임은 신청인도 잘 알고 있었으므로, 신청인이 이제 와서 공기연장에 따른 추가공사비를 청구하는 것은 명백히 금반언(禁反言)에 반하는 것이므로 신청인의 신청은 기각되어야 할 것이다.

3. 판정내용

(1) 피신청인은 신청인에게 금 180,000,000원 및 이에 대하여 2001년 7월 17일부터 2002년 2월 14일까지는 연 6푼의, 2002년 2월 15일부터 완제일까지는 연 2할 5푼의 각 비율에 의한 금원을 지급하라.

(2) 신청인의 나머지 신청을 기각한다.

(3) 중재비용은 이를 3등분하여 그중 2는 신청인의, 나머지 1은 피신청인의 각 부담으로 한다.

4. 신청취지

(1) 피신청인은 신청인에게 금 500,283,000원 및 이에 대한 이 사건 신청서 부본

송달 다음날부터 완제일까지 연 2할 5푼의 비율에 의한 금원을 지급하라.

(2) 중재비용은 피신청인의 부담으로 한다.

5. 판정이유의 요지

(1) 당사자 사이의 공사계약 진행경위

신청인은 1996년 12월 30일 피신청인으로부터 이 사건 토지구획정리 공사에 총액단가 입찰방식으로 참여하여 낙찰을 받아 별지 공사전반 일정표와 같이 공사를 시공하였으며, 사업기간은 1996년 12월 30일부터 2000년 12월 30일까지로 되어 있던 중 2000년 12월경에 이르러 2001년 12월 31일까지로 연장되었던 사실은 당사자 사이에 다툼이 없다.

10.38 공사지연으로 인한 지체상금반환청구

1. 판정요지

(1) 신청인과 피신청인 사이에 하수종말처리장 증설 1차 공사계약을 체결한 사실, 공사내용 일부 변경과 공사계약금액 감액 및 준공기일도 연장한 사실, 동 공사에 소요되는 V.R관은 관급자재로 피신청인이 적기에 공급하기로 한 사실, 공사계약상 준공기일은 1997년 8월 31일인데 신청인은 1997년 12월 12일에 준공검사를 받은 사실, 신청인이 102일을 지체한 이유로 지체상금 156,373,280원(1,536,640,000원×102×1/1000)을 징수한 사실 등은 다툼이 없다.

(2) 신청인은 본건 준공검사가 1997년 12월 12일에 필하여진 사실은 인정되나 공사지체 원인이 피신청인의 V.R관 공사지연과 공사중지 명령에 의한 것이므로 지체상금 부과는 부당하다고 주장하고, 이에 대하여 피신청인은 신청인의 공사기간 연장신청이 전혀 없었고 또한 신청인은 지체상금을 인정하여 준공금에서 지체상금을 공제 수령한 사실을 봐도 신청인의 본건 신청은 이유 없다고 주장한다.

판단컨대, 공사도급표준계약에 의하면, 제18조제1항에 규정상 신청인은 소정의 지체상금 납부의무가 있다고 할 것이다. 동조 제3항은 관급재료의 공급지연으로 공사 진행이 불가능하였을 경우, 기타 계약당사자의 책임에 속하지 않은 사유로 지체된 경우에는 지체일수에 공제한다고 규정되어 있다. 그렇다면 소요 V.R관의 공급지연, 공사중지 명령에 의해 공사할 수 없었던 기간, 피신청인이 과다계상을 시인하는 준공검사 소요기일이 신청인의 책임질 수 없는 사유로 지연된 일수로 합계 81일이 명백하므로 102일에서 공제해야 한다. 따라서 지체상금은 32,269,440원{1,536,640,000원×(102−81)×1/1000}이라고 할 것이다.

(3) 그렇다면 신청인이 피신청인에게 지급해야 할 지체상금이 금 32,269,440원이라면, 이를 초과하여 청구한 피신청인의 처사는 부당하며 초과징수한 금 124,467,840원 및 이에 대한 지연이자를 피신청인이 신청인에게 반환할 의무가 있다고 할 것인바, 이 범위 내에서 이유 있어 인용하고 나머지는 기각하며 중재비용은 주문과 같다.

2. 판정내용

(1) 피신청인은 신청인에게 금 124,467,840원 및 이에 대한 1998년 1월 8일부터 완제일까지 연 6푼의 비율에 의한 금원을 지급하라.

(2) 신청인의 나머지 신청을 기각한다.

(3) 중재비용은 피신청인의 부담으로 한다.

3. 신정취지

피신청인은 신청인에게 금 156,737,280원 및 이에 대한 1997년 12월 13일부터 이 사건 중재신청서 송달일까지는 연 6푼의, 그 다음날부터 완제일까지는 연 2할 5푼의 각 비율에 의한 금원을 지급하라. 중재비용은 피신청인의 부담으로 한다.

4. 판정이유

(1) 다툼이 없는 사실

신청인과 피신청인 사이에 1996년 10월 29일에 하수종말처리장 증설 1차 공사계약(계약금액 1,546,978,000원)을 체결한 사실, 신청인과 피신청인은 1997년 8월 29일에 공사내용을 일부 변경하고 공사계약금액을 금 1,536,640,000원으로 감액하고 준공기일도 1997년 8월 31일로 연장한 사실, 동 공사에 소요되는 V.R관은 전량(약4,085본)을 관급자재로 피신청인이 공사 준공에 지장이 없도록 적기에 공급하기로 약정한 사실, 피신청인은 1997년 9월 4일에야 위 관급자재인 V.R관 약 4,085본을 신청인에게 인도한 사실, 위 공사계약상의 준공기일은 1997년 8월 31일인데 신청인은 1997년 12월 12일에야 준공검사를 받은 사실, 피신청인은 신청인이 준공기일로부터 102일이 지체되었다 하여 지체상금으로 금 156,737,280원(1,536,640,000원×102×1/1000)을 부과 징수한 사실 등은 당사자 사이에 다툼이 없다.

(2) 당사자의 주장

신청인은 본건 제1차 공사에 대한 준공검사가 1997년 12월 12일에 필해진 사실은 인정하나, 본건 공사가 지체하게 된 원인은 피신청인이 적기에 관급하기로 되어있는 V.R관의 공급이 지연되었고 또 피신청인의 공사중지 명령에 의하여 준공이 지연된 것이므로, 피신청인의 신청인에 대한 지체상금의 부과징수는 부당하다고 주장하고 이에 대하여 피신청인은 공사기간 연장신청은 신청인이 감리사에 요청하면 감리사가 검토·확인하고 피신청인에게 실정보고를 해야 하는데, 본건에 있어서 신청인은 그와 같은 연기신청이 전혀 없었고 또한 신청인은 1차 준공금 지급 시 지체상금을 인정하여 준공금에서 지체상금을 공제 수령한 사실을 봐도 신청인의 본건 신청은 이유 없다고 주장한다.

10.39 건설공사 도급계약해제로 인한 기성고금액 등 청구

1. 판정요지

신청인과 피신청인은 ○○군 ○○읍 소재지상에 피신청인이 시공 중이던 S건설공사 제1차분에 대하여 도급금액 99억 원의 건설공사 도급계약을 체결하고 신청인이 공사에 착수하였으나, 쌍방 합의하여 공사를 축소하여 공사금을 5,406,100,000원으로 변경하기로 하였으며 공사기간도 1988년 6월 30까지로 연기하기로 하였다. 피신청인은 1차로 금 935,000,000원의 기성고 확인을 하고 2차로 금 2,310,000,000원의 기성고를 확인, 확정까지 하고도 기성고금액의 지급을 하지 아니하므로, 계약서 제21조에 의하여 신청인은 본 중재신청서 부본의 피신청인에 대한 송달로써 위 도급계약을 해제하고 피신청인이 확인한 기성고금액 3,245,000,000원과 미확인 기성고금액 414,050,000원의 지급과 계약보증금 540,610,000원 및 대여금 50,000,000원의 반환을 청구하였다. 건축도급계약에 있어서 미완성부분이 있는 상태에서 계약을 해제할 경우에도 공사가 상당한 정도 진척되어 그 원상회복이 중대한 사회적 경제적 손실을 초래하고, 완성된 부분이 도급인에게 이익이 되는 경우에는 미완성부분에 대하여만 도급계약이 실효된다고 보아야 할 것이므로, 이 경우 수급인은 해제한 때의 상태 그대로 완성물을 도급인에게 인도하고 도급인은 인도받은 완성물에 상당한 보수를 지급해야 할 의무가 있다 할 것이다.

그런데 피신청인은 1차, 2차에 걸쳐 기성고 합계금을 3,245,000,000원으로 확인한 사실을 인정할 수 있으므로 위 금액을 피신청인은 지급할 의무가 있다. 그러나 미확인 기성고금액에 대하여는 증인 이○○의 증언만으로는 이를 인정하기에 부족하므로 신청인의 주장을 받아들이지 아니한다. 그리고 신청인이 피신청인에게 지급한 계약보증금은 피신청인의 계약위반을 이유로 계약을 해제한 것이므로 피신청인은 계약보증금 전액을 반환할 의무가 있다. 또 신청인은 피신청인을 위하여 경비 차용금으로 50,000,000원을 정○○에게 대여하였다고 하나, 위 금원을 피신청인이 차용하고 변제하기로 하였다고 약정한 점에 관하여 증인 이○○의 증언만으로 이를 믿기 어려우므로 이를 받아들이지 아니한다. 그렇다면 피신청인은 신청인에게 기성고금액과 계약보증금의 합계금 3,785,610,000원을 지급할 의무가 있다고 판정하다.

(사건번호 : 제95111-0029호, 품목 : 건설공사, 청구금액 : 금 4,249,660,000원)

10.40 설계변경 및 공사기간연장 등으로 인한 추가공사비지급 청구

1. 판정요지

(1) 신청인은 1997년 8월 25일에 피신청인과 서울 성북구 소재 B연구원 산학 · 연협력연구동 신축공사를 계약금액 금 7,032,898,000원, 공사기간 1997년 9월 1일부터 1999년 8월 31일까지로 정하여 완공하기로 하는 공사도급계약을 체결하였다가, 공사금액을 금 6,545,505,000원으로 공사기간을 1999년 12월 31일로 변경한 사실, 위 변경된 준공일시 즈음 공사를 준공한 사실, 위 변경된 약정 공사대금을 피신청인이 신청인에게 모두 지급한 사실은 당사자 사이에 다툼이 없다.

(2) 신청인은 위 공사 도중 사토 운반거리 변경, 공사기간 연장, 설계변경 등으로 금 718,270,000원의 추가 공사대금이 발생하였다는 이유로 피신청인에게 그 지급을 청구한다.

(3) 중재판정부가 각 세목별로 판단한 결과는 다음과 같다.

① 사토 운반거리의 변경으로 인한 추가부분에 관하여 살펴보면, 증거에 의하면 경기도 양주군 ○○번지와 경기도 양주군 ○○번지에 이건, 공사장에서 나오는 사토 일부를 운반한 사실을 인정할 수 있고 그 운반량은 26,389세제곱미터로 봄이 상당하며, 이에 따른 추가 실비는 1세제곱미터당 1,000원 정도가 더 소요된 것으로 보아야 할 것이므로 추가비용은 금 26,389,000원이라고 할 것이고,

② 공사기간 연장에 따른 추가비용부분은 신청인이 공사기간의 4개월 연장에 따른 지체상금을 면제하는 대신에 신청인도 공사기간 연장에 따른 관리비 증액은 청구하지 않기로 합의한 사실을 인정할 수 있으므로, 이 부분에 관한 신청인의 신청은 이유 없고

③ 토목부문 추가공사비 청구부분은 양 당사자 간에 다툼이 없는 추가공사비로 금 7,601,657원, 건물 되메우기 공사에 있어 잔토의 운반으로 인한 추가비용으로 인정되어야 할 금 8,173,396원, 피신청인이 스스로 추가공사비로 인정하는 금 7,677,962원의 합계액에서 변경시공 또는 다른 항목 추가로 수량이 감소된 금액으로 인정된 금 7,136,367원을 감액한 금 16,316,648원만이 인정되고, 라. 건축부분 추가공사비 청구부분에 있어서는 로비 내부 마감변경부분에 추가

공사비로 당사자 간에 다툼이 없는 금 9,747,422원에 로비 마감재 변경 등의 부분에 있어서 추가비용으로 인정된 금 102,276,216원을 합산하고, 기타 마감 변경부분에 있어서 다툼이 없는 금 3,348,114원에 화장실벽 등의 마감변경부분에 대하여 인정된 추가공사비인 금 24,845,310원을 합산하여 구두지시에 의한 변경공사로 감액된 공사비로 다툼이 없는 금 33,362,648원 및 감액의 대상으로 인정된 금 25,753,350원을 차감한 후 임의시공 부문으로 인정된 추가공사비용인 금 13,043,400원을 합한 총 금 94,144,464원이 인정되고, 설비부분 추가공사비로는 금 15,718,031원이 지급되어야 함에 당사자 간에 다툼이 없다.

2. 판정 주문

(1) 피신청인은 신청인에게 금 152,568,143원(부가가치세 별도) 및 이에 대하여 2000년 1월 1일부터 2002년 1월 25일까지는 연 6푼의, 그 다음날부터 완제일까지는 연 2할 5푼의 각 비율에 의한 금원을 지급하라.

(2) 신청인의 나머지 청구를 기각한다.

(3) 중재비용은 4분하여 그 1은 피신청인의, 나머지는 신청인의 각 부담으로 한다.

10.41 설계변경에 따른 추가공사비 청구

1. 개요

A와 B는 ○○경기장 건설공사에 관한 공사도급계약을 지난 2000년 4월 6일 체결해 공사를 진행했으나 당초 입찰안내서상에 나타난 공사범위에 대해서 상호 당사자 간의 견해차이가 있어 분생이 발생했다. A는 B가 ◇◇광장 공사에 대해 기본설계 심의 시에는 아무런 언급이 없다가 낙찰결정이 된 후 5개월이 지난 시점에 이르러 과업범위가 아닌 곳에 ◇◇광장을 설치하라고 A에게 신의칙에 반한 요구를 했다고 주장한다.

또한 A는 본 공사가 시급한 국책사업인 점을 감안, 일단 선시공 후 해결하려고 결정한 후, 이 사건 공사 및 ◇◇광장 공사를 완료했으나 현재까지 B에게 공사비용을 받지 못하고 있다고 주장한다. 이에 대해 B는 이 사건에서 문제가 되고 있는 ◇◇광장은 현장설명 시 배부한 도면, ㅁㅁ건설이 1998년 10월 9일 제출한 유로변경을 위한 도면, 기본계획 심의 시 ㅁㅁ건설이 제출한 요약 팸플릿, 기본설계보고서, 기본설계도면, 4차 계약분의 실시설계도에 명시돼 있어 ○○월드컵경기장 신축을 위한 일괄도급계약의 범위 내에 속한 것이므로 별도 공사비를 지급할 이유가 없다고 항변한다.

2. 판결내용

중재판정부는 A가 시공한 ◇◇광장이 이 사건 공사도급계약의 공사범위 내에 속하는 것인지의 여부에 관해 우선 A가 시공한 ◇◇광장은 △△시 ◁◁시 ☆☆동 토지 일원 1만500㎡ 지상에 설치한 것으로써, ○○경기장을 감싸고 도는 신설도로와 기존의 서부우회도로가 교차하는 지점에 위치하고 있고, A가 당초 입찰안내서의 공사범위에 있었다고 주장하는 △△시 ◁◁시 ☆☆동 토지 일원의 ◇◇광장이라는 것은 ◎◎광장의 북쪽 약 1.5km 떨어진 ▷▷교 4거리 교차점에 위치하고 있는 것임이 당사자 사이에 다툼이 없다고 보여지며, 당초의 입찰안내서, 현장 설명이나 이 사건 공사도급계약에서 예정된 공사범위에 속하는 ◎◎광장은 오직 1개소뿐이고 A가 주장하는 △△시 ◁◁시 ☆☆동 소재의 ◇◇광장이란 계획된 사실조차 없는 사실은 인정한다고 보았다.

또한 B가 1998년 11월 4일 A에게 경기장 건설에 따른 진입도로에 대해 도면과 같이 변경한다는 내용의 선형변경 통보를 한 사실은 알아볼 수 있으나, 첨부된 도면을 보면 위 선형변경지역은 ◇◇광장의 북쪽에 위치한 ▽▽교차로를 직선으로 연결하는 내용의 선형변경으로써, 위 선형변경 통보는 ◇◇광장과는 아무런 관련이 없는 것임이 분명하다고 결정했다. 끝으로 중재판정부는 A가 제출한 기본설계도서는 ◇◇공사를 과업범위에서 제외했다고 인정할 만한 아무런 증거도 없을 뿐만 아니라, 오히려 A는 그 수 ◇◇광장이 포함된 실시설계도 등을 제출한 사실을 알아볼 수 있으므로 A의 주장을 받아들이지 않았다.

10.42 현장상태와 설계서 상이로 인한 추가공사비 청구

1. 개요

A는 발주자인 B가 내역입찰방식으로 발주한 배수시설 증설공사에 입찰가 약 65억 원으로 입찰해 낙찰받고 공사계약을 체결했다. 공사입찰 과정에서 A는 공사시방서 · 설계도면 등을 열람할 수 있었고 B가 제공한 공란의 내역서에 각 공사금액에 대한 산출내역서를 작성해 입찰에 참여했다. A는 이 공사 중 문제된 강관추진공사에 대해 세부공정으로 나누어 금액을 산출하지 않고 전체 공정을 m당 약 40만 원 내지 약 150만 원으로 견적했다.

그런데 이 사건 공사현장의 지질은 설계도면상으로는 충적토층으로 돼 있었으나 실제로는 산업폐기물 · 암석층 · 모래자갈층이 발견돼 설계도와 상이했고, 이에 따라 설계도상의 선굴진 후굴착 공법의 실행이 어려워 A는 선굴착 후굴진 공법으로 변경해 시공했다. A는 B에게 설계변경 및 추가공사비를 청구하고, 이에 대해 B는 이 사건계약은 총계방식에 따른 1식단가계약이어서 계약금액 증액요청을 수용할 수 없다고 항변한다.

중재판정부는 설계변경으로 인한 추가공사비 청구 사유가 되는지에 대해 공종의 단가가 세부공종별로 분류돼 작성되지 않은 총계방식(즉 1식단가계약)의 경우에도 설계도면 또는 시방서가 변경되어 1식단가의 구성내용이 변경되는 때에는 계약금액이 조정돼야 한다고 하여, 설계변경으로 인한 추가공사비 청구사유에 해당된다고 판단했다. 또한 추가공사비 금액에 대해서는 A의 신청내역 중 일부 사항은 애초 시방서에 기재되어 있거나 보통 공사에서 통상 예견된다거나 또는 현장상태와 설계서의 차이 때문에 직접 발생된 것이라고 보기 어려운 사항이 포함돼 있다는 이유로 이를 기각하고, A가 신청한 7억 2천450만 원 중 4억6천914만5천 원을 지급하라고 판정했다.

(자료제공－대한상사중재원)

10.43 사업계획변경과 설계변경에 따른 추가공사비 청구

1. 개요

B사는 지난 1998년 5월 29일 A사와 ㅇㅇ경기장 건설공사에 관한 시설공사도급계약을 체결했다. 위 시설공사도급계약은 그 후 여러 차례의 추가계약을 거쳐 최종적으로 총공사 부기금액은 9억2천195만 원이 되었으며 2001년 12월 27일에 준공되었다.

A사는 이 사건 공사를 위해 A사의 대표사인 공동수급체가 실제로 투입한 공사비는 당초 계약금액에 비해 신청취지 기재 금액 상당액이 증액됐다면서, 그 이유로 B사는 당초 입찰공고 시 설계 및 시공사항으로 공시하지 않았던 사항을 실제의 설계 및 시공에 반영토록 요구함으로써 계약사항이 변경된 점, 공사기간 중 물가가 상승한 점 등을 들고 이와 같이 계약사항의 변경과 물가상승에 따라 공사비가 증액된 것은 A사에게 귀책사유가 있지 아니하므로 B사는 그 증액된 공사대금 합계 2백89억 1천9백33만1천944원 및 그 지연손해금을 A사에게 지급할 의무가 있다고 주장한다. B는 입찰안내서 및 A사와의 사이에서 오간 질의 회신에서도 수익시설관련 설비공사의 범위를 명확히 하지 않았고, PAC 설치 추가공사는 계약조건에 따라 설계에 반영됐어야 함에도 A사가 설계오류를 범한 것이며, 설계변경 부분은 당초 설계내용에 하자 또는 결함이 있어서 그 설계를 보완 또는 변경한 경우에는 A사에게 책임이 있다고 주장한다.

또한 수배 전 설비 패널의 추가설치는 A사가 심의위원에 지적에 따라 설계상의 하자를 인정하고 이를 스스로 보완한 것으로 공사비의 증액대상이 아니라고 주장한다. 돌관공사 부분도 A사는 공사기간의 연장 없이 추가공사 대금만 증액하기로 약정했기에 전체 공사의 공기에 영향을 미치지 아니한다고 주장한다. 이에 중재판정부는 A사의 PAC 공기정화기의 추가 설치, B사의 설계변경으로 인한 부분, 수배전설비 패널의 추가 설치, 경관조명 설비관련 사양 등의 변경, 돌관공사, 물가변동으로 인한 계약금액의 조정과 그에 따른 공사대금의 청구는 위 인정사실 관계에 비추어 부당하므로 받아들이지 아니하고, 10가지 주장하는 항목 중 수익시설관련 설비공사 범위의 변경, PAC 설치 추가공사, 페이퍼 타올 변경, 폐기물의 처리비용, 가설공법의 변경으로 인한 부분은 이유있어 합계 금 289억6천3백56만9천413원에 대해 각 항목별로 금 37억2천6백3만4천402원만 인정했다.

10.44 공기연장으로 인한 추가공사비 청구

1. 판정요지

A는 신청 외 ○○○○(주)와 ○○○○(주)와 공동으로 B발주 ○○회관 신축공사를 수급하여 공사기간을 1999년 11월부터 2002년 5월 18일까지로 하고, 총공사대금은 224억으로 하는 계약을 1999년 10월 25일에 체결하였다. 위 계약에 따라 공사가 진행되던 중 설계변경 등의 사유가 있어 공사기간이 2002년 7월 25일까지로 연장되었으며 공사금액도 증가하게 되었다.

공사기간 및 공사금액의 변경과 관련하여 양 당사자는 설계변경으로 인한 공사대금 미반영, 돌관공사비 등의 문제에 다툼이 발생하여 중재를 신청하게 되었다. A는 이 사건의 공사도급계약은 공사시방서, 설계도면, 물량내역서 등의 애초 계획에 따라 공사가 진행되는 방식이지만, 공사가 진행되면서 애초에는 상정하지 못한 정책적인 요인이 있거나 현장여건이 변경되는 경우 설계변경과 계약금액의 조정을 상호 신청할 수 있고, 그 결과 공사금액도 증가하거나 감경되는 결과가 발생할 수 있다고 주장한다. 또한 B가 모든 사항을 A의 책임으로 전가하여 수차례에 걸친 설계변경 및 공사기간연장 요청을 거절하였고, 그에 따른 공사금액 증액도 요구하였으나 거절하고 있다고도 주장한다. 이에 대해 B는 공사가 총 6차에 걸쳐 진행되면서 차수별 공사 준공 때마다 A와 B 사이에 각 차수별 공사대금 등에 대한 일체의 이의제기를 금하는 합의서를 작성하였으므로 A는 잔여공사대금청구권을 포기하였다고 반박한다. 또한 A가 공사계약일반조건 제19조의 2에 따른 설계변경절차를 제대로 이행하지 않았으므로 A가 주장하는 모든 청구권은 기각되어야 한다고 항변한다.

중재판정부는 이 사건 공사는 설계 · 시공 · 감리회사가 각기 달라 A가 설계도서간의 불일치, 누락, 착오의 내역을 미리 알 수 있었다고 보기 어려우며, 제1차 공사부터 제6차 공사까지 일괄 수급받아 시공을 하는 입장에서 매 차수별 공사대금에 대하여 B와 다투기에는 현실적인 제약이 있어, A가 설계변경으로 인한 공사대금 미반영부분에 대하여 청구권을 포기한 것으로 볼 수는 없다고 판단하였다. 다만, A가 2002년 6월경 일괄적으로 신청한 설계변경 내역에 포함되지 아니한 부분에 대하여는 A가 그 공사대금을 청구할 의사가 없음을 확인한 것으로 간주하였다. 또한 돌관공사비와 관련하여 A가 제출한 변경 하도급계약서를 볼 때 하도급업체들이 언제, 어느 정도의 돌관공사를 했는지 그 구체적인 내역과 근거가 제시되어 있지 아니하는 등 A의 주장을 뒷받침할 만한 증거가 없어 이를 받아들이지 아니한다고 판정하였다.

10.45 부당한 지체상금반환청구

1. 판정요지

A는 B로부터 클린룸공사 도급계약을 2002년 1월 30일에 체결하고 2002년 3월 6일까지 완공하기로 약정했으나 공사지연이 발생해 2002년 4월 16일에 이르러서야 완공이 되었는바, B는 남은 공사대금 1억5천246만 원에서 6천632만5천600원을 지체상금 및 손해배상금으로 일방적으로 공제한 8천613만4천400원을 A에게 지급하면서 분쟁이 발생했다.

A는 지체상금 413만 8천200원 이외의 이 사건 공사 지체로 인한 손해에 대한 배상액은 인정할 수 없으며, 공사지연은 B의 까다로운 시정요구와 잦은 반품요구, 피신청인의 시설설치에 관한 경험 없음을 이유로 한 늦장결정 및 심사결과에 대한 늦장통보 등이 원인이었으므로 손해배상액은 감경돼야 하며, 공사현장에 파견된 3명의 연구원에 대한 임금 상당의 비용과 그 밖의 연구원 5명에 대한 인건비 손해는 특별손해에 해당하므로 A는 배상책임이 없다고 주장한다. B는 이 사건 공사가 지연된 경우 지체상금에 관한 약정 외에 다른 손해배상에 관한 특약이 있었으므로 위 지체상금과 손해배상액 총액 5천803만9천900원을 상계해야 하며, 3명의 현장파견 연구원과 그 밖에 5명의 연구원에 대한 인건비 손해, 그리고 41일 동안의 기대이익을 A가 지급해야 한다고 주장한다.

이에 대해 중재판정부는 A와 B는 A의 공사 지체로 인해 약정된 준공일이 지난 2002년 3월 9일 A는 B의 기 발생 및 추후 발생손실에 대한 충분한 보상을 하기로 별도의 약정을 맺은 사실을 인정할 수 있는바, 그렇다면 A와 B 사이에는 지체상금약정 이외의 별도의 손해배상에 관한 특약이 체결된 것으로 보아 2002년 3월 7일부터 실제 완공일인 2002년 4월 16일까지 기간에 대한 지체상금을 지급할 의무가 있다고 판단했고, 지연기간 동안 5명의 연구원들이 각 연구활동을 전혀 하지 못한 사실이 인정되므로 이들에 대한 36일간 지급해야 할 임금은 A가 배상해야 할 손해로 판단했다.

반면에 공사현장에 파견한 연구원 3명은 이 사건 계약상 B가 선임할 수 있는 본래적 의미의 공사감독관이라고 보기 어려우며 기대이익 상당의 손해는 이유 없다고 판단해 기각했다. 판정 : 피신청인은 신청인에게 금 4천102만3천866원 및 이에 대해 2002년 6월 16일부터 완제일까지 연 6%의 비율에 의한 돈을 지급하라. 또한 신청인의 나머지 신청을 기각한다.

10.46 차수계약 이행지연에 부과한 지체상금반환청구

1. 판정요지

(1) 이 사건 신청인들과 피신청인들 사이의 공사도급계약에 있어서는 공사계약일반조건에 따르도록 되어 있는바, 신청인은 일반조건 제51조에 따라 신청인들과 피신청인들 사이의 이 건 계약에 관련된 분쟁은 중재법에 의한 중재에 의하도록 되어 있으므로 중재신청을 한다고 주장하며, 피신청인들은 일반조건 51조는 중재법에 의한 중재를 강제하는 내용의 규정이 아니므로 결국 양 당사자 사이에 이 건 계약에 관련된 분쟁에 관하여 중재법에 의한 중재를 하기로 하는 합의가 있었다고 할 수 없으므로 이 사건 신청은 각하되어야 한다고 주장한다.

(2) 이 건 공사는 단일공사인데 이 단일공사의 시공을 위하여 부분적으로 나누어 매 차수마다 계약을 하였으며, 전체 준공일자는 2002년 5월 18일로 정하였는바 위 전체 공사가 약정된 2002년 5월 18일에 준공될 것이 확실하며, 그 사실은 피신청인들도 인정하고 있었음에도 불구하고 그 공사 중 2차수 계약의 준공이 늦었다는 이유로 지체상금을 부과한 것은 잘못이라고 주장한다. 그러나 국가를 당사자로 하는 계약에 관한 법률 제21조 및 동법 시행령 제69조제2항의 규정에 의한 장기계속공사는 각 회계연도 예산의 범위 안에서 차수별로 당해 계약을 이행하도록 계약을 체결하고 있으며, 공사계약일반조건(갑 제14호증) 제25조제1항의 규정에 의하면, 계약상대자는 계약서에 정한 준공기한 내에 공사를 완성하지 아니한 때에는 매 지체일수마다 계약서에 정한 지체상금

률을 계약금액에 곱하여 산출한 금액을 납부하도록 하고 있다.

한편, 이 건의 2차 공사계약서를 보면, 2차수 공사의 준공 연월일이 적혀 있을 뿐 총공사기한, 즉 최종 준공일은 기재되어 있지 않음을 알 수 있으니 결국 위 일반조건 제25조제1항에서 말하는 "계약서에 정한 준공기한 내에"라고 함은 전체 공사의 최종 준공일이 아니고 당해 차수공사의 준공기한으로 보아야 한다. 그러므로 신청인들의 위 주장은 이유 없다. 다만, 최종 준공일자를 지킨 경우에는 차수별 계약상 준공이 늦은 경우의 지체상금이 감액될 요소가 된다고 본다.

(3) 신청인들은 둘째 이유로 신청인들이 2차수 계약을 준공기일 내에 공사를 완성하지 못한 이유는 신청인들의 귀책사유에 기인한 것이 아니고 피신청인들의 책임으로 착공이 지연되거나 시공이 중단되었을 경우, 혹은 발주기관의 설계서를 변경할 필요가 있다고 인정할 경우에 해당되어 공사계약일반조건 제25조제3항제6호, 제19조제1항제4호 등의 규정에 따라 지체상금을 물을 수 없는 경우에 해당된다고 주장한다.

이 건의 총공사 중 1차수공사가 원래 2000년 4월 18일까지 준공예정이었으나 발주처의 사정으로 80일간 연장되어 2000년 7월 18일이 준공기일로 변경되었는바, 그렇다면 2차수공사는 2000년 7월 19일부터 착공하는 것으로 계약을 체결하였다면 순리적으로 어렵지 않게 공사진행을 할 수 있었을 것인데, 피신청인의 요청으로 2차수공사를 2000년 5월 25일부터 2001년 4월 30일까지 하기로 공사계약을 체결하였다. 현실적으로 1차수 공사는 대부분 흙파기나 흙막이공사 등이었기 때문에 2차 공사 중 대부분은 1차수공사가 끝난 후에 착공이 가능하였다. 1차수공사가 피신청인들의 사정으로 연기되자 신청인들은 피신청인들에게 여러 차례 그 사유를 들어 2차 공사기간의 연장을 요청하였으나 거절되었다.

한편, 2차수공사 진행 중 2001년 5월 및 6월 두 번에 걸쳐 피신청인들이 설계변경 검토를 하라는 지시를 하여 그 검토와 의견서 송부 등으로 약 20일 공사를 진행하지 못하다가 결국 원설계대로 공사를 진행하게 되었다. 결국 이러한 사유, 즉 1차수공사가 끝나기 전에 2차수공사계약의 착공기일이 정해진 점 및 설계변경 검토 지시에 따라 그 검토와 의견서 제출 등 사유가 2차수공사 지연 사유 중에 포함된다고 하겠다.

그러나 이 사건심리에 나타난 모든 자료를 종합해보면, 신청인들은 위와 같은 사유가 있더라도 이런 점 등을 감안하여 더 많은 인력을 공급하거나 작업시간을 평소보다 훨씬 늘리는 등의 방법으로 공사 준공기일 지연을 최소한으로 줄여 그 의무를 다하도록 최대한 노력을 더 경주하였더라면 준공기일의 지연을 최소한 막을 수 있었으리라고 짐작되므로, 결국 이 사건 심리에 나타난 모든 사정을 종합해보면 이 건에 관한 지체상금은 현저히 과다하다고 보인다.

10.47 공사대금 및 선급금반환청구

1. 사건개요

피신청인은 ○○지방자치단체로부터 하수종말처리장 시설공사에 관한 토목, 건축, 전기, 기계공사에 이르는 시설 전반에 대하여 일괄도급계약을 체결하고 1997년 8월 6일자로 신청인과 위 공사 중 기계설비공사 부분에 대한 하도급계약을 체결한 후 선급금으로 2억 원을 신청인에게 지급하였다. 이후 신청인은 계약조건에 따라 승인도서를 작성하고 기계제작 등에 착수하여 현장의 외부 배관공사를 하는 등 위 공사를 진행하였으나, 피신청인은 신청인이 기계설비의 내·외자재 구입비로 지급한 선급금을 일반운영비로 유용하고 승인도서의 작성과 공사진행이 지연되는 등 신청인의 계약불이행과 공사이행 의지 및 능력이 부족하다는 이유로 신청인에게 위 공사의 타절을 통보하고 ○○보증보험에 계약 및 선급금 이행보증보험금을 청구하였다.

이에 신청인은 피신청인에 의한 위 건 공사의 타절 시까지 공사진행 과정에서 투입된 공사비 416,363,367원 중 피신청인이 지급한 선급금 2억 원을 제외한 216,363,367원을 청구하는 중재를 신청하였고, 피신청인은 본건 중재절차 진행 중에 신청인의 계약위반을 이유로 선급금의 반환과 지체상금 등 405,436,000원을 청구하는 반대신청을 제기하였다.

2. 양 당사자의 주장 요지

(1) 신청인

① 신청인은 1997년 8월 6일에 피신청인과 ○○하수종말처리장 시설공사 중 기계설비공사를 1,012,000,000원에 하도급계약을 체결하고 피신청인으로부터 2억 원을 선급금으로 수령하였는데, 피신청인은 위 하도급계약 체결일로부터 15일

이내에 발주자에게 이를 통지하여 승인을 받도록 되어 있는 규정을 무시하고 정당한 이유 없이 하도급계약의 통지와 승인에 1년여 간 경과하여 신청인이 위 공사를 공기 내 완공하는 것을 사실상 불가능하게 하였다.

② 신청인은 막대한 비용과 인력을 투입하여 5차에 걸쳐 승인도서를 작성하고 상당부분의 기계를 제작하여 현장의 옥외배관공사까지 마친 후 기 제작물의 검수를 요청하였으나, 피신청인은 아무런 조치도 취하지 않고 있다가 피신청인이 임의로 작성한 서약서에 강압적으로 서명케 하여 이를 근거로 일방적으로 공사타절을 통보하고 공사타절 시까지의 공사 기성금 정산을 요구하였다.

③ 따라서 강압에 의하여 작성된 서약서에 따라 이루어진 이사건 공사타절은 무효이며 신청인이 이 사건 기계설비공사를 위하여 직접 투입한 413,363,367원 중 피신청인의 선급금 2억 원으로 충당된 부분을 제외한 금 216,363,367원을 청구하는 본건 중재를 신청한다.

(2) 피신청인

① 피신청인은 신청인과 위 공사의 하도급계약을 체결하고 위 공사의 원활한 진행을 위하여 자재구입용으로 2억 원의 선급금을 지급하였으나, 신청인은 이사건 공사타절 시까지 자재구입은 하지 않고 위 선급금을 일반운영자금으로 유용하였으며, 신청인 측의 서류미비로 하도급계약의 통지 및 승인이 지체되었으나 이로 인하여 공사진행에 장애가 없는데도 공사를 진행하지 않았다.

② 신청인은 1997년 11월 11일에 착공계를 제출한 후에도 공사를 전혀 진행하지 아니하고 발주자로부터 승인도서도 받지 못하여 피신청인은 계속해서 공사시공을 촉구하였으나, 신청인은 계속하여 공사를 시공하지 아니하여 피신청인은 1998년 9월 19일 신청인의 계약위반을 이유로 1차 공사타절을 통보하였고, 이에 대하여 신청인은 공사의 성실시공 이행을 서약하였으나 서약에 따른 공사스케줄대로 공사를 이행하지 않아 피신청인은 1998년 12월 9일에 이 사건 공사를 타절하면서 기성금 정산을 요구하였으나 신청인은 이에 응하지 않았다.

③ 피신청인은 신청인의 계약불이행에 따른 공사 공정을 더 이상 늦출 수 없어 부득이 타 업체와 하도급계약을 체결하고 공사에 착수하여 1999년 6월 12일에 기계설비공사를 완료하였는바, 신청인의 위 공사 지체일수는 적어도 203일이 되므로 계약조건에 따라 신청인은 지체상금으로 205,436,000원을 부담해야

한다.

④ 따라서 피신청인은 신청인에게 선급금 2억 원의 반환과 지체상금 205,436,000원 등 도합 금 405,436,000원을 청구하는 본건 중재(반대신청)를 신청한다.

3. 판정내용

① 신청인(반대피신청인)은 피신청인(반대신청인)에게 금 162,108,038원 및 이에 대하여 1999년 1월 16일부터 이 사건 판정일까지는 연 6푼의, 그 다음날부터 다 갚을 때까지는 연 2할 5푼의 비율에 의한 금원을 지급하라.

② 신청인(반대피신청인)의 본 신청 및 피신청인(반대신청인)의 나머지 반대신청은 각 기각한다.

③ 본 신청 및 반대신청에 소요된 중재비용은 이를 3등분하여 그 1은 피신청인(반대신청인)의, 나머지 2는 신청인(반대피신청인)의 각 부담으로 한다.

| 참 | 고 | 문 | 헌 |

1. 김연호, “정부건설공사계약 중재조항의 재해석”, 중재 제302호, 2004
2. 김홍규, 민사소송법, 삼영사, 2003
3. 김형배, 제5판 민법학 강의, 신조사, 2006
4. 남진권, 정부공사계약조건 실무해설, 예문사, 2010
5. 배대권, 건설경영시스템공학, 한양대학교, 강의교재, 세기코리아 건설팅, 2007
6. 배대권, 건설제도 및 계약론, 한경대학교, 강의교재, 세기코리아 컨설팅, 2008
7. 배대권, 건설신기술심사의 효율적 운영과 활용성제고를 위한 제도개선 연구, 건교평, 2008
8. 배대권, 건설사업관리실무, 기문당, 2005
9. 박영복, 글로벌시대의 계약법, 집문당, 2005
10. 정영수, 한국건설산업연구원, 한국건설산업의 성공 키워드, 보성각, 2007
11. 양병회, “재판외 분쟁해결제도의 현황과 과제”, 중재, 2001
12. 이기부, 국제입찰 및 계약서류의 이해, Book Pharos, 2004
13. 조대현, “국가를 당사자로 하는 계약의 분쟁해결 방안”, 국회사무처, 2002
14. 현학봉, FIDIC General Conditions 해설, 해외건설협회, 2006
15. 건설교통부, “건설분쟁조정위원회 안내”, 1998
16. 법전출판사, 대법원판결사례, 1992
17. 김경래, 공정한 계약문화정착을 위한 건설클임의 발전방안, 건축사회지, 2000
18. 김예상, 건설제도 및 계약, 보문당, 2008
19. 대한상사중재원, 상사분쟁해결 안내, 1999
20. 서울특별시, 소규모 건설공사 설계변경 사례집, 2001
21. 한국건설기술연구원, “건설시장개방에 대비한 분쟁 및 클레임 방지대책에 관한 연구”, 1994
22. 한국엔지니어링진흥협회, FIDIC 표준기술용역계약서, 2003
23. 한국기술사회, 기술사를 위한 계약의 이해, 2007
24. 해외건설협회, 해외건설 계약 및 클레임 과정, 2006
25. 道田信一郎, 契約社會－アメリカと日本の違いを見る, 有斐閣, 1987

26. 廣田尙久, 紛爭解決學(新版增補), 信山社, 2006
27. 荒正八太郞, 建設晴負契約論, 勁草書房, 1996
28. John K. Sykes, Construction Claims, Sweet & Maxwell, 1999
29. Barbara J. Jackson, Construction Management JumpStart, SYBEX inc. 2004
30. Danny Mayers, Construction Economics a New Approach, Spon Press, 2004
31. Richard Wilmot-Smith QC, Construction Contracts-Law and Practice, Oxford Univ. Press, 2006
32. General Services Administration, Federal Acquisition Regulation, 2005
33. www.scourt.go.kr/pda
34. www.kiri.or.kr

저자소개

배대권(裵大權)

[학력 및 경력]

- 한양대학교 대학원 졸업 (공학박사)(건설사업관리 전공)
- (주)한국마벨 근무
- (주)한양 근무
- 한솔건설(주) 근무

현재 세기코리아컨설팅 대표
(주)세기경영기술연구원 대표이사
한경대학교 겸임교수
광운대학교 외래교수

[주요자격]

- 건축시공기술사(등록번호:96148070032H)
- ISO9000심사원(국내/국제)

[주요저서]

- 프로세스경영과 성과관리
- 건설ISO인증해설
- 건설환경경영시스템해설
- 건설사업관리실무(2005, 기문당)
- 건설품질경영실무(2003, 기문당)
- 건설관리시스템해설(2000, 기문당)

[주요논문]

- Improving Quality by Managing ISO 9000 Audit Nonconformity in Korean Construction Industry (2006, 한양대 박사학위논문)
- Classifying Audit Result of ISO9000 in Architectural Design and Engineering Firms(2005, JAABE, Journal of Asian Architecture Building Engineering)
- Analysis in the ISO 9001 Audit Results of Construction Management Firms(2006, CMAA, Construction Management Association of America)
- 건설회사의 품질경영 시스템 심사 결과의 유형분석을 통한 업무프로세스 개선방안(2005, 대한건축학회)
- 설계 및 엔지니어링과 건설회사의 품질심사 사례분석을 통한 업무프로세스 개선방안(2005, 대한건축학회)
- 설계엔지니어링 분야의 품질경영시스템 심사결과 유형 분석(2005, 한국건설관리학회)

[주요프로젝트]

- 건설신기술 심사제도 및 현장 활용성 제고방안 연구(2008-2009, 한국건설교통기술평가원)
- 행정중심복합도시 이전계획수립 연구(2007, 한국법제연구원)
- 조직활성화를 위한 경영진단 연구(2008, 한국건설기술인협회)
- 건설공사 점검분야 부패위험성진단(B.P.R)연구(2005, 국가청렴위원회)
- 소방시설 점검분야 부패위험성진단(B.P.R)연구(2006, 국가청렴위원회)

[주요활동]

- 한국기술사회 정회원
- 대한건축학회 정회원
- 건설신기술 심사위원, 자문위원(국토해양부)
- 국가기술수준 평가위원(교육과학기술부)
- 중소기업청 R&D 연구과제 평가위원(지식경제부)
- 한국과학기술정보연구원 위촉 전문연구위원
- 한국건설관리학회 정회원
- 한국품질경영학회 정회원
- 건설교통 R&D 연구과제 평가위원(국토해양부)
- 건설전문심리위원(법원행정처)
- LH공사 주택건설사업단 자문위원
- 한국건설기술연구원 객원연구원

건설제도와 계약관리

2012년 9월 5일 1판 1쇄 인쇄
2012년 9월 10일 1판 1쇄 발행

저 자 배대권
발 행 인 강해작
발 행 처 기문당
주 소 서울 성동구 무학봉 28길 4-1
(왕십리동 966-22)
전 화 02) 2295-6171(代)~5
팩 스 02) 2296-8188
출판등록 1976. 10. 7 (1-44)
홈페이지 http://기문당
http://www.kimoondang.com
ISBN 978-89-6225-437-2 93540
정 가 23,000원